政治心理学经典译丛·编委会

编委（以姓氏拼音为序）

陈定定 丛日云 冯惠云 韩冬临 韩召颖 贺 凯 胡 勇 季乃礼 林民旺
刘 伟 刘训练 蒲晓宇 乔 木 尚会鹏 石之瑜 谈火生 唐世平 王 栋
王二平 王丽萍 王正绪 魏万磊 萧延中 谢 韬 熊易寒 尹继武 张传杰
张警吁 张清敏 郑剑虹 郑建君

主编 尹继武

政治心理学经典译丛

总统人格：
伍德罗·威尔逊的精神分析

〖美〗亚历山大·乔治 朱丽叶·乔治 著 张清敏 译

中央编译出版社
Central Compilation & Translation Press

译丛总序

这是一个智慧的年代,一位先哲如是说。起初,智慧或许只是一丝火花,飘落于人的头脑中。那些消失在茫茫脑海中的智慧之花,只有少数是幸运的,它们在智者的敏锐扑捉下,经叙事和言说,流传于世。于是,思想的世界才有了经典。政治心理学,作为一门系统的学科,至今不过百余年。论说时间,论说影响,自然难以与传统人文学科并肩。所以,何谓政治心理学的经典,何以成为经典,自然成为知识叙述时不可回避的问题。

虽然政治心理学晚近才得以兴起、发展与繁荣,但我们看到,借助于心理学学科的迅速发展,同时在波澜壮阔的政治形势推动下,政治心理学的研究,产生了广泛的学术和社会影响。任何思想的盛宴,均不可脱离盛宴的主人而空谈。同理,政治心理学的奠基和发展,也离不开一批先哲,正是他们的拓荒与耕耘,才有了今日学科发展的繁荣。回首历史,我们应时刻铭记于心的是,那些思想前辈,在早先的学术研究条件下,生产了哺育后来者的一批经典著作。在学科发展史上铺下一块块砖石的前辈们,烙下了不同时代、研究阶段的特征。或汲取当时的心理学理论营养,或专注于问题领域研究,或从案例分析中归纳规律,或偏重于定性分析,或诉诸于心理学实验或定量技术。凡此种种,他们对政治心理学的拓展性贡献,他们所提供的智慧和思想,是后人受益无穷的。

从华莱士第一次试图从人性的角度来分析政治非理性,到两次世界大战之间,拉斯韦尔在美国对政治心理学的开山贡献,政治心理学学科已经初现雏形。那时候,精神分析学说成为主流的理论营养,这也滋养了几位杰出的后来者,比如乔治夫妇和埃里克森等人。随后,心理学中认知革命兴起，政治心理学全面走向了认知路径。关于选举政治、政治态度以及外交决策等方面的研究，均是乘认知革命之东风，成为战后政治心理学的主流。同时，社会心理学也开始发挥影响，造就了一批研究群体政治心理的经典之作。最新、也是最为前沿的政治心理学，可能更多走向了情感和情绪研究的回归，以及进一步向实验技术的迈进。

说实话，要从形形色色的研究中，挑选出政治心理学的经典之作，亦非易事。幸运的是，我们基于若干种标准，经过反复斟酌，多方咨询，细致盘点了政治心理学学科发展中的重要著作，陆续挑选了一些名家之名作。这种选择，要么基于选择对学科发展产生巨大影响和推动的先哲及其著作，要么选择能够全面反映政治心理学经典以及进展的著述，同时也不排斥新锐的力作，尽管他们的努力尚须时间证明。由于政治心理学的学科交叉性，我想，对于何谓经典或许见仁见智，但我们所选择的著作，虽不敢称之为巨著，但大多是不同研究路径的里程碑著作，或是学科发展史上的扛鼎之作，或是学科知识谱系的典范，或是引领前沿的新著。我们意在为海内外学界，呈现一幅骨肉鲜明的政治心理学知识图谱。

理论是灰色的，生命之树常青；理论是解释过去的，而现实给我们带来希望。一百年来，政治世界已是天翻地覆。纵然十年前，我们难以想象20年之后的政治世界。经典的著作，是对于当下时代和社会最为重要问题的回答。时过境迁，时代的发展，产生了新的问题，也对人的思想产生了新的冲击。经典的著作，不在于对细枝末节的精雕细琢，而在于对人性与政治关系的永恒解读。技术的变迁，可以改变世界；改变宇宙，但是它改变不了人性，也改变不了政治。所以，经典的政治心理学著作，一定是围绕人性与政治这个永恒的话题，展开自己的叙述和解释。唯有如此，经典才能传承，经典才能感受。思想家之深刻，就在于对人性的深邃洞察，当然，心理学方法的突飞猛进，为我们更为客观、全面以及深刻地认识自己，明白政治世界，提供了更为有效的技术保障。

认识自己，理解世界，这是一个永恒的主题。政治心理学的经典之作，能够给我们提供别具一格的思想启迪。相信本套译丛的出版，对于我们架构完整的政治心理学学科系谱，更好地理解政治世界中的人性，能够贡献绵薄之力。政治心理学的本土化，是一项长期的工程，我们也希冀为此提供一个良好的知识基础。当然，译作之中可能的纰漏及不当之处，还望读者不吝批评指正。

尹继武　谨识

目录 Contents

多佛版序言 … 1
作者说明 … 9
致谢 … 10
前言 … 1

第一章　威尔逊的童年时代 … 1
第二章　学徒政治家 … 12
第三章　普林斯顿大学校长 … 33
第四章　新泽西州州长 … 52
第五章　见习顾问 … 75
第六章　"人逢其时" … 92
第七章　成功的模式 … 116
第八章　威尔逊与国会 … 136
第九章　世界大战：中立与干预 … 162
第十章　暗流 … 183
第十一章　世界的解放者 … 201
第十二章　巴黎和平会议 … 224
第十三章　"决裂" … 245
第十四章　与国会之战 … 273
第十五章　失败 … 295

研究说明 … 322
说明及参考书目 … 330
主要缩略语 … 331
索引 … 334
译后记 … 351

多佛版序言

很高兴有这样一个机会,能借对伍德罗·威尔逊研究的这项成果再版之机,谈一下我们对心理分析理论与传记工作的相关性问题的一些基本的考虑。①

长期以来,在心理分析家所掌握的大量材料和传记作者所掌握的材料之间有一个很大的鸿沟,这一鸿沟被认为是无法逾越的。因此,一些人得出一个观点,传记作者不可能有效利用心理分析。

心理分析师有机会从病人自己那里详细了解病人的潜意识感觉、愿望和幻想等,这些都是其行为的源泉。他询问的对象就坐在沙发上,以描述的方式向他提供必要的材料,如病人的经历、移情行为、梦和自由联想等。

与此相反,传记作者不能通过直接接触获得研究对象的内心想法。在那些研究对象还活着并愿意提供信息的极个别情况下,传记作者可能鼓足勇气提问那些个人的想法,这些问题往往是心理分析家日常询问其病人的问题,毫无疑问和可以理解的是,他们只能得到一些简短的空谈。传记作者总是受到有限和令人苦恼以及不完全的信息所支配,写仍然活着的人几乎总是如此,而对那些已经死去的人也是如此。

不能否认这种观点的说服力。必须承认没有一个传记作者能"心理分析"他的对象,因为他没有与传记对象有关的潜意识,而没有这些,经典意义上的心理分析是不可能的。但是,那些据此就认为心理分析对传记工作一无是处,则忽视了两个重要的事实。首先,他们忽视了"心理分析"

---

① 此后的几页内容是我们正在做的对心理分析和传记关系研究的一部分。我们的工作得到基金会对精神病学研究的资助。

不仅仅是指针对个性错乱者的处方，它还意味着心理学的一套理论体系，这个体系建立在实证观察的基础上，解释人的个性的结构、功能和发展。其次，他们没有看到，心理分析和传记作者各自的目标有本质的不同，这个不同可以使传记作者在一些数据的基础上有效工作，而这些数据对心理分析来说是不够的。

心理分析旨在对一个病人有诊疗效果，旨在使病人在还没有得到解决的冲突条件下使其清醒，为的是向病人提供一个机会，让他获得比他原本已经采取的方法更加令人满意的解决办法。传记作者却不需要去做试图改变研究对象个性的这个艰苦工作。他希望做的只是理解它，并把他的理解以笔头描述的方式传达给读者群体。在是否可以将心理分析理论用于对传记材料的分析的争论上，这两个事实都是至关重要的。

精神分析心理学对个体行为的理解，依靠本我，自我和超我的历史和发展，以及过去与现在的关系。精神分析心理学称这三者构成了人的心理。到目前为止，精神分析学家已经通过数千病例研究了这些复杂的关系。在这些病例中，病人提供关于他们自己潜意识过程的数据，在这个过程中心理分析的程序不仅是一种研究的方法，也是一种治疗的方法。

容易观察到的特定类型行为，被认为是与某种原因性的因素和各种形式的冲突有关。对心理分析理论和经验的充分理解使传记作者（心理分析学者完成他的任务时也是如此）在他研究和关注自己所掌握的材料的时候非常敏感。过去几代心理分析专家在诊断和积累基础上公布的大量材料，可以作为传记作者手中很重要的线索，使他们了解特定人物的行为规律、习惯，或个性特质，否则他们会忽视这些性格特点。

传记作者的需求可以通过获得诊断假设而得到满足。诊疗学家的任务以诊断开始，因为他的工作是帮助他的病人实现一个更加满意的本能的能量分配，这种分配不需要病人投入太多的感情资本来保持自我克制，自觉或不自觉地努力去实现不可实现的孩提时代的幻觉。为了实现这一目标，他首先探寻病人的潜意识。如果诊断性的合作是成功的，病人就能意识到他受压抑的冲动，并更有成效和有意识地应对这种冲动。分析家努力了解病人潜意识幻觉是必需的。因为，为了摆脱这种难以企及、来自童年的快感，病人必须勇敢和理智地面对他的过去以及他强烈的冲动，这种快感是互相缠绕在一起的束缚他的各种幻觉的核心。

对于心理分析者来说，大多数情况下他一直想了解是什么在折磨他的病人。他们高强度的工作主要不是提供分析者诊断所需要的材料——虽然随着材料的展现他的诊断肯定变得更加具体——而是为了让病人能成长和改变。

的确，心理分析家通常在治疗的一开始就能观察到病人个性的基本动态以及病人问题的基本性质，甚至在病人告诉他的梦境、自由联想、移情行为之前，这些就详细地展现了病人潜意识的内容。

弗洛伊德曾经说过，一个人不能掩盖他的动机，不管他如何试图这样做——所有的表面行为方式都是他基本的潜意识冲动结构的外在表现。在一篇心理分析技巧的文章中，弗洛伊德还说："对一个技术高明的心理分析家来说，通过病人的怨言和病情，清楚地理解病人内心的愿望并不难。"一些当代训练有素的分析家——如弗朗兹·亚历山大和里昂·索尔——认为，分析师能够也应该在第一次，或最多是最初几次访谈中，就能看出病人的核心冲突和性格的基本轮廓，这些通常存在于病人对他困难的叙述和他最初对他主要生活经验的阐述中。

那么对心理分析家来说，"读出"病人的潜意识并理解他的问题显然是其工作中最不困难的部分。真正的挑战是引导病人改变，这和分析工作中使病人必须意识到他潜意识的内容紧密相连的（有些心理分析家称，即使为了诊断的目标通常也没有必要重构病人的孩提时代的潜意识；从严格意义上说这是诊断技巧的重要一点，而非本讨论所关心的内容）。

除非是独一无二的不幸（在这种情况下，一个传统意义上的传记也是困难的），一个传记作者通常拥有相当多的材料，了解其主体对生活中问题的感受和反应，他甚至可以获得更详细的关于其主体在各种条件下行为的详细知识。的确，他可以得到心理分析家习惯上所没有的材料，如关于其研究主体对他人的实际影响，以及更准确的关于他的主体在现实中是如何与别人互动的，因为他的材料不仅包括其传记对象对特定事件前因后果的印象，而且还包括别人对这些的印象。简单地说，他手头经常拥有大量的关于一个人物的材料，这些材料从心理分析的假设来看是非常有意义的，对解读传记对象来说也是无价的帮助。

为了证明将心理分析理论成功用于传记的可能性绝不意味着每个传记作家都能或应当力图如此。掌握心理分析理论需要多年的研究,以有用的方式将这种理论运用于传记资料是一个特别困难的任务,对传记作者来说,不论作为一个学者,还是作为一个人,都会有很多要求。

传记作者的原始材料一般都尘封在图书或档案中,有伟人寄出或收到的信件——孩提时代写给父母的潦草书信,年轻时代给他未来妻子,或者一个他可以吐露自己世界观以及对自己在世界上地位看法的朋友充满激情的书信,与生意场上熟人在日常工作中的往来函件;有报纸对其生活的报道,同时代人,包括朋友和敌人与这位伟人交往的记录等。如果这个政治人物生活在20世纪中期或更晚的时期,传记作者还能通过录音和电影亲自听到他的声音,或看见他,研究他的手势、他的面部表情,体验他在公共场合的"风格"的影响。也许传记的主体还写过书,或者透露他私下愿望和偏见的日记。还可能有官方的记录——这个伟人参加会议的记录和他所发表的讲话。也有与传记的主体具有各种关系的人——顾问、妻子、政治竞争对手、政治上的支持者、记者、朋友等的回忆录;每个人看到的都可能是这个伟人的一个不同的侧面。他这样出现在不同的环境下,使这些变得更复杂的是,每一种叙述都可能被这些作者赋予他们自己主观色调,受到撰写这些内容作者自己动机的影响。

所有这些材料都任由传记作者随意所用。他是所有这些凌乱的原始材料得以被消化的媒介,最后通过有序的语言再生成一个活灵活现的人,他的个性也揭示无异。只要传记作者正确观察并有逻辑地将分散的材料联系起来,表述出来,传记的主体就获得了新生,就可让任何愿意读的人阅读。只有那些根据其个性对有关传记主体的材料进行过滤,并且经过这些繁琐的加工,最后又没有扭曲这种个性的传记作者,才能胜任这个创造性的任务。

传记作者完成一个人物的传记的确是一个非同寻常的任务。要令人满意地完成这个任务,除了历史传记作品中已经充分阐述过的那种富有献身精神的勤奋,他还必须有高尚的思想和精神境界,而这些却很少有彻底的阐述。当然,传记作者已经被反复告知,他们应该"不带偏见",应当以提供"实情"为目标。但是,这个过程,也就是传记作者第一次看到这些材料到作者最终把它们融合并叙述出来的过程，并没有在理论上加以阐述。这实际上是艺术创新的体现，而这种艺术创新的本质蔑视分析。简单地说，传记作者工作中最关键的方面，作者认知和消化这些材料的过程被忽略了。

传记作者希望**理解**他研究对象的生活。为了掌握他的研究对象在各种条件下如何做，传记作者希望从感情上了解他，能够亲身体验他的研究对象在其生活的关键时刻的感受。他希望能充分参与到他研究对象的感情经历中来理解他，但也不是过于陷入其中而不能保持一定的距离，在完全现实的环境下冷静地评估这种经历。为了达到这个目标，把他研究的对象真实地表现出来，传记作者和心理分析家一样，必须具有与研究对象既能融为一体，又能保持距离的能力。他必须与研究对象融为一体以理解他的反应，又必须保持距离以能判断和分析。

随着不断获得更多的材料，传记作者对他的研究对象是什么样一个人就逐步形成一个画面。比如他的个性、态度、自我防范意识是怎样的，又是怎么形成的，什么使他焦虑，什么使他感激，他人生的目标和价值观又是什么，是怎么去追求这种价值观和目标的，等等。

最初，传记作者对他研究对象的画面是模糊和粗线条的。但是，随着他对材料了解得越来越深，越来越多的细节被勾画出来，提供出更多可以用以进一步推断的观点。在他遇到一种情况，即他的研究对象的行为有点令人费解的时候，他可以先停下来，通过他自己已经形成的关于研究对象个性的画面，尝试把自己放在研究对象的位置来进行理解：如对一些特定环境和问题——或许是某种形式的政治挑战或挑衅——研究对象是如何**感受**的？对研究对象的生活时代的知识和外部的现实环境有充分理解的传记作家，好像是以研究对象内心反映的观点来"聆听"这些材料。如果他对传记主人公的意象非常好，且是通过高度敏感的方式获得的，而且他对手头问题的本质判断是准确的，传记作者就有可能实现对传记对象如何经历外部问题的理解。以前看来是深不可测的行为，而现在从产生这种行为的内在心理现实看就符合逻辑了。

传记作者通过移情可以掌握其研究对象在特定境况下的感受。如果让包括意识和潜意识在内的本能自由驰骋，他就能够理解传记主体可以观察到的情绪与其整个生活历史的逻辑联系。他必须对他依本能做出的推理进行严格的、理性的审查,以评判其正确性。

如果他拥有充足的材料,移情和本能发挥得好,并且能对结论进行严格的验证,传记作者就能解释他一直都在处理的历史证据。他的这种解释有助于他对传记主体的了解,这种解释,以及帮助他形成之种解释的观点,能够让传记作者形成和提炼出他对传记主体的心理意象,进而增强他应对解读下一个问题的能力,因为他在面对新的问题时对其研究对象的理解更加丰富了。

这是一个不断重复的过程。他对材料的更加熟悉和更透彻理解不断改进先前的假设。传记作者总是根据新的假设不断地重新审视和修正他对其研究对象先前的解读。随着他对这些材料的加工和再加工,他对研究对象的看法逐步实现了内在的统一。

前面阐述的传记作家的工作方式也适用于心理分析家在这的工作——心理分析家在这方面的作用在心理分析文献中已有充分的描述。[①] 但是,毫无疑问,许多历史学家会认为这只不过是一套学术用语。他们会说:传记作者当然需要移情和发挥本能的作用,问题是你怎么做?既然单单靠博学一项并不能解决问题,那么什么使一些人做得非常好,而另一些人却无能为力?完全可以说传记作者脑子里有一幅关于他的主人公个性的图画,如果这幅图画是细心得到的(sensitively derived),他就可以以自己的意识来理解主体的感受。难以捉摸的问题就在"如果这幅图画是细心得到的"这句话的含义:到底是什么加强了,又是什么减损了传记作者在敏感性方面的能力?

在这一领域,心理分析可以对历史学家提供帮助,这些帮助对历史学家习惯的思维方式来说是新颖的。心理分析家揭示的破坏或帮助一个心理分析家"观察"其病人能力方面的东西——在心理分析理论中被称为反移情——在破坏或帮助传记学家真实和全面地"观察"他的主体方面也是有效的。

---

① 这个方面一个非常好的阐述是拉尔夫·格林松博士的文章《移情及其变迁》。我们对此表示感谢。该文在1959年国际心理分析学会上宣读,载《国际心理分析杂志》第41卷(1960年7—10月)。

弗洛伊德要求精神分析专家面对病人时应该始终保持高度的关注,传记作家为了理解其对象必须保持同样的关注度。如果精神分析家保持这种态度的能力受到损害,如精神分析家由于受到焦虑,或者由于自己生活经历中没有解决的问题而对病人产生一种敌视或内疚,他自己反移情行为就会阻碍他对病人的理解。同样,如果手中的材料受到他自己过去经历的干扰,传记作家对其主体的理解也会受到同样的影响。一旦这些发生,他就可能产生那种人们熟悉的现象——传记作者揭示的内容比有关传记主体的内容还要多。

精神分析家和传记家都必须能毫无约束地分享他们研究对象的感受,这种能力不仅取决于他们与研究对象产生感情共鸣的范围和质量,也取决于他们自己的理性能力。没有心理分析倾向,甚至反心理分析取向的传记家也必然使用他们的感情天赋。但是,认识不到这一事实或否定这一事实,就会让他们在进行全面的自我审查和消除知觉扭曲或解释时因为自身原因,而处于一个非常不利的地位。

关于人的发展的心理分析理论,被广泛认为是人们行为假设的丰富资源。受到分析概念的影响,在过去的几代人时期,教育学、社会学、心理学和人类学领域都发生了重大变化。因此,不仅希望描述而且希望解释人类单独或集体的行为的历史学家和传记学家吸收和利用这一新的知识群体就非常自然了。但是,必须承认,在弗洛伊德提出他的精神分析理论的基本原则大约半个世纪以后,很少有精神分析取向的传记作品。为什么会是这样?

一个原因是,很少有一流的精神分析家有时间和兴趣做完整的传记研究(埃里克·埃里克松撰写的关于卢瑟的优秀传记则是少数突出的一个例外);很少有一流的传记学家有时间、兴趣和能力掌握心理分析理论。精神分析家不能把精神分析理论当作一种捷径,减少需要付出艰苦劳动的历史研究,减少对传记主体生活的社会背景的严肃认真关注。在心理分析理论方面没有足够基础的传记作者,也不能成功地恰如其分地利用零碎的材料来"解释"他们的主人公。无数庸俗不堪的传记作品,尤其是20世纪20年代和30年代的那些传记,被严肃的学者看作传记艺术的笑柄,就证明了这一事实。

精神分析理论和传记研究成功结合的另一障碍，是许多精神分析家和历史学家之间长期存在的相互怀疑。一个严肃的传记作家，只想获得心理分析理论方面的训练而不想成为一个诊疗家，在他试图将精神分析的概念用于分析历史资料时，会发现主要的精神分析研究机构的大门对他们是关闭的，非医学的"外行"很少被接受为学生而获得专门训练。对希望获得技术能力，以便在自己的学科认真负责地运用分析理论的社会科学家来说，这种维护正式教育特权的门槛看来是毫无道理的。

同样，历史学家作为一个整体，对精神分析也抱有敌视和怀疑的态度。著名的外交史学家，时任美国历史学会主席的哈佛大学威廉·朗格教授，在该学会1957年的年会上发表的主席致辞中呼吁关注这一状况。朗格教授的发言题目是"下一个任务"。他指出这个任务就是让历史学家利用精神分析的概念和发现。他敦促他的同事放弃"对精神分析学说几乎全部否定的态度"，开拓思路，把心理分析理论当作推动历史学研究进步的最富有前景的关键因素。一点都不让人吃惊的是，到目前为止很少有历史学家愿意冒被同行蔑视，甚至危及其职业的风险，选择按照这种不被认同的方式进行一些跨学科的研究。

但是，在追求真理的压力下，这种交流的障碍在正在减弱。有精神分析学家与社会科学家之间已经开始有许多充满希望的合作努力。精神分析取向的传记作者的作品，很可能会获公平得多的评价，这种评价是以前他从不敢想象的。他的任务仍然艰巨，但是对他研究对象的更深入的理解的前景是一个不可抗拒的诱惑，他在这个方向上取得的任何成就，都是对他所付出的艰苦努力的奖励。

亚历山大·L. 乔治

朱莉·L. 乔治

加利福尼亚

旧金山

1964年1月

作者说明

有许多人对我们的工作提供过帮助。我们或者受益于他们富有启发性的思想，或者让我们查阅他们重要的手稿，或者让我们在文中使用他们的技术。

我们感谢伍德罗·威尔逊夫人允许我们查阅国会图书馆中伍德罗·威尔逊的文件，允许我们引用威尔逊的一些文章；感谢查尔斯·西摩博士允许我们查阅和引用耶鲁大学图书馆的爱德华·M. 豪斯的文件；感谢凯特林·E. 布兰德小姐允许我们查阅国会图书馆中的雷·斯坦纳德·贝克文件，并引用其中一些内容。此外，从1949年开始，国会图书馆的工作人员给我们许多优待，对此我们表示感谢。

我们也很高兴让亚力山大·乔治表达他对内森·莱茨博士的长期以来的感激。内森·莱茨博士1941年在芝加哥大学教授的关于政治人物人格的课促使他开始研究伍德罗·威尔逊。还要感谢哈罗德·D. 拉斯维尔博士，他关于权利与个性的著作给我们提供了在本研究中试图使用的核心观点。

我们的手稿从编辑埃利斯·F. 肯德里克斯的慧眼和重视中受益良多，她还做了本书的索引。露西尔·M. 格德森和罗萨利·方诺洛夫以准确和良好的判断处理了我们的手稿。

最后，我们也很高兴利用这个机会表达我们对约翰·德公司的玛丽·O. 隆巴德的感谢。她在过去几年时间里对我们研究持续不断的兴趣一直是对我们努力的莫大鞭策。

亚历山大·L. 乔治
朱莉·L. 乔治

致　谢

作者希望感谢哈里斯·E. 科克夫人允许他们引用她已故丈夫雷·斯坦纳德·贝克所准备的关于威尔逊的一段话；感谢小亨利·卡伯特·洛奇允许我们引用洛奇参议员的《参议员与国联》（Charles Scriber's Sons, 1925），以及洛奇参议员的一些信；查尔斯·E. 梅里亚姆夫人允许引用查尔斯·E. 梅里亚姆的《四个美国政党领导人》（The Macmillan Company, 1926）；埃德蒙德·威尔逊允许引用《海边之光》（Farrar, Straus and Young, Inc, 1952）。

他们还想感谢以下出版社允许引用他们出版的著作：

Appleton-Century-Croft, Inc.：James Kerney, *The Political Education of Woodrow Wilson*. Copyright, 1926, Century Company. Quoted by permission of Appleton-Century-Crofts, Inc.

Beaverbook Newspapers, Ltd.：David Lloyd George, *Memoirs of the Peace Conference* (Yale University Press, 1939).

The Bobbs-Merrill Company, Inc.：James E. Watson, *As I Knew Them* (Copyright © 1936), used by special permission of the publishers; Edith Bolling Wilson *My Memoir* (Copyright, 1938), used by special permission of the publishers.

Columbia University Press：Woodrow Wilson, *Constitutional Government in the United States* (1908).

Doubleday & Company, Inc.：Ray Stannard Baker, *What Wilson Did at Paris* (1919), Woodrow Wilson：Life and Letters (8 Volumes) ——all quoted by permission of Doubleday & Company, Inc. ; Herbert C. F. Bell, *Woodrow*

11
致 谢

Wilson and the People (Doubleday, Doran and Company, Inc., 1945); Stephen Bonsal, *Unfinished Business* (1944), quoted by permission of Doubleday & Company, Inc.; Carter Glass, *An Adventure in Constructive Finance* (Doubleday, Page and Company, Inc., 1927); Smith, *The Real Colonel House* (George H. Doran Company, 1918); Joseph P. Tumulty, *Woodrow Wilson As I Know Him* (1921), quoted by permission of Doubleday & Company, Inc.; Gerald Duckworth & Compnay, Ltd., for the British rights to: George S. Viereck, *the Strangest Friendship in History* (Liveright, Inc., 1932).

Farrar, Straus & Cudahy, Inc., William S. Hillman, *Mr. President*. Copyright 1952 by William S. Hillman and Alfred Wagg. Published by Farrar, Straus & Cudahy, Inc., quoted by permission of the publisher.

Victor Gollancz, Ltd., for British rights to: George A. R. Riddell, *Lord Riddell's Intimate Diary of the Peace Conference and After, 1918 - 1923* (1933)

Harcourt, Brace and Company, Inc.: George A. R. Riddell, *Lord Riddell's Intimate Diary of the Peace Conference and After, 1918 - 1923* (Victor Gollancz, Ltd., 1933).

Harper & Brothers: Allen, Nevins, *Henry White: Thirty years of American Diplomacy* (1930).

Houghton, Mifflin Company: Robert Lansing, *the Peace Negotiations* (1921); William Lawrence, *Henry Cabot Lodge* (1925); Henry Cabot Lodge, *War Addresses, 1915 - 1917* (1917); Charles Seymour, *The Intimate Papers of Colonel House* (1930); William Allen White, *Woodrow Wilson* (1924); Woodrow Wilson, *Congressional Government* (15th edition).

B. W. Huebsch, Inc.: William B. Hale, *The Story of A Style* (1920).

Indiiana University Press: Edward H. Buehrig, *Woodrow Wilson and the Balance of Power* (1955).

Liveright Publishing Corporation: George S. Viereck, *The Strongest Friendship in History* (1932).

Macmillain Company: Thomas A. Bailey, *Woodrow Wilson and the Great Betray* (1945), and James T. Shotwell, *At the Paris Peace Conference* (1937), both quoted by permission of the Macmillan Company.

New York University Press: Edward S. Corwin, *The President, Office and Powers, 1787–1948* (1948).

Overseas Press Club of America, Inc.: George S. Viereck, "Behind the House-Wilson Break," in *The Inside Story* (Prentice-Hall, Inc., 1940).

Oxford University Press, Inc.: Edith G. Reid, *Woodrow Wilson* (1934)。

Princeton University Press: Arthur S. Link, *Woodrow Wilson: The Road to the White House* (1947).

G. P. Putnam's Sons: D. F. Fleming, *The United States and the League of Nations, 1918–1920* (1932); Mary Allen Hulbert, *The Story of Mrs. Peck* (Minton, Balch & Co., 1933); David Hunter Miller, *The Drafting of the Covenant* (1928).

The University of Chicago Press: Robert E. Osgood, *Ideals and Self-Interest in America's Foreign Relations* (Copyright 1953 by the University of Chicago).

前　言[*]

世纪之交，伍德罗·威尔逊和爱德华·蒙代尔·豪斯已届知天命之年，看似远离政治尘嚣自得其乐。在外人看来，两个人都已成就非凡。已经担任四位得州州长首席顾问的豪斯，生活在得克萨斯的奥斯丁，期待着能够在这个职位上继续干下去。威尔逊已是美国最伟大的学府之一——普林斯顿大学的著名教授，并很快会出任校长。但是，两个人都被一种失败感所折磨。对豪斯来说，他长期怀揣在全国范围内指点江山的梦想：他想成为总统的顾问。而威尔逊从孩提时代开始就梦想成为一个政治家。对大多数人来说，这个时候人们都会对自己的职业感到定型了，但他们二人却打算在另一条道路上发展，且都矢志不移。当他们"十一"年之后再次相会的时候，他们都帮助对方实现了各自生活中的雄心壮志：豪斯帮助威尔逊当选美国总统，威尔逊让豪斯作为自己的顾问和亲密挚友。

在豪斯死后的第二天，《纽约时报》称他活着的时候所扮演的角色是"历史上独一无二的"。除了在巴黎和会间，以及"二战"期间承担特殊使命到欧洲与盟国领导人协商外，他没有担任过任何其他正式的职务。他既没有当选，也没有被任命担任过任何职务。他只是威尔逊总统的个人朋友

---

[*] 对豪斯性格概括的依据是纽约 *Times* 1938 年 3 月 29 日的一篇社论。Harris E. Kirk 1925 年 9 月 30 日，Thomas F. Woodlock 1925 年 3 月 10 日和 Lindley M. Garrison 1928 年 11 月 18 日的叙述都载于 the Baker Papers, Series IB。William Allen White 的叙述出自他的 *Woodrow Wilson: The Man, His Times, and His Task*（Boston and New York: Houghton Mifflin Co., 1924）第 152 页。威尔逊 1884 年 12 月 7 日和 1902 年 8 月 29 日给夫人的信引自 Baker, *Woodrow Wilson: Life and Letters*，第 I 卷，第 242 页和第 III 卷，第 160 页。威尔逊给 Tumulty 的信出自后者的 *Woodrow Wilson As I Know Him*，第 457 页。威尔逊关于改革和领导的评论出自他的 *Leaders of Men* 一书的第 41 页和第 43—45 页。

和顾问。法律和习惯都没有对一个总统和他的个人顾问关系做过任何约定，法律所限定的仅仅是，顾问不能正式行使总统的权力。

威尔逊给豪斯以前所未有的活动余地。他在广泛和多种问题上寻求并接受豪斯的建议，不管是公共的还是个人的问题。总统对他的依赖大大提高了豪斯的权力地位。豪斯上校身体不好，不喜欢旅行到华盛顿，尤其在天热的时候。因此总统就经常千里迢迢到纽约咨询他。威尔逊第一任内阁的10个成员是由豪斯建议的。虽然照例有一个国务卿，但是，除了在社交和礼节上外，很多外交官对他都不怎么关注。相反，他们中的大部分也跑到纽约，有时候到豪斯夏天休假的马萨诸塞州的马格诺尼亚，向他提出他们的重要诉求。因为他们了解这个性情温和的人虽为一介平民，却对美国的外交政策有着重要影响，能够给他们以帮助，而不管他们的问题是什么。

豪斯是一个害羞和谦虚的人，公众对他活动的兴趣看起来真让他不舒服。他喜欢在不被公众关注的情况下工作。他办事得体，非常干练。据说他能在干树叶上行走而不会发出任何声音，在面团上走过而不留足迹。他产生影响的方式像谜一样吸引世界各地的记者和历史学家，引发了各种各样的说法。豪斯和威尔逊在巴黎和会的引人注目的"分手"再次引发了潮水一般的猜测。

豪斯和威尔逊之间的故事饶有兴趣，本身就非常值得一讲。本书的作者有幸查阅了耶鲁大学图书馆寄存的豪斯上校的文件，这些文件能够提供一些有关的信息。因为这些尚未出版，这些信息可以提供一些两人合作的情况，可以作为进行更详细研究的基础。

许多作者在对豪斯和威尔逊的关系进行思考以后，得出结论说，这是又一个证明威尔逊"令人费解"和复杂人格的一个体现。经常说他，因受内在矛盾所困，最终导致了他的失败。这是大量对威尔逊的评估的一个显著特点。

在他1924年辞世前不久，威尔逊挑选雷·斯坦纳德·贝克做他的私人文件管理员。贝克开始了一项巨大的传记研究。在这个过程中，他查询了数以百计的了解威尔逊的人对他的回忆——他儿时的发小，老师，同班同学，亲戚，朋友，工作上的同事等。这些引人入胜的记录作为贝克文件存放在国会图书馆。本书的作者在那里详细研究了这些材料。它们一次又一次地证明威尔逊有一种强烈的内在自我矛盾，他为这些困难付出了巨大的代价。一般人都承认，他对他在担任普林斯顿大学校长期间所卷入的毁灭性混乱局面负有重要的责任。作为总统，在参议院拒绝批准包含有国联条款的《凡尔赛和平条约》的时候，完全是他的挑衅行为招致了他灾难性的失败。他极度痛苦地抛弃了一个又一个挚友，只要他愿意，这些朋友都是可以帮助他的。当然豪斯上校是最著名的一个。人们随意挖掘这些贝克记录，就可以看到以下的时刻。

"如果我写威尔逊先生的传记，"从普林斯顿开始，到后来在华盛顿对威尔逊都了解的一个长老教会的牧师哈里斯·E. 科克写道，"我将主要从他的人格解释他的政策和生涯，理解它们的关键，容我冒昧地说，都源于他那分裂的人格。"

托马斯·F. 伍德洛克给贝克写道："威尔逊徒劳地与其斗争，最后还是没有摆脱失败命运的根源在于他自己，但是这是一个像古希腊悲剧中的人物命运一样不可改变，不可避免。在他生活的最后几年有点普罗米修斯的味道。他奄奄一息，无助地躺在冰冷的石头上，任凭鹰的嘴和爪吞噬着他致命的器官，他痛苦地忍受着，无所畏惧，决心战斗到底。在他心灵深处孤独的城堡，得意并自信他的事业是完全正义的，不能容忍任何批评，不能有任何反对，在自己的精神深处，他不能做出任何妥协。悲剧如果不是高尚的就不是悲剧，没有人否认伍德罗·威尔逊命运中的高尚成分。必须说明的是，当普罗米修斯受难的时候世界也随之受难。政治最根本的本质不在于对命中注定失败的艰难容忍，而在于知道什么时候该抓住机会，什么时候舍末求本。否认威尔逊作为伟大政治家的素质只是说他一直跟着自己的感觉，直到生命的最后。他的命运就是索福克勒斯（希腊悲剧剧作家——译者注）早已想象到的。"

林德利·M. 加里森曾一度担任威尔逊的战争部长，他对贝克坦诚他的困惑时说："我永远也不能理解威尔逊先生，我绝非不尊重他，我怀疑你或有任何其他人能理解他。他是我遇到的最特别和最复杂的一个人。"

在详细阅读了威尔逊的材料之后，贝克写道："爱德华·吉本在很久以前的回忆录中所写的格言就说，传记作者'最根本和重要'的部分在于揭示和展现其主人公的'私人生活'。这句话在威尔逊的例子上尤其具有说服力。"

在威尔逊的传记中，威廉·艾伦·怀特写道："……研究威尔逊一生的人会感觉到好像是在狂叫，像一个情景闹剧，一场争吵，一个残忍的竞赛的一个观众，一个需要有人来解开和释放我们英雄潜意识中的郁积已久的愤怒的人，来重拳一击，不管是精神上还是肉体上，使其心灵得到安慰，使其全身的道德血液重新恢复流动。"

威尔逊对自己内在矛盾的困扰也有所意识。他曾经告诉他的夫人说，他总感觉他好像心里有一座火山。还有一次他对夫人坦言，他总是"提防他的感情过多地流露出来，那样太痛苦"。在获悉他成为总统候选人几个小时后，他对他的私人秘书说："你知道吗，塔马尔蒂，我有两种本质，每天都在我内心争夺主导权和控制权。一方面我有爱尔兰人的特点，干练，大方，爱冲动，充满激情，总是急于帮助别人，对处于困境的人富有同情，就像爱尔兰唐尼布鲁克地方闹市上的爱尔兰人，总是想举起手杖狠揍反对我的那些人的脑袋；另一方面，还有苏格兰人的特点：精明，顽强，冷淡，可能还有一点孤傲。我告诉你，我亲爱的朋友，当这两个方面互相争吵的时候，很难在它们中间做出决断。"

一些传记作者指责威尔逊，另外一些则歌颂他。有少数则毫无偏见和很有见地地记录下他生活的事实，比较著名的是 A. S. 林克。在他去世后的一代人之后，说明威尔逊到底是一个什么样人的任务正在如火如荼地进行中。但是关于他为什么和如何做出重要决定，以及他为什么选择了最终导致他成功，也最终导致他失败的领导策略，这一任务还远没有完成（见研究说明第 317 页的注释）。

在他与豪斯的关系中，威尔逊个性许多方面的轮廓都展现出来。如果我们能够真正理解这些政治合作的所有复杂的方方面面，我们就会在整体理解威尔逊行为方面迈出一大步。我们试图以一种不同的方式讲述豪斯和威尔逊之间的故事，我们希望通过揭示两个人物的性格轮廓来取代一些"谜"或"神秘"的内容，这种轮廓帮助我们对他们的行为更容易理解。

这本书试图用能够揭示他人格因素的方面来刻画威尔逊的生涯，这些因素影响了他的政治行为。我们不拟涉及其生涯中所有重要的事情，或对他所支持的政策或采取的措施进行分析，除非它有关我们的主题。

需要注意的是，虽然了解有关的人格因素对理解任何人的政治行为都是必需的，但个人行动的情势环境总是需要牢记在心。简单地说，领导人的人格特质并不单独"决定"事情的发生。它们是原因的一部分——经常是重要的一部分。一个领导人的价值观、动机和倾向影响他对所面临的环境的知觉，他的判断，以及他对可能采取的行动和最后选择的评估。

政治领导人物行动的外部环境决定和限定领导人个人特质表现的方式。正像威尔逊曾经说的："……如果一个国家的主要思想没有做好准备，没有任何改革能够取得成功……国会领导人必须观察到推动国家发展方向的力量，感觉到其发挥作用的速度。虽然我在采取主动，但并不新颖，务实的领导人不能期待从那些遥远的黑暗和尚未探索的地方召唤那些反应迟钝的公众，或者调停政治分歧：他必须每天都探索通向期待目标之路……"因此，不管怎么讲，领导人的人格：它必须表达政治中的重要力量，否则将会遭到抛弃。在一个民主的社会尤其如此。

我们发现那些指导选择和组织材料最有用的理论概念是充满生机的心理学理论。正是通过将威尔逊的外在行为与其情感需求联系起来，其行为的内在逻辑才能表现得明显起来，前者有时候看起来幼稚和没有道理，其孩提时代的成长背景使后者具有自己的特殊因素。如果我们仍然对他的有些行为感觉到遗憾的时候，我们至少能理解其行为的大部分。

关于用心理学家的观点分析历史材料的可行性在过去的几十年里已经有不少的阐述。这就是一个朝此方向努力的一个尝试。

第一章 威尔逊的童年时代*

> 孩子永远不能忘记其童年时代，也永远改变不了那些细微的影响，这些影响是其在孩提时代养成的，已成为他自己的一部分。①
>
> 伍德罗·威尔逊

伍德罗·威尔逊16岁时，有一天他在书桌前练习书法，表妹杰西·伯恩斯走到他跟前。墙上挂着一幅表情严肃的画像，只要他抬起头来，一眼就能看到。杰西问这人是谁。"是格拉德斯通，历史上最伟大的政治家，"男孩充满敬畏地回答说，"我也想成为一个政治家。"②

当然，这种表示没有任何特别之处。有无数的青年都表示他们想成为一个政治家、军事战斗英雄、无与伦比的医生、在原子时代外空的探索者。与众不同的是，这个充满梦想的年轻人成功地将他的大话般的幻想变成了现实。让他成功的个性特质是在儿童时代形成的，通常都是这样。他对自己永远不满足的倾向也是如此。尽管他取得了伟大的成就，在他生活的最高目标——通过《国联宪章》——成败难料的时候，促使毁灭性的自我失败行为也是由他的性格造成的。我们必须通过威尔逊早年的生活来找到他极其顽强的一面，以及导致他不折不扣的历史悲剧弱点的根源。

---

* 在为撰写威尔逊的正式传记做准备的时候，Ray Stannard Baker 搜集了大量关于威尔逊早期生活和上学阶段的材料。其中的大多数都在他八卷本研究的第一卷 Youth 1856-1900 中有精心和准确的描述。这些和 Baker Papers，尤其是 IB 系列中的材料是本章有关事实描述部分的主要材料来源。更多的关于威尔逊早期生活的材料被 William Allen White 的 Woodrow Wilson: the Man, His Times, and His Task 所收集。

① Baker, I, p. 49-50.
② Baker, I, p. 57.

托马斯·伍德罗·威尔逊1858年12月28日出生于弗吉尼亚州的斯汤顿。他的母亲杰西·威尔逊出身于有文化、宗教气息浓厚的苏格兰家庭。与众不同的是，这个家庭几代人都是学者或长老会的牧师。他的父亲约瑟夫·拉格尔斯·威尔逊是具有苏格兰和爱尔兰血统的长老会牧师。

威尔逊父母双方先辈中的几代人大多是牧师、长老、神学教授，或者是他们称职的妻子和孩子。那些从事其他职业的人也都笃信宗教。宗教是他们生活的核心。他们信仰严格的加尔文教教义。根据这种教义，人天生是堕落、有缺陷的罪人，应当得到永远的惩罚。唯一获得拯救的机会在于被上帝选中而过上体面的生活，并以此获得永生。

毫不奇怪，真正信奉这种教义的人总是经常关注他们的生活状态是否体面，于是常常焦虑，有时候甚至充满恐惧，总是通过自我审视来寻找他们是否有被上帝选中者的标志。严格的意义上说，如果找不到这种可信的标志，这种紧张感就会增加：上帝根据他不可莫测的意愿，已经注定每个人的命运，在凡世所做的任何事情都不能改变他关于人们命运的决定。多年来，这种严肃的观念已经成为一种普遍接受的理念，做善事，纯净的思想是被上帝选中的标志，而邪恶的行为则是厄运的标志。因此，信徒通过自我审视自己的行为和思想进而推断自己是否被上帝选中，这是具有重要后果的事情。每个人都承受着巨大的压力，要做好事，抵制各种形式的诱惑——甚至是压制被诱惑的感觉。

接受这样的观念，即所有的人（甚至所有的儿童）都有一种深深的罪恶感，抵制本属于人类本性的冲动是一件十分痛苦的事。那些成功说服自己，他们的确是被上帝选中为体面子民的人，有时候会感到一种不受人类权威所控制的自由和兴奋。因为这样的人坚信任何事情都不能将他和上帝的爱分开，坚信从事自认为属于上帝引领的事业的工作就会得到神圣力量的指导和保佑。别人怎么想都是小事。如果需要，即使当面反抗世俗的权威也不是什么大不了的事。在良心上一个人只需要对上帝和造物主负责。

这样的信条让人产生坚定的信念，无论面对什么样的反对，他们都能坚持他们的原则。年轻的托米听到不少有关他的前辈的英勇故事。在他年轻的时候，他还在他的叔父，一个哥伦比亚神学院教授，詹姆斯·威尔逊博士身上目睹了这种不屈的精神。威尔逊博士开始深信并教授达尔文的进

第一章 威尔逊的童年时代

化论，因此在当时遭到正统教会的厌恶。经过一个长时间的争论，他拒绝放弃自己的观点，最后他被撤职。威尔逊的父母对詹姆斯·威尔逊博士矢志不移非常钦佩，威尔逊也是如此。

孩提时期的威尔逊生活在一个传统的环境里。这种传统把道德成就看得比任何其他事情都重要。他的家庭成员一致地接受加尔文教的教义，他们的信仰和他们先辈几代人的信仰是紧密联系在一起的。宗教对这个孩子来说一定是他每天生活中压倒一切和不可改变的组成部分。有许多证据证明不仅当时如此，后来在他一生中都是如此。他从不让自己对教会的基本教义提出挑战。"只要是涉及宗教的，"他有一次表示，"所有争论都应该停下来。"① 他跪在地上祈祷，每天如此。他每天阅读圣经，每次饭前都祷告，定期上教堂。这些都是扎根他内心深处信仰的外在表现。

威尔逊一家既不富有，也不贪求财富。他们并不缺少生活必需品，但他们属于穷人中生活不错的那种家庭。后来威尔逊喜欢讲述说，他父亲有一次在街上遇到一个教区的成员，威尔逊牧师把马和马车停在路边。"你的马看起来不错呀，威尔逊先生，比你看起来要好多了。"这个教区的一个居民说。"是的，"威尔逊博士反击说，"你看我能控制我的马，而我的教会可以控制我。"②

威尔逊的母亲是一个相当朴实和一本正经的妇女，沉默寡言，专注于家庭。很少有关于孩子们与母亲关系的历史记录。他是他父母的第三个孩子，第一个儿子。他出生的时候他姐姐玛丽昂6岁，另一个姐姐安两岁。我们从当时来往的信件中得知，他是一个平静的孩子——"一个漂亮、健康的小子"，"一点也不胖，""漂亮，""好得不能再好了"。威尔逊的母亲在他四个月的时候这样描述他。③

"……我记得我如何离不开她（是个常常被别人笑话的'离不开母亲的小子'），直到我长成大孩子。"许多年以后，威尔逊在给他妻子写信的

---

① Baker, I, p. 68.
② 这一故事曾被广泛引用。例如 George A. Ridell, *Lord Riddell's Intimate Diary of the Peace Conference and After* (Lond, Vict Gollancz, Ltd., 1933), p. 90。
③ Baker, I, p. 25.

时候这样写他的母亲。"通过这种对母亲的依赖我获得了女性最伟大的爱，这种爱深入我心。如果我没有一个这样的母亲，我就不能赢得，或应该得到——也许仅仅是部分，通过遗传的美德——这样一个妻子……"①

从他孩提时代的初期，他的父亲在他的教育过程中就扮演了非常积极的角色。儿子和这个英俊、令人敬畏，有时让人害怕，威尔逊后来习惯称之为"我无与伦比的父亲"的牧师之间关系密不可分。

约瑟夫·拉格尔斯·威尔逊博士是一个口才极佳的牧师，一个有丰富学识的人，睿智和很有风度的人——在社区也是一个人物。他的外形也很有特点：身材高大健壮，脸型消瘦，显示了他的智慧和道德素质。

威尔逊博士大多数时间与家人待在一起。全家人每天都跪下来做祷告。晚上博士会带领大家一起唱圣歌，或者他会将全家集中在一起大声朗读。他浑厚的低音充满感染力。沃尔特·斯科特爵士和查尔斯·狄更斯的小说尤其受欢迎。星期天，托米参加教堂的礼拜活动，充满敬畏地聆听他父亲发表他那精心撰写的布道，阐述其教派庄重的教义。有时候，当唱诵某一伤感的圣歌时，这个孩子还会哭出声来。

威尔逊博士的刻薄和睿智是出了名的。这一点他不仅对他同龄人如此，对他年轻的儿子也是如此。托米从不反驳，也不反抗。相反，他完全接受他父亲的要求，做到完美，尽力模仿或超过他，尽可能地把严厉的批评解释为由于自己做得不够而受到羞辱的例子。他总是感觉到他不如他父亲，不管是长相还是成就。他曾说："如果我有我父亲的面孔和身材，我说的话将会多么不同。"②

托米到10岁才上学。一开始就处于全班最后的位置。他父亲、外祖父母和詹姆斯·威尔逊叔叔一起开过几次会，商讨如何应对他如此糟糕的表现。我们不知道家里打算采取什么样的补救措施。也许从威尔逊多年后说的话可以推断孩子当时的感受。他说他知道一个男孩子在学习上排名最后是多么羞辱。③

---

① WW to Ellen Asxon Wilson, 4/19/88, Baker, I, p. 35.
② Baker, I, p. 25.
③ WW to Cyrus McCormick, 12/2108, Baker Papers, Series I.

第一章 威尔逊的童年时代

托米发育迟缓的一个突出例子是，他直到9岁才知道如何写字母，直到11岁才会熟练地阅读。威尔逊博士尽最大的努力教育他的孩子，把熟练地掌握英语看得比任何其他知识技能都重要，因此不可能是他忽视教育孩子如何阅读。人们怀疑托米的学习能力是否被他父亲完美主义的要求所挫伤。也许博士对他最初所犯的笨拙错误的鄙视是如此伤人（也可能是因为这种期待就是如此地使人烦恼），以至于孩子彻底放弃所有努力。也可能是，不会或拒绝学习是孩子敢于表达对他父亲憎恶的唯一一种方式。无论如何，重要的是，来自于一个阅读每天都是重要活动的家庭的托米，阅读能力非常弱；在一个充满宗教氛围的家庭，他阅读家里的教义问答手册都有困难；在一个学者集聚的家庭，他显然是一个差生。

一有读写能力，威尔逊博士就想着给他更严格的宗教训练的可能性。通常在他给儿子讲授某一问题后，他会问他，"你完全理解吗？""哦，是的。"孩子会这样回答。"很好，把它写出来，拿来我看一下你是否真的明白了。"托米会吃力地写一篇文章以经得起检查。战战兢兢地，他把他努力的结果交给他父亲。如果博士看到任何一点看起来哪怕是有些许含糊不清，他就会要求他说清楚到底什么意思。托米会进行解释。"好，但你没有写出来，"威尔逊博士严厉地说，"想一想，你再试一下，看看这次你能否表达清楚你的意思，如果不行，我们就再谈一次，甚至谈第三次。"

许多年以后，威尔逊告诉他的太太说，要让他父亲满意，他通常得第四次，甚至第五次"再做一次"。① 另外一个常做的练习，是一句又一句地考他经典名言，并将它们的一部分用更好的格式重写出来。

威尔逊博士热衷、着迷于最准确地运用语言。孩子在日常生活中的愉快谈话中如果有用词不当的情况，他马上就会打断，要求去查字典找出自己的错误。

威尔逊总统辞世后，他的女儿玛格丽特在威尔逊的正式传记概括了她祖父的教学信条："他的信条是，"她说，"如果一个小伙子是一块好钢，

---

① Wilson, E. B., p. 57 – 8. 关于威尔逊受他父亲教育的详细情况见 Baker, I, p. 37 – 9, 以及 Baker Paper, Series IB, Memorandum of Talks with Miss Margaret Wilson, 3/12/25。

你越敲打，他就变得越好。"①

其他亲属对威尔逊博士严厉程度也有生动的记忆。海伦·伯恩斯，威尔逊的表妹描述说："……约瑟夫舅舅要求严格，有苛刻的睿智，说话刻薄。我记得我们家里曾愤愤不平地谈到威尔逊表哥遭他取笑所受之苦。他为伍德罗·威尔逊感到骄傲，特别是他儿子表现出多么与众不同之后。不过，也只有像威尔逊表哥这样好的人才能在以后的生活中忘掉如此严厉的批评，还经常表示出赞赏。"②

另外一个表妹，杰西·伯恩斯·布劳尔的回忆中记录了威尔逊博士是如何"取笑"托米的一个典型例子。有一次，全家聚齐参加一个婚礼早餐会，托米迟到了。他父亲替儿子表达了歉意，并解释说，托米早上在自己的胡子里发现了一根头发，他如此兴奋乃至于今天花费了更长的时间来梳洗。"我清楚地记得，孩子的脸一下子变得通红。"布劳尔太太回忆说。③

人们可以想象这样的嘲弄对孩子所造成的影响。的确，人们不需要发挥太多的想象力。威尔逊自己对青年时代的回忆提供了大量的证据，表明他早期总是担心自己是愚蠢、丑陋、卑微的，不讨人喜欢。这种感觉是他宗教信条的具体表现，即人本性是邪恶的。也许就是这种强烈的缺陷感，一种必须证明自己并非一无是处的卑微感，才是他对爱、权力和成就无法满足的追求以及他追求完美的强迫性个性的根源。

对深受自卑感困扰的人来说，忘掉内心伤痛的途径之一是通过努力取得巨大的成就或获得权力。问题是，不管他们取得的成就有多么辉煌，它们只能产生一些短暂的满足感，因为更深层次自卑仍然存在，很快又开始吵闹着需要新的抚慰。

威尔逊似乎就深陷在这种无休无止的努力向他父亲，向上帝还有向他自己证明他是有能力和价值的人。从孩提时代开始，他就下定决心做一些在世界上都是辉煌的事。他家的一个老佣人回忆在一次吃饭时，托米是如何严肃地说："爸爸，长大后，我要有一个高尚的职位。"④ 威尔逊博士和

---

① Memorandum of Talks with Miss Margaret Wilson, 3/12/25, Baker Paper, Series IB.
② Helen Bones to Baker, 7/12/25, Baker Paper, Series IB.
③ Jessie Bones Brower to Baker, 5/9/26, Baker Paper, Series IB.
④ Henry B. Kennedy to Lena Rivers Smith, Nov. 1925, Baker Paper, Series IB.

蔼可亲地笑了。但是,对孩子来说,这绝非孩子的玩笑。他非常认真。从幼年到青年,他都非常努力,准备成为一个伟人。

到目前为止,心理学家基本上都接受这样一个事实,在抚养孩子的过程中,父母不可避免地会引发孩子们对自己一定程度的怨恨。因为,教育一个孩子行为文明必须要让他放弃许多形式的贪玩的行为。孩子会对此表现出憎恨,并对阻挠他的父母发怒。到底父母什么样的行为能够产生哪种或什么程度的憎恨,专家们在这方面还没有达成共识。但是,有一点可能是有道理的,即一个像威尔逊这样的小孩,总是面对很高的要求,总是会需要与很多的怒火做斗争,他父亲总是喜欢捉弄他的喜好显然不能减轻他的怒火。

当代心理学家也完全同意,一个孩子如何处理对他们父母的憎恶在他的个性形成过程中至关重要。有些孩子可以毫无拘束地表达出来,庆幸的话,父母遇到这种问题能够接受孩子的敌对感情,让他消除疑虑,就会让他避开未来可能遇到困难的潜在的根源。相反,还有一些孩子并不敢将这种消极的感情表达出来,通常是担心一旦父母知道就会采取什么样的惩罚。有时候孩子是如此害怕,甚至不敢承认这样的感情在自己身上存在,而是不断说服自己保持一种对父母超凡的爱。这好像就是威尔逊应对自己对父母敌意所引发的焦虑的办法。

找不到任何他曾公开反抗过他父亲权威的证据。相反,他非常听话,是一个典型的孝子。这种孝顺,他保持了一生。托米总是顺从,表现得很谦恭。他非常乐意帮助他父亲打杂。年轻的时候,他帮助父亲抄写乏味的教会大会记录,并乐此不疲。即使在他长大很成功后,只要他父亲在场,他就会有一种不称职的感觉。他曾经说,他一生最难的一次演讲是,有一次在演讲的时候,他看到了听众中的父母,马上感觉到自己又像一个小孩,好像得在演讲后回答他父亲提出的关于演讲内容的问题。

当老博士年迈体弱的时候,威尔逊坚持和他一起居住在普林斯顿,尽管照顾变得越来越不能自理的老人的工作是繁重的。威尔逊的一个同事回忆说,他们父子在一起的时候,孩子就是一个学生。[①] 威尔逊当上了普林

[①] Myers, William Starr, *Woodrow Wilson*, *Some Princeton Memories* (Princeton: Princeton University Press, 1946), p. 2.

斯顿大学的校长后，每天都需要处理索然无味的校园纠葛，但是，他总是找出时间，给他父亲唱一些他们喜欢的圣歌，尽力调整老博士的情绪。

也许没有什么比他们之间的一些通信能更生动地反映威尔逊对他父亲的尊敬了。这里选其一封，当时威尔逊32岁，已经成为一个声名鹊起的学者的时候写的。其语调非常典型。

> 我尊敬的父亲大人：
>
> 　　我经常满脑子都是您和宝贝"多多"① 的身影。田纳西是如此之远，让一个小伙子渴望着能看到两个我爱的人。就像我以前经常感受的那样，随着圣诞假期的来临，在佳节和欢聚的时候因为远离你们我感到痛苦。您知道，我感觉到最能确保让我高兴的事，是因为我是您的儿子。随着我能力和经验的增多，我越来越体会到作为您儿子的好处；我认识到您身上那些力量目前正在我身上增长；我越来越意识到我经遗传而得到的财富，坚持原则的资本，文学表达能力和技巧，获得灵感的能力；我日益感觉到一定让我的儿子尊重和孝顺他们的父亲，就像您让您的孩子对您那样。啊，如果我能让他们像我想念您一样想念我，我将会多么幸福啊！您给了我可以不断增长的爱，已经成年的我心中的爱已经比我是小孩时候要更加强烈——简单地说，是一种扎根于理性、基础牢固的爱，而非子女本能的爱——一种有着永恒感情基石的爱，您是让我感激不尽的一切的源泉。我感谢上帝给我这么一个高尚、坚强和神圣的母亲，和一个无与伦比的父亲。问问"多多"他是否赞同我的看法？告诉他我深深地爱他。
>
> ……艾利和我无限地爱你们。
>
> 您孝顺的儿子
伍德罗②

威尔逊博士1903年去世后对儿子的控制并没有丝毫减弱。威尔逊的私

---

① 威尔逊的弟弟约瑟夫。
② WW to Joseph Ruggles Wilson, 12/16/1888 Baker Paper, Series I（纽约《Times》1931年5月17日也有刊载）。

第一章 威尔逊的童年时代

人秘书约瑟夫·塔马尔蒂讲了这样一个故事。"一战"期间有一天,总统中断了一次内阁会议来接待他父亲的一个老朋友。在这个老人赞扬他的时候,总统笔直地站在那儿,像一个害羞的中学生。来访者说:"好吧,好吧,伍德罗。我该怎么对你说呢?……我要说,您亲爱的老父亲如果站在这里,他可能要说:'做个好孩子,我的儿子,上帝保佑你,照顾您'!"①总统哭了。

威尔逊对他与父亲关系的许多描述都没有显示,除了极度的孝顺外,他还意识到有其他的感情。如果他意识到一点他对他父亲的敌意,他都会从意识中将之驱逐出去。他意识到的那一点会让他生活在恐惧之中。纵观其一生,他总是回避思考其内心的真正动机。自我审视的想法本身就使他不自在。他曾经在一封信②中写道,除了一种难以控制的厌恶外,他对讨论动机和行为根源没有别的感觉。他认为克服个人所面临困难的唯一办法是严格的自我约束。玛丽·霍伊特,一个年轻的亲戚回忆说,他对任何他认为有点缺乏自制力的人都有一种,用她的话说,"冷漠的"的倾向。比如,他对一个他熟悉的艺术家因为患忧郁症不能工作就颇有微词。"玛丽表妹,"他说,"你知道,控制自己的思想是完全可能的。"③他好像担心一旦他让自己的思想自由流露出来,一些无名的危险就会让他不知所措。他曾经说过,他从来不敢放纵自己,因为他不知道他什么时候能收住。④

当代的心理学家基本都同意,由于自我意识到的一些不能接受的思想和感情所引发的焦虑并不会轻易就彻底离去。相反,它们在脑海中的别的地方扎根,并通常是以非常高的破坏性方式继续影响行为。

他在成长的过程中形成了对成就和权力的喜好:他必须单独行使权力。他容不得任何干涉。如果他想这样做,他的意见必须胜出。对任何敢挑战他权威的人,他怒不可遏。这样一种性格应该表现为他对他父亲严格控制的反抗,但他从来不敢公开挑战他父亲。他一生中与别人的关系好像

---

① Tumulty, p. 464 – 5.
② 写于 1911 年某些时候,由新泽西州行政部发出。Baker Paper, Series III。
③ Mary Hoyt Memorandum, p. 17, Baker Paper, Series IB.
④ Memorandum of Talks with Helen Bones, Baker Paper, Series IB.

受到内在思想的控制，即他的意志永远再也不能屈服于其他人。他好像也遇到过一些人，他们决心让自己的观点战胜威尔逊的——比如普林斯顿大学的韦斯特院长，或者后来的洛奇参议员——都是一种不能容忍的威胁。他们好像激发起他早期屈服于他父亲的记忆，他会坚决地反抗。因为担心被别人主导，他必须主导。这种需要是如此之强烈，没有任何事情——除非有时为了得到更高地位的诱惑——能够战胜他击败对手的坚定决心。朋友的恳求是不管用的。即使他认识到为了取得理想的目标有时候需要对自己的对手做出妥协也不管用。

无论是前文的解读，还是后面的解读，其真实性只是一个观点问题，都没有不可辩驳的证据。没有任何一个事件足以成为某种关于威尔逊动机理论的依据。只有将这个人的一生作为一个整体来考查，才能看到一种基本相似行为的反复。让读者自己来判断，是按照这里提供的解释，还是其他解释更能具有系统性和更容易地理解这些行为的规律。这才是对它们效用的最好考验。

即使威尔逊博士是一个严格执行纪律的人，他性格还是有其他的侧面。他是一个充满乐趣的人。有不少威严的牧师与年轻的儿子之间玩游戏的故事，两人吵吵嚷嚷从书房走到花园，让家里的女成员都感觉到非常高兴和惊愕。两人一起下棋，打台球。他们一起散步，威尔逊博士毫不谦虚地给年轻人谈他的希望和遇到的问题。他很随意地表达自己的爱。他与孩子见面的时候总是亲他儿子，他给儿子写的信息是以"我的宝贝儿子"开头，他对儿子有无限的期待。在威尔逊尚未步入政界很久之前，威尔逊博士就认为他是一块担任总统的好料。但他对他的一个熟人吐露说，但是"某些利益集团"不会让他这样做。威尔逊已经担任普林斯顿大学教授后，在普林斯顿大学的一次宴会上，老博士充满自豪地倾身用大家都可以听得到的声音低声问一个朋友，"你在听威尔逊讲话吗？他不优秀吗？"① 他在普林斯顿病重的时刻，他把他的三个孙女叫到自己的床边，告诫她们要永远记住，她们的父亲是一个伟大的人。

---

① Memorandum of Interviews with Cary Grayson, 2/18/26 and 2/19/26, Baker Paper, Series IB.

威尔逊博士给他儿子两种归属感：宗教传统和家庭。他的确培养了他的儿子，也许在某些方面是不明智的，但却是毫不退缩地履行了他的责任。非常重要的一个事实是，威尔逊博士对儿子的严格训练是在一种对孩子真诚的关心并为他自豪的氛围中进行的。如果假定威尔逊对他父亲有一种看不见的敌意有益于理解威尔逊后来所遇到的大困难，那么强调老威尔逊的积极影响对全面理解这个人也是有必要的。

第二章　学徒政治家*

>我选择的职业是政治；我开始的职业是法律。我进入后者是因为我认为它能够使我进入前者。①
>
>——1883年10月30日伍德罗·威尔逊给艾琳·艾克逊的信

托米一岁的时候，他们家从斯汤顿移居到佐治亚州的奥古斯塔。在这里，威尔逊博士成为第一长老教会的牧师。他恪尽职守，成绩突出，被南卡罗来纳州哥伦比亚市授予许多人都渴望得到的教授身份。这个家庭1870年又移居哥伦比亚市。当年托米14岁。

在哥伦比亚，他就读于一所私立学校，仍是一个中等生。他的一个同班同学回忆，他与别的孩子有点不同——不合群，自尊心还特别强。他总是一个人，不太喜欢一般男孩子爱玩的体育活动；甚至不知道如何拿球。他对船只很感兴趣，总是花费一个又一个小时，一天又一天，素描一些各种各样漂亮的船只。他把自己想象成一个幻想中的海军上将，每天都撰写这个舰队的日志。他的另一个喜好是每天练习书法，希望练就一种像他一个叔叔那样流畅的书体。

这个时期他对宗教很执著。除了经常到教会，坐在他父亲的课堂聆听他在神学院的讲座外，他还参加年轻的神学专业学生组织的宗教会议。1873年夏，在快要17岁的时候，他申请并得到哥伦比亚市第一长老教会的支持，成为该教会的一个成员。

---

* 有关威尔逊对政治兴趣的形成，以及他坚持不懈地为此积累知识和培养技能的主要材料，仍然出自贝克的正式传记的第一卷和第二卷。

① Baker, I, p.109.

第二章 学徒政治家

这个时期他特别关注他的前途。到这个时候，他已经决定要成为一个政治家，并开始研究伟人的生活。

尽管他看起来与他的伙伴有所"不同"，但总体上还是招人喜欢的。他的与众不同之处并非那种让一个孩子被称为"古怪"的状态，让别人嘲笑。他看起来有点神秘和出众，并受尊重。

在他17岁生日前几个月，威尔逊进入北卡罗来纳州夏洛特附近的一个长老会学院，戴维森学院。在那里他主要的兴趣在辩论协会。他的学习成绩在中等以下，有好几门课都差点挂科。不知道是因为学习的压力，还是因为离家后所产生的紧张，抑或一些无从知晓的其他冲突，事实是到了学年结束的时候，他的身体非常糟糕，最后决定他应当回家，在家里继续学习，以便将来能进入普林斯顿大学学习。

他在家里（起初在北卡罗来纳州的哥伦比亚，后来在威尔明顿，也就是在这里威尔逊博士成为一个第一长老会教会的牧师）待了15个月。他读读书，和在威尔明顿结交的一个朋友讨论这些书和伟人的生活，有时候漫无目的地在码头晃悠，有时也拜访一些当地的女孩子。这些是人们能够了解到的他这一段时间的基本活动。

1875年9月，威尔逊进入普林斯顿大学。一入校，他就参加了辉格党协会，一个辩论俱乐部，着手开始培养他的辩论技巧。他遍查了整个图书馆，搜罗多年来大演讲家的演说稿。在普林斯顿附近的森林（假期期间，在他父亲空荡荡的教堂）里都能听到他背诵伯克的演讲或格拉德斯通、布莱特、帕特里克·亨利、丹尼尔·韦伯斯特和德摩斯梯尼（Demosthenes，古希腊演说家——译者注）的演说。"演讲的目的是什么？"他在大学二年级结束的时候给《普林斯顿人》撰写的一篇文章的最后提出了这个问题。"其目的是为了说服——通过个人的影响力和力量来控制别人的思想。"[①] 他说，演讲不是目的而是手段——的确是手段，一种有志掌握治国本领的任何年轻人都应该掌握的手段。

有一次，他被《绅士杂志》上的一篇文章所吸引。这篇题为《论演讲》的文章分析了演讲在政治生活中的作用，而且还从演讲能力的角度评

---

① Baker, I, p. 92-3.

价了英国的治国之术。这是一个充满渴望的人正巧遇到了那种最能激发他想象力的典型例子。他开始比较英国与美国的政府制度，如饥似渴地沉浸在政治理论、历史和政治著作中。对一些学生来说，这些都是乏味的追求，但对威尔逊来说，这些都活灵活现、令人振奋，因为他是怀着能给他的雄心提供指导和借鉴的想法去阅读的。他决定成为一个参议员，还写了一些自己名字的卡片，名字的后面写着："来自弗吉尼亚州的参议员"。

威尔逊的班上还有几个年轻人也对政治抱有浓厚的兴趣。这个未来的参议员与他们这些人成为密切的朋友。他还和他们中的一个，查尔斯·塔尔科特达成严肃的协议，将他们的力量和激情团结起来，以确立一些他们相信的原则：探索知识以获得权力；在说服艺术的各个方面刻苦练习。这一协议并不仅仅是二年级学生理想主义想法的流露。威尔逊很认真，塔尔科特也是如此。在大学毕业以后，他们还通信讨论如何落实这些原则。

除此之外，便是那些话题——大学生对天下各种各样事情认真和无休无止的讨论：政治、宗教、道德、理想和志向，所有这些都是他们的谈资。威尔逊许多次在讨论结束的时候都半开玩笑地说："如果我在参议院遇到你，我将与您争辩出个是非曲直。"①

在有好朋友陪伴的时候，也有轻松的时刻。我们可以大致了解一些情况，威尔逊谈论"女人"，跳号笛舞，有时候用黑奴、苏格兰或爱尔兰方言说笑话。他的幽默和可乐之处不仅存在于他在普林斯顿大学时的亲密朋友之间，而且伴随他一生。他是一个快乐的主儿。他做的鬼脸能让孩子捧腹大笑；他肩披女式羽毛围巾，拖着天鹅绒窗帘，一边快乐地走着，一边用假声模仿妇女们在社交场合互相问候的陈词滥调。他扮演"醉鬼"的样子，以及他用华丽的辞藻妙趣横生地学习英国人演讲的方式是最能让家里高兴的事情。所有这些顽皮的方面都没有减少他的一丝尊严，有人认为他的这些荒诞行为也正是他特别的魅力所在。只有他的家人和亲朋才了解他这轻松的一面。对他周围的人，特别是对他的对手来说，他看起来总是显得严肃，毫无幽默感可言。当然也不能否认，在他和这些人的关系上事实上也的确如此。

---

① Baker, I, p. 104.

第二章 学徒政治家

　　查阅一下威尔逊在普林斯顿大学的成绩不能不产生一种不偏不倚的看法，即他是一个优秀的本科生。当然，事实上他的确如此。与他兴趣不相干的科目，他既没有耐心也不觉得要去成功。但是一旦激起他的兴趣，他不需为了获得好成绩，就会产生强烈的学习兴趣，在学习中记忆大量乏味的事实也不是为了获得高分。通过将课本上的内容与他自己的理想联系起来，所有的知识都成为活生生的现实。他能准确地掌握排序的规则，因为对他来说，这些都是非常实用的工具。他能掌握政治制度的历史，因为这是人们——像他那样的人们——必须发挥作用的环境。

　　最吸引他的政治制度是英国的制度。他喜欢这种制度的一个主要原因是，伟大的领导权在下院是通过伟大的演讲和辩论技巧实现的。在美国却有所不同，国会的委员会制度倾向于削弱在国会辩论的重要性。他开始搜集资料论证这一假设，结果写出了题为《美国的内阁政府》一文。该文发表在当时很有影响的杂志《国际评论》上（顺便说一下，同意发表这篇文章的编辑是一个年轻的历史学家，名字叫亨利·卡伯特·洛奇）。阅读和撰写英国制度的优势还不够，他必须将他的想法付诸实践。他把他的朋友们组织成一个"自由辩论俱乐部"，仿照英国宪法起草了该俱乐部的章程，还据此设置了首相一职。

　　在普林斯顿大学的经历对威尔逊来说充满刺激。他在很大程度上能够按照自己的爱好，富有成果地运用各种机会。他获得了自信，他参加辩论赢得了荣誉。他广交朋友，在知道他们不仅把他当作一个人，而是当作一个领导者的时候，他洋洋得意。他给《普林斯顿人》撰稿；他关于"内阁政府"的文章受到广泛的好评。带着胜利的喜悦，他给父亲写信告诉他的一个伟大发现：他发现他有自己的思想了。

　　这种快乐的时光在他1879毕业的时候结束了。他面临的最大问题是，下一步该怎么办？一个只有22岁，希望成为一个伟大政治家的年轻人，发现自己身处困境。社会已经非常有效地确立了追求特定的职业目标开始应该的选择：想当医生必须读医学院，想当商人得找一个工作，或开创自己的企业，或者在威尔逊的时期还可以到西部去。但是，一个渴望当世界领导人的年轻人应该怎么做呢？在他毕业后的几个月里，威尔逊一直思考这个问题。"我选择的职业是政治；我开始的职业是法律。我进入后者是因为我认为它能够使我进入前者",他在几年后的一封信中解释说。① 1879年秋季,他进入弗吉尼亚大学法学院。

因为只对与政府相关问题有广泛的兴趣,威尔逊发现要记住那些说明法律要点、一点都提不起他兴趣的众多案例非常乏味。但是,他相信法律训练对他后来的持续发展是有益的。他在1879年12月31日给他的朋友塔尔科特的信中自我描述说,"就像在吞下难以下咽的东西时还必须正襟危坐,表情高雅"一样,他囫囵吞枣地记住大量法律技巧。当然他并没有任何放弃学习的意思。"如果仅仅是为了发泄一下感情而不是为了其他的原因,一个人可以偶尔抱怨一次。因此,为了发泄我的感情,我想现在必须承认,我有时候对学习法律烦得不得了,尽管总体上我对我选择的职业还是非常满意的……法律是精彩的,但如果像烹调中的大杂烩,总是不厌其烦,无休止地总是吃,会变得单调乏味。"②

课外活动更让他满意。他参加了两个辩论协会中的一个:杰弗逊辩论会。他很出名,一些他参加的辩论会不得不移到更大一点的礼堂以容纳大量涌入的听众。他的有些说法还被报纸报道。他被选为杰弗逊辩论会的主席后,就立即修改了该协会的章程。他充满激情,富有感染力,取得了非常成功的效果。他还给大学的杂志撰写文章。总之,他成了一个受欢迎和受尊重的学生领袖。

这些成功更加激发了他的雄心。"那些我们曾经讨论的计划现在每天都在我身上变为现实,"他1880年5月20日给查尔斯·塔尔科特写信说,"在产生一种对完成伟业冷静的自信之前,我在对这种伟业的本质进行分析的时候还是很困惑。我说不清楚是我自己的一种极度虚荣,还是一种在我能力限度内能够实现的根深蒂固的决心。"③

不管有多烦,威尔逊还是把大量的时间和精力投入到正规学习上。他是如此沉湎于课外活动,不仅是辩论,还有每天要练习演说和写作——还有谈恋爱。这些对几乎所有人都是一个非常繁重的担子,最终紧张的威尔

---

① Baker, I, p. 109.
② *Ibid*, p. 116.
③ *Ibid*, p. 118.

第二章 学徒政治家

逊彻底垮了。1880年12月，他病了，主要症状是肠胃性的，而且是非常严重，于是他不得不休学回家。

在接下来的一年半里，他一个人继续自学，总是情不自禁放下法律著作，在闲暇的时间为他那仍然朦胧的远大前程而训练，对这种前程他仍然有着不可动摇的信心。这段时间他失去的东西是他的名字：汤姆逊。在尝试各种各样的签名方式后，他决定"伍德罗·威尔逊"可能是最好听的名字。

经过18个月扎实的学习后，"伍德罗·威尔逊"决心开始自己的职业生涯。他决定要做的事情，是在正在兴起的社区建立一个律师事务所。佐治亚州的亚特兰大是他最后选择的城市。

1882年6月，满怀希望的年轻人来到亚特兰大，立即拜访了他在弗吉尼亚大学学习时就认识的爱德华·爱尔兰·雷尼克。雷尼克也打算成立自己的律师事务所。他们决定联合起来，雷尼克和威尔逊律师事务所就这样诞生了。踌躇满志的威尔逊写信将这个进展告诉父母。他们马上给他送去了良好祝愿，还有一些新的衬衫、一些办公室的家具等。10月，威尔逊通过了律师资格考试。满怀激情，雷尼克和威尔逊等着客户来向他们寻求服务。但是，他们是白等。委托人没有像他们想象那样如潮水般涌进来，甚至连一滴也没有滴进来。威尔逊急切地等待着展示他在法庭辩论才华的机会，但完全没有实现。一天天过去了，这两个合作伙伴在他们的办公室无所事事，时间流逝在窘境中。

因为有充裕的闲暇时间，他频繁地到佐治亚州参议院去观察。那时候参议院还有不少内战期间在南方变得显赫的人，他们中庸或更糟。威尔逊听到的演说没有一个可以与他记忆中的德摩斯梯尼、格拉德斯通、卡尔霍恩，或者韦伯等的演说相比。令人汗颜的议员，他们粗俗和无知的方式，使他反感。这不是他梦想要成为的政治家。法律正在证明它并非一个晋升之地，哪怕是在这种政治庸俗地方获得参政机会。事实上，法律甚至不是一个能让他解决温饱问题的途径，更不用说舒适生活了。不仅远没有让他在争论法律的原则问题上出名，在经济上他连获得能让他活下去的财产争端的小案子的机会都没有。他似乎没有吸引哪怕是一个委托人——除了他母亲以外，因为他母亲委托他处理了一些生意上的事情。

18

"……潜力巨大的雷尼克和威尔逊律师事务所,"他1883年1月11日给希斯·达布尼写信说,"做的事情**很少**,但是希望的却**很多**……"① 漫长的几个月过去了。威尔逊把时间都花费在读书上,多数是历史和政治学的,中间也偶尔阅读一些弥尔顿、雪莱和济慈的文学作品。此外,他每天下午都练习写作。

学习给他带来了精神上的快乐,但却并没有提供给他更多的工作机会,从事激发热情的工作机会则更少得可怜,哪怕是获得一些简单的案子。两者之间的比较开始让他喘不过气来。从事律师业务越来越像一个死胡同。在满怀喜悦,大胆从事实际业务不到一年后,他决定重新回到大学。"……我基本上已经决定在约翰·霍普金斯大学学习……"他1883年5月11日给希斯·达布尼写信说。

"毫不怀疑地说,我这样做是遵循了自己天生的喜好。除非我能过上一种知识分子的生活,我永远也不会快乐……在这里文化很少受到尊重,可以说一点也不被尊重,它就像市场的一种药,但是太少了,于是没什么人了解它好的药效。好的文化没人欣赏……在这种没有知识伙伴的环境下我非常痛苦。

"但更重要的是,当从事法律业务与收益联系起来的时候,它与知识分子生活中最好的一面是对立。**学习**法律的哲学——对任何有思想的人都是一个快乐——与法律的筹划和让人疲惫的实践完全不同。

"目前,我离开这个行业的秘密就在这里。你知道我对创新型工作的热情,你知道我喜爱写作,我渴望成为一个在哲学领域参与对话的大师,成为一个能够给尽量多人提供指导的人。如此,我需要的是一个能给我提供基本的支持,良好的学习环境,以及充足的闲暇时间的工作。那么还有什么比一个教授更好,可以讲授最让我快乐题目的讲师?"②

在亚特兰大的一年让威尔逊失去了追求政治的兴趣。并非这种追求不存在了,它仍然存在。但是,没有家庭的保护和大学的生活处境迫使他得出这样的结论,即他必须做出调整,让他能有收入,至少得到一些快乐,

---

① Baker, I, p. 152.
② *Ibid*, p. 154-6.

第二章 学徒政治家

即使不是那种他最期待的快乐。无论如何,作为一个学者他可以通过写作和教学施加自己的影响,尽管他不能直接参与政府事务。

一个重大的事件让他决定去追求一个比成为"政治家"更容易得到的职业。他恋爱了。不久,他便开始渴望结婚。在他做出有意义的职业调整前,这怎么可能呢?

姑娘叫埃伦·路易斯·阿克森。与威尔逊一样,她也是一个长老会的教徒。不管从哪方面说,她都是一个罕见难得的人。除了完全接受她作为妇女的所有角色外,她有文化,有自己的兴趣爱好。威尔逊对她能够理解他的精神追求非常高兴,也非常在意她的意见。更为重要的是,她能真正理解威尔逊的性情,威尔逊总是需要源源不断的爱和赞同,而她总是满怀爱意迎合威尔逊的需求。他多么渴望她的支持来获得信心呀!"拥有激情不是一种快乐或方便的事,"他一次给她写信说,"我有一种不舒服的感觉,我身上有一座火山。只有爱才能拯救我……我肯定从没有一个人像我这样觉得爱情比任何其他事情都重要。"[①] 这是他在他们订婚时写的一封信。很久以后写的很多信证明这种感情是持久和永恒的。

在威尔逊抵达巴尔的摩约翰·霍普金斯大学报到的两天前,威尔逊和埃伦·阿克森在1883年9月订婚。"我到大学学习的目标,"他在他的入学申请书中写道,"是为了让我有资格教授我所追求的研究,也就是历史和政治学,以及使我能适合从事有关宪法史的那些特殊的研究,在这些方面,我已经投入了大量的热情。"[②]

威尔逊努力投入学习,勤勤恳恳。如往常一样,他把正规的课程学习只是看作必须做好的,而把自己的主要精力投入到他为自己所规划的项目的阅读和写作。他着手写两本书。一本是美国经济思想史,但最终也没有出版。另外一本是《国会政体》,这本书试图从我们宪法体系的日常运作的角度评估美国政府机构。

他充满激情,不畏艰辛,追求完美。"我**必须**展现真实的我,"他给他的未婚妻写道,"……永远不能为了试图去做一些我将来会认为不及我的

[①] WW to Ellen Axson, 12/7/84, Baker, I, p. 242.
[②] Baker, I, p. 172.

声望，做得不好的事情，让我的名字出现在公众面前。"① 他对自己的写作方式要求非常严格，给自己确立了一个凡人很少能达到的标准。

除了参加的所有其他活动，威尔逊找到辩论协会，并成为其中的主要明星之一。他的演讲让协会成员眼花缭乱，而他们的热烈反响也让威尔逊陶醉。他享受演讲，他给埃伦·阿克森写信说，因为"它让我的思想——我所有的感官——发光"。他觉得他在演讲的时候有一种自信和自我驾驭能力，而且非常兴奋，随后很难入眠。他把那种"面对和征服一群敌对的观众……或融化一群冰冷观众的绝对享受"告诉她。②

他所读书的所有大学的辩论协会对威尔逊都有一种不可抗拒的吸引力。根据英国议会制度的原则修改每一个俱乐部章程对他也有一种不可抗拒的诱惑。在约翰·霍普金斯大学也是如此。经威尔逊的提议，辩论协会的成员将霍普金斯文学社改变成"霍普金斯下院"，还通过了威尔逊自己起草的章程。他立即将这个成功和他在其中所得到的享受告诉了他的未婚妻，还写道："我感觉在与一个群体打交道的时候拥有一种与单个人打交道所没有的权力感。在前一种情况下自我克制并不像后一种情况一样影响我。讨好众人喜好并不像寻求讨好一个人喜好那样感觉到有损自己自尊。"③ 他的成功激发了他早年的雄心。他给他的未婚妻写信说，他渴望"做流芳百世的工作"。④

政治学研究生学习生活的核心课程是赫尔伯特·B. 亚当斯博士的历史讨论课。在完成《国会政体》一书的每一章后，威尔逊都读给他的这个课堂小组成员听，给亚当斯博士和他的同学留下了深刻的印象。从 1884 年 1 月到 10 月，威尔逊一直努力修改初稿，最终完成。怀着一点忐忑和不安，他将书稿寄给 Houghton, Mifflin and Co. 不到两个月，年轻的作者就收到了惊人的喜讯。Houghton, Mifflin and Co. 拟出版这本书。"实际上他们给我提出的条件好像我已经是一个知名作家！这次成功是如此之大，几乎让我

---

① WW to Ellen Axson, 6/5/84, Baker, I, p. 182 – 3.
② WW to Ellen Axson, 11/25/84 and 3/18/84, Baker, I, p. 187.
③ WW to Ellen Axson, 12/18/84, Baker, I, p. 109.
④ WW to Ellen Axson, 11/9/84, Baker, I, p. 242 – 3.

震惊——它远远超出了我的期望。"威尔逊给埃伦·阿克森写信说。①

重要的是,第一次的自鸣得意很快就被一种压抑所取代。他焦躁不安,甚至不能对已有的成就有一会儿的满足感。在给埃伦·阿克森的信中,他坦言他情绪低落,并解释说"除了那一小会儿,成功并没有让我得意或让我高兴"。当然,这本书被接受出版当然让他高兴,"但是,它也让我冷静了许多。问题是,下一步怎么办……我必须继续努力:停滞不前将是致命的。"②

《国会政体》于1885年1月出版。加梅利尔·布拉德福德在《国家》杂志评论该书时,把它说成是"在研究政治议题方面最重要的著作之一,美国以前还从没有出版过这样的书"③。对这本书的评论充满对这个霍普金斯大学聪明年轻人的溢美之词。在这种成功的氛围中威尔逊再次感到一点得意。但埃伦·阿克森感觉到他有一种不可言喻的失落,非常体贴地问他。威尔逊给她写了一封充分表达他内心的回信。信的日期是1885年2月24日。

> 是的……有,而且我心里长期都有,在我思想中有一种"潜在的**失望和失落**,似乎我生活中失去了一些东西,这种东西是我的资质和愿望让我拥有的";我的确感觉到一种非常真切的遗憾,我被挡在我心里的第一个——主要的——理想和目标之外,即积极参加公共生活,如果有可能的话扮演一个领导的角色;如果有能力的话,为自己谋求一个**政治家**的生涯。这是藏在我内心——或者我**头脑里**——深处的秘密……我毫不怀疑,如果我有独立的经济支持,哪怕是不多的支持,我**无论如何**都会寻求进入政治领域,会为获得具有支配作用的影响尽力闯出一条道,甚至是在喧闹和忙乱的国会。我有一种担任领导人的强烈的直觉,一个毫不含糊的演讲气质,能从政治中得到最大的乐趣。让我满足于学者和文人的冷静,需要不懈和艰苦的学校教育。

---

① WW to Ellen Axson, 12/28/84, Baker, I, p. 219.
② WW to Ellen Axson, 12/2/84, Baker, I, p. 220.
③ Baker, I, p. 223.

我对被称作"研究"的乏味劳动没有任何耐心，我对向世界解读伟大的思想具有一种强烈的热情；我会感到很圆满，如果我能激发一个伟大的思想运动，能阅读过去的经验并将它们运用于今天人们的实际生活，并通过这样的方式与广大的人民群众交流思想，推动他们取得伟大的政治成就……我一直感觉我的文学才能与我所具备的从事其他事务的能力相比是**第二位**的：我的写作能力对于我的演说和组织活动的能力来说是一个很好的助手。当然，我的这种想法也完全有可能一直都在误导我：我也准备接受上天对我生活的旨意，在这一点上给我一个最终的结论。诚然，我选择的这条道路，如果得到神的青睐，它能让我实现的我最初对我生活设想的**大部分**，如果为此需要我放弃生活的所有其他道路，我一点也不会埋怨。正因为如此，我以前从来没有如此坦言过：我不想**哪怕**是看起来就显得对自己的运气不满足。我写作的时候不能不努力，不管是在道德上还是在思想上，不遗余力将我最好的东西写出来，因为我不得不放弃我倍感珍惜的雄心，选择了现在的这个行业，而在这个行业里只有我的**笔还在**忙碌不停。①

不管他在否认自我不满的时候如何勇敢，这封信的每一句话都表达了他对他选择的第一职业的渴望。他对命运的接受和尽一切努力利用一切可以得到的机会的决心，只是进一步说明了他令人伤感的失望之情。在《国会政体》出版后的25年里，威尔逊在学术领域获得了以前、乃至迄今都很少有人能比的知名度。他获得了很多的荣誉，有些也的确让他高兴。但是他在学术领域的任何成功都不能掩盖他内心深处焦虑不满的暗流，这才是他最基本的情绪。如果不在他最初确立的追求目标上取得一个胜利，任何事情都不能让他高兴起来，这个追求是他内心深处一直渴望的，但理性告诉他永远抓不住。总之，在大约25年里，威尔逊在自己生活最重要的领域内一直感觉到一种痛苦的失落感。

《国会政体》确立了其作者作为一个很有发展前途的年轻人的地位。到这个时候他的声望已经不仅仅局限于当地。他开始收到担任教职的邀

---

① Baker, I, p. 228-30.

第二章　学徒政治家

请。他接受的那个学校是一个刚刚建立的女子大学——布林·莫尔。他的年薪是1500美元。有了这一收入，一个男人能够养活一个妻子，甚至过上不错的生活，尽管只是一种普普通通的生活。1885年6月24日，威尔逊和埃伦·阿克森结婚了。"你能给我保守住这个保密吗？"埃伦激动地告诉她哥哥说："他是这个世界上最伟大的男人，也是最好的男人。"① 她对他充满柔情的仰慕一直持续到她29年后去世。

人们可以翻阅他们的通信，或者对熟悉这个家庭的朋友和亲戚们的回忆，会发现证据证明，威尔逊在他们婚姻的不同时期对夫人的爱和温柔的依赖。在他们结婚9年后，他还能这样写："离开你的生活是如此**乏味**。没有你生活变得如此**毫无意义**，是你将我从备受压抑和平淡无品味的生活——庸俗的生活中拯救出来。在有你的地方生活是如此清新、甜蜜和有趣。"他们结婚17年后，她给他写信说："当你给我写像你近年来所写的这些信——你用甜言蜜语如此大肆吹捧我，亲爱的，你怎么能让我保持镇静？的确以前从没有这样一个爱人，即使过了这么多年，仍然是如此之好，让我难以相信你就是**我的**爱人。我能告诉你的就是，你该得到多少爱，我就给你多少——和你能够想象要得到的爱一样多。"②

威尔逊辞世几年后，曾经与他们一起居住过一年，后来经常拜访这个家庭的威尔逊的一个表妹玛丽·霍伊特在给雷·斯坦纳德·贝克写的一封备忘录中说，"……我难以向你表述这个家庭的生活是多么愉快。家里充满善良和礼貌，埃伦和威尔逊表哥之间是如此的相爱，家里的生活总是闪耀着爱的火花。"③

1885年9月，威尔逊一家移居布林·莫尔。威尔逊恪尽职守地备课，他教当代历史。但是，他发现教女学生乏味，对一个女院长的可憎之处也感到惊讶。六个月后，他开始到华盛顿去探寻有无在国务院谋得一个位置的可能。但这一尝试无果而终。

---

① Baker, I, p. 239.
② WW to Ellen Axson, 8/22/94, and Ellen Axson Wilson to WW. 8/27/02, Baker, II, 分别引自 第66 和 67 页。
③ Baker, I, p. 289. 关于威尔逊一家的家庭氛围，还可参见 Margaret Axson, *My Aunt Louisa Woodrow Wilson* (Chapel Hill: University of North Carolina Press, 1944)。

他的自尊又一次受到打击。经他一个好友罗伯特·布里奇斯的协调，他应邀到纽约给普林斯顿大学的校友会发表一个演讲。他太想讲好了，变得紧张，拘谨，糟糕而枯燥无味。这一次完全没有"面对和征服听众"的喜悦。更让他难堪的是，一些听众发出大笑，另外一些听众中途离开了会场。他回到布林·莫尔，深感耻辱和丧气。在这里教授女生，他说这让他的头脑放松；作为一个演讲者这次失败如此惨——因为他如此看重这个事件，多年后他一直受到精神上的折磨；他的经济生活也遇到了困难，因为他太太要生了，即使在那个时代，一年用1500美元养活三口之家绝非易事。唯一的能够让他还能怀揣希望的事就是写作。

他设想了一个具有里程碑意义的工作，初步命名为《政治哲学》，将详细追溯民主政府的渊源和发展。这将是一个杰作，一本将成为经典的书。他打算在写作之前花费几年的时间做些初期的研究工作，开始搜集关于世界上每一个国家的政府体制的资料。他发现在这个题目上还没有一本足够和完整的书。他决定给 D. C. 希斯和公司写一本叫作《论国家》的专著。

在此后的三年里，他花费了他所拥有的很少的空闲时间不辞辛苦潜心准备《论国家》一书。他的教学任务在不断增加，但他教学的兴趣一点都没有。他尽力通过在校外演讲或写文章增加收入。仅是那些与养家糊口有关的活动就使他精疲力竭。剩余零散时间进行的研究让他压力倍增，他永远也不可能取得进展。"我不明白文人的生活怎么能靠教授本科生，"他1887年10月4日给太太写信说。"这种教学工作让你生活平庸，都是每个学科的ABC……你对呆板的教学变得困倦，但你还得习惯它，找到休闲的时间变得困难——越来越如此。一个男人应该怎么办？他怎么能一方面挣钱养家糊口，同时还能有空余的时间来思考与养家糊口不相干的事？"①

这种压力在他健康上得到体现。他对一个老朋友坦言，他担心如果他

---

① Baker, I, p. 292 – 3. 关于威尔逊一家的家庭氛围，还可参见 Margaret Axson, *My Aunt Louisa Woodrow Wilson* (Chapel Hill: University of North Carolina Press, 1944)。

第二章 学徒政治家

继续在布林·莫尔工作会垮掉的。① 不是因为工作量大，而是因为这种工作乏味不堪，让他疲惫。他开始四处寻找别的出路，并很高兴在韦斯利大学得到了一个工作。工资比布林·莫尔要高，而且学生是男的。

1888 年 9 月，威尔逊将家搬到康涅狄格州的米德尔顿，开始了在韦斯利大学的教学。威尔逊的家居住在高街的一幢舒适的老房子里，查尔斯·狄更斯曾经将这条街描述为"美国最美丽的大街"。他们在布林·莫尔期间居住的拥挤不堪的房间里的令人难受的不舒服条件和缺钱的日子从此不再。更为重要的是，威尔逊发现这里的学生和教员比布林·莫尔的要振奋人心。他们能与他的努力相得益彰，他的情绪高涨起来。

他教过的一些学生的回忆证明，他在与学生沟通知识的热情方面具有天分。他对自己要求很高，也最大限度地激发他的学生。大学的辩论协会很快吸引了他，读者也不需惊奇，他决定有必要将这个协会重新组织成"下院"。这种想法很受欢迎。组成了"内阁"，具有同样热情的年轻政治家们在"下院"激烈竞争。"下院"变成了学生们发泄竞争精神的场所，作为最受欢迎的体育运动的足球的统治地位受到了威胁！

威尔逊甚至对足球也产生了兴趣。在热爱足球的校园，他成为和其他人一样的热情支持者。在比赛间隙，他会鼓动队员们要相信他们有能力击败实力更强的大学校队。在比赛过程中，当前景变得暗淡的时候，威尔逊会冲到球场，当起拉拉队队长。韦斯利大学有一个非常成功的赛季，威尔逊也成为校园最受欢迎的教授之一。

《论国家》于 1889 年秋天出版，这给正在上升的威尔逊增加了声望。他在校外的演讲开始赢得积极的关注。他还当选为美国优秀学生联谊会（Phi Beta Kappa）的成员，并被选为约翰·霍普金斯大学校友会的主席。他终于找到了发挥他天分的道路。

"我告诉过你吗？"1889 年 3 月 9 日他给妻子写信说，"最近——我到这里以后，产生了一种成熟——或者正在成熟的**感觉**？我过去一直拥有并珍惜的**孩子气**感觉正在有意识地被另外一种感觉所取代——我感觉我不再

---

① Baker, I, p. 293. 关于威尔逊一家的家庭氛围，还可参见 Margaret Axson, *My Aunt Louisa Woodrow Wilson* (Chapel Hill: University of North Carolina Press, 1944)。

年轻（尽管也不太老！），在大人面前或在与年纪较大的人们，'我的长辈'面前，我不再优柔寡断（一直以来都非常有意识地这样做）地坚持自我和我的观点。"①

尽管有这些各种各样的满足感，这个人的心胸总是比机会大。"尽管这的确是一个让人感到兴奋的工作地方，但不是一个有足**够刺激**的地方……"他给他的盟友罗伯特·布里奇斯写信说。② 从他第一次想到教学，他就将普林斯顿大学政治系当作他的最终目标。恰好这个时候该系正在经历重组和扩展规模。布里奇斯的职位使他能够提前让威尔逊成为一个候选人。威尔逊满怀感激地接受了他的帮助。威尔逊被安排与普林斯顿大学校长巴顿见面。威尔逊给他留下了很好的印象。最后他得到了一个工作。威尔逊满怀欣喜地接受了这份工作。他在普林斯顿的生涯——持续了20年，12年作为教授，8年作为该校的校长——在1890年9月开始了。

实际上，威尔逊回到普林斯顿意味着他"到了目的地"。因为他并没有把普林斯顿仅仅当作一个到更好学校工作的一站。不管他想在学术上有多大能力，想取得什么样的成就，他都可以在普林斯顿得以实现。这是一个值得他奋斗的机构。现在是发挥他天分的时候了。他接受了普林斯顿的工作，并把它当作实现他一生工作目标的地方。

积蓄已久的精力爆发了出来。威尔逊在普林斯顿的表现从一开始就堪称卓越。他授课非常著名。他将他精心练就的高超技巧全部运于分析美国宪法、国际法、大陆法和行政管理。30年后，他的有些学生仍然能够回忆起他对这个或那个历史事件诗情画意般的描述，让他们永远感觉到这些事情对他们的意义。有时候在他特别精彩的表演——**的确是表演**——结束后，学生们会充满激情地爆发出热烈的掌声。

他对教工事务也表现出来积极的兴趣。他参与讨论时总是很有说服力，睿智和非常有启发性。无论他说什么，他都有法让它看起来很重要。他身上有一种气质，有尊严和美德，他有这样的天赋，向接受他观点的人

---

① Baker, I, p. 315. 关于威尔逊一家的家庭氛围，还可参见 Margaret Axson, *My Aunt Louisa Woodrow Wilson* (Chapel Hill: University of North Carolina Press, 1944).

② Woodrow Wilson to Robert Bridges, 1/27/90, Baker, II, p. 6.

第二章 学徒政治家

传达一种发人深省的真诚感觉。他的许多同事都被他所吸引，把他当作领袖。他也很自然地充当了他们发言人的角色。

他还写作，而且多产。他的书和文章使他的名望远远超出普林斯顿。他在校外进行演说，邀请之多让他应接不暇。他扩大他演讲题目的范围，向那些管理者演讲当代事务。他慢慢地受到国家领导人的关注。

如此杰出的成就使许多机构向他提出工作邀请，毫不夸张地说有数十家。一旦有一所大学的校长位置空缺，好像就有人请他担任此职。在短期内先后有伊利诺伊大学，弗吉尼亚大学，内布拉斯加大学，明尼苏达大学，华盛顿和李大学等邀请他担任校长。越多的大学希望得到他，董事会就越坚定地说服他留在普林斯顿。董事会还批准了一个非同寻常的安排，规定普林斯顿大学的几个朋友捐款来大幅度提高威尔逊的工资，以换取他承诺从1898年开始的五年里不接受任何其他大学的职位。

没有任何其他学者能梦想得到一个比威尔逊得到的更安全的机会，以潜心研究和出版著作。然而他并不满足。问题是，尽管他尽力争取，还是忘不掉在政治上扮演一个活跃角色的愿望。他敏锐地意识到政治家看待象牙塔里学者时的不屑。"真正和实际的政治家，"他在一篇论文中写道，"……对学者发表关于政治事务和政治机构的评判有一种尖刻的蔑视……一般的文人，即使他是一个著名的历史学家，也不适合做一个政治事务的导师……"但是，"从事实务的政治家应当有辨别力……让他找一个充满想象力的人，尽管他非常超脱，但思想敏锐，充满想象力，能够想象政治斗争中的残酷风雨。政治家应该向这样的人寻求指导。"①

这是他写作中不断出现的主题之一。他尽力给自己确立这样一个地位：处于权力地位的人来寻求帮助的现实思想家。但是学者所承担的指导者的角色很难符合他内心深处的梦想，因为他不想让他的影响通过一个中间人再发挥作用。他想把权力抓在自己手中。"我对仅仅谈论这个职业烦透了！"一次他给他的妻弟斯托克顿·阿克森写信说，"我想**做**点事！"②

他想"**做**"的事到底是什么，他好像也没有决定。显然，对他有吸引

---

① Baker, II, p. 26–7.
② *Ibid*, p. 23.

力的事就是自己担任领导人。那个时候,更确切地说,几乎他整个一生,他都是一个寻求一个事业的领导者。人们几乎意识到,在后半生充满激情,孜孜以求的各种事业都几乎是偶然的。无论如何,一个人不可能在真空中行使权力。有时候威尔逊似乎很难将一个现实的目标与他希望担任领导人的野心联系起来。他的目标与那种强烈的想成就特定的事业所产生的目标有所不同。相反,他想成为领导者的愿望非常朦胧,不同的事业上的成就都只是让他的雄心进一步膨胀的手段。

这一事实丝毫不减少他所利用项目的价值。如果历史上的英雄人物的动机能够昭示公众,人们可能会发现他们取得成就的力量源泉是基于人的本能所有的基本动因。这样我们就太离题了,也太超前了,因为在他担任普林斯顿大学教授的时候,威尔逊还没有锁定特定的道德使命。那个时候他还深陷困境,一方面是他难以抑制的对掌握权力的渴望,另一方面是他理性的信念,即他那永远也不能满足的渴望。

斯托克顿·阿克森有一次问他是否对成为参议员感兴趣。"我确实感兴趣,但是,这是不可能的。在这个国家不可能从学术界进入政界,"威尔逊回答说。①

作为教授和学者好像没有别的选择,只能尽力控制住他难以控制的雄心。这种努力抑制使他处于紧张状态。在家里,他对家庭的责任和爱丝毫没有减弱。但是家庭成员意识到一种潜在的苦恼,始终处于即将爆发的边缘。"我认为,威尔逊表兄精神高度紧张,几近崩溃。"玛丽·霍伊特后来回忆说。②

威尔逊为自己安排了越来越繁重的写作和教学日程,好像是单纯通过努力的强度就能在工作上取得成就。1895 年和 1899 年,他两次病倒。医生让他休息。他两次都来到英国。他闲庭信步,参观那些著名的大学,他的先人们曾经居住过的城镇以及与他心目中的精神英雄有关的圣地。他把亚当·斯密和巴杰特墓地的树叶寄给太太,要她保存起来。在华兹华斯常去的地方,他朗读和陶醉于华兹华斯诗歌之美。他不是那种眼睛大睁而没

---

① Loc, *cit*.
② Mary Hoyt Memorandum, p. 14, Baker Papers, Series IB.

第二章 学徒政治家

有想法的乏味游客：他能从所看到的名胜中得到天真的乐趣。

两次回到普林斯顿后，他不管是身体还是精神都大有改善。他重新投入到已经让他名声大振的工作，结果也更加高兴。1896年秋天，在普林斯顿大学150周年校庆典礼上，他发表了一个演讲，引起举国关注。他的主题是，大学教育学生的目标不仅仅是使学生实现个人的自我价值，而是应当着眼于报效国家。随后他应邀到校外在更重要的场合给更重要的听众演讲，再加上他的著作和文章，使他在普林斯顿大学师生中更受欢迎。

在他遇到困难的时候，实际上在他的一生中内心遇到困惑的时候，威尔逊往往通过朋友的友谊来寻求安慰。从儿时开始他就知道没有无条件的爱。相反，他似乎感觉到他必须根据他父亲的要求，养成良好的态度和行为才能被接受，而且在这个过程中他总是怀疑，他所付出的努力是否能够成功。纵观其一生，威尔逊一直都担心他到底是否可爱或被爱，也总是需要在这些方面有无数明确保证。他很清楚他对友情的依赖。他写了数百封信感谢对他的精神提供支撑的那些朋友。

1906年在英格兰度过一个假期后，他给一个英格兰的朋友弗雷德·耶茨说："爱总能愈合我的伤痛，我所拥有的珍贵友谊是我的真正的补药和营养品。"①

又如，1914他给伊迪丝·G. 雷德太太写信说：

> 像你4号给我写的这些信是多么好啊。它们让我兴奋、振作，保持冷静，这只有充满爱的朋友才能做到。为此我从心底里祝福你。生活中的动荡、竞争和混乱的争斗耗尽了我的欢乐和自信，像你那样亲切的语言是如此大方，如此充满爱和自信，如此真诚和充满理解，正是那种我需要的精神滋补品。它们让活水源源流淌。②

1919年8月3日，他给玛丽·赫伯特写信说，他并非钢铁之人，和他

---

① WW to Fred Yates, 11/6/06, Baker, II, p. 301. 关于友情对威尔逊的必要性，见 Baker, III, p. 156 – 69.

② WW to Edith Gittings Reid, 3/15/14, Baker, III, p. 166.

了解的其他一切相比，他都更依赖于朋友的同情和信任，这些给他以力量来完成总统的工作。①

在他去世的几个月前，他再次给雷德太太写信说："我越来越离不开我的朋友，我见到他们越少，就越想念他们……我必须见到朋友，否则就渴望得要命。"②

威尔逊的所有朋友——男的、女的，教授、政治家、社会名流——拥有一个共同的特点：他们是，至少得让他看起来是，对他做的事**没有任何批评意见**的崇拜者。思想上的不一致，或者有一个朋友对他手中的事不能苟同，都会引起他难以容忍的焦虑，让他想起那难以消失的童年记忆。因为威尔逊在孩提时期就知道，如果他不立即接受父亲每一种观点或者行为的话，不能赢得父亲的赞同，他就会感觉自己在出卖他父亲的爱。对威尔逊这个人来说，观点的一致和爱是不可分割地连在一起的。他从来不知道，与一个朋友可以有不同意见但仍然可以保持相互间的友情。对他来说，如果一个朋友在重要问题上与他意见相左，那就意味着他的朋友不再在意他，他的反应就会像过去担心他父亲在相同的条件下可能对他的反应一样——与他断绝关系。

威尔逊也有不少女性朋友。他沉浸于她们对他的奉承和赞扬，毫无疑问，相对来说这种关系不会因为将来意见的分歧而受到损失。这些朋友包括露西小姐和玛丽·斯密斯，南希·托伊太太，伊迪丝·雷德·吉挺斯太太，玛丽·埃伦·赫伯特·佩克太太（她离婚后继续使用她第一个丈夫的姓，名字又改为玛丽·赫伯特）。

他与赫伯特太太的信在 1912 年和 1916 年的总统大选期间差一点变成一个对他有威胁的闻名全国的丑闻。因为像给其他朋友包括男的和女的朋友写的其他信件一样，威尔逊在给她写的信中用热情的语言表达了他对她的爱和对她们之间友谊的赞赏，这些很容易被那些无知或充满敌意的人误解。威尔逊总以某种方式赋予他的朋友们以高尚的人格，他们真实的个性丝毫不影响他对他们的看法。由于感激而不顾事实，他对赫伯特太太理想

---

① Baker Papers, Series IC.
② WW to Edith Gittings Reid, Reid, p. 235.

第二章　学徒政治家

化的看法，与不带任何偏见的人对她的观察有很大的不同，这些人认为她是一个反复无常、溜须拍马往上爬的人。威尔逊太太对这些友谊都有所了解，她与其中的不少人也是朋友。无论如何，那些了解他对太太忠诚，了解他基于宗教原因所具有的矜持，以及他与男性朋友之间通信中也有类似亲密语调的人，都会相信将他与赫伯特太太联系起来的丑闻是诋毁。

威尔逊将朋友理想化的能力在这些朋友之间可以看得更清楚。例如，雷德太太这样写道：

> 他欣赏别人对他的爱就像他对爱的需求一样是再正常不过了。一个为了表达与其亲密关系的人，得非常肯定地说，"我喜欢你"，或者"我爱你"。随后，如果你是认真的，你的生活就成为他个人永久关心的事。

让朋友之间互相赞赏并非一件非常容易的事。他对女性朋友的介绍总是这样开始："你一眼就会感受到她的魅力。"对于一个男的，他会这样写："你马上就会认识到他的良好品质，他正确思维的能力。"收到他信的人在看到这些信后却看不到这个人有任何的魅力或优点就会感到乏味。而被理想化了的朋友得尽力不辜负这些美德。尤其令人难堪的是，他用漂亮的词语将两个女人互相介绍后，而这两个人相互都认为对方糟糕得难以用语言表达，却又不敢这样说……

对朋友性格的高度兴趣，他总是高度自信地快速描述朋友的性格。令人好奇的是，他对那些个性总是有细微差别的人了解得多么少。出于习惯，他有一个概括男人和女人个性的固定方式，对于任何他喜欢的人，他一见面就套用这种模式。①

威尔逊在普林斯顿担任教授时期的最好朋友是约翰·格里尔·希本。多年来希本一家和威尔逊一家几乎每天都见面。当他听说希本一家将乘渡轮到欧洲待一段时间，威尔逊给他的夫人写信说："这不是让你感到心里

---

① Reid, p. 64-5.

空荡荡的吗？我有这种感觉，非常……**没有他们我们该怎么办？**"①

　　考虑到威尔逊对当领导人的热情，他对普林斯顿大学管理问题的极度兴趣，他总是对管理者，特别是对巴顿校长的管理工作评头论足、极其挑剔，就不足为奇了。他高度赞扬牛津和剑桥大学的教学方法，渴望可以重新组织校园生活，以便让学生能够不仅掌握事实，主要和更重要的是学会如何思考。他赞美导师制度的好处，期待普林斯顿大学会有光明的未来。许多教师——不仅仅是那些因为某种个人原因不喜欢巴顿校长的人，还有那些相信威尔逊比年老保守的巴顿更有能力、更加充满活力的人——开始向威尔逊寻求指导。当1902年巴顿宣布退休的时候，董事会一致选举威尔逊接任普林斯顿大学校长一职。董事会成员很少能有这么一致，也从来没有让这个职位落到一个外行身上。

---

① WW to Ellen Axson, 3/11/1900, Baker, II, p.53–4.

第三章 普林斯顿大学校长*

> 普林斯顿大学时期是他后来辉煌生涯的一个缩影。只要对威尔逊担任普林斯顿大学校长的生涯进行过详细研究,一个政治观察家就能够准确地预测到威尔逊在担任美国总统后情况的轮廓……他拒绝在研究生院争议上妥协,是普林斯顿大学最大的失败,他拒绝在参议院围绕国联的争论上妥协是美国的失败。两者都具有希腊悲剧的特点并可与之一比。
>
> 亚瑟·S. 林克《威尔逊:通向白宫之路》①

威尔逊对担任普林斯顿大学校长一职非常高兴。领导一个大学就是一种政治。他欣喜若狂地给太太写信,说他觉得准备就职演说"像一个新首相在准备对选民的讲话"。他终于能够缓解他做**实践者**而不是**空谈家**的渴望。在经历了多年的渴求之后,他终于尝到了成功的滋味。其勃勃雄心给他带来的焦虑至少在短时期内消失了,威尔逊感觉到一种解脱。"有了这个短暂的放松,我觉得当选校长对我是一个非常有益的事情,"他给太太

---

* Baker 的正式传记(第三卷)中有关于威尔逊这段生涯的一些基本的信息和一些独到的观点。关于威尔逊在普林斯顿大学期间生活的另一个权威和更客观的叙述可见 Arthur S. Link, *Woodrow Wilson: The Road to the White House*。这本书是在对原始资料的彻底筛选后撰写的。

在早期的一篇论文中,文学批评家 Edmound Wilson 通过对他在普林斯顿的斗争揭示了威尔逊个性的重要方面。他以清教徒文化和长老教会环境的视角解释了威尔逊的强项和弱势("Woodrow Wilson at Princeton" 收录在他的 *Shores of Light* 一书)。William Starr Myers ed. *Woodrow Wilson: Some Princeton Memories* 中有不少普林斯顿大学教授们对威尔逊印象非常有意思的回忆。

① Link, p. 90 – 1.

写信说，"它决定了我的未来，给我一种担任一种职务的感觉，一个具体的、有形的任务，让我不再烦恼和不安，精神也为之一振。"①

威尔逊担任校长职务后首先采取的步骤之一，就是要求普林斯顿大学的董事会给他全部和独立的任命和解雇教师的权力。② 已经习惯了在这些事情上保持一定权力的董事们有些担忧。但是，因为对新任校长有很高期待，他们还是答应了他的要求。

威尔逊立即提议，基本按照英国大学的做法在普林斯顿大学采取导师制。这是一个大胆的计划。因为在当时看来它需要大量的资金，并需要对课程设置进行一个彻底的修改。威尔逊不知疲倦地努力工作。在他就职三年后，新制度基本到位。威尔逊聘任了50个导师，清一色前途无量的年轻人。这一举措给校园生活注入了新鲜血液，使之更加充满活力。这个计划很快取得了成功，教育工作者对普林斯顿大学和这位充满首创精神的校长大加赞赏。

威尔逊在任期最初几年所取得的成绩的确是非凡的。他不仅修改了全部课程体系，确立了导师制，还加强了对现有学术标准的落实，并提高标准。在物质方面也是如此。普林斯顿大学生机勃勃，几个新的实验室和宿舍楼就是威尔逊强有力领导能力的最好证明。

由于专心致志的个性特点，他全速推进他的目标。没有一个人反对他或对他的方式提出挑战。他取得了显著的进步。他被赞扬为"普林斯顿大学最重要的财富"。尽管如此，开始可能偶尔有个别的批评，但随着时间的推移，对他的批评不断增加。一些学生和老师认为新的纪律执行得过于严格；看到威尔逊掌握越来越多权力的发展势头，有些董事会的成员和教师越来越感到担忧。他不仅要求对教师拥有无限的权力，他还坚持在任命校董的过程中他必须有发言权。因为他说落实他的改革计划需要一个同情他的学校董事会。他与亨利·B.汤普森的一个谈话就是一个很好的例子。

---

① WW to Ellen Axson Wilson, 7/19/02 and 8/10/02, Baker, II, 分别见第134和138页。

② Annin, Robert E., *Woodrow Wilson: A Character Study* (New York: Dodd, Mead & Co., 1924), p. 11.

第三章 普林斯顿大学校长

汤普森是校董事会和基建委员会的成员，他对一些拟议建设的实验室的地址有不同看法，并把这些意见告诉了威尔逊。"汤普森，"威尔逊说，"只要我还是普林斯顿大学的校长，我就要单独决定学校的基建政策。"①

到1906年，几个在金融管理领域具有丰富经验的董事会成员认为，已经做出的承诺已经让普林斯顿的资金来源，包括实际和潜在资源捉襟见肘。他们认为在已经纳入计划的项目非常有把握地展开前，不应该从事更大的改革项目。②

董事会成员认为应该优先考虑尚未完成的最重要的项目，是建立一个研究生院。这个项目在威尔逊被提拔为校长前就已经开始。1900年董事会正式决定建立一个研究生院，并推选安德鲁·弗莱明·韦斯特来领导该院的建设。他们授权韦斯特全权来落实这个任务。普遍认为这个项目对加强普林斯顿大学的声望是至关重要的。在就职演说中，威尔逊还特别强调建立"一所著名的研究生院"是他的目标之一。

1902年夏天和秋天，韦斯特在欧洲考察和研究那里的研究生院建设。他一回来就写了一个报告，题目是《普林斯顿大学研究生院规划》，阐述他的主要想法。威尔逊在该报告的前言中表示支持。他说："从学校的发展来看，设立一个研究生院毫无疑问是我们首要和最重要的需求，韦斯特教授的研究生院规划无论从哪一方面来看都是值得尊敬的。"③

虽然这样说，威尔逊在推动研究生院的建设方面显得很不情愿，他把大量的精力放在其他方面。在他担任行政职务的最初四年，他和董事会的成员将所有努力都投入到改革本科生教学方面。韦斯特院长不遗余力地支持他，但是对校方一再将学校的资源从研究生院抽走越来越失去耐心。

1906年秋天，麻省理工学院以支付普林斯顿大学两倍工资的条件邀请韦斯特担任该院院长一职。但是，就像威尔逊在19世纪90年代对普林斯顿大学一样，韦斯特这时也是普林斯顿大学的杰出财富。韦斯特非常直率地告诉董事会，只要他建设研究生院的计划能够得到肯定成功的某种保

---

① Baker, II, p. 175.
② Annin, *op cit.*, p. 18, 27–8; Lin, p. 63.
③ Link, p. 60.

证，他愿意留在普林斯顿，因为他已经为此辛苦工作 10 年了。1906 年 10 月 26 日，包括威尔逊在内的董事会通过一个决议，真诚地敦请韦斯特留在普林斯顿大学。决议说，"董事会特别依赖他把他自己设计的研究生院付诸实施"。"它（董事会）让他相信，普林斯顿大学舍不得让他离开。"① 考虑到他在工作中将得到及时的合作，韦斯特心满意足，决定留在普林斯顿。

因此，当威尔逊两个月后向董事会提议对研究生院建设计划进行修改时，他感到非常沮丧。因为如果这个修改意见获得通过，将使研究生院计划重新开始。威尔逊的计划是按照牛津和剑桥大学的模式将学生安排在不同的正方形的宿舍区。他说如果把一年级的新生、二年级学生、三年级和四年级的学生，以及研究生和未婚的教师安排在一起吃住，就会使他们有机会进行非正式的讨论，对学生们的学习生活将很有启发。

董事会任命了由威尔逊担任主席的一个委员会来研究这件事情，并要他们将研究结果递交给董事会以后的会议。1907 年 6 月 10 日，威尔逊提交了该委员会的报告。报告支持威尔逊建设宿舍区的提议，并建议授权威尔逊"采取步骤使这个普通的建议以最好的办法成熟起来"②。董事会接受了该委员会的报告。韦斯特非常恼火，认为这是威尔逊分散研究生院建设精力的又一次努力。同样让他恼火的是，在这么重要的问题上，威尔逊没有与教授们协商就交董事会批准。一些老教授和不少校友和韦斯特一样愤怒，他们的批评意见很快公开化。威尔逊声明，他支持对建设学生宿舍的计划进行全面和自由的讨论。持批评意见的人反驳说，讨论应该在将计划递交董事会以前进行。既然董事会在教工听说这件事之前就已经接受了这个计划，威尔逊提出的全面和自由的讨论是一个伪善的表现，因为他实际上给教工的是一个既成事实。

随后进行了一场大辩论，威尔逊的专横跋扈作风与支持和反对这个计划的广泛争论纠结在一起。反对者表示，在其他项目，比如研究生院项目竣工之前，就承诺这个项目耗费太大。更重要的是，许多人对把普林斯顿大学的前途建立在令人怀疑的实验上觉得不妥。此外，支持高年级饮食俱

---

① Link, 63; Baker, II, p. 210.
② Baker, II, p. 231; Link, p. 48.

乐部的人抗议说，这个居住区计划将毁掉俱乐部。俱乐部是普林斯顿大学当局取缔同学会以后成立的。威尔逊的支持者争辩说，这个计划的方方面面都是好的，因为俱乐部具有同学会的所有弱点，而且也不民主。

这场争论持续了1907年的整个夏天。很清楚的是，校友会以绝对优势反对宿舍区计划，不愿资助这个计划。但是，讨论的焦点集中到俱乐部的一些缺点上，而且还有一种广泛的实施改革的倾向。

董事会内一些对威尔逊最忠诚的朋友敦促他将目标转向这个俱乐部。这是一个既合适又可行的目标，因为考虑到反对者的强烈程度，不可能实现宿舍区计划。但是，威尔逊固执己见，坚持认为俱乐部必须废除，宿舍区计划必须实施，美国未来的高等教育要靠这个计划。他坚持不改变他最初的目标。

最后，威尔逊的计划失败了。1907年11月17日，董事会召开会议，宿舍区计划遭到非常强烈的反对，董事们正式要求威尔逊放弃该计划。威尔逊对这一失败反应先是短暂的失望，随后是更加坚定地决心为他的"原则"而战，尽管现在大家都反对，最终一定要赢得胜利。他发表了一系列的演讲，直接向东部和中西部的校友们呼吁。但是，他高超的演讲才能这次并没有多大用处：校友们仍然坚定地反对他的宿舍区计划。

紧张不安，精疲力竭，威尔逊患上了神经炎，到百慕大度过了一个短暂的休假。他的设想在1908年4月18日最终失败。这一天，董事会任命的一个委员会对俱乐部进行了辩护，并拒绝接受威尔逊的指责。

宿舍区计划的最终失败是对威尔逊的一个沉重打击。其中让威尔逊最痛苦的是，他最好的朋友约翰·格里尔·希本表示他赞成对俱乐部进行改革，而非彻底废除俱乐部。让威尔逊感到震惊的是，他密不可分的伙伴，多少年来他只要遇到个人危机都会寻求安慰的一个人，一个日常生活中的伙伴，也反对他的宿舍区计划。因此，他断绝了与希本的友谊。

这种友谊的断绝给威尔逊思想上所造成的极度苦闷是难以言表的。因为希本多年来一直是威尔逊保持自信的源泉，是他安全感的依靠。希本的友谊也一直是他生活中让他感到高兴和最重要的。"我从心底里非常感谢您的信，"威尔逊曾经给他写信说，"我很难告诉您——我担心我的语言不能表达——你的体贴和爱是多么让我感动和愉快。您信中所说的正是我想听到的——正是那些消息,更重要的是,让我确信自己在被惦记、思念和爱。它给我的感觉,正是那种让我最幸福的感觉,因为有人**需要我**——不管是为了工作,还是为了快乐。"①

威尔逊太太将他1908年病倒的原因归因于他与希本关系的裂痕。② 根据他女儿玛格丽特的判断,这是他一生中两个主要悲剧之一。另外一个是他没有能成功地让美国加入国联。③ 威尔逊离开普林斯顿大学的时候,他试图(但没有成功)阻止希本担任该校校长。在随后的日子里,当他回到普林斯顿大学投票或参加同学聚会的时候,他总是以冰冷的礼节应对希本的友好姿态,直到他遇到豪斯上校后,他才再次形成如此亲密的关系。

在建立学生宿舍区计划上的失败结束了,不能再继续回避在研究生院建设上采取行动了。威尔逊的目标转向了让普林斯顿大学解雇韦斯特。"他得出一个结论,"他的传记作者雷·斯坦纳德·贝克写道,"既然韦斯特院长不服从任何管束,如果想在大学事务上实现团结一致,就必须一劳永逸地把他清除掉。"④

在他的鼓动下,威尔逊在董事会内的支持者于1909年4月成功地剥夺了韦斯特在建设研究生院问题上的多数权利,并把它转交给威尔逊任命的教授委员会。韦斯特抗议这种重组计划,因为这与1906年说服他拒绝担任麻省理工学院院长而留在普林斯顿大学的承诺不一致。威尔逊的反应是明确宣布(根据韦斯特的回忆):"我想严肃地对院长说,他必须彻底融入普林斯顿大学。"⑤

一个月后的1909年5月,韦斯特的一个朋友让他打出了他的王牌:普罗科特和甘布尔肥皂生产公司的威廉·库珀·普罗科特提出给普林斯顿大学捐款五十万美元,以"在让他满意的地址"建研究生院。普罗科特说,他已经看了威尔逊支持的校园内的地址,说"我认为不合适……"⑥

---

① WW to J. G. Hibben, 1/26/07, Baker, Ⅱ, p. 252.
② Baker, Ⅱ, p. 266.
③ Reid, p. 108.
④ Baker, Ⅱ, p. 290.
⑤ *Ibid.*, p. 289 – 90; Link, p. 64 – 5.
⑥ Baker, Ⅱ, p. 294.

第三章 普林斯顿大学校长

普罗科特提出的条件与威尔逊和韦斯特之间的争议是紧密联系的。威尔逊坚持研究生院应该建在校园里。他想让研究生和本科生居住在一起，以确立大学校园里的生活节奏。但韦斯特则支持将研究生院建在校园外。他认为这样可以保持将来有更大的发展空间。作为韦斯特的朋友，普罗科特提供资金事实上取决于韦斯特的观点能否被采纳。

这个事情终于成了一个"问题"，围绕这个问题的争议变成一个维护道德使命，让威尔逊可以表达他怒火的合适理由。威尔逊和韦斯特之间的矛盾已经悄悄地积郁已久。在威尔逊接替巴顿之前，韦斯特显然希望担任下一任普林斯顿大学的校长。如果说他对威尔逊担任这个职务有所不满的话，他外表没有任何表现。在落实本科生教学改革的过程中，他忠诚地与威尔逊合作。但是，威尔逊显然不喜欢韦斯特，很难接受韦斯特负责研究生院建设的努力，但是，因为韦斯特已经被授予此项权利，威尔逊无能为力。

威尔逊不是一个能压抑住自己进攻性冲动的人。他好像害怕这种冲动，就像他在与其父亲所有重要方面的关系一样，害怕并压抑这种冲动。只有在维护道义原则的时候他才可能发火。他显然不会公开承认韦斯特对他权威的挑战是一种他所不能容忍的威胁，即使在他的内心里，他也不愿这么想。他更不会承认这可以成为他采取行动的理由。这也可以解释为什么在韦斯特被邀请担任麻省理工学院院长的时候，威尔逊亲自起草了决议，敦促他继续留下，尽管他真心希望看到韦斯特离开普林斯顿。因为在那时他的确难以从道义上找到足够和令人信服的不喜欢韦斯特的理由。但是，现在他可以战斗了！因为现在他可以说韦斯特与一个富有的赞助商共谋，这个赞助商自认为他的金钱就可以决定教育政策！他可以说，韦斯特和普罗科特所设想的一个与大学校园分开的奢侈研究生院是不民主的！

威尔逊坚持研究生院必须建立在校园。他的理由之一与先前接受的一个约瑟芬·斯旺的遗赠有关。这个慷慨的夫人给普林斯顿大学留下了 25 万美元的遗产，支持在校园建造一个研究生院。威尔逊争辩说，用这些资金在**校外**任何地方建造研究生院都是非法的（9 位著名律师和斯旺夫人遗嘱的执行者在这一点上并不赞同威尔逊的看法。他们的观点是，普林斯顿大学的高尔夫球场是在斯旺夫人死后购买的，用斯旺遗产中的资金在高尔夫球场上建设研究生院是完全合法的，普罗科特也赞同这是一个合适的地址）。

普林斯顿大学的方方面面——董事们、教工、学生、校友——都卷入了这场激烈的争论。威尔逊要求拒绝普罗科特的捐赠。大多数校友认为以目前的理由拒绝这么大一笔捐赠是荒谬的。威尔逊争论说，通过规定研究生院的地址，普罗科特是想剥夺董事会和教员们管理大学事务的权利。那些对威尔逊的说法表示怀疑的人在纳闷，为什么他没有拒绝斯旺夫人的捐赠，她不仅规定了研究生院的地址，而且还在其他许多方面提出了自己的条件，包括房间的价格、出租的价格、奖学金的数目，以及获奖者的资格，如性格、性别和种族等。为什么威尔逊指责普罗科特的一个条件是对学术自由的侵犯，与此同时对接受斯旺夫人提出的更多条件却没有一丝怨言？

威尔逊具有煽动性的保护大学不受富有赞助商操控的呼吁并没有说服大多数董事会的成员。1909年10月21日，董事会投票表决同意接受普罗科特的赞助。①

他的意见被投票否决以后，威尔逊威胁说要辞职。1909年圣诞节，他给潘恩董事写了一封长信，详细阐述了他的观点，并坚称接受普罗科特捐款威胁到了大学的"选择自由"。他争辩说，对他来说，他已经做出了各种有道理的努力来妥协，但他还是被断然拒绝了。他写道，就在一周前，他还给普罗科特建议达成妥协，用斯旺夫人的钱**在校园内**建一个研究生院，而用普罗科特提供的钱在高尔夫场建设另外一个研究生院。但是普罗科特拒绝了。"我不同意以剥夺董事会和教授们管理大学教育政策的条件接受捐赠，而让这种政策由捐钱者来决定。"②

整封信的调子是一种虔诚的自我辩解。威尔逊把自己说成一个总是尽力做出妥协，而总是被对手毫无道理地蛮横拒绝的人，一个在高度原则的祭坛上随时做出自我牺牲的人。

在1910年1月13日举行的董事会会议上，威尔逊重申了自己的立场。要么取消接受普罗科特的捐款，要么他辞职。这时候潘恩董事宣布了一个

---

① Baker, II, p. 310.
② *Ibid.*, p. 315-9.

第三章 普林斯顿大学校长

让在场的所有人都感到吃惊的消息,普罗科特愿意接受威尔逊最近提出的妥协,也就是建造两个研究生院,一个用斯旺夫人的钱在校园内建造,一个用普罗科特的钱在高尔夫球场建设。这一消息让在场的所有人都感到兴奋不已。似乎终于达成协议了。但仅仅过了一小会儿,曾经在研究生院的位置问题上非常恼火的威尔逊,面对这个对自己非常有利的让步先是感到吃惊,然后突然说,地理位置本来就不是根本问题!那么,现在的问题又是什么?威尔逊举起一份韦斯特的报告,《普林斯顿大学研究生院规划》,记得他曾在前言中高度赞赏这份报告。

"先生们,普罗科特的捐款必须被拒绝的真正理由在这里。这本书里有韦斯特教授关于研究生院的想法。这些是他个人的想法,不是普林斯顿大学的想法,它们是极其错误的。"至于位置问题,他现在把它说成是一个细节的小事:"如果研究生院是根据正确意见建设的,我们的教师们会赞同在麦瑟县的任何地方建设。"①

一个董事问威尔逊,为什么在韦斯特的小册子前言中高度评价研究生院规划。尽管事实上他还修改了韦斯特报告的校样,威尔逊说他在写前言的时候根本就没有看其中的内容。在等待已久解决方案就要到手的时候威尔逊突然改变观点,让所有人都不知所措。董事会决定推迟采取行动,任命一个由五个人组成的委员会在一个月后提交一份"有关普罗科特捐款所有问题"的报告。②

现在威尔逊开始致力证明他的对手在维护一种特权,而他则是一个毫不妥协的民主斗士。韦斯特已经规划好了研究生院的建筑图纸,威尔逊指责他计划中的建筑太昂贵,太复杂——他说,这是韦斯特想把研究生院建设成富家子弟俱乐部,而不是适合努力学习知识场所的又一证据。他一次又一次地坚持,研究生院必须建在普林斯顿大学的中心,以方便研究生和本科生之间的有效交流。

1910年1月31日,纽约《时报》的一个编辑采访威尔逊,并在2月3日的一篇社论中引用了他的原话。社论谴责那些让学生"屈服于或降格"

---

① Link, p. 70.
② 引自 Baker, II., p. 324。

到"形成互相排斥的社会小圈子,麻木不仁的富人集团……对知识一知半解群体"的人。能让普林斯顿大学"被外行侵蚀……变成那些没有任何人生目标,依靠虚名,不是依靠自己的头脑和努力,而是依靠他们父母的头脑和财富那些人的大学吗?"社论问道。

我们这一代对威尔逊进行过非常全面和公正研究的学者 A. S. 林克,在筛选了所有的证据后得出一个结论,"威尔逊的指责没有任何根据。"他评论说:"谁能理解是什么原因导致威尔逊最终对研究生院的争论提出这样的解释吗?他古怪的思想……难以捉摸。"①

如果从他童年时代就开始的对权力和独享主导权的渴求去考虑,威尔逊与韦斯特院长的激烈斗争还深不可测吗?如果这样,就可以把威尔逊面对韦斯特时坚持自己观点解释为对他权威的危险挑战。从某种方面看,韦斯特让威尔逊想起他的父亲,他发现韦斯特的活动是在控制他,因此他用他以前面对他父亲绝对控制时所产生的、但又不敢表达出来的所有力量来反抗韦斯特。他把他对韦斯特的所有猛烈攻击都掩盖起来,而让它们表现为他是为了"正义"的伟大道德使命而战。他对韦斯特各种进攻的激情源于其潜在的进攻性。因此,一旦研究生院的地址问题争议不再成为一个问题后,他马上抓住另外一个同样具有煽动性的问题:普林斯顿大学的"民主"问题。

1910 年 2 月 6 日,普罗科特取消了他的捐助,说理由是威尔逊不愿意接收。四天后,董事会开会。组成的评估普罗科特捐助的五人委员会 1 月份向董事会提交报告,该委员会在本质上同意威尔逊的意见。既然普罗科特已经撤回捐助,董事会的讨论也就流于形式,董事们投票接受了报告。②

精疲力竭的威尔逊再次离开美国到百慕大渡过了一个短假。他在给太太写的信中抱怨说,在普林斯顿遇到的困难让他做噩梦。但是,他自信地告诉她,自己非常清醒,能乐观地面对未来。③

---

① Link, p. 76.
② Ibid., p. 72 – 3.
③ WW to Ellen Axson Wilson, 2/17/10, 2/25/10, 2/21/10, Baker, II, p. 330 – 1.

第三章 普林斯顿大学校长

普罗科特撤销捐助,以及董事会支持五人委员会的报告绝非意味着这个争议到此为止。大多数校友对丧失这么慷慨的一笔捐助感到恼火。威尔逊在百慕大度假的时候,怒火在普林斯顿燃烧。当他三月份回到普林斯顿的时候,威尔逊决定亲自对校友们进行一番解释。但是,他在东部和中西部校友会的解释都没能让校友们相信他处理普罗科特捐赠的方式符合普林斯顿大学利益。困难还在于他很难说服认识韦斯特的人和一些他的支持者——长期忠实地供职于普林斯顿大学的人——他们突然感到,现在开始追求一种威尔逊强加给他们的并不光明的前途。校友们对董事会施加压力,相当一部分人支持在董事会出现空缺的时候选举反对威尔逊的董事。

董事会的成员分裂成尖锐对立的两派,但主导权掌握在那些认为威尔逊错了的人手中。1910年4月14日,董事会开会。威尔逊自信自己得到教员的支持,要求将研究生院问题递交更广泛的教员大会讨论。董事们拒绝了这个要求。威尔逊十分恼火。

两天后,他在匹兹堡的校友会上发表讲话。不知道是什么原因——是因为他刚刚经历了在董事会的失败,还是因为听众中表现出的敌意,还是因为他累了,也许是因为其他不清楚的原因——他在公众面前发了脾气,发表了他后来也承认遭到误导、过激的演讲。他指责受私人资助的学校迎合富裕学生和校友的愿望:"一小撮地位显赫的人把他们残忍的手伸向塑造人类灵魂的殿堂,他们靠这些人命活下来。"为了改变这些不公,他已经用尽了"为与我有关的任何学校实现绝对民主精神的再生,我的每一份力量"。"美国能够容忍将研究生的生活与世隔绝吗?"他问道,"美国能够容忍将研究生与别人隔开的想法吗?……把一个人隔开,将他与激烈竞争的学校生活分开,从与各种各样的交往和日常生活条件下分开,你在做一件让美国鄙视和不能同意的事情。"①

争论一直持续,但什么问题也没有解决。威尔逊满怀激情地大谈"民主"问题在全国给他赢得了相当积极的形象,但是对情况了解的人不能理解这与他手中的问题有什么关系。

---

① Link, p. 83-4. 林克注意到了这一地址在出版前被威尔逊改过。林克引自《普林斯顿校友周刊》,X(1910年4月20日),p. 470-1。

4月25日，对威尔逊的观点基本持同情态度的麦考密克校董与普罗科特协商后达成协议。普罗科特说他愿意重新捐助，并向麦考密克保证说，他没有任何干预研究生院教学管理的想法。事实上，他曾经听了威尔逊在圣·路易斯校友会上的演讲，随后还说，他的想法与威尔逊的想法看起来是一致的。①

董事会成员之间进行了商议。支持和反对威尔逊的两派都做出了让步，最后达成了妥协。根据该协议，董事会热情地希望能一劳永逸地解决这个问题。协议规定，在高尔夫球场建立一个研究生院——这是对普罗科特的安抚。它还规定韦斯特从研究生院院长的位置上退下来，担任教务长或首席教授，这个条件满足了威尔逊的要求。困境可能这样被打破，但这种希望因为威尔逊拒绝接受妥协而很快消失：韦斯特的新职务和以前的旧职务一样冒犯威尔逊。

如果说威尔逊这次的固执己见使他丧失了支持他的所有人并不准确，因为少数董事会成员和一些教师一直都对他非常忠诚。但是，一直密切关注这个争议的绝大多数人对威尔逊的固执感到惊愕，如果不是厌恶的话。

形势变得更加纠缠不清了。命运安排一件对韦斯特非常有利的事情。1910年，一个叫艾萨克·怀曼的人去世。他留遗嘱捐出几百万美元在普林斯顿大学建设一个研究生院。韦斯特是两个执行遗嘱的人之一。

威尔逊是通过韦斯特和另一个遗嘱委托人给他的一封电报中得到这个消息的。据说，威尔逊太太听到他在书房大笑。她进去发现他在凝视着电报。"我们已经击败了活着的人，"他说，"但我们不能与死人打仗，战斗又要开始了。"②威尔逊收回了对在高尔夫球场建研究生院的反对，并举荐韦斯特继续担任研究生院院长。1910年6月6日，普罗科特重新提出捐款，董事会立即接受。

似乎从这一系列事件中可以得出一个结论，威尔逊事实上已经承认了自己的失败，并愿意接受现实了。但是，事实是他并不是一个愿意向压力屈服的人，不管压力有多大。在他的后半生，惊人的类似事情再次发生

---

① Link, p. 79.
② Baker, II, p. 36.

了。这一次是威尔逊围绕国联问题与参议院的争执。在这个争执中洛奇参议员扮演了在这次研究生院争执中韦斯特的角色。在为国联而斗争的过程中，尽管他的朋友和对手都对他施加了巨大的压力，威尔逊还是拒绝妥协，尽管他也知道只要他坚持，他一定会失败。

在参议院的争斗中，特别是与洛奇的争斗一直持续到最后。在与洛奇和韦斯特的斗争中，威尔逊似乎陷入了同样代价高昂的战斗而不能自拔。毫无疑问，他如此固执己见，完全是因为他那种不可抗拒，但从来都不敢表露出来的，对类似他父亲对他的那种控制的一种报复。与此同时，他也意识到，如果真想让美国加入国联自然需要他与洛奇达成妥协。因为，正像他的作品所表明的那样，威尔逊对政治过程和社会改革具有敏锐的观察力，他完全明白，为了获得必要的支持以实现一个有价值的目标，有时候需要与自己的政治敌人达成妥协，特别是当他们也具有合法理由或有宪法根据参与决策权的时候。但是，由于强大内在原因，他不允许自己对洛奇有丝毫让步。

一个像威尔逊一样具有高道德标准的人要为这种不妥协付出巨大的代价，会感觉到焦虑和内疚，而且是越固执内心就越痛苦。每个人都尽力缓解这种内心的痛苦。威尔逊的办法是，通过表现出他比他的对手在道德上更高尚，来尽力自我证明自己是正确的。他必须表明他是多么正确，别人是多么的错误。洛奇和他的伙伴因为不喜欢威尔逊，而影响和扭曲他们的政治判断力，葬送了和平是十足的"不道德"。这样看待问题他似乎能够得到一点冷酷的满足感。当然，将洛奇的特殊个性层面的因素掺杂其中，拒绝打破僵局，最终也招致了他自己巨大的失败。

事情发展的自身逻辑，怀曼按照韦斯特的条件捐赠遗产这一事实都不可能是让威尔逊停止战斗的原因。一般情况下，困难只能让他更加努力。除了怀曼遗赠外肯定还有别的什么事情扭转了局面。

的确如此。就在这个时候，四年来一直在创造的其他机会——**政治**机会——成熟了。我们来看一下这些都是什么机会，又是谁提供了这种机会。

威尔逊是由保守派引荐进入政治的。保守派希望他能够从当时掌管权力、由威廉·詹宁斯·布莱恩领导的进步派手中把权力夺回来。在世纪之交，民主党和共和党都是由矢志改革的人所控制，他们公开的目标都是剥夺大公司手中掌握的权力。这是一个丑闻辈出、反对资本家的谩骂声盛行的时代。受到改革派威胁的保守商人和政治大佬正在寻找一个能够打破布莱恩对民主党权力控制，并能让该党服务他们利益的领导人。对一些保守派来说，威尔逊是这个工作可能的人选。

乔治·哈维，《哈珀斯周刊》（当时由 J. P. 摩根资助）的编辑，与两派政治大佬和工业家关系都非常密切，是最早主张推荐威尔逊担任更高政治领导人中间的一位。在1906年2月为威尔逊举办的一次宴会上，哈维公开提出让威尔逊担任美国总统。全国的报纸都报道了哈维的话，不少人还积极评价这个想法。从那个时候开始，哈维就成为威尔逊政治生涯的热心而又积极的支持者。威尔逊进入政界尤其应该感谢哈维。

考虑到威尔逊对政治生涯积郁已久的期待，就不难想象哈维的个人努力对他一定产生了多么巨大的激励作用。从1906年到1910年，威尔逊与哈维的关系证明他是多么希望进入政界。为了避免轻率地陷入有损他最终政治潜力的境地，他小心谨慎，对政治的渴望变得缓和一些。毕竟他已经五十多岁了，年纪太大了，不能不经意地冒险。更重要的是，他还需要考虑他的经济安全问题。依靠精打细算，特别是威尔逊太太，威尔逊一家还能过上尽管不算富裕，却也称得上宽裕的生活。但是他们在经济上并非无所顾忌。威尔逊实际上不能轻易冒险进入一个全新的和不确定的职业。他得对成功的机会有把握，而且他只对他最初愿望的成功感兴趣。

威尔逊的新朋友们开始了一个让公众关注他的计划。首先，他们让他成为"新泽西州统一州法律委员会"的成员。其次，在1906年秋天，哈维与新泽西州的大佬斯密斯一起决定让他代表民主党竞选该州的联邦参议员。

在那个时候，参议员不是由各州人民直选的，而是由各州的立法机构选举。如果州议会由共和党掌控，就选举共和党代表到联邦参议院；如果由民主党掌控，民主党人就当选参议员。1906年的州内选举让共和党牢牢地掌控新泽西州议会，显然民主党的候选人不可能当选，因为共和党肯定选举他们自己党的代表。因此，民主党的候选人除了希望得到理应得到本党支持这个荣誉以外，不指望能得到任何别的东西。

第三章 普林斯顿大学校长

威尔逊最初拒绝做候选人。哈维不断恳求他重新考虑。最后他同意让民主党大会考虑他的名字。哈维的提议最让他兴奋的诱惑是，他非常自信地预测有一天威尔逊将成为美国总统。让他做民主党的参议员候选人，是建立他的政治威望这一努力的重要一步。

1906年12月，威尔逊给哈维写信，让他列举那些认为他有担任总统素质的有影响的人物。哈维已经坚信这一点。威尔逊写道，他知道他担任总统的可能性很小，但是人们应当认真考虑这种可能性的几率，他希望根据形势的发展和事实基础选择他的行动方针。① 哈维给他回信列举了全国一些最有影响的银行家、公共事业领域的经理、保守的记者等。他们的确是些有影响的支持者。但是，威尔逊非常精明，他看到与日俱增的改革运动，觉得需要巧妙地处理这件事，既能得到这个保守群体的支持，又不与他们不受欢迎的目标同流合污。

哈维努力让威尔逊的名字登上参议院民主党候选人的选票给他提出了一个棘手问题。因为新泽西州的民主党在政治大佬和希望把领导权中夺回来的改革派之间存在严重分裂。改革派支持提名 E. A. S. 史蒂文斯作为民主党参议员的候选人。威尔逊是大佬们支持的候选人。斯蒂文斯是威尔逊在普林斯顿大学时代的同班同学，也是朋友。1906年12月29日，斯蒂文斯给威尔逊写信说，民主党内的改革派把他同意担任大佬们支持的候选人"看作是你愿意让您的名字被这样一批人使用，这批人正是进步的民主党的祸根，正是在他们的控制下才让整个国家为没有任何希望的共和党所控制"②。

威尔逊回信说，既然只是一个少数党派内一个荣誉性的投票，他没有必要宣布拒绝党内的支持。斯蒂文斯回信说，这比"空头荣誉"要重要得多，它涉及党内的领导权之争。他警告说，威尔逊正在被一群旨在破坏民主党内改革的人所操控。他呼吁威尔逊退出竞选。③

在斯蒂文斯发出第二次呼吁的一周内，威尔逊放弃了候选人提名。他

---

① Link, p. 101–2; Baker, III, p. 21–2.
② Baker, III, p. 24–5; Link, p. 104.
③ Baker, III, p. 25–6; Link, p. 105.

显然考虑到，为了还确定能得到的虚名而被党内的改革派所孤立，代价确实太大。剩下的微妙问题便是如何安抚哈维上校了。威尔逊写信告诉他退出的决定。"我最大的遗憾是，将让您失望，"他说，"我希望我能有更多的机会表达我对您的感谢和敬意……"①

尽管哈维非常不悦，但是他对威尔逊的计划太重要，不会因为这一点小变故就受到影响。1907年3月，他安排威尔逊与纽约《太阳报》极保守的编辑威廉·M.拉芬和被普遍看作是民主党内"反动派"头头的托马斯·福琼·瑞安进行了一次私人会面。拉芬和瑞安很感兴趣，想考察一下他是否可以成为总统候选人。会谈是和谐的，拉芬和瑞安对威尔逊留下了很好的印象。

几个月后，威尔逊在8月把自己的政治信条写了出来，给刚刚熟识的两个人看。他在这个信条中辩护说，伟大的信任是现代商业必要的手段。他还表示他毫不含糊地反对工会运动。威尔逊在高度保守的民主党内的支持迅速上升。一点都不需要怀疑，他是一个"清醒"的思想家——正是拉芬和瑞安那些人希望能在政治上担任高位的人。

让他的新朋友们更加高兴的，是威尔逊对威廉·詹宁斯·布莱恩的看法。布莱恩是民主党内的进步派领导人，对党的管理非常有效。保守的民主党人急于寻找一个合适的人打破他的权威。

早在1904年，威尔逊就公开要求将布莱恩和他的追随者"全部和永远地从民主党大会中开除出去"。在1908年3月发表的一次演说中，威尔逊把布莱恩说成是"个人非常有魅力和可爱，但在理论信仰上非常愚蠢和危险的人"。威尔逊曾经告诉一个朋友说，布莱恩"头脑糊涂"②。他如此讨厌布莱恩，当听说布莱恩也要出席后，他改变主意，拒绝在1908年的全国民主党俱乐部杰弗逊晚宴上的演讲。

他反对布莱恩最出名的话，出于他1907年4月29日给"密苏里、堪萨斯和得克萨斯铁路公司"主席阿德里安·乔林写的一封信。乔林给威尔逊寄了一本他攻击布莱恩提出的铁路国有化主张的演讲集。威尔逊给乔林

---

① WW to George Harvey, 1/6/07. Baker, III, p.26.
② Link, 96；威尔逊在1908年的话见 Kerney, p.32-3。

回信说:"谢谢您给我寄来您在堪萨斯帕松斯对'密苏里、堪萨斯和得克萨斯铁路公司'董事会的演讲,我饶有兴趣地拜读过,完全同意您的观点。我希望我们能立即采取一些有尊严和有效的措施把布莱恩彻底打败!"① 几年后,就是这句话差一点毁掉了威尔逊的政治生涯,但是在20世纪的第一个十年,这种或类似的保守派言辞和"安全"的外表,让威尔逊成为那些忐忑不安的企业大亨们看到的希望。

尽管不断增加的证据证明他在成为公众人物,显然威尔逊认为他在1908年获得民主党总统提名的机会太渺茫,不能保证这次机会只能暴露他对这个工作的兴趣。民主党大会要在1908年7月召开,哈维上校要参加这次会议。在大会召开前所进行的选举中,威廉·詹宁斯·布莱恩仍然有效地控制着民主党。威尔逊在4月10日给一个支持者的信中说,他自己觉得不再认真地考虑成为一个可能的候选人的可能性。②

民主党全国大会召开的时候,威尔逊在苏格兰度假。他给夫人写信说,他觉得"等待不可能发生的事情发生有点傻"③。理性告诉他,他没有参与竞选,但他并不能压抑他希望哈维能够弄出一个奇迹来。最终布莱恩获得了提名。

这些年来,威尔逊一直在尽力自我调整,让自己明白他是一个教育者,不是一个政治家。但是到了1909年,他准备重新打开他早期雄心的闸门。"我就是为政治舞台的风风雨雨而生的,"他1909年9月5日给玛丽·赫伯特写信说,"我的本能都在朝这个方向转变,有时候对我学术职务的限制有点不耐烦。"④

威尔逊给敦促他进入政界,崇拜他的一个人写信说,他真切地感到这个国家需要换一种领导方式,如果有一个适当的方面对他提出合适的邀请,"我将义不容辞地认真考虑,如何能给国家提供最大限度服务的问题……"⑤

---

① Link, p. 353. 这封信发表在纽约《太阳报》1912年1月8日。
② WW to H. J. Forman, 4/10/08, Link, p. 119-20.
③ WW to Ellen Axson Wilson, 7/6/08, Baker, II, p. 277.
④ Baker, III, p. 47.
⑤ WW to Adolphus Ragan, 7/3/09, Baker, III, p. 39-40.

1910年1月，哈维上校邀请新泽西州的大佬斯密斯在德尔莫尼克餐厅吃饭。因为1910年11月新泽西州要选举新一任州长，哈维想让斯密斯帮助威尔逊成为民主党的提名人。斯密斯很有个性。他把威尔逊说成是"长老会的牧师"，说怎样能让一个"长老会的牧师"给"孩子们"留下好印象？更重要的是，怎样才能让斯密斯相信，如果威尔逊当选他不会将斯密斯的组织给解散了呢？他盘算的另一方面是帮助一个可能成为美国总统的年轻人所能带来的政治财富。如果他帮助威尔逊从州长的位置上当上总统，他还有什么能得不到的呢？哈维提出让他的"孩子们"在大会上支持提名威尔逊的建议很有意思。

　　这次会面的几个月后，斯密斯的一个助手，约翰·哈伦来了，其目的是想搞清楚如果威尔逊当选，他会对大佬斯密斯的组织采取什么态度。当然斯密斯也知道，威尔逊在《州和联邦政府》一文中曾经提出主张，让那些自愿对公共职位有兴趣的人来选举公职人员。"他们是人民尊重又假装蔑视的政治领导人和管理人员。蔑视他们是不公正的，"威尔逊这样写道。① 但是斯密斯需要更明确的保证。1910年6月11日，哈伦给威尔逊写信说，斯密斯在原则、具体措施和人员方面不想做任何承诺，"如果你当选州长，你不会立即反对并解散现在的民主党机构，用自己的机构取而代之，"他会很满意。②

　　威尔逊回信，说他"完全可以向斯密斯先生保证，如果我当选州长，我不会'反对和解散现有的民主党机构，并用自己的机构取而代之'。我能想象最不会做的是建立一个我自己的组织"③。

　　斯密斯对这个保证感到满意。他愿意推动让威尔逊得到提名。在随后的会议上，威尔逊并没有做出更多的承诺，也没有把他反对禁酒问题上的观点表达得非常清楚，在政治上斯密斯把这件事情看的非常重要。但是，"老板"好像已经完全相信了威尔逊对哈伦的承诺。他为威尔逊开动了他巨大而肮脏的政治机器。

---

① Kerney, p. 26.
② Baker, III, p. 53.
③ WW to John Harlan, 6/23/10, Baker, III, p. 53.

第三章 普林斯顿大学校长

到 1910 年 6 月，在普林斯顿大学已经失败的威尔逊，得到了从他那烦恼的位置上脱身的机会，开始竞选州长。他对州长的位置感兴趣，主要是因为这是一个担任总统的过河石。他给一个朋友写信说，他把州长的位置"只是当作在 1912 年得到总统提名的一个初步机会"①。这是一个难以抗拒的诱惑。1910 年 7 月 12 日，威尔逊告诉哈维上校和斯密斯老板，他愿意竞选州长。

威尔逊希望当选州长后再辞去他在普林斯顿的职务。但是，反对他的意见是如此巨大，以及董事会在 10 月份派代表建议他辞职。一个董事还建议，如果威尔逊拒绝这个私下的要求，就公开要求他辞职。第二天，威尔逊提交了他的辞呈，董事会当即接受。②

---

① WW to David B. Jones, 6/27/10, Baker, III, p. 56.
② Link, p. 90.

第四章　新泽西州州长*

> 我的朋友们告诉我，如果我参加竞选，获得提名并当选新泽西州州长，我就有很大的机会当选下一任美国总统。
>
> 　　　　　　1908年冬天，伍德罗·威尔逊给玛丽·赫伯特的信

> ……必须获得候选人身份然后才能当选。只有载重小，且能够根据错综复杂的局面随时做出调整的轻船，才能绕过候选的暗礁。
>
> 　　　　　　伍德罗·威尔逊《国会政体》①

1910年初，想让威尔逊当选新泽西州州长的那些人是保守的民主党人。显然，如果他想在那个时候谋求一个政治生涯，就需要得到他们的支持。同样清楚的是，他还需要赢得民主党内反保守派势力某种程度的支持。他的问题是，在保守派支持者的帮助下获得州长的位置，然后为得到更高的位置需要吸引自由派的支持。

威尔逊获得州长提名的消息引发了对他铺天盖地的攻击。霍博肯《观察家》写道：

---

* 准备本章的过程中所依据的主要材料包括 Baker, III; Link, *Wilson: The Road to the White House*; Kerney, *The Political Education of Woodrow Wilson*; Tumulty, *Woodrow Wilson As I Know Him*; John M. Blum, *Joe Tumulty and the Wilson Era* (Boston: Houghton Mifflin Co. 1951)。

Hulbert, Mary Alen, *The Story of Mrs. Peck* (New York: Minton, Balch & Co., 1933), p. 170.

① Wilson, Woodrow, *Congressional Government* (Boston and New York: Houghton Mifflin Co., 15th ed., 1913), p. 43.

第四章 新泽西州州长

不可否认，是进步派正在为之奋斗的那些因素促使威尔逊博士参与竞选，这些因素也正是他得到提名的主要原因……

人们想起新泽西州最主要公司律师理查德·V. 林德波利和乔治·B. M. 哈维在推举威尔逊为候选人的秘密会议上与大老板们非常积极地合作。前者15年来一直对民主党内的政治毫无兴趣，后者与摩根铁路公司有密切的利益关系。他最近在普林斯顿大学的演讲表明，威尔逊教授疏远了民主党的主要组成部分，即本州工人们组成的工会组织。他在有关本地其他问题上的立场目前还都不清楚。他将理解为什么全州对他的普遍怀疑和广泛反对。①

在1909年普林斯顿大学毕业典礼的讲话中，威尔逊批评工会组织鼓励工人们"为自己所获尽可能少地劳动"，阻止工人们在某些行业产生太多的技术工人。1910年8月中旬，新泽西工人联盟正式谴责威尔逊是工人们的敌人。这对他的提名是一个沉重打击。②

反对威尔逊的声音高，人数多，且有相当广泛的支持。除了一两个个案外，威尔逊都保持沉默。记者们为了解他的观点，给他准备了雨点般的问题。他支持反腐败法吗？支持工人补偿立法吗？他支持限定公共设施委员权力吗？支持直接选举美国参议员吗？反对大额竞选捐款吗？对于这些问题，威尔逊都拒绝回答。显然，他不愿在会议召开之前反对大佬斯密斯和哈维上校——在他们落实对他提供帮助的承诺之前，威尔逊拒绝做出承诺。改革者说这证实他们的担忧，即威尔逊是华尔街和政治大佬们的工具。

新泽西州民主党代表大会于9月15日在特伦顿召开。面对改革派激烈和让人震惊的反对，大佬斯密斯被迫向他多年的对手新泽西州哈德逊县的大老板戴维斯寻求支持。尽管如此，"这些大人物"费了九牛二虎之力才拿到必要的支持威尔逊的票。他所有的资源，包括支持他竞选的亲朋好友也不断说服代表们。进步派没有形成能够对付这种压力的足够的力量，最

---

① Baker, III, p. 68.
② *Ibid.*, p. 70.

终斯密斯的意愿占了上风。威尔逊获得了提名。

在竞选的后台，候选人在哈维上校居住的宾馆房间静候消息。当一个代表将他获得提名的消息告诉他时，威尔逊的反应好像是他已经对这个结果深信不疑。"谢谢。我已经准备好，"他一本正经地回答道。①

他走上歌剧院的舞台，代表们正在那里等着他。他们中的许多人以前还没有见过威尔逊。还有一些人在示威——大佬斯密斯情绪很高——但是改革派冰冷地坐在那里，望着这个战胜他们自己候选人的人。

威尔逊开始的时候很平和。他感谢代表们推选他为候选人。随后的话让观众吃惊不小。尽管他避免让他的主要支持者伤心，他还是宣布了他在政治上的独立性。"大家知道，"他说，"我并没有谋求这次提名，我完全没有恳求一定要得到它，结果我可能要履行州长的职责。如果我当选，我没有做出任何可能阻碍我服务本州人们这个唯一目的以外的任何承诺。我不仅没有做出任何承诺，而且也不拟、不想做任何承诺。"他宣布，他支持这次大会纲领中所包含的所有进步派提出的主张。面对感到吃惊的集会人群，他呼吁大家帮助他把民主党建设成"新泽西州和全美国正义的工具"②。

所有这些表明，他对大老板斯密斯的态度将会发生什么样变化？没人清楚，但没有人怀疑，他是一个很有能力的人，一个真正的领导人。威尔逊满怀真诚和自信，他的讲话富有感染力。他说话的时候表现出一种自信，表明他能够克服任何困难最终实现自己的目标。他个人魅力十足，能够开启人们感情的闸门，并指导它们按照他提供的方式表现出来。有时候他不仅能够激发起那些服从他领导的人的激情，而且他还能诱导失败者也能兴高采烈和欣慰地参加满怀激情的游行。他在新泽西提名大会上的讲话就是这样一个场合。代表们都站起来疯狂地给他鼓掌。

贝克写道："凡是在场的都可以证明，这个讲话虽然很简短，却产生了巨大的效果……不夸张地说他让最恨他的敌人也折服了。"③ 其中的一个

---

① Link, p. 167.
② Quoted in Baker III, p. 78－80.
③ Baker, III, p. 79－80.

第四章 新泽西州州长

人是亚特兰大县约翰·格兰戴尔，他把帽子高高抛起，在空中挥舞着他的拐杖，高声叫道，"我已经65了，仍然是一个十足的傻瓜！"① 另一个被他转变过来的人是约瑟夫·塔马尔蒂，他后来成了威尔逊的私人秘书。

威尔逊这次具有冒险精神的演说并非偶然和盲目的鲁莽之举。在随后不久的连续讲话中，他对两党内改革者多年来一直主张的许多自由派举措都表示支持。

威尔逊的新"路线"让改革派高兴，包括许多共和党内的"新思想派"，他们也在为自己的党被跋扈的大佬们所控制表示不满。共和党州长提名人薇薇安·M. 路易斯采取措施努力与共和党组织保持距离，但这与威尔逊毫不含糊地宣布摆脱大佬控制，保持自己独立性的做法相比要苍白许多。在普林斯顿不断发生的非同寻常的政治现象越来越清楚地表明，如果掌握党组织大权的人认为他们能够控制住他，那他们就选错人了。他兴高采烈地告诉他的听众，政治大佬们就像他喜欢的一首题为《年轻的尼日尔姑娘》写的打油诗所描述的那样，然后他会朗诵这首诗：

> 一个尼日尔姑娘
> 笑眯眯骑在虎上
> 他们骑了一圈回来
> 姑娘虎腹藏
> 笑容跑到老虎脸上②

不管威尔逊的话说得多么好听，比较谨慎的改革派仍然对他感到怀疑。威尔逊听起来太好了，这不可能是真的。如果威尔逊说话算数，为什么那些民主党的大佬们还支持他？他们在确定自己利益的时候通常都非常精明。他在新泽西居住这么多年，从没有见到他对力挺改革的那些民主党的主张提供过丝毫帮助，怎么现在却热情支持他们的举措？

1910年10月17日，共和党内最著名的改革者之一乔治·雷科德向威

---

① Tumulty, p. 22.
② Nerney, p. 71–72.

尔逊提出了19个问题。对这些问题的回答可以让他的立场一览无余，包括对州内政治由大佬控制的状况，以及在其他具体的改革措施上的立场。

威尔逊的顾问们建议他不要回答雷科德提出的问题。① 但威尔逊自己答应了。他以清楚和准确无误的语言谴责了大佬政治，并毫不含糊地承诺，他支持由立法决定让州政府控制公共设施，支持对工人进行补偿，支持直接选举联邦参议员，支持控制腐败等。他非常直率地承认大佬政治的确存在，并说他一开始就痛恨这种制度。他还说：

> 你们对一些民主党员的权利和影响感到害怕，想知道我当选后与他们发展什么样的关系，特别是在人员任命和签署法律等重要问题上。我很高兴地告诉你们，如果我当选，不管是在人员任命还是在批准法律方面，抑或是在改变本政府的任何政策方面，我都不会屈服于任何个人、群体、特别的利益集团和组织的指使。我将欢迎任何公民提出意见和建议，不管他是老板，还是领导人、组织工作者，或是普通公众。我会不断向有影响和公正的人，他们社区的代表，以及与政治"组织"没有任何关系的人寻求建议。但是所有的建议和意见都会根据它们的是非曲直而考虑，除此之外不会因为它们拥有或自认为拥有某种政治影响或支配权而得到额外的考虑。如果我与被你们描述为"大佬"政治的体制有任何合作或进行交易，那就将成为我一生最为丢人的事情。我的承诺是让民主党复兴……②

大佬斯密斯和他的助手詹姆斯·纽金特（也是他的外甥）难以理解威尔逊说话是否算数。就像纽金特所说的，他们逐步认识到"威尔逊是一个非常难以对付的人"③。尽管如此，他们还是想（至少是很困难地假装）一旦当选，威尔逊就会非常随意地忘记为了选举考虑而发表的那些空洞和虚情假意之词。

---

① Baker, III, 97 ff. 另见 Link, p. 189 – 97.
② *Ibid.*, p. 100 – 1.
③ *Ibid.*, p. 94.

第四章 新泽西州州长

威尔逊与雷科德之间的通信让改革派对他不再怀疑。他们积极地投入到他的竞选活动中。

1910年11月8日，威尔逊以胜出五万多票的优势赢得了州长选举。共和党在议会参议院仍然保持微弱的优势，但民主党在众议院获得了绝对多数。这种优势足以在任何联席表决中战胜共和党。如此他就能决定从新泽西选出美国的参议员由谁来担任。

从1910年到1919年，也就是从他辞去普林斯顿大学的职务到当选美国总统，威尔逊毫无疑问地证明了他自己的能力，至少是在某些环境下他是一个全能的政治策略家。他以娴熟的手段，通过调整自己的观点来与公众的情感保持一致，通过讨好那些可以帮助他实现自己利益的人，通过根据需要做出承诺和违背承诺，他一步一步地实现他的目标。他让多数意志坚强并具有丰富经验的政治家都相形见绌，他们不相信象牙塔里的知识分子能在他们的游戏里战胜他们。但威尔逊成功地击败了所有的这些人。他证明自己是一个无与伦比的非常现实的政治家，以超人的才能不断获得权利。

特伦顿《晚报》的编辑詹姆斯·克尼在这一段时间里对威尔逊有第一手的了解，他写道：作为州长，威尔逊"经常发现需要做交易。在他当教授时期的著作里被毫不妥协地谴责的事情，在政治斗争的风风雨雨中基本上都被忘得一干二净"①。

威尔逊在思想上有两个急转弯。两个都增进了他的政治资本。第一次，在接受政治大佬的帮助后，他向他们保证，如果他当选他不会反对现存的民主党组织，结果他背叛了他们和整个大佬制度，并不惜一切手段来摧毁他们在新泽西的权利。

让人更为吃惊的是，他从一个保守的民主党人变为一个自由的民主党人。对这段时间颇有研究的学者强调了政治谋略在这种转变中的作用。例如A. S. 林克写道：

> 威尔逊迫不及待地进入政界，担任重要职位。他一定认识到进步

---

① Kerney, xi.

运动的力量正在迅速增长，尤其是在新泽西。继续坚持他保守的信条对实现他的政治抱负几乎是致命的。在被推举为州长候选人后，威尔逊不得不在保守和进步之间做出一个深思熟虑的选择，他也知道选举的结果取决于他的这种选择。这种选择是不可避免的——他最终还是向进步派缴械。①

如果威尔逊在获得州长提名前就反对大佬制度，那么他为了实现理想中的目标（获得提名），希望从大佬们那里得到支持表明他能够在原则（反对大佬）上做出妥协。另一方面，如果威尔逊不是真正地反对大佬制度，那么他在获得提名后对之进行谴责，就只能被解读为他为了获得选票，假装知道什么才能增加对他的支持率。不管是哪一种情况，他的行为都属于玩弄权术的策略。他在需要保守派支持的时候表达一种保守派的观点，在需要自由派支持的时候表达自由派的观点，这也是权术。威尔逊曾经说过："如果你想成为一个领导人，你必须领导你同一代的人，而非下一代的人。你必须演得好。演出在台上，观众在座位上……""观众"兴致勃勃地要求改革，威尔逊想要他们的掌声。②

在民主政府，大多数政治家在寻求当选的过程中必须在某种程度上寻求公众舆论的支持，实现这个目标以后，他就必须和共享权力的人观点相一致。如果他们不愿意或不能做到这一点，他们当选的机会如果不是彻底丧失，也会大大缩减。因此威尔逊的多变并无特别之处。值得关注的不同之处，**是**他在这个时候追求权力的政治运作方面所表现出的天赋，与他在担任总统后围绕国联问题处理与参议院的关系过程中所表现出来的缺乏判断力之间所形成的鲜明对比。威尔逊处理与政治大佬们的关系以及在1911年处理新泽西州立法问题过程中的老练和城府，也是招致他后来悲剧的原因——只要他能理智地处理他对洛奇参议员的憎恶，就能在为国联而战的过程中展示出他的这种技能。

---

① Link, p. 123，另见第 180 页。
② Wilson, Woodrow, *Leaders of Men*，由 T. H. Vail Motter 编辑、作序并注释（Princeton, H. J.：Princeton University Press, 1952），p. 29。

第四章 新泽西州州长

早在威尔逊宣誓就职前,大佬斯密斯就为已经当选了的州长提供了可以用以对付他的把柄。当时选举联邦参议员的权力掌握在议会手中,而当时的州议会基本上由政治大佬们所控制。新泽西州的参议员通常由这些大佬们或者他们的心腹担任。

大佬斯密斯从1893年到1899年担任美国参议院议员。他表现极其糟糕,还被发现利用秘密信息进行有问题的金融交易来实现个人利益。在他任期届满后的十年,共和党控制了新泽西州的议会,向美国参议院派出了共和党议员。斯密斯自称,他并没有因此而受到任何个人损失,他还一再表示,他无意回到华盛顿。他说他对首都的生活感到厌倦,而且他身体不好,难以胜任参议员繁重的职责。但是大家都知道,事实上斯密斯非常想再干一任。在1910年的州长选举过程中一个传言非常流行,即斯密斯之所以支持威尔逊,是因为他希望威尔逊的当选能够让民主党控制州议会,并以此回复这个"大人物"在国会山的职务。

无论如何,随着1910年大选的展开,民主党控制州议会的可能性不断增加。斯密斯的病体也不再困扰他。选举结果出来后,民主党控制议会多数已成定局,这也让斯密斯不再怀疑参议员生活对他的吸引力,也不再怀疑他自己非常适合这个位置。他准备再次被推选担任这个职务。

但是还有一个人垂涎这个肥差,那就是詹姆斯·E. 马丁尼。进步派成功地于1907年推动州议会通过一项法律,确立在参议员选举中的初选优先制。新泽西州的选民并不能决定谁出任该州的参议员,因为初选的结果对州议会并没有约束力。尽管如此,1907年的法律至少确立了人民表达意愿的渠道。在1907年有关参议员选举的法律通过后于1910年进行的第一轮选举中,只有不足三分之一的民主党议员使用自己的权利。但是这一小部分民主党选民中的大部分支持马丁尼。

根据不少人的说法,詹姆斯·E. 马丁尼是一个和蔼可亲但有没有什么思想的布莱恩派民主党人士,四十多年来一直参选各种公职,但从没有成功过,不管是高位,还是低职。在参议员候选人的初选过程中,民主党两派中的领导人没有一个自告奋勇地站出来。因为大家都知道州议会将由共和党控制,任何民主党成员都不可能有真正当选的机会。尽管如此,还是需要有人出现在选票上,进步派就决定,既然马丁尼总是参选,这次就借他的名字用一用。一个由两人组成的委员会会见并告诉了他这个决定。马丁尼恳求说饶了他吧，不要让他蒙辱再失败一次。他的恳求一点也不起作用。[①] 他毫不情愿地被拉出来填补空缺，结果是因为民主党的获胜，他发现自己有了就任高职的机会。因为州议会并不受初选结果的约束，他只是拥有这个机会罢了。显然，马丁尼获得提名丝毫不能阻止斯密斯自己追求这个位置。

选举结果一出来，斯密斯就开始为自己的目标忙碌起来。不管他对威尔逊在竞选期间所发表令人不安的讲话多么担忧，他还是给他发了一封热情洋溢的贺电。他表现出了父亲般的关怀，建议当选州长在就任新职之前度假休息一下。

几天后，"大老板"到普林斯顿亲自庆祝威尔逊的胜利，并期待得到报答。他满怀激情地表示他的身体逐步恢复，他的朋友在敦促他出任参议员候选人（实际上，他的朋友不仅仅在努力敦促他，而且还在积极说服民主党议员支持他的要求）。

威尔逊立即提出了反对意见。他指出，有人认为斯密斯支持威尔逊出任州长候选人是由于他想出任参议员的雄心，斯密斯如果现在担任任何职务都会证实人们对他动机是丑陋的怀疑。但是"大老板"仍然坚持他想成为参议员。

威尔逊提醒他说，马丁尼已经在参议员的初选中得到了支持。斯密斯回答说，初选只不过是场闹剧，马丁尼是个蠢货。威尔逊对这两点都表示赞同，但是他却不同意斯密斯出任候选人。他恳求"大老板"做出妥协，以寻求一个可以使民主党各派能团结起来的候选人。斯密斯断然拒绝。

威尔逊现在需要做出一个决定，是袖手旁观让斯密斯实现自己的愿望，或者是履行他在竞选中的承诺，带头反对"大老板"。在这个问题上，他似乎一点都没有犹豫。向斯密斯投降是不可想象的。除非他放弃他强行进入参议院的试图，摊牌不可避免。毫无疑问，威尔逊对他道义上不容置疑立场的坚持部分源于一个诱人的前景，那就是打破斯密斯的权势，确立自己在新泽西民主党内不可争议的领导地位。

---

① Kerney, p. 78.

在是否支持马丁尼的有关问题上,他很难做出决定。直到 11 月 20 日,威尔逊告诉詹姆斯·克尼说,他认为马丁尼不够格,还提到他认为更值得立法机构考虑的候选人。克尼对他这种对初选票不在乎的样子感到吃惊。① 进步派对威尔逊施加了巨大的压力,要他支持初选获胜者。他毫不情愿地得出结论说,他没有任何别的选择。

1910 年 11 月 15 日,威尔逊给哈维写了一封信,警告说如果斯密斯成为候选人……

> 我将反对他……那将让我的每一根神经都难受,——除非从服务公众的角度看,让我知道什么是正确和必要的……
>
> 同样——尽管这毫无疑问是非常荒谬的——我们必须站在马丁尼先生一边……
>
> 如果他体面地退出选参议员竞选,斯密斯可以在国内成为一个重量级的人物。就像我希望复兴我们党一样,我希望他能看到这一点,能够同意这样做。
>
> 这不仅是一个州的问题,也是一个全国性的问题。如果本州投我票的独立的共和党人士不再被我们所吸引,他们肯定会在失望中转向罗斯福先生,民主党将失去一代人。我们就会丧失通过新的领导人将全国的所有自由派力量吸引过来的机会,我们就会丧失罗斯福先生曾经努力工作也没有保住的机会,就会丧失为下一代美国人建立一个执政党的机会。②

显然威尔逊希望哈维会把这封信给斯密斯看,并说服他放弃竞选参议员的想法。但是哈维选择了保持中立。威尔逊求助的其他人私下都告诉他说,斯密斯的决心是不可动摇的,而且他还在对所有新当选议员施加了一切可能的压力,寻求他们支持他出任参议员。这次,这个"大人物"再次与大老板戴维斯结成联盟,戴维斯的话在哈德逊县的民主党议员中间就是

---

① Kerney, p. 81.
② Link, p. 213.

法律。

　　11月25日，新当选的州长到泽西城，亲自拜访了大老板戴维斯。戴维斯卧病在床，已处于癌症的晚期，随后不到两个月就因此病故。威尔逊请他重新考虑他的立场。戴维斯好像有点被打动，但是表示他已经对斯密斯说过将哈德逊县在立法院的票投给他，他不能食言。尽管他如此表达对斯密斯的忠诚，但戴维斯对斯密斯的承诺显然并不牢固。因为在威尔逊拜访他后的几天，这个地方首领让他的"孩子"们明白，如果他们中的任何人投了反对斯密斯的票，他并不会不悦。①

　　在威尔逊为击败斯密斯在幕后运作的时候，进步派坚持要求他公开支持马丁尼。争论的问题——参议员的直选——关乎一个大原则。他们警告说，如果威尔逊不支持马丁尼，他不仅背叛了他已经接受了的民主党大会规定他应该做的事情，而且还会玷污他的名声，让别人把他看作是斯密斯的走卒。另一方面，击败斯密斯，确保马丁尼当选，将实际上确立他在本州民主党内的领导地位，还将维持两党投票支持他的进步力量对他的支持，增加他获得总统提名的机会。②

　　这些观点开始发挥作用。马丁尼当选和击败大佬统治在进步派的头脑里已经不可逆转地结合在一起。当然威尔逊已经决定了要反对斯密斯，现在为了满足公众舆论，他必须支持他以前并不怎么重视的初选的有效性，支持他曾经反对的候选人。就这样，到了1910年12月初，支持詹姆斯·马丁尼当选美国参议员已经成为威尔逊的一个神圣使命。

　　议会将在次年1月中旬召开。选出一个美国参议员是最初的几项工作之一。整个12月，威尔逊连续与议员们单独会面或与他们召开会议。他不知疲倦地向他们阐述初选赋予他们支持马丁尼的道德义务。

　　12月6日，威尔逊最后一次努力说服斯密斯退出竞选。斯密斯再次拒绝。12月8日，威尔逊发表了一个公开声明，声称"忠于美国法律和党内原则的民主党议员都清楚有义务投票支持马丁尼"。威尔逊表示新泽西人们不希望斯密斯代表他们。他们已经在初选中表明了自己的观点，"对我

---

① Ibid, p. 216.
② Link, p. 210 – 1.

第四章 新泽西州州长

来说，那次投票是决定性的"①。

进步派欢欣鼓舞，在全国产生了积极的反应。咄咄逼人的威廉·詹宁斯·布莱恩也对威尔逊予以赞扬。②

威尔逊和斯密斯为了争夺议员们支持的争斗仍然没有停止。斯密斯打出了自己惯用而且一直都非常有效的全部底牌——如承诺保护的甜言蜜语，各种好处的诱劝，以及威胁等。威尔逊除了表示他支持民主党的复兴这个道德使命以外没有什么可以提供的。斯密斯的支持者对权力消长的变化非常敏感，他们看到了"大人物"的影响江河日下。他们纷纷离开斯密斯，投奔这个新的领导人，这个人的职业生涯有可能达到顶峰。无论如何，他很有可能使用自己的特权，而这些特权在以前则是由大老板斯密斯预先享有的。

到12月底，形势已经非常明朗，威尔逊赢得了这场战争。私下承诺支持马丁尼的议员足以确保其当选。但是威尔逊并没有罢休。

12月23日，威尔逊发表了一个声明，对整个争论进行了较详细的阐述。他在这份声明中说，在他同意接受州长提名的时候，斯密斯曾向他信誓旦旦地保证，他无意回到参议院。斯密斯对此非常恼火，否认曾授权任何人向威尔逊做出过这样的保证，要求当选州长指出这个所谓的"授权代表"是谁，并指责他忘恩负义，毫无根据地干涉立法。他的反驳被那些对威尔逊的表现充满激情的评论彻底掩盖了。

威尔逊用两个激动人心的演讲结束了他的竞选活动。空气中洋溢着胜利的气息。威尔逊激情高昂，听众欢呼着，嗓子都喊哑了。

1911年1月5日，威尔逊在泽西城把斯密斯-纽金特组织说成是政治机体上的肉瘤，并洋洋得意地欢迎公众看着他把它们切除掉。当他表达他的大度的时候，听众突然沉静下来：

> 让我告诉你们我内心的想法，女士们，先生们，在这个问题上我并没有任何个人的私仇。这并非个人问题，也不是他们的错误……小

---

① *Ibid.*, p. 219.

② *Ibid.*, p. 222.

> 詹姆斯·斯密斯先生不是代表一个党，而是代表一个制度——一个不属于任何党控制的政治制度……我们反对的是这个制度，而不是这个制度的代表……

然后他戏剧性转向整个事件中具有很大有争议的人，他接着说：

> 我呼吁马丁尼先生在任何条件下都永远不要退出。我们不是为了找到一个更容易的道路，为一个自满的道路而战。我们投入战斗为的是寻求一条正确的道路，任何背离这条正确道路的人都将被注意到，被认出来，被记住……①

听众呼叫着表示同意。

威尔逊选择到斯密斯家乡的城市进行最后一击。

对我们这些半个世纪以后阅读这篇演讲的人来说，听起来像是有点夸夸其谈的大话，但在1911年1月14日，纽瓦克的新礼堂的听众却非常喜欢这个演说：

> 先生们，我们在为什么而战？多年来我们一直为人类自由而战，如果考虑到我们现在的斗争是这个伟大斗争的一部分，你们能不热血沸腾吗？是什么剥夺和摧毁了我们的自由？是在我们没有选择的很多问题上。在很多事情的处理上，从来没有人考虑公共福利和大众意见——在一个自由的国家这些事情完全由个别小群体、小集团和特别的利益群体所控制，很多事情都是在不顾广大自由人民的感情、没有经过征询意见和目的的情况下决定的。一旦一个事情露馅，就会有了解情况的人站出来，说自由遭到了威胁；一旦有人为此而战的时候，就会有人给我们确立新的标准。人们似乎能够看到这种战斗，一方面是一个看似强大而实际上是纸老虎的堡垒，后面站着的人手里拿着致命的武器，却从不做任何正事。在不远处是惊恐万分的广大的自由的

---

① Baker, III, p. 124; Link, p. 230.

人们。现在他们在鼓起勇气，抬起头来，开始慢慢地改变现状。大家看到，他们已经动起来了，他们已经鼓起勇气，他们在思考这个堡垒是否容易被攻破。对我们来说，除非我们攻破这个堡垒，生活就没有多大意义。只要人们继续下去，就会像古老的《圣经》里所说，第一声胜利的呐喊和自由人们的抗争将会让这个堡垒土崩瓦解。①

大老板斯密斯认识到威尔逊是一个令人头疼的对手。让他非常震惊的是，外表看起来非常正直的威尔逊，却违背自己不会反对民主党组织的诺言。如此猛烈地攻击一个曾经帮助他赢得选举的人，这是一种赤裸裸的忘恩负义之举。

"大老板"只能用他们自己熟悉的方式进行战斗。但是交易、哄骗和威胁对具有传道一般政治热情的对手来说都只是毫无效果的雕虫小技。

1月24日，议会开始投票选举新泽西州的参议员。25日投票结果揭晓：马丁尼得到47票，斯密斯得到3票。

"我最后很同情斯密斯，"他给一个朋友写信说：

> 显然他很少有真正的朋友，——他靠让人恐惧，靠权力和能给人带来的实际利益，而非依靠爱、忠诚或其他任何正式的感情来控制别人。在他被击败的那一时刻，他的追随者就像耗子离开沉船一样抛弃他。我听说他离开特伦顿（他的总部最开始设在这里，那里经常是人满为患）的时候只有他的儿子们陪伴着他，他老态龙钟，垂头丧气。他们说他哭了，承认自己彻底失败了。②

威尔逊的胜利在全国为自己赢得了喝彩。他有很大的机会在1912年获得民主党总统提名。这是一个让全国人民都感到高兴的胜利，因为大家都对旧式的政治组织感到厌恶，非常乐意看到其中一部分被彻底地抛弃。

媒体大肆宣扬这个"象牙塔里的教授"战胜了"大老板"。一个高兴

---

① Link, p. 232 – 3.
② WW to Mary Hulbert, 1/29/11, Baker, III, p. 126 – 7.

的记者这样描述威尔逊:"他的衣服上散发着帕纳萨斯的香气,他的嘴唇上还留着刚刚喝过赫利孔山圣水的痕迹——这个留着长发、书呆子气很浓的教授,刚刚把他的眼镜摘下放到字典上,就来到特伦顿的州政府大楼,'把这帮人打得落花流水'。"①

整个国家都笼罩在改革和进步派的氛围中。现在,为获得总统候选人提名,威尔逊必须进一步扩大他的优势,他必须支持那些能够引起公众注意力的立法,树立自己优秀自由派改革者的形象。

在1911年1月17日就职前夕,威尔逊召开了一次由两党进步派参加的会议,酝酿一些可向议会递交的议案。他非常乐意接受新建议,在多个问题(包括直到当选之时他一直坚决反对的议会动议权和公投问题)上都改变了自己长期以来所坚持的观点。

通过这次协商,威尔逊形成了四项向议会提交的议案。每一个都非常重要,四项议案一起形成了全面的改革内容——将落实改革派一直主张的举措。它们是:1)确立直接初选的选举法;2)反腐败法;3)管理公共设施的法律;4)雇主责任法。

实施这些改革需要共和党控制的州参议院的合作,也需要废除大佬们对议员们投票权的控制。斯密斯和纽金特虽然被击败了,但他们并没有退出。因初步被威尔逊击败而不知所措的他们期待在立法过程中发挥他们传统的角色。他们"传统的角色"包括指导议员如何投票,操纵他们让那些可以使自己的大公司联盟受益的立法获得通过。他们的交易大部分都是在议会走廊,各个委员会——甚至就在议会大会上完成的。

离开特伦顿后,斯密斯继续留在他在纽瓦克的总部。2月,纽金特来到州议会。他立刻投入与议员们的沟通,试图让他们承诺投票反对威尔逊的立法项目。威尔逊召见了他,要求他回到纽瓦克。纽金特予以拒绝,依然我行我素。

关于选举法的草案一经提出,议员们为到底应该支持哪一方陷入了史无前例的争夺。威尔逊打破先例参加了民主党议会党团的会议。他滔滔不绝地讲了3个小时,强调了通过该法案的必要性。对那些由于利益考虑对他的理

---

① 引自 Baker, III, p. 127。

第四章 新泽西州州长

由无动于衷的人，他警告说他将斗争到底，如果需要将让人民来决定。当然在这种情况下批评某些议员，这些议员的职业前途可能因此而受到影响。

与此同时，纽金特也在努力以自己的方式劝说议员们。许多平庸且没有太大抱负的人一定觉得陷入了进退维谷的境地。他们主要关心的是站在这次权力斗争中的胜利者的一方。一方面，斯密斯和纽金特对他们的影响已经不是一天两天的事，即使在斯密斯争取担任参议员的努力失败以后这种影响的余威仍然存在。他们担心也许这只是第一次交火，"大老板"有可能重新确立他的行事方式。另一方面威尔逊的力量在日益上升，不仅在本地，而且在整个美国大陆。他显然是一个领导人物，他的最终目标是什么已经成为大家热议和猜测的话题。可以肯定的是，激怒这样一个人物是一个巨大的冒险。

不久形势变得明朗起来，纽金特能够在议会中控制投票的议员不超过12个。在绝望之中，他转向投靠共和党的大佬们。如果共和党的议员们能够被说服投票反对威尔逊，通过联合力量仍然可以击败选举法——也就击败了威尔逊的整个立法计划。

共和党和民主党大佬们联合起来的可能性让威尔逊阵营感到担心。威尔逊再次召见了纽金特。纽金特鲁莽和充满挑衅地于1911年3月20日来到威尔逊的办公室。根据这两个人在事后公开的说法，贝克对这次见面提供了以下叙述：

"纽金特先生，你不觉得，"州长说，"反对选举法案，你在犯一个严重的错误吗？"

"不，"纽金特斩钉截铁地回答说，"没有本州赞助人的支持，你不可能通过这个草案。"

他指责州长在通过承诺特定的职务贿赂议员们。再也没有什么比纽金特说这些话更能刺痛威尔逊了。威尔逊对这个指责怒不可遏。他从椅子上站起来，伸手指着他办公室的门说道：

"下午好，纽金特先生。"

小老板迟疑了一下，气得直发抖。

"你一点也不像一个绅士。"他大声喊道。

"你不是裁判！"州长回答说。

对这次会谈的报道迅速传开。有人看到老板"恼羞成怒地走过走廊,气得瑟瑟发抖!"①

威尔逊对大佬们毫不妥协的斗争为他在全国赢得了又一轮的喝彩。大家都认为没有多少经验的这个学者敢于与一些全国最难对付和最强硬的人斗争——而且取得了巨大的胜利!这在全国成了津津乐道的话题。

新泽西的选民们对威尔逊不断高涨的热情是不容置疑的。纽金特每天都会听到在他不断减弱的支持者中间又有人叛逃。最终他只说服了10位民主党议员反对选举法案。议会于1911年3月21日以34票对25票的优势通过了该法案。

随后法案被提交给参议院。州参议员们与他们在众议院的同事们,对政治大佬们的控制具有更大的独立性。威尔逊在参议院担心的不是大佬们的影响,而是共和党控制着多数。威尔逊用知识分子的感染力和个人魅力恳求参议员们。他与他们或单独或集体进行磋商,邀请他们到他的办公室,不知疲倦地与他们热情沟通。

他甚至还和参议员们参加一些非正式的社会活动,在他给玛丽·赫伯特的一封信中,威尔逊描述了他如何在这样一个场合,在一个宴会上多次劝导一个摇摆不定的共和党参议员的状况。

> ……我们很高兴在一起,双方都很满意。在我们沟通前他就显得非常平和。这就是政治过程!这就是一个领导人要做的!但是,还是不能确定这个狡猾的老狐狸是否投票支持这个法案。在背后我还是不能相信他。但是至少我是有收获的:我与所有这些参议员们的关系轻松愉快。除了知道我是"一个踌躇满志的领导人"外,他们还对我有了更多的了解。②

像其他每一个参议员一样,不管是共和党还是民主党,这个"狡猾的老狐狸"对选举案法案**的确**投了赞同票。如果把这一结果完全归功于威尔

---

① Baker, III, p. 143.
② WW to Mary Hulbert, 4/2/11, Baker, III, p. 146.

第四章 新泽西州州长

逊的个人的社会魅力就有点天真了。参议员们显然接受了法案的主旨，提议中的改革代表了广大公众的意愿，任何阻碍其通过的人都将在选民中间信誉扫地。威尔逊以高超的手段谋得两党的一致支持，他平易近人的做法毫无疑问进一步促进议员们决定按照威尔逊的条件支持法案。

选举法斗争胜利后，反腐败法，公共设施法案，以及工人补偿法都相对轻松地在议会的两院获得通过。

1911年这一届议会对威尔逊是一个胜利。新泽西州议会的历史上还没有一届如此成功的议会。在短短四个月的时间内，威尔逊就成功地让两院通过整个改革项目。他做到这一点靠的是消除了两个最大的障碍：大佬控制议会和共和党在参议院的反对，如果换一个稍弱一点儿的领导人，整个项目可能彻底泡汤。他杰出的表现大大增加了他获得总统提名的机会。威尔逊在1911年4月23日得意洋洋地给玛丽·赫伯特写信说：

我最亲爱的朋友：

议会在完成所有工作后于昨天早上3点休会。我得到了我所争取的东西——除此之外还有更多的……

每个人都这样说，文件可以证明这一点，如果不是因为我的影响和机智，以及依靠人民，所有这些都是不可能的。情况就是这样，我冒昧地说，事情办成了，结果是美国历史上前所未有的完全彻底的胜利。我自己写了演讲稿，我自己策划了具体的措施，我让公众持续对议会施加压力，改革计划每一项细节都得到了通过。在迄今为止的美国改革历史上，参议院所取得的成功，在人民眼里几乎就是一个奇迹。事实上，这只不过是美国历史非常自然的过程。我只是在这个时候担任州长，在这个问题上公众舆论已经成熟，两党都承诺要实现这些改革，通过坚持立场，一刻也不忽视形势的发展，**自始至终**都保持各种（合法的）压力，不要让这种巨大的力量被分散或受阻。压力是巨大的，但收获也是巨大的。我现在感觉有点累了，因为我已经精疲力竭，但是因为我能够对那些选举和相信我的人提供我所希望的服务，我内心非常平静和高兴。我可以直面他们，就像一个仆人一样忠诚地履行了自己应该履行的职责，将一切权力都回报他们，或者处理他们的事情。没有能有比这更让人高兴和满足的事情了！

为什么威尔逊在当选总统以后没有能够再次使用他的社交能力，让国会通过他的项目，从这个角度考虑，这封信的后面的部分非常有意思。

> 我坚信这种结果还很大程度上是因为我与州参议院的大部分人之间所建立的个人关系，特别是那些开始很容易成为一个绊脚石的共和党参议员们。您还记得我向您提到过的在纽约参加的那次宴会，还有在特伦顿县俱乐部的那次宴会。毫无疑问，在那些晚上所做的工作产生了应有的效果。这些活动让我们建立了虽然不同于朋友间的密切关系，但还是让我们能够处得来，让他们认识到我是一个什么样的人。从那个时候开始，共和党议员们几乎和民主党议员们一样经常和随意地（在特伦顿，以前这几乎是不可能的）到我办公室征询意见或提出建议，我还与他们中间的几个人建立了某种感情深厚的个人关系。否则，我不相信已经发生过的这种非同寻常的事情会发生：四个重要的有关"管理"措施的议案在参议院通过的时候**没有任何不同的声音**！记者们惊呆了，它们不理解这样的事情怎么**能够**发生……
>
> 这是一个多么让人兴奋的事情呀！当然我始终都在接受锻炼，为任何可能让我承担的公职做好准备。前面还有更大挑战，一想到还要在这些事情上发挥一个有影响的作用我就害怕。
>
> 岁月如梭，光阴似箭，尽管我每天处理很多事情，我还是时时刻刻想您，惦记着您，这种意识（以及被保佑的意识）一直伴随着我。
>
> 您忠诚的朋友
伍德罗·威尔逊①

不管威尔逊在新泽西取得了多么辉煌的成就，也不管公众有多么热情，他还远不足以获得总统的提名。当然，他还不可挽回地让自己在全国的民主党组织内部陷入了孤立。支持提名他竞选州长的大部分保守派无奈

---

① Baker, III, p. 169–72.

第四章 新泽西州州长

地认识到,认错了他,对他不再抱有任何幻想,因此也不再支持他(他最初的支持者,如哈维上校,对他的忠诚又持续了一段时间。)威尔逊自己也割断了与最初支持他的那些人的关系,但是他并不能保证他能够吸引到民主党内部有影响的进步派的支持。这是一个非常大胆的策略——也许是唯一的让他有可能成功的策略——但这需要巨大的勇气。

民主党进步派的领导人并不会放权。虽然已经过了其权力的顶峰期,威廉·詹宁斯·布莱恩仍然牢牢地控制着党的领导权。布莱恩曾经三次赢得总统提名,但三次都竞选失败。尽管这个"伟大的普通人"可能寻求第四次提名,全国都有一个想法,那就是选出一个新的旗手。尽管如此,布莱恩仍然拥有巨大影响力,尤其是在南部和西部,让他在1912年总统提名时仍然拥有决定性的声音。布莱恩在人们和民主党内部的力量是如此强大,没有任何觊觎总统宝座的民主派,包括勇气十足的威尔逊,有希望挑战他的领导能力。要想在1912年民主党大会上取得胜利的人需要得到布莱恩的支持。

威尔逊过去对布莱恩的轻视困扰着他。他曾经攻击过布莱恩的观点,把他说成是一个"精神粗俗"的人,拒绝和他在同一个讲台上讲话,拒绝让他到普林斯顿大学演讲。① 他曾经极力贬低的人现在有希望保护他吗?

很容易理解当威尔逊突然宣布自己是一个进步派的时候,布莱恩表示怀疑。他在他自己的杂志《普通人》专栏公开质疑他,问道:为什么保守的出版物,如《哈珀斯周刊》对表面上属于自由派的威尔逊如此热心?他呼吁威尔逊澄清自己的立场。布莱恩1911年1月5日给他写信说,威尔逊努力为马丁尼竞选的做法"让我有点相信他",但是,他仍然怀疑威尔逊在公共问题上的立场,要他对1908年民主党党纲发表评论。威尔逊顺从了这一要求,这让布莱恩对他"非常满意"。"伟大的普通人"向威尔逊提出了一些建议——比如建议他给新泽西州议会写信,敦促议会修改所得税法——他发现威尔逊迫不及待地按照建议采取了行动。②

两人在1911年3月第一次见面。布莱恩到普林斯顿大学给普林斯顿神学研讨班发表演讲。对丈夫的兴趣非常敏感的威尔逊夫人邀请他吃饭。当

---

① Link, p. 120.
② Link, p. 316 – 7.

时正在亚特兰大的威尔逊匆匆忙忙地赶回家,来拜会这个自己政治前途所系的这个人。

第二天,威尔逊给一个朋友写信说,布莱恩"具有非凡的人格魅力,这是一种真诚和信念的力量……他的声音好听极了……一个真正有魅力的人……"① 根据贝克的说法,布莱恩也被威尔逊的"乐观和敏锐的头脑"所吸引,而且完全被威尔逊太太"迷住"了。② 这样的开始是一个好兆头!

三天后,在新泽西的伯灵顿一个民主党大会上,威尔逊和布莱恩都发表了演讲。威尔逊利用这次机会非常过分地表达了对布莱恩的敬意。

1911年5月,威尔逊花费了一个月的时间在西部巡回演讲。不管他到什么地方,刚刚休会的新泽西议会所取得的成就的消息都会捷足先登。他旅行了8000英里,发表了25场演讲,每一个演讲都是非常真诚地对布莱恩在重要问题上的观点的回应,尽管有时候表达得并不明确。西部的报纸总体上是友好的,听众都群情激昂。

当他在将注意力投放到全国政治上的时候,新泽西的老板们却在准备着报复。一个可能的总统候选人需要获得本州选举人支持他参加全党大会。1912年5月28日,威尔逊认识到赢得新泽西州初选胜利的重要性。曾经支持他当选州长的大老板斯密斯的组织现在反对他。该州民主党主席仍然是詹姆斯·纽金特。威尔逊面临的任务是,需要建立一个属于自己的有效的组织,一个能够与斯密斯-纽金特的组织竞争的组织。

1911年夏天发生的一件事帮助威尔逊把纽金特从州民主党委员会主席的位置上赶下来。一个晚上,具体来说就是7月25日,纽金特和一些朋友聚集到一个酒吧喝酒,当着众人的面,老板吵吵嚷嚷地站起来祝酒说:"为了新泽西州州长,国民军总司令,一个忘恩负义的骗子,我的意思是伍德罗·威尔逊,我再说一遍,一个忘恩负义的骗子干杯。"③

纽金特的祝酒词很快臭名远扬。进步派对此失德行为立即表现出了愤怒,强烈要求将他从民主党委员会主席的位置上撤下来。最后,他们成功

---

① WW to Mary Hulbert, 3/13/11, Baker, III, p. 210.
② Baker, III, p. 210.
③ Link, p. 280 - 2.

第四章 新泽西州州长

了。为了取代纽金特主席的位置，州委员会于 1911 年 8 月 24 日选举爱德华·R. 格罗斯卡普，一个忠于威尔逊的人担任主席。威尔逊现在几乎控制着全州所有党的机器。斯密斯-纽金特以前的支持者现在都匆匆参加到威尔逊的阵营。威尔逊自然也接受了他们的支持。①

大老板们与现在主要由进步派控制的民主党组织之间第一次真正交锋发生在 9 月 26 日的州议会初选。选举结果在 1911 年 11 月 7 日揭晓。进步派提出了他们的候选人，但大佬们也提出了自己的候选人。

威尔逊周游全州，包括斯密斯-纽金特的堡垒埃塞克斯县，敦请人们支持进步派的候选人。在除了埃塞克斯县以外的所有县，进步力量都取得了胜利，在埃塞克斯县，斯密斯-纽金特支持的候选人取得了胜利。

威尔逊感到为难。一方面，他想让自己的党获得对议会的控制权。在一个传统上的共和党控制的州，如果民主党赢得了议会的领导权，那将是他个人政治力量的体现。另一方面，他不愿意支持由大佬们领导的埃塞克斯县的候选人。在进步派内，支持他的人也不赞同他支持大佬们的候选人，即使为了保证民主党的胜利。威廉·詹宁斯·布莱恩也基本上是这样的立场。在采取任何重要步骤的时候，威尔逊都会眼睛盯着，心理盘算着是否与布莱恩一致。

威尔逊决定，在埃塞克斯县以外的全州任何地方都为民主党议员竞选。他充满激情，非常努力。斯密斯和纽金特报复威尔逊的想法压倒了其他任何考虑，因此并没有为他们的候选人竞选。相反，斯密斯所控制的两家报纸集中一切精力诋毁威尔逊的名誉。很清楚"大老板"已经决定"放弃"选举，这样保证共和党能够在议会两院赢得多数，让威尔逊难堪，不让他有获得总统提名的机会。他成功了。

在选举那一天，11 月 7 日，选民拒绝了所有埃塞克斯县的民主党候选人。这一失败是致命的。结果共和党在州议会的两院都赢得了多数。

选举后两天后，大老板斯密斯的纽瓦克《星报》社论就援引费城《晚上电讯》的话说："'民主党全国大会在决定把这个人放到选举票上前夕需要三思，这个人就任九个月了，还不能把自己党派的力量团结起来'。"《星报》

---

① *Ibid.*, p. 282 ff.

还添油加醋不加掩饰地说:"这种看法在特伦顿也在变得越来越普遍。"①

民主党在议会的失败对威尔逊的声望是一个打击。他必须再加倍努力,在1912年5月28日选举新泽西代表出席民主党全国代表的大会上要有出色的表现。

1911年11月,威尔逊看到了实现他一生梦想,获得总统职位——一个政治家——生涯的可能!他在令人目眩的高度走钢丝。在他前进的过程中,他需要应对大量复杂的问题——得到布莱恩的支持,与卷土重来的新泽西大佬们斗争,建立一个支持他参选的全国规模的组织。可能的陷阱和困难很多,他必须小心翼翼地避开这些。与此同时,他还必须果敢,富有想象力,而且还需要行动迅速。

面对一千零一个危险与困难,他必须单独做出决定。他的女家庭成员和他的一些朋友非常爱他,强烈地希望他成功,但是在解决他手头的现实问题上,她们不能给他提供太大的帮助。他能依靠以获得帮助的人看来在不同程度上都是精明和有用的,但在不同程度上他们有自己的目的。他觉得他们中间没有一个是靠得住的。他们中间没有一个人让他觉得是可以毫不保留地倾吐心扉的。过去曾就有这样一个人,他不仅思想上可以与他交流,而且有能力给他提供个人友谊——约翰·格里尔·希本。但是他却冷酷地把他给抛弃了。从那时开始,一直没有一个人能够填补他内心深处由于他与希本友谊的破裂所留下的空缺。

就是在这样的境况下,他1911年11月24日到纽约去拜访爱德华·曼德尔·豪斯。他听说豪斯一直在得克萨斯州促进威尔逊的事业,能够给他提供巨大的帮助。这次会晤对两个人的生活都产生了巨大的影响。在描述这些影响前,我们先看看豪斯是谁,他的背景怎样,为什么他如此急切地见威尔逊。

---

① *Newark Star*, 11/9/11.

第五章　见习顾问[*]

……我没有担任公职的雄心……因为我觉得……我达不到最高位置，而除了最高职位外没有什么能够让我满足。别人认为我没有霸气，我觉得很对。我的志向太远大，永远也得不到满足，不值得去为之努力。

爱德华·M. 豪斯在名为"回忆"的自传论文中的话

爱德华·M. 豪斯，1858年7月26日生于得克萨斯州的休斯敦，是德州最富裕家庭的第七个儿子。

---

[*] 没有足够关于豪斯的传记资料。A. D. Smith 的 *The Real Colonel House*（New York：George H. Doran Co.，1918）和他的 *Mr. House of Texas* 的确有一些有用的资料，但是这些资料不是关键性的，也不可靠。Charles Seymour 的 *The Intimate Papers of Colonel House* 不拟成为个人的传记，也确实不是。它们虽然是了解豪斯的活动和思想必不可少的参考，却不足以了解其人和他的动机（也请参见后面第七章注释中 George Sylvester Viereck 的 *The Stragest Frienship in Hisotry*［New York：Liveright，Inc.，1932］）。

本章的主要资料来源是豪斯自己写的两个长篇自传体备忘录，即1916年的"回忆"和1929年的"自传"。两者均可在耶鲁大学的斯特林纪念图书馆收藏的他的私人文件中找到。Seymour 的 *The Intimate Paper*（Volume I）就使用了这些材料。我们充分地援引了这些备忘录中尚未出版的材料（除非有特别的说明，我们对豪斯早年生活以及他早期在得克萨斯的政治生涯的陈述都是依据这两份备忘录）。推测豪斯对自己童年的回忆在多大程度上是客观真实的，又有多少代表了他对自己才能的愿望性想象是非常有意思的。他个子不大，因此小孩时候很可能是一个小个子。他的哥哥是一个帮派的头，也许豪斯需要努力跟上别人。事实上，作为家里孩子中最小的一个，和一群大孩子在一起玩的时候所产生的无能为力的感觉，再加上在12岁时从秋千中落下来的经历，让他迫切需要来操控别人。

在他的"自传"和"回忆"中，以及在他的日记和文件中，很少关于豪斯生活的内容。在这一方面，与威尔逊形成了鲜明的对比。

托马斯·威廉·豪斯靠大规模种植蔗糖和棉花以及银行业发家。在内战期间，他的船队冲破北方的封锁，定期来往于加尔维斯顿和西印度群岛与中美洲的港口之间。从加尔维斯顿运出的货物通常是棉花，船队回来时运送弹药、布匹和药品，托马斯·豪斯将这些货物出售给南方联盟军队。冲破封锁是非常冒险的业务，但利润高昂。

他小时候是一个什么样的孩子，怎么对政治产生了兴趣，让他后来为之倾注了全部精力？豪斯上校有了两篇非常长且引人入胜的回忆，现在存放在耶鲁大学斯特林纪念图书馆的私人文件里。一篇是豪斯于1916年在事业顶峰时期写的；另一篇是1929年他于垂垂暮年之时，在回忆童年和青年时期以喜悦的心情写的。

在他的档案里，豪斯对早年的主要记忆就是暴力、内战及其后遗症。"我对生活的第一个印象是人类冲突——人与人之间的战争。"玩具，以及其他好玩的东西对于出生于这样富裕家庭的孩子来说理应是生活的一部分，但是由于封锁，没有这些东西。所有有趣的游戏就是"战争"，所有必要的玩具都是临时或即兴准备的。三岁的时候，豪斯就骑马、射击，与其他孩子一起参加那些老调的战争游戏。

南北之间的正式战争停止后，得克萨斯进入一个混乱时期。豪斯一家居住在休斯敦郊区的一个大农场，这是一个大约有七千居民的村庄，其中大部分是黑奴。黑奴和两轮运货马车夫们在美国军队的保护下，占领了州政府。愤怒的白人居民们自己起来努力维持他们认为的基本的生活方式。暴乱、枪击、谋杀——这些每天都司空见惯。典型的英雄是那些鲁莽的人，他们冒着生命危险（也经常丧命！）与那些新当权的人斗争。豪斯写道：

> 那是无法无天和动荡不安的日子。格斗是经常的事，几乎总有伤亡。大家最津津乐道的是格斗者多么勇敢，枪法多么精准；无所顾忌，胆大包天的人是最大的英雄。他们所体现的都是高尚品质和骑士风度。人们乐意把命挂在腰间，看不起那些仗势欺人而取胜的人。许多人都有一种十字军精神，他们决心逐步消灭那些与没有勇气和失败

第五章 见习顾问

者为伍的寄生虫,为了实现这个使命,他们大都愿意以命换命。

在豪斯所描述的世界里,成年人不仅仅倾向于与自己的政治对手斗。那些外表看起来很绅士和礼貌的人也非常冲动。不经意的陌生人通常为此而付出教训——但是,天哪!这种教训往往是致命的——吹牛、威吓、冒犯或并非真正地冒犯一个看似温和的人都得招致灾难。"除非你了解他们和他们的生活方式,否则最好不要与他们接触,"豪斯说。一个孩子,一个在这个地区长大的孩子,年轻的豪斯的确了解这些人,以及他们的生活方式。他钦佩他们,并效仿他们。"我在他们中间有很多热心朋友——既有有福同享朋友,也有有难同当的朋友。"

豪斯童年时代的乐趣之一是打猎。那里有各种各样的猎物——鹿、火鸡、鹌鹑、野鸡、鹬和孔雀——很容易猎到很多种。小伙子的捕猎技巧都是一个邻居教的,半个多世纪以后豪斯还清楚地记得这个邻居的捕猎技术和枪法。

年轻的豪斯是一个帮派的成员。这个帮派的头头就是比他大六岁的哥哥詹姆斯,豪斯把他说成是一个有勇有谋、能力强和富有想象力的孩子。"我对他有无限的仰慕,但我们总是打架,尽管我在他手里显得非常无助。"

就像他们的长辈一样,这些孩子们也鲁莽和充满暴力。他们武装起来,玩战争游戏,打架的时候是让人毛骨悚然的实战,有时也会造成严重的伤亡。豪斯的大哥半张脸被子弹打掉,一生面部都非常丑。豪斯有两次都差一点把他的一个发小打死。除了打猎和打架,这帮小伙还喜欢玩恶作剧。轻信他们的陌生人是他们诱骗的目标,很多人上当,这些人都因遇到这帮年轻人而倒霉。

人们会纳闷,这个粗犷的小伙子会给年轻的威尔逊留下了什么样的印象。豪斯在度过一种群体的户外生活的时候,威尔逊却在努力掌握复杂的英语语法,回避与他的伙伴们接触。

豪斯对父母的态度人们了解得不多。他母亲在他 14 岁的时候就去世了。他的传记备忘录很少提到她。他很感激他的父亲,不仅给他留下了一大笔财产，而且教他"不要把财富看得太重"。他认为他父亲"主人派头十足"。当有人写信问他，谁对他生活影响最大的时候，他回答说他想是他父亲。

豪斯在家里被称为"吉米第二"，因为他和哥哥在家里的孩子中间最不守规矩，给父母带来的麻烦比其他孩子一起带来的麻烦还多。"……有多少次大家都预测我们的末日到了。"吉米和他父亲冲突，"发生许多非常痛苦的事情"。

豪斯在休斯敦学院和英格兰巴斯的一所学校接受早期教育，他家在英国旅居了大约一年的时间。对于他在休斯敦学院的经历，他写道：

> 除了玩恶作剧和揍那些不服我领导的同龄人外，我几乎什么也没有干。那时候我是一个结实强壮的小无赖，非常擅长在体力上打败别人的各种技巧。

在巴斯上学的时候，生活对于豪斯和他哥哥詹姆斯同样是一塌糊涂。英国的小伙子们不太习惯他们来自得克萨斯的同学，不喜欢他们。吉米和艾迪不断和其他孩子们陷入"争斗。"

他们终于回到了得克萨斯，可以玩他们毫无约束的体育活动。吉米16岁时从秋千上掉了下来，因伤了头脑而死。在豪斯12岁一天，他满不在乎地玩秋千，让秋千荡得越来越高，绳子断了，他的头撞在马车毂轮上，伤得很重——"好像吉米第二要重复在吉米第一身上发生的事情"。他的康复期拖了很长时间，他的功课也因为受到疟疾的影响而中断。在他最终康复的时候，他失去了强健的身体，再也没有能恢复。在他的后半生，他承受着这次疾病后遗症的折磨。他的身体非常虚弱，精力很有限。酷暑让他更难受。

在这次事故发生前，对于曾经过着像豪斯那样生活的一个人来说，肯定非常难以适应现在身体的缺陷所给他带来的限制。在那些粗犷的游戏中他再也不能战胜他的朋友们，再也不能用赤裸裸的武力将自己的意愿强加给他们。他写道：

第五章 见习顾问

我永远不能我忘记我第一离家远行的经历。我已经在那里待了几天了，我想我挺强壮的，能冒险到附近看看。没走多远我就遇到一个德国孩子，我曾经对我的伙伴们保证说，下次我再见到他，我将抽他。现在他就在这儿，我一定要成功。天哪，他打我的拳头真够有力的！我第一次认识到参孙（《圣经》里的大力士，译者注）失去了他的力量，但当时我并没有意识到这种力量一去不复返了……我在得克萨斯打架的日子，养小马驹的日子，爱做恶作剧的日子结束了。

这次大病对豪斯的生活来说是一个重大的转折点。后果之一是他改变了谋求主导权的方式：以前他主要依靠他的体力；现在他不得不借助于更微妙的方式——智力——谋求他的领导地位。当然，完全有可能的是，不管这个事故发生没有，孩子们一般都有这种特点，也就是长大成人后不再拥有早期的那种好斗个性。无论如何，在这次灾祸发生之后，他开始靠他的智慧而不是他的体力来战胜他的同行，在心理上影响和控制他们让他感到非常愉快。

"我是一个爱争吵的孩子，"他曾经告诉他的传记作者 A. D. 斯密斯说，"过去我喜欢让男孩子们互相殴打，看他们会怎么做，然后再让他们和好。"①

豪斯青年时代的早期，从14岁到17岁，是在弗吉尼亚的两所预科学校度过的。在这两所学校，欺负人是他最喜欢的娱乐活动。不能自保的孩子们经常受到羞辱和非常危险的嘲弄——他们被吊起来，直到脸色变得青紫。豪斯用刀和六发式左轮手枪把他要欺负的人置于走投无路的境地。为了找乐子，他经常到深山老林里打猎，并乐此不疲。

17岁那年，豪斯试图进入耶鲁大学。他参加了考试，但结果表明，不管他在反抗别人欺负和狩猎方面有多么高超的实践能力，他的学业差强人意。豪斯父亲的朋友，耶鲁大学校长诺阿·波特博士建议这个孩子到纽黑文的霍普金斯语法学校，也许两年后，他就能做好进入耶鲁的准备。

---

① Smith, p. 11.

在霍普金斯，豪斯很快与奥利弗·T. 莫顿成为好朋友。他是印第安纳州参议员奥利弗·P. 莫顿的儿子。与豪斯相比，小莫顿对学习更是一无是处。对霍普金斯学习生活的厌恶成为将这两个孩子联系起来的纽带。但是，也有诱人的积极方面：两人对政治都非常感兴趣。

莫顿参议员是 1876 年美国总统选举中重要的共和党候选人。作为小莫顿的客人，豪斯经常到华盛顿去。他结识了莫顿参议员，并通过他认识了其他的参议员和众议员，甚至格兰特总统和夫人。作为一个重要的共和党领导人家庭的亲密朋友，豪斯能够观察到幕后的政治活动，这些活动在制定法律和确定总统候选人的过程中有着举足轻重的作用。

尽管是一个民主党成员，他对拉瑟福德·海斯而非他朋友的父亲获得共和党总统提名感到非常失望。在随后的总统大选中，豪斯赞颂塞缪尔·J. 蒂尔登，莫顿则以同样的热情赞颂共和党候选人的事业。政治观点的不同丝毫没有影响他们之间的友谊。在选举几个月前，两个孩子经常逃学不上拉丁语和希腊语课，而是兴致勃勃地到纽约参观竞选总部或回到莫顿在华盛顿的家。在那里，他们可以见到他们在报纸上经常读到的领导人。

这是一种令人兴奋的生活，这种生活对提高他们进入耶鲁大学的考试能力没有多大的帮助，但毫无疑问对他们的教育非常有益。霍普金斯的老师们实际上非常担心。莫顿和豪斯却一点也不畏惧，决定尝试着考一下康奈尔大学。他们雇了一个辅导老师，死记硬背准备入学考试。结果两人都通过了，并被录取。

在康奈尔和在霍普金斯一样，豪斯仍然沉迷于胡闹。比如，一个非常迟钝的小伙子逃课后，急于找出一个理由向校长解释。他向豪斯寻求帮助，豪斯建议他就说他早上去航海，因为风太小没有回来。这个孩子照着做了。校长知道，事实上每一个人都知道，港口已经被封冻几周了。这个偏离航道的"水手"遭到了应有的惩罚，豪斯则着魔一样地高兴。

不久他进入康奈尔大学。豪斯的兄弟会让他与一个年轻的青年一起住，兄弟会对吸引该生加入很感兴趣。豪斯答应了。他决定借机找一个法儿，不再干每天都要生火取暖这一讨厌的杂活。最后他想了一个主意。那已是 12 月下旬了，天气非常寒冷。在这个年轻人来报到的那一天，豪斯把炉子彻底打扫了一遍，让它看起来好像一冬都没有使用一样。当然房间里

第五章 见习顾问

也就非常寒冷。当他的室友进来的时候，豪斯非常友好，显得非常舒服的样子。不久这个新来的室友就问豪斯，是否觉得房间很冷。豪斯装出很吃惊的样子，回答说他不觉得冷。这个年轻人就问豪斯，如果自己给房间生火是否介意。豪斯说，如果他觉得这样会让他感到舒服的话，自己乐意让他这样做。这个年轻人很感激，因为他理解这表明豪斯不是一个自私的人，放弃了自己的喜好而让室内暖和起来。就这样，他每天都生火。直到有一天他无意地给他们两个的一个共同朋友提到这件事。从那以后，他们开始轮流生火。

豪斯爱开玩笑，并以此感到自己在某些方面比别人都强。通过做一些小事，引发一连串的事情，然后他自己停下来休息，洋洋自得地看着，满足感中带着一种对别人的蔑视。自己表现得非常镇静和非常平静，而"控制"别人的情绪，他让他们乐他们就乐，让他们悲他们就悲，让他从中获得一种无限地满足。早年如此，后来也是这样，掌握一种特定的知识或能力，然后玩弄那些表面上好像在控制着这些事情的人，给他带来了无穷的快乐。突然以眼花缭乱的方式展现自己的能力，表现的又不是在故弄玄虚或自我标榜，也让他感到非常满足。他这样回忆他年轻的时候：

> 捉弄别人而又表现出一种无辜的参与者和旁观者的样子总是非常好玩。我常常提出一些问题，并给出具体的如何做这些事情的建议，或者玩一些我比那些想教我的人更熟悉的游戏。有时候我会慢慢地把我的技巧告诉他们，还有一些时候，我会立即告诉他们该如何这样做，让那些想当我老师的人感到非常懊恼。

豪斯从这些带有小孩气的伎俩中得到的乐趣，恰如他后来在担任顾问时影响州长和总统，或者保护大人物一样，让他感到快乐。

就像他在上过的其他学校一样，豪斯在康奈尔仍然是一个中等生。他总是通过考试前的死记硬背勉强过关。他的课外活动依旧充满智慧且非常刺激。他有很多的伙伴可以交换意见，讨论他们所阅读的关于历史和政治的书。

豪斯快乐的大学时代在二年级时候因为一场病和他父亲的去世而结束

了。还不清楚为什么他在父亲的葬礼后没有回到康奈尔。他没有立即和他的兄弟们一起管理他们的遗产。这是一个不菲的遗产,豪斯自己的一份每年就可以有大约25000美元的收入。

带着一个伙伴和一个仆人,豪斯一行到得克萨斯北部人迹罕至、荒凉的高原地区进行了一个长时间的野营旅行。这个地区几乎没有任何人居住,三个流浪者几次遇到不友好的印第安人,还遭遇到一个犯罪流亡分子和各种无赖,险些丧命。回来后,豪斯来到美国东部,考虑进入哥伦比亚大学法学院学习的可能性。最后,他还是决定回到得克萨斯,承担起照料他财产的责任。

年轻人全身心地投入到管理自己的事情上。他查看了他的土地,他买入、出售和交换财产,有不少机会是在与其他人斗智斗勇。豪斯从商业上也获得了不少的乐趣。他在自传里阐述了他与那些房地产交易中经验比他丰富的人达成交易所取得的第一次成功时是多么兴奋!作为一个资金雄厚的年轻人,他对在一次或两次交易中的失败可以不必斤斤计较。也许正是由于这种财富背景,让他能够从分析博弈形势的兴趣中解脱出来,谋划更精明的行动。

但是,不管挣钱能给他带来多少快乐,还是不能满足豪斯的雄心。"在万籁寂静的夜晚,在白天冷静的时刻,"他后来写道,"我做着美梦,其中不少到现在为止都实现了。"

根据他自己的说法,豪斯对政治的兴趣早在他十几岁的时候就萌发了。他很早就放弃了担任任何公职的雄心,因为他觉得"我达不到最高位置,而除了最高职位外没有什么能够让我满足。"乔治·西尔维斯特·菲尔埃克曾经问豪斯,总统的职位对他是否有吸引力。豪斯回答说:"如果有人像把施洗约翰头放在盘子上送给我一样,给我送来这样一个机会,我也许会欣然接受,但是我对政治现实非常清楚,不会沉溺于这种猜测。"[①]

豪斯很早就放弃了竞选担任高层公职的原因显而易见。因受疟疾之害,他身体虚弱,尤其受不了热天。每当夏天来的时候,他都得到北方或欧洲,这基本上成了他必须做的事情。他完全承受不了宪法赋予这个国家

---

① Viereck, *The Strangest Friendship in History*, p. 22.

第五章 见习顾问

最高行政领导人的那些繁重的日常工作。此外，他缺乏身体上的吸引力，这对成功地成为一个受公众欢迎的领导人是非常重要的。他矮个子，短下巴，声音不够洪亮——这不是发表公开演讲那种人的声音。

这些就是年轻的豪斯必须适应并做出调整的严酷现实。他**的确**根据现实做出了调整，而且在很早的时候。具体是什么时候，经过一个怎样的过程，现在还讲不清楚。但大概是在19世纪80年代时候。豪斯虽然决定他不能奢望得到较高的公选职务，他**可以**希望影响那些掌握权力的人，尽管他身体残疾，但可以担当一个默默无闻、不引人瞩目的幕后顾问。

1886年，豪斯和他的太太（他于1881年结婚）移居到得克萨斯州府奥斯汀。豪斯的交往面很广，他父亲给了他一个在全州都非常出名和受尊敬的名字。多年来老豪斯的宅邸一直都是重要的社交场合。他曾经在这里招待过本州的政治和商业领袖。由此小豪斯有很多的熟人，但现在他要独立培养这种关系。他开始凭借自身的本事来给自己的名字增光添彩。

他管理自己商务活动的方式是让那些他信任的雇员把他从管理财产的繁重工作中解脱出来。现在他有空余的时间来集中精力研究政治。他对如何艺术地操控人的各种技巧都有浓厚的兴趣。人们为什么选举这个或那个候选人？参加提名大会的代表为什么支持这个或那个人，如何按照自己的愿望影响他们？为了说服他们通过这项或那项立法，一个行政领导人在各种不同的情况下该如何处理与立法机构的关系？人们参选的动机是什么？什么样的人是可以通过提出建议改变的？怎么提建议才能让一个个性强的人乐意接受？正是类似这样的问题深深地吸引着豪斯。他阅读广泛，认真研究得克萨斯州民主党组织的各种细节，从无数客人身上吸收知识和智慧。

在为政治生涯认真准备的时候，豪斯显然已经有了膨胀的愿望。他想成为**国家的**领导人。根据他的日记所说，他对本地和本州的政治感兴趣只是因为它们是进入全国政治的途径——而且这一步越早越好。[①] 本地的经历是接受他进入他所期待的更大舞台的先决条件。他决心将得克萨斯州当作证明他政治技巧的试验基地。

---

① House Diary, 9/24/14.

1892年，豪斯34岁。他看到一个能够证明他理论的机会，即在关键的全州初选过程中怎样才能赢得选举。争取民主党提名的竞争者有时任州长詹姆斯·W. 霍格和乔治·克拉克法官。南太平洋铁路在州内有巨大的影响，霍格管理该公司的活动让该公司坚定不移地反对他，支持克拉克。一般都认为霍格会被击败，考虑到资金优势和媒体的支持，克拉克这边的"利益"是非常丰富的。

在这个时期重要的政治问题，即政府是否应该进一步加强对大企业的管理上，豪斯同情温和的改革派。他找到霍格州长，提出帮助他组织选举，霍格答应了。

这些年来豪斯在奥斯丁的观察和自学认识到，政治生活的一些事实是，在旗鼓相当的竞选中，艰苦卓绝的组织工作是取得胜利必不可少的前提条件。因此他集中精力组成由在不同选区的自愿者组成的高效率的工作团队。豪斯自己仍然待在幕后。在他要求下，竞选经理的头衔落在另外一个人的头上。但是州长和参与其中的人依靠的是虽然无名，但却是豪斯强有力的领导才能。

霍格州长赢得了民主党的提名和随后的选举。他心怀感激地授予豪斯"上校"的头衔。他还给"上校"更重要的东西：让他在立法问题上通过担任顾问的机会，以一个非正式的解决问题老手的角色为通过有争议的议案铺平道路。

在此后的四年，直到1902年，豪斯为詹姆斯·W. 霍格，查尔斯·A. 卡伯森，约瑟夫·D. 塞耶斯和W. H. D. 拉纳姆等四任得克萨斯州长担任幕后竞选经理和顾问的角色。

接受豪斯的建议并对此充满感激的这些人一次次地提出要报答他，让他担任一定的职务。豪斯总是毫不动摇地地拒绝了给他提出的这些荣誉。他并不渴求政治职位，他的目标是对那些拥有政治职务的人施加影响。为了回报这些机会，豪斯有把政治策略的计谋交给他的主人，罕见地置身于激烈的政治斗争之外的能力。他能冷静分析形势的本质，然后静悄悄和不费任何周折地自己去处理那些能最有效地促进主人利益的事。更为重要的是，豪斯有一种本能，表现得完全没有任何私心和政治野心，没有因为帮助主人选举而提出任何要求，从不争夺名利，或者伤害他和那些与他的生

第五章 见习顾问

涯紧密联系起来的人的密切关系。用威廉·艾伦·怀特的话来说,豪斯拥有一种"东方人的质朴,一种中国人的谦虚":

> 他与他说话的对象永远都保持一种令人愉快的一致。人们清楚,这种令人愉快的一致本身就以多种显而易见的和准确无误的形式表明一种服务的愿望。他永远都不卑屈,但是永远都是在服务;他具有绅士风度但并不软弱;非常地有礼貌但又不失尊严。对别人的话他永远都会说:"对,没错……"①

他是真心实意地不愿在公众前面露面。在得克萨斯工作期间的任何时候他都全力避免正式承认那些成就是他的。

每一次成功的选举之后,他在得克萨斯州和全国民主党内的地位都会上升,他希望登上全国政治舞台的愿望也随之高涨。但困难是,在这些年,以及随后的十年(除了1904年的一个插曲外),美国民主党的主导权都掌握在威廉·詹宁斯·布莱恩的手里。

在豪斯看来,布莱恩的货币政策是错误的。他认为布莱恩不可能当选总统,也不认为布莱恩当选对国家来说是一件合意的事情,或者——以及更关键的事情是——布莱恩不可能听他的建议。豪斯这样写布莱恩:"我认为没有任何人可以成功地改变他在某一问题上已经决定了的观点……我相信,他认为他的看法是上帝赋予他的,不容许因为凡人的意见而发生任何改变。"②

到1896年,豪斯非常渴望参加到全国大选中去,民主党的全国领导人也希望他能参加。但是,他避开了这次大选,因为布莱恩是民主党的总统候选人。结果布莱恩被麦金莱击败。

1900年,布莱恩再次获得提名。这时候豪斯和这个"无与匹敌的领导人"个人关系非常密切,因为他们在1898年至1899年冬天,他们在奥斯丁曾做过一段时间的邻居。与布莱恩的亲密接触只是进一步加深了豪斯对

---

① White, Woodrow Wilson, p. 233-4.
② Seymour, I, p. 39.

他和他潜力的评估。他发现他"像以往一样是一个极其不现实的人"。① 这一次，他又拒绝要他参与总统大选的邀请。布莱恩再一次被击败了，又是败给了麦金莱。

得克萨斯的政治开始让豪斯厌倦了。他已经学会了他想学的东西，也从他担任的正式顾问的位置上得到了这个职位能够给他带来的满足感。在他参与政治活动的这十年，他经历了管理铁路的一系列法律得以实施的过程。他为这些成就发挥了举足轻重的作用——必须强调的是，在这个时代，许多大铁路公司（如在加利福尼亚州）成功化解了限制它们发展的政策。他帮助把一些进步的思想，如选举程序和市政改革的思想，变成法律。他感觉到，得克萨斯在实施自由法律方面已经远远地走在其他州的前面。必须暂停一段时间，让这些新法律得以消化，让这些法律中所包含的思想在全国得到运用。②

怀着这样的心态，选举和政治风暴对他来说已经成为一个负担，而不再是对他创新思想的一种挑战。1902年，豪斯在指导W. H. D. 拉纳姆成功参加州长选举后，他不再积极参加德州政治的活动。

豪斯把1902年到1911年间的这些年说成是他生活的"黎明时代"。③他盼望着能在全国的政治舞台上发挥他曾经在得州发挥的作用。他后来写道，在担任州长顾问的这些年来，"我一刻也没有忽视全国的形势，我的真正兴趣就在那里。"④ 但是，为了实现他的理想，他需要一个特殊的机会。首先得有一个民主党人当选总统，其次这个民主党总统应是这样一种人，豪斯能与他建立自己所期待的个人关系。

考虑到政治的兴衰和不确定性，豪斯希望得到这样的机会是极其乐观的。他希望——多少年来都是如此——让他实现他的目标的各种条件结合起来的独一无二的特殊条件能够变为事实。

从1900年到1904年总统大选，让他注意力分散的主要活动，是修建

---

① Quoted in Seymour, I, p. 39.
② Smith, p. 30.
③ Loc, *cit*.
④ Seymour, I, p. 38.

第五章 见习顾问

一条长达 90 英里、将奥斯汀附近的棉花生产地与主干铁路联系起来的铁路。不管是豪斯也好，还是参与这项工程的其他人（除工程师外）都没有任何修铁路的经验。但是他们却能够在波士顿筹集到足够的资金，完成了这个项目。"修这条小路给我们带来了很多的乐趣……"豪斯后来回忆说，"我永远忘不了，我们非常享受在这个过程中出现的各种问题，如给车站命名，拟定列车时刻表等等。对我们所有人来说都是新的。我们能以很可观的利润出售了该路……我们这样做表明可以在不仅挣钱，而且在对老百姓还非常公平的条件下修建和经营一条铁路。"①

1904 年，民主党内部陷入了布莱恩领导的激进派和东部的保守派之间对该党控制权的争斗。东部利益集团赢得了暂时的胜利，并推举奥尔顿·B.帕克法官为总统候选人。豪斯是一个彻头彻尾（但总是务实）的进步派。如果他不喜欢布莱恩在货币政策上的激进观点的话，他同样对帕克的保守观点不存任何希望。显然，1904 年不是他所等待的机会，特别是在帕克的对手是个性鲜明、颇受人欢迎的西奥多·罗斯福的情况下。豪斯没有参加帕克的竞选活动。罗斯福获得了到那个时候为止美国历史上选民票和选举人票最多的一次胜利。他在梅森-迪克森以北的每一个州都赢得了胜利。即使在"团结的南部"也不再一致支持民主党。作为一个党性很强的人，豪斯如果对这一结果感到沮丧的话，但这至少让他对自己判断力的信心得到了进一步的加强。现在他需要为下一个机会再等四年。

1908 年，民主党再次推选了布莱恩。豪斯那时候已经 50 了，不难想象他对再次推选布莱恩参加总统大选的懊恼——自然又是一个不成功的候选人。这次布莱恩输给了威廉·霍华德·塔夫脱。

塔夫脱曾经是西奥多·罗斯福总统的战争部长，是罗斯福亲自挑选他作为自己的总统继承人。在塔夫脱宣誓就职一个月后，罗斯福开始了他到非洲的狩猎之旅，在国外一直待到 1910 年 6 月中旬。一回来，他就指责塔夫脱向共和党内部的保守势力屈服，抛弃了他的政府的进步项目。罗斯福和塔夫脱之间的分裂导致了共和党内部的大分裂。这让民主党有理由对赢

---

① Smith, 36. 另见 Seymour, I, p. 18－9, 以及 St. Clair Griffin Reed, *A History of the Texas Railroads* (Houston, Texas: ST. Clair Publishing Co., 1941), p. 402。

得 1912 年总统大选乐观。到那时候还不认识的新泽西威尔逊州长和得克萨斯的豪斯，兴趣倍增，密切关注着政治形势的发展。两人都在其中看到了实现自己内心理想的可能。

坚信民主党的候选人应该是一个东部的民主党自由派，豪斯在 1910 年夏天来到纽约，寻找可能的候选人。布莱恩告诉他，纽约市市长威廉·J.盖纳是一块总统的料。豪斯与他吃饭，也留下了很好的印象，并开始将该市长介绍给有影响的得克萨斯人，因为他们的支持是非常有用的。豪斯还敦促他当年竞选纽约州长，他的理论是，从州政府到白宫有一条高速公路，但从市政厅到白宫连一条步行小道都没有。

盖纳拒绝了这个建议。他说纽约市长的职责比纽约州长的要困难和重要得多。豪斯对他这种全然拒绝，并把这个过程中的政治因素考虑在其中的做法感到有点吃惊。但是，盖纳素质非常突出，豪斯决心继续尽力协助他。

为了让盖纳在南部和西部更加出名，豪斯邀请他于当年冬天访问得克萨斯，并给州议会发表演讲。盖纳答应了。因此豪斯回到得克萨斯，从议会得到一个正式邀请盖纳的决议。随后发出了一个正是邀请。几天过后没有接到任何回音。一个得克萨斯的记者给盖纳发了一封电报，问他是否真的要到得克萨斯。盖纳很快给了一个让豪斯震惊的答复，说他从未听说过这个项目，也没有访问得克萨斯的计划。豪斯认识到，盖纳不是他所要找的人。"我把盖纳从我的政治地图上抹掉，"豪斯写道，"因为我看他没有可能。"①

1910 年秋天，豪斯考虑几个可能的其他人——密苏里州州长约瑟夫·W.福克尔，俄亥俄州州长家的森·哈蒙，众议员（后来众议院多数党领袖）钱普·克拉克，阿拉巴马州众议员奥斯卡·安德伍德——他们都被认为是极有可能的人选。他甚至还考虑推动得克萨斯州前州长，现任联邦参议员卡伯森的可能性。但是卡伯森的身体不好。此外，豪斯还考虑一个来自东部的人胜选的可能性更大一些。至于他所认真考虑的其他人，有的也有人反对，或者说每个人都面临一些复杂的反对意见。或者像哈蒙和安德伍德一

---

① Seymour, I, p. 42. 另见 Smith, p. 33 – 5。

第五章 见习顾问

样让保守派难堪，或者像克拉克一样不是来自东部的，或者自己地位不高，或者其他因素，根据豪斯判断，对他们不利。

豪斯1910年秋天开始注意到的另外一个人是伍德罗·威尔逊。威尔逊正在引人关注地竞选新泽西州州长。几个月以前，该州的进步力量还谴责他是一个保守派和大老板们的工具。现在他们却是他热情洋溢的支持者。在竞选的途中，他谴责大佬们的操控，提出如果当选将努力为之工作的立法蓝图。威尔逊吸引了全国的关注。就像当时许多其他人一样，豪斯开始考虑也许威尔逊是一个可能的候选人。他开始研究威尔逊的经历，他的演说、他的作品。以显著的优势赢得选举几周后，随着威尔逊在立法上取得了一个又一个的胜利，豪斯越来越坚信，威尔逊是现有最好的人选。在他后来的回忆中，豪斯写道："我决定为威尔逊的前途去做我能够做的事情。我告诉我所有的政治朋友和他们的支持者，让他们一个个联合起来。这是1910年到1911年冬天的事情。"①

有证据显示，豪斯的确是早在这个时候就在给他朋友的信中谈论威尔逊，但是他绝对没有非常热情地把自己和他绑在一起。他在1911年8月30日给他的朋友，《生活》杂志的编辑E. S. 马丁的信中写道：

> 推选一个总统候选人的问题是，最适合这个位置的人不一定能得到提名，或者即使得到了提名，也不一定能够当选。
>
> 人们很少选举最适合的人当总统，因此需要让最好的人得到提名，并让他获选。现在看来，威尔逊就是这样一个人。
>
> 下一步需要做的就是，按照你认为明智的方式，尽可能地影响候选人。也许我们是错的，他是对的。但只要我们能影响他，让别人实施我们的观点，总是一件很让人高兴的事。

上校的怀疑持续到1911年秋天。10月10日，他给卡伯森参议员写信说：

---

① Seymour, I, p. 43.

就一个提名人来说，我对威尔逊并不完全满意，但是，在他与哈蒙之间，我支持威尔逊。您，安德伍德，或者其他现在还不知道的人获得提名都是可能的，这将是最让我高兴不过的事了。

不管他私下的愿望是什么，豪斯不可能不注意到，整个1911年威尔逊获得提名的势头都在不断增加。以上所提到的那些人没有一个像威尔逊那样，能够在全国范围激发公众的想象。安德伍德和哈蒙两人都是保守派。在这个时代，民主党不可能把党的命运都押在保守派身上。后来证明钱普·克拉克是威尔逊最危险的竞争者，但在当时并没有被认真地考虑在内。

克拉克早期是布莱恩——自由铸造银币就是一切——政策的支持者，布莱恩特别看重他。他是一个朴素的密苏里政治家，曾经当过二十多年的众议员。虽然并不杰出，但是他一直促进进步事业。他在国会有众多忠实的朋友，是民主党领导人理解和信任的那种务实的政治家。威廉·伦道夫·赫斯特很赞赏他。他完全不是那种让人兴奋的候选人，但是他的各种关系网让他竞争提名人的努力获得了最初他所没有的强大支持。直到1912年春天，克拉克的优势才比较明显。在1911年末，豪斯仍然在密切关注着这个领域的形势发展，威尔逊参加民主党大会的时候已经有大多数代表承诺支持他。在威尔逊成为最强的竞争者已经板上钉钉的时候，豪斯才承诺支持他。

在豪斯跳上这个便车之前几个月，许多得克萨斯州的知名人士都已经在纽约辛勤地为威尔逊工作。1911年8月，他们还发起了"支持威尔逊当选总统"的组织。他们的第一批工作之一是邀请威尔逊在10月份访问达拉斯的交易会。在支持威尔逊的组织成立的时候，豪斯并不在得克萨斯，威尔逊10月28日在交易会演讲的时候他也不在。他当时在纽约。有关威尔逊演讲所引发的群情激奋的反应毫无疑问进一步让他相信这个州长潜力巨大。

如果豪斯10月28日在得克萨斯州，他就会非常容易地安排认识威尔逊。他们两个共同的朋友对威尔逊提到了豪斯，说他是一个具有丰富政治经验和影响的人，也向州长介绍了豪斯对他获得提名的兴趣。介绍工作的

第五章 见习顾问

基础已经做好。但是豪斯对这种例行公事式的介绍并不感兴趣，他想给威尔逊留下一个深刻的印象。为了一个适当的参加总统大选机会，他已经耐心等待了十年了，现在只需要他再忍耐一会儿就可与他的候选人之间进行十分重要的见面。1911年秋天，威尔逊因新泽西州（议会）的选举，忙得不可开交。他全身心地投入到为他支持的候选人演讲拉票。"我想等一等，让他冷静下来，有时间思考和讲话。"豪斯1911年10月27日给D. F. 休斯敦写信说。

与此同时，豪斯还给威尔逊写信。他的信既不多也不长。但是他的信都能刺激情趣，因为这些都包含有实质上让人高兴（如果夸大一点！）的暗示。例如：

> 整个上午的大部分时间我都和布莱恩先生在一起。我很高兴地告诉您，我想您将得到他的支持。他还记得您1896年没有投他的票，但是我给他做了解释，他感到很满意。我努力做的主要是让他疏远钱普·克拉克，我想我已经成功。他让我给您带几封信，并让我亲自交给您。只要在我12月1日前到南方前，您到纽约，我将非常高兴在适当的时间交给您。①

接到这封信几天后，威尔逊询问说，他是否能到上校在纽约的公寓谈一次。豪斯回答说，他将非常乐意。②

万事已经具备。

---

① EMH to WW, 11/18/11, Kerney, p. 166.
② Smith, p. 41.

第六章 "人逢其时"*

> 伍德罗·威尔逊应当成为民主党总统候选人……《世界》相信他将是一个美国人民能够信任的进步的宪制总统,美国人民不会因为选他而有任何后悔。
>
> 我们呼吁布莱恩先生,用他巨大的政治影响来支持威尔逊州长……
>
> 1912年5月30日,纽约《世界》报

---

* 像以前一样,我们在个人材料方面依赖的仍然是 Baker（Vol. II）, The Baker Papers, 以及豪斯日记和文件（豪斯信件中许多有用的日记都被 Seymour, I 所引用）。豪斯－西摩 1922 年 2 月 17 日和 1921 年 12 月 16 日的谈话进一步加强了我们从豪斯的日记和其他资料中得出的,豪斯不愿意在威尔逊手下担任任何正式职务的原因。威尔逊在 1912 年竞选中发表的演讲以 The New Freedom 的名字发表（New York: Doubleday, Page & Co., 1913）。

参加让威尔逊获得提名并当选的 1912 年的场合的人有很多叙述。其中很多都是有用的,但必须仔细掂量。在学术研究中 Link 的 Wilson: The Road to the White House 最为突出,对我们也最有用。豪斯对威尔逊获得提名和当选总统最为重要的贡献得到了各种各样的评价,既有夸大的,也有贬低的。林克正确地改变了这样的传奇,即豪斯是1911－1912 年的"总统缔造者",也淡化了豪斯在让得克萨斯州转而支持威尔,以及他在巩固布莱恩与威尔逊关系过程中所发挥作用的评价。他还得出这样的结论,豪斯在决定竞选策略过程中并没有发挥决定性的作用,甚至没有发挥重要的作用（Link, 334－335 页）。林克还纠正了贝克对威尔逊的竞选总经理麦库姆斯作用的贬低,但是好像有点低估了布莱恩在巴尔的摩大会上对威尔逊的重要性。

我们没有从政治心理学上对西奥多·罗斯福和威尔逊在 1912 年的政策主张进行详细的分析。关于对美国自由主义和进步主义本质的详细分析见 Richard Hofstadter, The Age of Reform（New York: Knopf, 1955）; Louis Hartz, The Liberal Tradition in America（New York: Harcourt, Brace & Co., 1955）, 以及 Eric Goldman, Rendezvous with Destiny（New York: Knopf, 1952）。还可参见 William Diamond, The Economic Thought of Woodrow Wilson（Baltimore, The Johns Hopkins Press, 1943）。

第五章 见习顾问

> 这虽是一个民主党的机会之年,但并不能保证民主党就能胜利。请不要错误地相信任何民主党,或者所谓任何进步的民主党都能当选……
>
> ……今天我们需要的是一个无所畏惧,有政治才能和尊严,能担任伟大的总统职位,能够带领人民复兴这个国家,走向强大和繁荣的人。
>
> 有谁比新泽西州州长伍德罗·威尔逊更有能力担此重任?
>
>   1912年6月8日,给纽约《世界》报编辑的信

1911年11月24日下午4点,威尔逊州长在纽约市的格得姆宾馆拜访了豪斯上校。

两人一见如故。"我们谈呀谈,一开始就情投意合,"豪斯后来回忆说。讨论的话题很广泛,而且"我们在每一个问题上观点都一致。我们那次谈得非常好。不知不觉中四个小时就过去了……双方都问下一次什么时候能见面,对彼此的这种热情我们都忍不住大笑起来。我们安排几天后威尔逊州长来纽约的时候一起吃饭。"

根据豪斯的回忆,第二次见面更让他们高兴。这次他们有时间进行了一次更深入的谈话。"不同寻常的是,我们当时对每一件事情的看法都完

威尔逊在赢得1912年民主党内的提名过程中遇到不少的风险,却仍能泰然自若。他对上帝的信任在这一次和其生涯中的其他关键时刻支撑着他。在他的对手们公开了他给乔林的信(见第95页)后,威尔逊给一个朋友写信称,这样的攻击在短期内影响了他的情绪,但"大多数时候我平静地走自己的路,我笃信万知万能的上帝,并不担心任何真正的计划会遭到失败。我成为总统也并未我自己想这样……"(To Mary Hulbert, Baker, III, p. 257-8)

对哈维事件最公正的叙述见是 Link,第359-378页,William O. Inglis 的 "Helping to Make a President," *Collier Weekly*, LVIII (Oct. 14, 7, and 21, 1916) W. F. Johnson 的 *George Harvey: A Passionate Patriot* (Boston and New York: Houghton Mifflin Co., The Riverside Press, Cambridge, 1929,第174-200页提供了重要的文献材料,但是他的解读存在着偏向他的主人翁的把偏见。还可见 Baker, III, p. 246-55, Kerney, p. 161-77; Tumulty, p. 82-93; Isaac F. Marcosson, Marse Henry, *A Biography of Henry Watterson* (New York: Dodd, Mead & Co., 1951), p. 192-200。

全一致。我还从来没有遇到一个与我想法如此一致的人……我的兴奋之情难以言表。他太好了,我不敢相信这是真的。"①

州长在这个冬天又多次拜访豪斯,两人之间一开始就确立的和谐关系得到进一步的加强。豪斯后来写道:

> 我们在这么多的问题上是如此的一致,很快不用对方开口就知道对方在想什么。
>
> 在我们认识几周后,我们互相讲了自己心底的秘密,没有几年的交情这是根本不会告诉对方的。我问他是否意识到我们才刚刚认识不久。他回答说:"我亲爱的朋友,我们总是能够互相了解。"② 我觉得这是实话。

在第一次见到威尔逊的第二天,豪斯给他的姐夫西德尼·梅泽思写信说:

> ……我们度过了非常愉快的时间……他不是我见到过的最大的人物,但他却是我见到的最和蔼可亲的人之一,和我所见到过的所有其他可能的候选人相比,我更愿意与他一起共事……
>
> 这是一个我期待已久的机会,以前我从没有在如此合适的时候见到如此合适的人。③

"我从没有在如此合适的时候见到如此合适的人!" 这句话表达了一种怎样的兴奋和高兴!自从他长大成人以后,豪斯一直在寻求、创造的一切,现在都出现在眼前,现在的政治环境给他提供了两种政治因素,他一直在找一个具有一定政治地位,能获得提名并能当选总统,还能够随和地接纳他的建议的民主党领导人。威尔逊就是这种独一无二的领导人。很容

---

① Smith, p. 42 – 3.
② Seymour, I, p. 45.
③ EMH to Sidney Mezes, 11/25/11, House Papers(引自 Seymour, I, p. 46)。

第六章 "人逢其时"

易理解，豪斯为此兴高采烈。"我越了解威尔逊州长，我就越喜欢他，"他在 1911 年 11 月 27 日给卡伯森参议员的信中说，"我觉得他将是一个能接受别人建议，并能让人满意的人。你知道，这一点布莱恩先生永远也做不到。"①

如果豪斯可以从与威尔逊的友谊中有所收获的话，威尔逊也同样能从他与豪斯的友谊中有所受益。因为豪斯能帮助他解决眼前的现实问题，确保获得总统提名，他是威尔逊获得自信的源泉，这是威尔逊一生都需要的精神支柱。

在他最初见到豪斯的时候，威尔逊急需要在威廉·詹宁斯·布莱恩面前树立一个好的形象，他也急切地想在 1912 年各州初选中获得提名。豪斯没有一点个人的私欲，非常敬佩威尔逊，在这两个问题上都可给他提供帮助。能有什么比得到这样一个人的支持更能吸引人呢？

当时布莱恩仍然还在考虑那些为获得总统提名而竞争的、不同的民主党人的优劣。作为布莱恩先生和布莱恩太太（她的观点对布莱恩有很大的影响力）的好朋友，豪斯充当了威尔逊的吹鼓手。布莱恩好像支持威尔逊和克拉克，但就是拒绝表明在这两个人之间更喜欢谁。豪斯巧妙地利用他与布莱恩夫妇的关系为威尔逊获得提名说话。

他们在格得姆宾馆第一次见面的当天，豪斯就给布莱恩写信，向他汇报说，威尔逊在许多问题上的观点都和布莱恩一致。试图这样让自己的候选人获胜。豪斯还威胁说，安德伍德和克拉克正在谋划"在下一次党的代表大会上直接与您对抗"。② 在随后的几个月，豪斯给布莱恩写了几封信，清楚地向他汇报了威尔逊与他谈话中所表达的观点，豪斯知道这些观点会让布莱恩高兴。他还私下告诉他，布莱恩的政治死敌——赫斯特和"利益集团"——也在极力反对威尔逊，并倾向安德伍德和克拉克。他还赢得了布莱恩太太对威尔逊的支持。

尽管豪斯极力游说，布莱恩仍然拒绝做出承诺。他回答问题的方式有一个特点，就是总包含一些有针对性的建议，比如要求威尔逊提供更多能

---

① Seymour, I, p. 46.
② Seymour, I, p. 50.

够证明自己是进步派的证据。例如，1911年12月28日，他给威尔逊写信说，他很"高兴"看到威尔逊已经认识到 J. P. 摩根和华尔街的其他人都在反对他。"如果他想获得提名，就必须得到进步的民主党的支持，他越进步越好。华盛顿的宴会将给他提供一个机会，让他讲清楚他反对托拉斯和奥尔德里奇的货币计划。"①

所谓的"华盛顿宴会"是指即将在1912年1月8日"杰克逊日"举行的宴会。布莱恩和威尔逊都将在这次宴会上发表演讲。威尔逊把它看成是进一步改进他与布莱恩关系的绝佳机会。但是，在宴会举行两天前，威尔逊的对手们披露了令人震惊的事件，从根本上动摇了威尔逊竞选总统的整个计划。

1月6日，纽约《太阳报》刊登了威尔逊四年多前给阿德里安·乔林的信。在这封信中，他说他希望"我们能采取一些体面和有效的举措，一劳永逸地彻底打败布莱恩！"

这一表明威尔逊早期看不起布莱恩的铁证让威尔逊的支持他的人大吃一惊。威尔逊也不知道该如何从这个事情中解脱出来。豪斯因病在得克萨斯，不能提供任何帮助。威尔逊来华盛顿参加晚宴的时候，他和一群支持他的人闷闷不乐地聚集在威拉德宾馆。他们试图起草一份声明，把这个事情摆平。但是，实际就是如此，无论多么高明的声明都掩盖不了事实。最后，威尔逊决定什么声明也不发表，而是让布莱恩的判断和大度来决定他的政治命运。

1月8日晚上，大约有700名民主党领导人参加了"杰克逊日"的晚宴。有希望获得总统提名的民主党领导人都参加了。气氛很紧张，因为所有的客人都在猜测布莱恩会如何（甚至是否会）与威尔逊见面。布莱恩很热情地与克拉克握了手，然后他回头与威尔逊打招呼——同样热情。

在讲话中，威尔逊以热情洋溢的语言赞扬布莱恩，说他"把自己的职业……建立在原则上"。后来布莱恩私下赞扬威尔逊的演讲是"美国历史上最伟大的演讲"②。但是，在争取获得他支持的竞争者中，谁得到了他的

---

① *Ibid.*, p. 52.
② Baker, Ⅲ, p. 265 – 6.

第六章 "人逢其时"

支持这个关键问题上,这个被称为普通人的人仍然三缄其口。

显然布莱恩把挖掘出威尔逊给乔林的信这件事看作是破坏民主党自由派团结的一个企图,并据此采取了行动。"如果金融利益集团认为他们通过这种伎俩就能破坏民主党内进步派的团结,"布莱恩告诉达德利·菲尔德·马隆说,"他们就错了。"①

如果乔林这个插曲早晚要发生的话,让威尔逊感到幸运的是,它恰好与另外一件让布莱恩感到高兴、具有轰动效应的事同时发生。威尔逊与哈维上校决裂了。虽然没有任何原因,但布莱恩把哈维当作华尔街的发言人。

哈维曾经是威尔逊的第一个政治赞助者。正是他说服了他的一些保守派朋友们相信威尔逊能成为民主党的领导人,并遏制住民主党正在变得越来越进步的势头,他的这些朋友非常反对这种势头。当威尔逊开始攻击政治大佬和那些"利益集团"的时候,他原来的支持者——除了哈维以外的几乎所有人——都非常蔑视地放弃了他。虽然对威尔逊的新做法感到非常沮丧,但哈维仍然继续支持他。哈维主编的《哈珀斯周刊》每期都在编辑专栏的上面刊登一个口号:"支持威尔逊担任总统"。

哈维持续支持威尔逊让布莱恩和他的支持者感到困惑。他们纳闷这是否预示着威尔逊对哈维的政治哲学仍抱有同情。早在1911年5月,布莱恩主编的《普通人》就评论说,如果像《哈珀斯周刊》这样的保守刊物能谴责他,威尔逊获得提名就是一件非常好的事。豪斯上校知道,哈维对威尔逊来说是一种政治负担,因此他向他的一个朋友,《哈珀斯周刊》的副编辑 E. S. 马丁建议说,从威尔逊的立场看,让哈维减弱其对威尔逊的支持不失一个明智之举。② 哈维还从别的地方听到具有类似内容的暗示。他终于决定直接与威尔逊谈谈这个事。

1911 年 12 月 7 日,哈维、威尔逊和路易斯维尔《信使报》的主编亨

---

① *Ibid.*, p. 261 – 2.
② 见 Baker, III, p. 249, 脚注 1, 以及 Link, p. 362。关于豪斯在这次事件中的作用,还可参见 Seymour, I, p. 53 – 54 和 Viereck, *The Strangest Friendship in History*, p. 32 – 3。

利·沃特森在纽约曼哈顿俱乐部讨论当时的政治形势。经过他朋友哈维的介绍,沃特森曾是威尔逊最早的支持者之一。在这次会面结束的时候,哈维转过身问威尔逊,《哈珀斯周刊》对他的支持是否让他在大选中感到尴尬。威尔逊直率地回答说,别人告诉他是这样的,尤其在西部。哈维似乎明白了威尔逊的主要意思,并说他将"谨慎小心地说话"①。

几天后,《哈珀斯周刊》没有再刊登到那个时候为止一直都有的"支持威尔逊担任总统"的宣传口号。威尔逊的妹夫斯托克顿·阿克森和秘书约瑟夫·塔马尔蒂建议说,哈维可能不高兴了。威尔逊对这种想法有点吃惊,但是还是给哈维写了一封很得体的信进行解释。他说,回想一下他们的谈话,他很痛苦地意识到,他对《哈珀斯周刊》问题的回答"只是说了一个事实,只是就事论事",一点也没提到"我真诚地感谢您对我非常大度的支持,我希望这种支持可以持续下去。请原谅我,忘了我做得不周到的地方吧"②。

哈维在给威尔逊的回信中向他保证说,他并没有从个人的角度去看待威尔逊的回答,他把威尔逊的名字从《哈珀斯周刊》拿下来"只是考虑到这对您更公正,而不意味着我不再尊重您。不管您对我的指责态度结果对我造成了什么样的伤害,一切都会随着您这些亲切的话而烟消云散了"③。

威尔逊还是感到不满足。他又写了一封信,再次表达了他的感激和他对哈维的崇高敬意,他还说,因为无意地"伤害了"一个"真正的朋友",自己感到"非常惭愧"。

哈维在回信中表示,"我没有丝毫的怨恨,请您相信我从没有向任何人说过一句批评您的话。"④

哈维在这些信中对自己在这件事上感情的说法非常不准确。实际情况是,他对威尔逊非常恼火,并决心尽一切可能毁掉他的政治生涯。他派了

---

① 对这一事件的叙述见 Baker, III, 246 – 55; Link, 359 – 78; 以及 Johnson, *George Harvey*, 第 20 章。

② WW to George Harvey, 12/21/11, Link, p. 363。威尔逊与哈维之间的这些信件被纽约的 *Evening Post*(并通过该刊在全美)公布,1/30/12。

③ George Harvey to WW, 1/4/12, Link, p. 363 – 4.

④ WW to Harvey, 1/11/12, 和 George Harvey to WW, 1/16/12, Link, p. 364 – 5.

第六章 "人逢其时"

一个朋友到南方,说服沃特森让全世界都知道威尔逊是怎么对待最初在政治上支持他的人的。这个在观念上很有南方绅士风度的沃特森,愿意为哈维打抱不平。在 1 月初的几周,沃特森制造了许多流言蜚语,说威尔逊是如何粗暴地让哈维不要支持他。但是,他迟迟不公布哈维最想看到的那些批评性语言,甚至他后来似乎要在这个事情上退缩。显然哈维担心沃特森在这个事情会上退缩,于是决定自己主动采取行动。

1912 年 1 月 16 日,他宣布,把威尔逊的名字从《哈珀斯周刊》上拿下来,是对威尔逊自己的一个说法的反应,即他说这个杂志对他的支持损害了他争夺候选人的利益。第二天,沃特森公开谴责威尔逊"解雇"了哈维,而没有后者的帮助,"他根本就不可能参加竞选"。①

以纽约《太阳报》和赫斯特报系为首的反对威尔逊的媒体,开始对他们所称的威尔逊的"忘恩负义"展开了猛烈的攻击。有关内容登上了从纽约到加利福尼亚全国媒体的头版。沃特森自己的《信使报》刊载的一篇报道,详细概括了恶毒攻击威尔逊的那些人无休无止地阐述的主题:

> 如果一个人背叛自己亲密的朋友,那就绝对不能相信他能忠诚于任何事。在短短的一年内,威尔逊州长在根本问题上的重大变化、重大变革和调整,与他自私的目标是完全一致的。好像没有什么堕落的手段他不会使用了,而且使用得是如此优雅和熟练。愿上帝保佑民主,不要有这样一个领导人或让这样一个人当领导。②

这样的怒火蔓延了几天,好像威尔逊的敌人能让公众相信,他的确就是一个无情无义的机会主义分子。关于他的众多报道令人震撼,且还没有结果,受其影响,即使威尔逊最热心的支持者也变得摇摆不定。

威尔逊在报界的一些富有想象力的朋友想出了一个"天使"扭转了乾坤。他们设计了一个故事,大意是说与哈维的决裂是因为威尔逊拒绝接受

---

① Bake, III, p. 252.
② Bell, Herbert C. F., *Woodrow Wilson and the People* (Garden City, Y. Y.: Doubleday, Doran & Co., 1945), p. 72.

金融家托马斯·福琼·瑞安的竞选捐款。一夜之间，威尔逊马上又被刻画成为一个敢于向"华尔街"挑战的进步的加拉哈德爵士（意为"最纯洁完美的骑士"，译者注）。稍微放心的支持者涌向媒体，撰写社论，赞扬他有勇气直接对"利益集团"说实话。纽约《世界》报就有关威尔逊"忘恩负义"指责所发表的社论被广泛引用。

> 忘恩负义是公众生活少有的美德之一。"感恩"是许多最糟糕的政治滥用之根源；"感恩"是每个政治组织腐败行为的基础；"感恩"是无知和寡廉鲜耻的政治大佬们掌握权力的基础；"感恩"是腐败制度、交换选票和游说的根基……指责威尔逊忘恩负义的大部分声音是那些政治家，他们中的大部分惯用手段就是"感恩"。
>
> 不能再这样了。我们在公众生活中需要的是更多的没有歧视性的忘恩负义。①

形势到1月底已经很清楚，哈维想在他先前的门徒身上复仇的企图就这样流产了。原本是想祸害威尔逊，事实上却帮了他一个大忙。他让威尔逊得到了布莱恩的青睐！1月24日，全国的报纸都刊登了布莱恩对威尔逊和哈维分裂的高度赞扬。"他原来的朋友现在成为他的死敌，他们对他的猛烈攻击证明他现在的立场是真诚的，"布莱恩写道，"……他的对手对他的恶毒伤害彻底打消了对他立场已经改变这一现实的任何怀疑。"②

尽管布莱恩在乔林一事上表现得宽宏大量，对威尔逊与哈维的决裂也留下了深刻的印象，但是他还是不愿意表示，他支持威尔逊成为总统提名人而不是克拉克。赢得布莱恩的支持仍然是威尔逊的主要目标。在1月份因病置身于这场政治风暴之外的豪斯上校康复后，重新着手参与其中。

他机智地设法让威尔逊知道他一直争取布莱恩支持他。他非常谦虚地暗示他说情的努力现在产生很好的效果。上校以非凡的策略但并非直接地表达了这样一种看法。他效率非常高，手中掌握着神秘和很有利的资源。

---

① Link, p. 372.
② *Ibid.*, p. 373.

第六章 "人逢其时"

他会很随意地提到一些事件，隐约地表现他的优势和尊贵的地位。布莱恩要到奥斯汀拜访豪斯，他1912年2月2日给威尔逊写信说："如果您有什么想让我对他建议，请告诉我，因为没有任何地方比安静的炉边更合适了。"① 这的确是对事实的轻松描述，但这样的用词让威尔逊想象一种让他心里痒痒的图画，豪斯与布莱恩在炉边密谈，而布莱恩在如饥似渴地聆听豪斯给他评论当今的人和事。

豪斯还让威尔逊知道，他在努力通过布莱恩太太影响布莱恩。"你还记得我曾经给您讲过我与布莱恩太太的谈话吗？她今天早上给我一封信，信中有这样一句非常重要的话：'我发现布莱恩先生与我们的谈话内容完全一致'。"②

1912年2月10日，豪斯给威尔逊的竞选总经理威廉·麦库姆斯写信，说他同意麦库姆斯的观点，即布莱恩的支持对威尔逊获得提名以及随后当选都是"绝对必要的"。"我将与他保持联系，并努力按照我们预想的思路影响他，我把这当作我特别的责任。"后来他又写道："他已经朝着我们的方向发生了重要的变化，因为我在10月份第一次见他的时候，他心中还没有怎么考虑州长呢。"③

威尔逊和豪斯第一次见面后交换的信件说明了他们之间的友谊发展得有多快。在见到豪斯两个月后，威尔逊给他写信表示，他对他的感觉非常好，并表示希望他们之间的友谊能够成熟起来。豪斯回信说他被威尔逊的"友善的语言"所打动，因为"我对您已经产生了类似爱的敬意"。他还说，尽管最近有一些不愉快的经历，他仍然希望威尔逊还相信有人——显然指他自己——"对您和您所代表的事业是完全没有任何私心的"④。

在得克萨斯州有效地组织选举那些支持威尔逊的人参加民主党全国代表大会的过程中，豪斯扮演了领导者的角色。他的贡献的价值是不可否认的。但是，也不要忘了在豪斯决定支持威尔逊之前，该州的其他人正在尽

---

① Seymour, I. p. 56.
② EMH to WW, 1/27/12, Seymour, I, p. 62.
③ Seymour, I, p. 56.
④ WW to EMH, 1/27/12, Baker Papers, Series I; EMH to WW, 2/2/12, House Papers.

力并非常有效地为威尔逊工作。尽管如此,豪斯还是努力创造一种印象,他是得州支持威尔逊运动的中心。实际情况的确如此,再加上他少言寡语的状况给人一种他的成绩被低估的印象,这种效果是任何喧闹的自我吹嘘永远也达不到的。

"我很高兴地告诉您,我们在得克萨斯州的情况都很好,您可以非常自信地依赖本州的代表,"他1912年3月6日对威尔逊说。"……再过两三周,我们的组织就会变得非常完美,那时我就会离开得克萨斯到东部去……"①

豪斯非常自信,得克萨斯州的代表是威尔逊在民主党全国代表大会上可以依靠的,后来事情的发展证明这一点是完全正确的(得克萨斯有40多张选举人票,其中有46张票坚定地投给了威尔逊)。但是1912年春天,要全国其他地方支持提名威尔逊还很困难。

在乔林的信和哈维事件没有能够产生预期效果的情况下,反对威尔逊的媒体在威廉·伦道夫·赫斯特的带领下对他展开了又一轮能够影响他在公众中感召力的诽谤中伤。第一,找出了一条好像是重罪,指责他在辞去普林斯顿大学校长职位后,威尔逊还从卡耐基基金会申请一笔促进教学的津贴。威尔逊指出,他申请这笔津贴从来都不是什么秘密,而且作为一个有25年教龄的人,他有资格申请,更何况在没有别的私人经济来源的情况,他觉得为家里获得一些经济补贴是完全合理的。不管这种解释多么有说服力,它一直都没有改变这样的印象,用支持赫斯特的一个作者的话说,他急切地伸手去要那些"沾满卡耐基工人们鲜血的钱……"②

反对威尔逊的那些人系统地搜罗威尔逊早期的作品,试图找到任何内容,用来反对现在的、作为自由主义化身的他。他们把他最近表现出的进步主义说成是一种诡计。赫斯特本人也把威尔逊说成是"一个政治上的十足的大耳兔,隐藏在便利的小山丘上,竖起两耳,张大鼻孔,保持高度的警觉,关注着每一种声音和气味,随时准备向任何方向快速逃窜。"③

---

① Seymour, I, p. 58.
② Link, p. 350.
③ *Ibid.*, p. 382-3.

第六章 "人逢其时"

他们从威尔逊的《美国人民的历史》一书找到了可以理解为对波兰、匈牙利和意大利移民不利的一段话。不久，威尔逊就不得不向这些政治上非常重要族群的代表们进行解释，他花费了九牛二虎之力试图消除这些内容可能产生的消极影响。他给波兰、匈牙利和意大利裔的人写了无数的信，高度赞扬他们各自族群已经和正在对美国生活做出的贡献。他甚至还答应了波兰裔美国人的条件，即在他的《历史》一书再版的时候修改几段伤人的话。但是，不管是他明确赞扬这些族群也好，还是他的支持者广泛宣传他在1906年曾经参加了"国家自由移民联盟"这件事也好，都没有驱散这些国外出生的人对他的担心，担心他一旦当选总统会支持限制移民。①

初选将在1912年春天举行。从1月到6月，威尔逊在全国巡游演讲，尽力减少他的敌人向他抛出的这些"小型炸弹"（他这样称这些事情）所产生的影响。

在威尔逊忙于发表演讲，争取人心的时候，钱普·克拉克在不动声色地将各种政治人物组织起来——这些人控制着党的机器，他们知道如何赢得选票，如何最有效地部署他们的力量。威尔逊自己的竞选经理们也不断与那些竞选政治的职业老手们接触，但没有任何效果：新泽西州长对待吉姆·斯密斯的方式是否向全世界人民表明，他对这些能够控制一个政治组织的政治家的态度就是这样吗？

所有的初选结束后，结果需要通过计算不同候选人赢得的选举人票来决定。威尔逊和他的支持者有点泄气，因为436张选票承诺支持克拉克、威尔逊只能得到248张。此外，克拉克还可能吸引政治大佬们控制的224张票中的大部分。还有证据显示，在选举大会召开前夕，克拉克，安德伍德和哈蒙达成了某种协议，联合力量共同对付威尔逊。如果克拉克能够把安德伍德和哈蒙控制的选票吸引到自己手中，同时又能够赢得大佬们控制的选票，他获得的选票总数将达到获得提名所需票数的三分之二。

面对可能的失败，为了找到一些心理上的安慰，威尔逊就想，自己竞选总统的动机完全是没有任何私心的。在大会召开三周前的6月9日，他

---

① *Ibid.*, p. 384 – 7.

给玛丽·赫伯特写信说,"就在你我之间,我觉得我获得提名的可能性极小……我感觉很好,情绪也很好。在这场游戏中我并没有太多的个人利益。"在5月26日给他"最最亲爱的朋友"雷德太太的信中,威尔逊说,"我担心"会获得提名,"但是我觉得我必须认真考虑这个机会而不能回避"①。但是,在他很清醒和很坦率的时候,威尔逊向他的朋友克利夫兰·多奇透露,他的政治生涯对他自己的感情很重要,失败的前景让他感到沮丧。"感谢您昨天的信,愿上帝保佑您!"他5月16日给多奇写信说:

> 您肯定知道我需要它。我并没有失去信心……但是当我看到有人花费大量的资金来反对我,如果他们取得决定性的成功,好像我就必须得作为旁观者在一边发表评论,对我自己理解的非常透彻的这场游戏只能发表评论——抛弃我在这方面所接受的教育,别的什么都不做,——我并不埋怨,但我有点伤心,非常需要像您寄给我这样的充满爱和信心的信。②

威尔逊在纽约的竞选总部也不再像以往那样熙熙攘攘,充满活力,只有一少部分对他非常忠诚的人仍然在坚守岗位。豪斯也非常悲观。他担心卡伯森参议员在大会出现僵局的时候是否愿意站出来。后来他给卡伯森写信说,他觉得布莱恩可能获得民主党的提名。民主党大会召开的前三天,豪斯给布莱恩太太写信,信誓旦旦地表示,如果她丈夫获得提名,自己将支持他。③

1912年2月,就在乔林的信和哈维事件在媒体掀起巨大波澜的时候,威尔逊正在忙于各种与他争取总统提名有关的活动。由共和党控制的新泽西议会开始了。1911年他说服共和党主导的议会接受他的领导是少见的,在大选年发生这种情况的机会非常小。面临这样的形势,取得成功的唯一

---

① Baker, III, p. 321, 316.
② Baker, III, p. 315–6.
③ EMH to Culberson, 5/1/12, Seymour, I, 60; EMH to Mrs., Bryan, 6/22/12. Link, p. 422–3.

第六章 "人逢其时"

可能是耐心和简单的妥协,威尔逊放弃了担当领导人的努力,哪怕是在民主党议员中间担任领导人。

他很不高兴,否决了议会通过议案的百分之十。他甚至否决了这一届议会通过的最重要的立法,即一个旨在取消危险铁路十字路口的法律。该项法案得到了改革派的支持,共和党和民主党的党纲都要求他们取消这些危险的路口。但是,威尔逊却不接受,理由是该法对铁路部门太残忍!几乎是在威尔逊否决这些议案不久,共和党议员就试图通过推翻他的一些否决,而且有几次都成功了。

威尔逊怒不可遏,议会两院的共和党议员一样恼火。他们发表声明谴责州长为了迫不及待地追求更高职位忽视了本州的事情。威尔逊非常蔑视地答复说,共和党的指责是"绝对错误","没有根据",而且"非常无礼"。

在给赫伯特太太信中,威尔逊谈到1912年这一届议会的时候说,这届议会什么都没有做,只不过是想修改和毁掉1911年那一届议会所取得的成就。"一些小人们不惜丧失自己的信誉非常无知地努力让我难堪!"他在谈到参议院多数党领袖,哥伦比亚大学担任教授约翰·D. 普林斯时说:

> 当我们发现这个党派集团的领导人是一个有学问的著名大学教授的时候,我们还能说什么呢……他掌握的手段很多,也有很多所谓有思想的人帮他,但是他没有丝毫的原则可言!我心底里从来没有看不起任何其他的人。①

这些语言让人想起他过去攻击普林斯顿大学反对他的人的话,而且对未来表现出一种先知先晓的神情!人们猜测只有追求更高位置的诱惑才能控制住他的怒火。形势中具有一种爆炸性因素——他把它看作是对他能力范围之内权威的挑战——这种因素总能激发他一种难以控制的需要,那就是必须让自己的意志最终获得胜利。如果不是因为他的注意力转向了更大的目标,他很有可能在新泽西议会再次陷入激烈的斗争,他早年在普林斯

---

① WW to Mary Hulbert, 4/1/12, Baker, III, p. 292.

顿曾经历过，后来在美国参议院再次体验到这种斗争。

1912年的4月到5月间是威尔逊生涯中最黑暗的日子。让新泽西州议会就范只不过是一个小事。最大的问题是，在初选中他连续在几个州败给钱普·克拉克，他竞争总统提名的形势每况愈下。

鉴于他的糟糕的表现，按计划在5月28日举行的新泽西州初选就具有了更重要的意义。如果威尔逊不能在自己的州取得胜利，他参加初选的征途也就结束了。新泽西的大部分民主党一致支持他们州长成功——除了埃塞克斯县，因为很难打破大老板斯密斯对这个县的牢固控制。28个代表中有24个选举人都受命将票投给威尔逊。当民主党全国代表大会于1912年6月25日在巴尔的摩召开的时候，新泽西州将支持威尔逊。

1912年民主党全国代表大会是一个令人兴奋的大会，领导人——总是站在主席台中央，这场戏的主角——是威廉·詹宁斯·布莱恩。

大会争论的第一个议程是由谁担任这次大会的主席。民主党全国大会选举了保守的奥尔顿·B. 帕克。布莱恩决心改变这个决定，寻求有意争取总统提名者的支持。威尔逊立即做出反应，他发了一封电报表示无条件支持布莱恩的立场，而克拉克避免做正面回答，而是呼吁保持党内和谐高于一切。最后帕克还是被选为大会主席，但威尔逊在这个问题上的直率立场很大程度上了影响了布莱恩对自己的支持。

在第一轮投票后，克拉克以440.5票，领先威尔逊的324票。支持其他候选人的票总共有321.5票。获得提名需要的票数是724票。在随后的选举中克拉克获得了大部分选举人的支持：他一度获得556票，而威尔逊只获得350.5票。克拉克赢得选举几乎成为板上钉钉的事，因为自从1844年以来还没有一个候选人在获得多数支持后没有赢得获得提名所需要三分之二的多数票。克拉克的竞选经理给威尔逊发了一封电报，要他"为了党的利益，为了多数统治这一民主原则"，退出候选人的竞争。[①] 威尔逊当然不会做这样的事情。他仍然希望克拉克能够获得的最多的票达不到所需要的三分之二的多数，一旦大会认识到克拉克不可能得到提名，大会就会转向支持他。

---

① 引自 Baker, III, p. 357.

第六章 "人逢其时"

命运就是这么巧。威尔逊之所以能够幸存下来得益于豪斯在1911年秋天没有能改变三分之二多数的原则。那个时候，威尔逊在进入代表大会的时候好像能得到简单多数支持。豪斯小心谨慎地谋求对大会规则进行一个修改，以便让获得简单多数支持者就可以获得提名。威尔逊鼓励他。"我强烈地意识到，"他1911年10月24日给豪斯写信说，"三分之二多数是最不民主的规则……我觉得我要求对这个规则的修改有点不合适，因为这很清楚对我有利，但很自然的是我完全支持和赞同任何修改……"① 对他们来说非常幸运的是，豪斯这个计划没有成功。

支持克拉克的中流砥柱是来自纽约州的90票。塔曼尼的大老板墨菲在第十轮投票的时候宣布了这个决定。威尔逊给布莱恩写信提了一个建议，要求所有的候选人都拒绝由政治机器所控制的纽约州的选票。因为，如果克拉克拒绝这样做，那就意味着他默认他对塔曼尼有承诺。

显然布莱恩自己也在考虑采取这样的动作。他对克拉克献媚大佬们而获得反动势力支持的做法越来越不满，但是他还是没有宣布支持威尔逊，也没有表明他是否寻求获得提名。作为内布拉斯加州的一个代表，他受命支持克拉克，他的确也投了克拉克的票。但是，在第十四轮投票的时候，他摆脱了束缚。"只要纽约州的90张选票投给了克拉克先生，"他告诉喧闹和兴奋的代表们说，"我投票支持内布拉斯加的第二选择，威尔逊州长。"②

乾坤得以扭转，克拉克得到的支持在达到极限后开始下降，威尔逊在慢慢耗尽对克拉克的支持。积极支持威尔逊的麦库姆斯开始利用各种"讨价还价"的政治策略把各种选票转到威尔逊这边来，尽管在他职业生涯的其他关键时刻，威尔逊曾经非常蔑视这种伎俩。直到第三十轮投票时，威尔逊的得票才超过克拉克。在伊利诺伊州、弗吉尼亚州和西弗吉尼亚州转向支持威尔逊后，实际战争已经结束。弱势的候选人退出了竞选，克拉克也放弃了竞选。在四十六轮投票后，威尔逊被一致推选为民主党总统候选人。

---

① Baker, III, p. 299.
② Baker, III, p. 355–6.

巴尔的摩的民主党代表大会在轰轰烈烈进行的时候，豪斯在驶往英格兰的S.S.拉科尼亚号上休息。在给威尔逊写了一封信，解释说他的身体状况不合适参加这次会议后，他在大会开始的当天出发。他预测了各种可能的情况并做了一切他认为该做的事，告诉了麦库姆斯哪些选票是最可依靠的。他在信中说，他现在觉得除了良好的祝愿外别的什么都不能做了。威尔逊给他写了封热情的回信，表示很遗憾豪斯不能参加这次大会，并祝他旅途愉快。①

8月底，豪斯一回到美国就立即给威尔逊写了一封信，表示他打算全身心投入到威尔逊的竞选活动中。威尔逊回答说，豪斯能回来让他很高兴，他迫不及待地想得到他的帮助，威尔逊表示他恨不得立即去拜访他。②

豪斯全面考虑竞选的组织问题，与威尔逊的竞选总部保持一种和谐的关系。麦库姆斯和麦卡杜两个重量级人物之间产生了激烈的矛盾。麦库姆斯积劳成疾，已经不能继续工作，但他嫉妒麦卡杜，不想让他接管权力。威尔逊对这种个人问题感到非常烦恼和忧虑。这个问题变得非常尖锐，很有可能公开化。豪斯置身事外，与两个人都保持友好关系，努力维持和平的局面，也因此进一步赢得了已经不胜其烦的领导人的感激。

从1912总统大选开始，形势就非常清楚地表明威尔逊赢得大选的机会很大，因为共和党分裂了。共和党代表大会不顾西奥多·罗斯福的反对再次提名塔夫脱。非常愤怒的罗斯福组织了自己的进步党，提名自己成为总统候选人。真正的竞争在罗斯福和威尔逊之间，因为塔夫脱死气沉沉，是保守的商业利益的候选人。

必须保护公众不受"利益集团"自私的剥削，政府必须对公众的利益，而不是对少数特权阶层负责，在这个普通的议题上威尔逊具有不可辩驳的口才，即使措辞含糊让人担忧。在获得提名后，威尔逊对垄断集团的攻击很少包含有如何解决这一问题的具体建议。但是，1912年8月28日

---

① EMH to WW, 6/20/12, Seymour, I, 64–5; WW to EMH, 6/24/12, Baker Papers, Series I.

② EMH to WW, 8/21/12, House Papers; WW to EMH, 8/22/12, Baker Papers, Series I.

第六章 "人逢其时"

他见了路易斯·布兰代斯，当时的一个进步律师和在垄断控制方面的权威。从布兰代斯那里他得到了有关管理竞争具体举措的蓝图。从那以后到整个总统大选期间，他很大程度上依靠布兰代斯的指导。从他的思想里找到了攻击罗斯福控制大公司建议的理由。威尔逊现在说，他们的主要区别在于，民主党支持在美国所有工业领域恢复自由竞争，支持彻底摧毁垄断；而罗斯福的党容忍垄断的存在，只建议控制由垄断产生的邪恶行为。

威尔逊的整个计划——他称之为"新自由计划"——旨在恢复真正的自由竞争经济，在这种经济中每个人都有根据自己的勤奋和明智的判断取得成功的相同机会。他特别宣布他自己赞同让大多数劳动人民得到实惠的立法，他回避罗斯福主张在大范围内保障福利的立法。

起初，威尔逊希望他能避免官场常用的政治羁绊，认为这种方式有损他的政治尊严。他也许认为如果他发表几次精心准备的演讲，就会把他的意思转达给美国人民，这样就可以实现他的目的。不久他的竞选经理们就让他明白，这样不行。威尔逊很不情愿地接受建议，乘火车出发，站在最后一节车厢的平台上到处发表演说——这一举措相当成功。

不少观察家，包括几个威尔逊同时代的人，根据他们自己的了解以及相关的记录，分析了威尔逊作为一个政治领导人巨大感召力的根源。威廉·贝亚德·黑尔说：

> 不管是从程度上看，还是从类型上看，他的学识都是最能给公众留下印象的那种。他外表具有学者的高雅形象，符合公众对一个哲学家的看法，能让肮脏的政治生活恢复其应有的荣耀，能够把政治提高到高尚的思想和理想中，他多年来一直生活在与世隔绝的对这种理想的沉思中，而这种思想是俗人不能或不适合享有的。另一方面，他的思想并不是高到那种让人不能理解，不让普通人去敬仰的程度。①

---

① Hale, William Bayard, *The Story of A Style* (New York: B. W. Huebsh, Inc., 1920), p. 246.

在大选过程中——在他的一生——威尔逊一直告诫他的听众，在政治议题上"理性"地做出决定，要"教育"他们的心，在做出决定的时候让情绪服从于理智。他成功地创造了一种学者的客观形象，一种在公共事务上具有冷静和超然的智慧形象。但是，在实际生活中，威尔逊的感召力极其**情绪化**，而完全不是理智的。他熟练地掌握了演讲技巧，他知道重复的价值，漂亮语言的作用，巧妙使用不同声音组合的悦人效果。"模糊语言，重复用语，符号和咒语等，我觉得这些是威尔逊语言魅力的秘密。"黑尔从威尔逊的演说中列举了大量的例子来说明这一点。①

著名的美国政治学家查尔斯·E. 梅里亚姆指出，威尔逊具有"令人震惊的语言天赋"，"能够让公众支持他的基本精神而不是具体的项目，以避免在一些没有把握的事情上做出令人不快的承诺，激发起对特定事业的热情支持"。根据梅里亚姆的判断，威尔逊"并不渊博"，但是"在表达方面具有让人着迷的非同寻常的天分"②。

威尔逊完美的说服能力还有另外一个秘密：他是一个说教者。不管他在倡导什么样的目标，这个目标就会被他说成不仅是"正确的"，而且在总体上与人类进步是紧密地联系在一起的。站在他一边的包括"上帝"、"进步"、"呼吸新鲜空气"、"正义的力量"等。在政治信仰上经常自相矛盾，反复无常，如果换一个人可能早就毁掉了，威尔逊能够避免这种后果的发生，因为他能让人相信，不管他当时采取了那种立场，他都完全是真诚的，"正义的"。

威尔逊代表伟大的理想所发出的充满激情的呼吁，总能激发起听众高尚的回应。他能让人相信，只要追随他，就能够让自己得到升华，就能让他们站在道德和大公无私一边。他给公众一个印象，他是一个强有力的领导人，非常清楚国家哪一方面出了问题，又该如何具体解决这些问题。他

---

① *Ibid.*, p. 247.
② Merriam, Charles E., *Four American Party Leaders* (New York: The Macmillan Co., 1926), p. 60, 86.

第六章 "人逢其时"

看起来总是不掺杂个人感情的处事风格吸引了很多人,他们希望看到有知识有能力的人,而不是靠政治上夸夸其谈来解决国家所面临的问题。此外,他还具有一种明确的侠义精神。即使在竞选的高潮时期,威尔逊还称西奥多·罗斯福是一个"勇士",说塔夫脱总统毫无疑问是一个"爱国者"和"正直的人"。这样的说法与竞选通常使用的恶意中伤相比是多么大的安慰呀!

在大选的后期,威尔逊将胜出已经成为一种共识。1912年11月5日的大选中,威尔逊获得435张选举人票,罗斯福获得88张,塔夫脱获得8张。持续12年由共和党掌管白宫的局面被打破了。伍德罗·威尔逊当选第二十八任美国总统!更重要的是,人们还选出了一个民主党控制的国会与他合作。

"我在关注着他的脸,看到他的脸色发生了一个让人吃惊的变化——兴高采烈的表情一下子不见了,突然他看起非常严肃和凝重。"威尔逊的女儿埃莉诺这样描述他父亲在听到他当选美国总统的消息后的表情。① 面对在他家外面集聚着的欢欣鼓舞的普林斯顿大学的学生,威尔逊说:"今天晚上我自己没有一点胜利的感觉,我感受到的是严肃的责任。"② 贝克告诉我们,尽管威尔逊对自己应付总统职责的能力"超级自信","他内心深处的反应是一种焦虑"③。

这的确是一个庄严的时刻。从青年时代开始,威尔逊就感到被"挑选"担任更高的领导职务,现在命运对他提出了要求。威尔逊有报效国家的雄心壮志,上天给他提供了服务国家无与伦比的机会。他觉得他有一项神圣的使命来领导一个运动,在国家事务中推动道德和正义。④ 满脑子都是这些伟大的想法,想着如何组成政府,想着如何形成向国会提交的立法。威尔逊首先需要的是一个思考的时间。但是,并非每一个美国总统或

---

① MacAdoo, Eleanor Wilson, *The Woodrow Wilsons* (New York: The Macmillan Co., 1937), p. 181.
② Link, p. 524.
③ Baker, IV, p. 3.
④ Baker, IV, p. 180.

者当选总统都拥有这种优待。面对无数想要成为顾问者、支持者和谋求工作者向他提出的众多不可能满足的要求，每一个首席行政官必须想出一个办法把自己解放出来。威尔逊的解决办法是，逃离这些混乱的局面。在这段时间里对他的攻击感到非常恼火的威尔逊11月16日决定和家人一起到百慕大去休息、思考和谋划。

与此同时，记者们不断就他如何组成内阁问题纠缠他。威尔逊宣布说他还没有做出一个决定，但记者们还是坚持不放。威尔逊变得有些不耐烦和暴躁。他对那些想从他身上索取承诺的人，以及向他提出要求并想从他那里得到保证的人也失去了耐心。他对付这些强求的方法是冷淡答复和绝不做出承诺。许多为威尔逊当选付出巨大努力的民主党人在接受威尔逊极不情愿的采访后总是留下一种被拒绝的感觉。

只有豪斯不仅没有给自己提出任何要求，而且好像还理解威尔逊需要什么。不仅不给自己提出要求，豪斯还悄悄地开始给当选总统搜集他需要的信息。威尔逊在百慕大的一个月，豪斯经常给他写信，信里的内容非常简单，都是可能入阁人员的信息、形势发展以及其他威尔逊可能感兴趣的问题。与众不同的是，他在一封信的结尾部分写道："别费心给我回信，除非您有事要让我做。"威尔逊给豪斯回了几封短笺，感谢豪斯给他提供的正是他感兴趣的信息。豪斯在回复其中的一封信时说，他的感谢"鼓舞了我本来已经非常强烈的愿望，希望您的政府能够比任何政府都成功，我所有的努力都源于我对您的爱，而这种爱是我难以用语言表达的"①。

满怀感激的威尔逊请他入阁——除国务卿外豪斯可以担任的任何职务。豪斯拒绝了，他在日记里说，他更愿意自由地就一般的问题向总统提出建议。为什么要把自己的活动限制在一个部门的范围呢？毫无疑问，他糟糕的身体是另外一个原因。也许更重要原因正如他几年后对说查尔斯·西摩所说的，如果他想对威尔逊产生影响，他就应该回避担任任何正式的职务。不管威尔逊取得什么样的成就，留在后台可以避免抢夺威尔逊

---

① EMH to WW, 11/22/12, Seymour, I, p. 92. WW to EMH, 11/30/12, EMH to WW, 12/6/12, House Papers.

第六章 "人逢其时"

的声望，也可以避免可能的误解。①

从百慕大回来后，候任总统大约六次到豪斯在纽约的公寓拜访他。威尔逊这些拜访的主要原因是他想放松，尽管他和豪斯花时间讨论了内阁的组成和其他公共事务。

通常豪斯到车站接他，然后开车把他接到他的公寓。他两个人一起吃饭，去剧院，然后再回到豪斯的公寓，在津津有味地享用三明治的时候，威尔逊会谈到自己的希望和担忧。对于后者，豪斯会安慰他说，他坚定的目标和正义的事业确保他一定成功。有时候威尔逊会谈到他在普林斯顿大学所遇到的困难，有时候豪斯觉得只要没有政务需要讨论，威尔逊就又把话题转到他在普林斯顿大学所遇到的困难上，后来也是如此——后来豪斯曾在日记中写道，"表明这些困难对他心灵造成了多大的创伤"②。

在豪斯安慰性的陪伴下，威尔逊会谈他在很多事情上的观点，正如威尔逊多次对豪斯所说的那样，他是不会告诉任何其他人的。有时候他会让豪斯吃惊。比如，他说他不赞同应该完全放弃战争的观点（当然战争在经济上是非常具有破坏性的，但是没有比战争中死亡更光荣的了）；又比如他说在关系妇女荣誉和公共政策的问题上，撒谎是有道理的。"我有点不同意他的观点，"豪斯在日记中写道，"……我觉得被问到一个不恰当的问

---

① House Diary, 1/8/13, Seymour, I, p.100, House-Seymour conversation 2/17/22, House Papers. 另见 House-Seymour conversation 12/16/21, House Papers, 以及 House Conversation with Viereck in Viereck *The Strangest Friendship in History*, p.43-4。

豪斯不愿意接受一个职务好像还有一个高度的政治动机：既有一种孤傲，又有一种需求。在豪斯给对他具有同情态度的传记作者 Georege Sylvester Viereck 的一封信中明显和清楚地表达了这一点。"如果威尔逊的确И与我分手，"豪斯在巴黎和会期间他们之间的关系遇到困难的时候写到，"他只需要不支持我的行为就行了，这就能立即让我威信扫地。他对我的脾气有足够的了解，知道他这样对我一次，我就会找些借口辞职并马上回家。**我一生中从来没有处于一个需要服从命令的位置，这就是我为什么在他或任何其他行政领导手下不接受任何职务原因中的一个。我们的友谊和在公共事务上的合作需要建立在某种平等的条件下**。威尔逊一开始就意识到这一点，也愿意就这样下去……"（Viereck, "Behind the House-Wilson Break," Chapter 12 of *The Inside Story*, by Members of the Overseas Press Club of America, New York: Prentice-Hall, Inc., 1940, p.153-4；着重号是后加的）。

② House Diary, 1/22/14. 另见日记中的 1/24/13 和 4/28/14。

题时，最好的方法是不做任何回答。他说我也许是对的，他将来也要这样做。我觉得他的这种想法很有意思，因为他曾经多次在回答有关人员任命的问题上非常直率。"①

从豪斯在威尔逊就任前夕的日记中可以感觉到，他对自己的角色非常得意。首先是对威尔逊把他当作一个如此亲密的个人朋友感到一种惊奇的感觉。国会领导人徒劳地等待他宣布他的计划。各种各样的名人都要求见他几分钟，但是威尔逊却和豪斯长时间地待在一起，还感谢他给自己的机会。1913年2月19日的纽约《先驱报》称：

> 诸如众议院多数党领袖克拉克，众议员奥斯卡·W. 安德伍德，参议员霍克·斯密斯和参议员卡伯森，以及众多其他重要的民主党领导人专程跑到普林斯顿，但他们说他们离开时并不比他们来的时候知道得多。其中一位告诉我说："我知道威尔逊州长11月5日当选总统，3月4日上任，除此之外我不知道发生了什么，也不知道将要发生什么。"在问到3月4日以后会发生什么事情的时候，有几个领导人直率地回答说："你得问候任总统或问豪斯上校。"②

的确，豪斯参与了威尔逊的大部分秘密计划。总统在任命内阁成员的时候非常依赖豪斯的建议，还让他承担了将决定告诉其中几个人的美差。总统在不见任何别人的情况下对豪斯所给予的令人瞩目的关注，让每一个人都将豪斯看作是他们能够接近总统的目标。

许多人如果处于豪斯的特殊位置肯定经不住诱惑，来利用每个机会寻求名利，对自己得到垂青的地位自吹自擂。但豪斯不是这样。他有意避免接受报纸的采访。当不得不谈他自己的时候，他会伪称自己并不是一个特别重要的人。这样的说法是如此荒谬，似乎只能进一步激发采访者的想象力。豪斯很快被认为是一个默不做声的神秘人物。有几十篇文章猜测他的活动。如果他回避媒体有任何后果的话，那就是让他比有意追求者变得更

---

① House Diary, 2/14/13.
② Seymour, I, p. 101.

出名。急性子的媒体经纪人难以相信任何客户能具有这个谦虚的上校所具有的强大影响力,这让记者们感到困惑不解。

1913年6月份的《现代观点》刊载了一篇文章,很典型地把豪斯说成一个"谜"。

> 有人称,见到他就像别人见到水蛇一样。可以见到有他名字的照片,但是他周围的神秘感仍然存在。提到他处事的方法以及这些方法所取得的显著成果,让人将他与一些小说,比如《基度山伯爵》里的主人公进行比较……这个神秘人物产生影响的秘密是什么?

这是一个让全国都感到困惑的问题。

第七章　成功的模式[*]

> 我喜欢豪斯是因为他是人类历史上最谦虚的人。他只想服务大众事业，帮助我和其他人。
>
> 伍德罗·威尔逊给约瑟夫斯·丹尼尔斯的信①

> 当我们的分歧超过一特定的限度的时候，我从不与总统争论，就像我不与任何其他人争论一样。当我们在讨论一个问题时发现我们在这个问题上意见相左，我就先暂时把它放下不谈——除非和直到我发现一些新的证据证明我的观点的时候再说。
>
> 爱德华·M. 豪斯给 A. D. H. 斯密斯的信②

---

* 本章第一部分是我们在本书中对威尔逊动机最全面的解释，这种动机是他对政治权力和政治领导动力感兴趣的根源。

本章第二部分对威尔逊和豪斯之间成功关系赖以存在的复杂基础的讨论，依靠的资料来源主要是豪斯日记和豪斯文件。豪斯在与查尔斯·西摩的谈话中对他与威尔逊合作的方方面面进行了思考，基本上支撑和进一步加强了根据他的日记和其他资料所做的解读，更加清楚地揭示了豪斯对这种关系的认识程度。

关于威尔逊与豪斯的关系有各种各样的解读，其中不少包含有真知灼见。最全面，也许是最满意的叙述是 Seymour Vol. I 的阐述。George Sylvester Viereck 的 *The Strangest Friendship in History* 提供了一些有趣的一手资料和不少富有洞察力的见解。但是该书整体上的不足是，作者在没有提供充分的支撑证据的情况下倾向于做出总括性的结论。

一些威尔逊的崇拜者对威尔逊对豪斯的依赖感到困惑和苦恼。因此，他们往往以反感的眼光观察豪斯的行为，好像是批评上校应该能够抹去威尔逊在他们的关系中所暴露的缺点。

① Josephus Daniels to Katharine Brand, p. 13, Baker Papers, Series IB.
② Smith, *The Real Colonel House*, p. 277.

第七章 成功的模式

> （当总统就一个演讲稿的草稿征求我意见的时候）我几乎总是首先予以称赞，以增加总统的自信，很奇怪，他总是缺乏自信……
>
> 爱德华·M. 豪斯 1918 年 2 月 8 日的日记

豪斯上校能够而且的确在政治上给威尔逊总统提供了非常有益的帮助。但是他们之间能很快形成密切友谊和政治合作还有其他更重要的原因。仅仅在政治上给威尔逊提供一些服务不足以赢得他的个人友谊和信任。布莱恩在政治上对他的帮助也很大，但威尔逊从来没有喜欢过他，也从没有把他当作知己。威廉·G. 麦卡杜也在政治上帮助他，而且在 1914 年还成为他的姑爷，但是威尔逊对麦卡杜的态度有一种微妙和潜在的敌意。唯独豪斯同时拥有两种特质的组合，既能打开威尔逊紧锁的情感世界，也能让他愿意敞开心扉，既能让他透露他的感情，又能让他在公众事务上接受建议。

研究任何人的动机，尤其是伟大的历史人物的动机，肯定是一个复杂和充满争议的任务。我们的论点是，造成威尔逊寻求政治权力以及他运用政治权力方式的原因是他从小就形成了一种自信不足的感觉，这种不足感产生了巨大的情感压抑，他迫切需要挣破这种压抑。

他在儿童的时候是否感到自己很不重要？那么他或者其他人所做的任何可以让他相信他完全有资格成就大事——也许是一种不朽的大事——都将是一个莫大的安慰。他父亲是否曾嘲笑他的智力并让他感觉到自己非常平庸？那么他或者其他人所做的任何事情，只要有助于让他认识到他自己在选择行使领导权的事情上具有超强的能力和绝对可靠的判断力，都能让他感到欣慰——虽然只是暂时的。他是否生活在一个严格的加尔文教家庭中，在这种家庭氛围下，人经常受到人天生就是不道德的、自己更是不道德的这种思想的影响？那么他就必须经常让自己相信自己有高尚的美德。在儿童时期与周围能力强的大人们相处时，他是否有一种强烈的无助和残弱的感觉？那么长大以后他必须把自己的意志强加于人，而永远也不允许自己受别人摆布？

我们认为，他对权力和政治领导地位的兴趣是建立在补偿他受到伤害的自尊心基础上的。由于从小形成的自信不足，来自内在的一种强烈的不断反抗这种情感的需求，严重削弱了他客观处事的能力。

早期性格形成时期的经历影响了威尔逊对职业的选择，以及如何在公众生活中发挥作用的方式。一些人可能相信这种观点，另外一些人则不一定。当然我们希望用这样的方式详细解读他的生涯是有说服力的。无论如何，我们坦诚地认为以下叙述具有解读性质的特点。

我们已经看到，威尔逊在普林斯顿大学经历的挑战勾起他对早年心理冲突的痛苦回忆，为了实现他的教改目标不能控制自己。在建设研究生院的争论中，他曾经说："因为坚持了现在的立场，我丧失了实现整个教改计划的机会。但是我又能怎么办呢？我必须遵循我认为是正确的原则！"①

"我必须遵循我认为是正确的原则！"当他陷入与对手的权力斗争的时候，这是他一贯使用的借口——他如此热情地过分强调这一点，让人怀疑他自己是否相信这是真的。他在普林斯顿的时候之所以不能做出妥协来拯救他的教育计划，是因为他认为妥协意味着屈服，意味着允许别人干涉他权威范围内的事，他试图从这些权威上寻求补偿性的满足。只有在有一个对他有足够吸引力的诱惑——成为新泽西州州长的机会，或在更大范围内获得权力的机会——可以满足他个人的需求的时候，他才愿意做出妥协。

纵观其一生，最为迫切的使命是向自己证明自己无论如何都是一个有能力和善良的人，这不是一个选择，而是一个内在的需求。在担任公职的时候，他的内心一直进行着这样的斗争。在为采取某些措施而努力的时候，他变得非常情绪化，因为在他眼中这些措施是对他自我价值的考验。一旦他的自尊受到威胁，他就会尽己全力为实现这些措施而斗，这种斗争也因此变得极其重要。

当威尔逊的注意力集中在一个特定领导任务的时候，他通常会忽视其他同样重要或更重要的事情。他经常恰当地称他的思维方式是"单轨思维方式"。这是那些曾经和他一起工作过的人都一致同意的唯一特质。但是具体解释各有不同。有时候，负责他不关注的事情的下属对他不愿意提供任何指导感到忧虑。有时候，他们把他的漠不关心解释为他非常大度，把

---

① Baker, II, p. 341-2.

第七章　成功的模式

权力下放给属下。比如，根据豪斯上校的说法，农业部长休斯敦就把威尔逊看作是可以想象的最好的领导人，因为威尔逊从不过问任何农业问题。[①] 豪斯回忆说，威尔逊一般情况下会让他的部长们自己处理问题，既不苛求也不审查。真正的授权应该是经过深思熟虑，由最高行政领导人决定放弃一些任务，与此同时又在最高层保留监督的利益。而威尔逊只是忽视很多问题，让下属自己去处理，自己不提供任何指导。

豪斯的记录还说，威尔逊有时候**确实**强力干预一些部门的事务。国务卿兰辛与行政首脑的经历与休斯敦的经历有很大的不同。[②] 如果在一件小事上他选择行使自己的权力，而且这件事情对他感情有影响，他就会关注任何小的细节。在一个具有重要个人意义的事情上，对他计划的任何干涉都会引起他奋力反击。

很自然，他对不同目标承诺的热切程度是不同的。有些——如1915年到1916年他为他支持的立法所做的准备工作——完全只是象征性的。他个人介入的程度远不及他对一些国内的改革和国联问题的关注，因为这些事情代表了他投入全身心去追求的高尚目标的精髓。相应的，对他追求的不同目标的挑战所引发的焦虑程度也有不同。在他个人介入程度很小的事情上，他能娴熟地适应形势的要求。然而，当他掌管一件事情来支撑他的自尊，他就会不自觉地对保护他的自尊做出反应，不管别人怎么做。有时候，如在普林斯顿大学与韦斯特院长之间，后来与洛奇参议员之间的斗争中，他试图通过坚持击败对手的方式来控制他的焦虑，毫不妥协。还有一些时候，如他在谋求一个公职的时候，他会通过权宜之计最大限度地满足他的内在需求。

全面评估威尔逊作为一个领导人的个性，需要把追求权力的威尔逊和掌握权力的威尔逊分开。一旦他找到了追求某一项能让他无私服务他人的职位的理由，作为权力追求者的威尔逊能尽他的全部智慧和能量来展开一场现实的斗争，尽力实现他的目标。为了个人的满足——控制别人，完成不朽的事业，展现他的能力和美德——只有在他首先获得掌握权力的职务

---

① House-Seymour conversation, 2/17/22, House Papers.
② *Ibid.*

以后才能实现。如果为了得到这个职位，有必要暂时压抑某些行为，采取一些现实的政治手段，威尔逊与需要自律的其他人是一样的，他可以协商。在1911年新泽西议会的立法过程中，他与可能的对手的交往活动中显得非常有魅力。他没有必要显得非常跋扈。他可以克制自己，没有必要像1912年那样与充满敌意的新泽西议会斗争到底。但是，在已经获得行使权力后，首先是普林斯顿大学校长，最后是美国总统，他再也不能控制住自己内心的冲动，于是就成为一个具有进攻性的领导人。

威尔逊不敢承认他期待担任领导职务的强烈愿望是出于非常个人的动机；以某种方式行使权力和追求成功是增加他自尊的手段。他严格的加尔文教道德标准不允许他不知害臊地追求或运用权力来谋求自己的个人利益。只有在他能令人信服地证明他是以服务别人为目的，而且具有值得称颂的社会目标后，他才能够表达他追求权力的愿望。因为他认为赤裸裸地追求权力是邪恶的，而无私地献身和服务于社会则是生命的崇高美德。这种信仰在一个文化传统中具有核心的重要地位。他接受了这样的传统，并对他具有巨大的约束力。为了说服自己他的确有这样无私的动机，他必须辛勤工作开拓出一个属于他自己能力的领域，在这个范围内他必须做最完美的工作。他好像对一些项目特别感兴趣，这些项目能让他认为，他是在把劳动人民从他们的主人手中解放出来——这个目标在文化上是得到认可的，也许对一个从来没有摆脱父母控制枷锁的人来说尤其具有吸引力。我们已经从他青年时代的经历中看到，他为服务社会而真诚地准备。他已经在证明自己能力的方面取得了成就，确立有价值的目标可以在道德上支持他采取强有力的甚至教条的领导方式。

在自己开拓出来的属于其能力范围之内的事情上，他非常大胆——几乎表现出了一种挑战性——来保持一种能力上的优越感。他的一个朋友，伊迪丝·G. 雷德太太在关于威尔逊的一本书中引用威尔逊在30岁时给他的同班同学写的一封信：

> 海勒姆，我有——我希望你还没有发现，但你肯定已经发现了——一种知识分子的自信，也许是由于与我智力相匹配的，我感到在我有能力发表意见的问题上，我永远也不可能成为别人的追随者……

第七章 成功的模式

雷德太太评论说:"他那个年龄段,对自己能力的这种自信好像是年轻人的豪言壮语,却是他本质的一部分——这种品质经常让人们感叹,'难道你从没想过你会错了吗?'他的回答总是一样的,'在我有能力发表意见的问题上永远没有'。"①

他自己通过艰辛的自我努力来追求权力并选择与之相称的目标,在让这些努力合法化后,威尔逊很自然地沉迷于这样一种想法,希望强迫别人能立即并完全服从他的要求。他甚至能自我吹捧他的"战斗血统",并且在这种战斗力增加的时候感到欣喜。我们认为,他被压抑的进攻性冲动支撑起了他努力让他的愿望获胜的充沛精力,这种冲动最后可以在他的领导方式上得到体现。

这种不可能控制的、要求别人无条件屈服于他的领导的迫切需求,正是他职业生涯中严重危机的根源。但是,这也让他最初通过与议会非常成功的合作,对议会产生了几乎是不可抗拒的影响。这能够让他有能力在困难面前坚持立场不动摇,换一个意志稍微不坚强的人都会被这些障碍挫败。他有勇敢的动机、精心设计的技巧来谋求别人的支持,将那些动摇不定的人拉到自己一边,让自己的队伍保持稳定。

在他担任主要行政职务期间,都有一个最初的时期。在这个时期他内心需求的领导方式,与外部形势要求他取得显著成就的需求完全一致。他推动普林斯顿大学的教师和董事们取得了一系列前所未有的改革成就;1911年的新泽西州议会在他的领导下取得了辉煌的成就;后来他还让第六十三届美国国会有辉煌的表现。

他的政治目标是精心选择的,他对总体的民意趋势的估计也是敏锐的。"……这个国家的主流思想还没有准备好的任何改革都是不可能取得成功的,"他曾经说过。"议会领导人必须认识到推动国家前进的持久动力是什么,必须体会到其运作的速度。要有首创精神,但不能标新立异……"② 在选择项目实现自己理想主义的雄心壮志时,威尔逊完全是一个十足的现实主义者。这些项目总是非常现实的,可能容易引起广泛的公众

---

① Reid, p. 48 – 9.
② Wilson, *Leaders of Men*, p. 41, 43 – 4.

支持，在一定的时间是内可以实现的。一个人天才的方面在于他能够明智地选择问题，并能推动公众舆论支持他们。

一旦遭到反对，威尔逊就有问题了。通常这种反对部分是由他强烈的要求所引起的。这种情况下取得进一步成功的机会取决于他是否能够改变他的策略。问题在于，不管外部形势怎样，威尔逊内在的焦虑保持不变，他态度僵硬，甚至是自我毁灭地坚持他的行为方式。说实话，他难以根据形势做出灵活的反应，尽管形势需要他灵活。因为愤怒的反对意见只能加剧他的焦虑，让他更加固执己见，一定要征服他的敌人。

威尔逊对成就的渴望永远得不到满足。一个项目成功可能短时间地平息他内在的怀疑——但只能是短暂的。贝克写道："成功并不能使他满足，它只能进一步鞭策他更加努力。他在霍普金斯的后期，尽管各方面都取得了成功，但他还是不断地采取超出其能力范围的工作。他'有点头疼'，他'身体状况不好'，他'总是担心'。"① 他不是写了一部精彩和非常成功的专著吗？贝克说，该书出版后，威尔逊"一时处于极乐世界，随后不久便是一种喜怒无常的反应，这些具有他很强的个人风格。成功不能让他长时间满足，他的抱负永远不能得到满足，任何胜利都不能让他停下，他必须奋力前进。"②

他不是在立法上取得了显著的成就吗？他一刻也不可能停下来享受成功，而是必须立即转向——坚持他的同事们也转向——一项新的同样艰巨的任务，这就是他的特点。威尔逊曾经告诉豪斯，在特殊的目标得到实现的时候，他总是缺乏一种快乐感。他总是想到一个需要他关注的更重要的任务，而不是享受现在的胜利。③

他不能放缓步子，需要别人完全赞同他计划的要求也难以有任何减弱。他决定行政部门应该提供什么建议的方式，总是让他与立法机构的关系变得更加复杂，而他又急需立法机构的支持。有一段时间，他愿意从别人那里搜集有关的**事实**，但是他非常不情愿去征询一些人的**意见**。但是在

---

① Baker, I, p. 189.
② *Ibid.*, p. 219-20.
③ House Diary, 10/16/13, Seymour, I., p. 119.

第七章 成功的模式

这个国家,这些人要么根据法律,要么根据传统,在制定政策时有一定的发言权。

威尔逊个人感觉到不安全。这种感觉的严重后果之一是他在一些涉及他感情的问题上不能与别人磋商,除非他确信这些人最终能够支持他,或者经过分析他认为这些人最后不会对他施加压力,让他接受他们观点。

威尔逊的确与主要的议员磋商——尽管在预料到他们会拒绝支持他的要求的时候这种愿望大大减弱——但是这些协商的本质更多地是为了搜集信息,获取支持他的承诺,绝非寻求他们的观点,或根据他们的观点来做出妥协。

威尔逊曾经在他研究政府的学术著作中写道:"……没有影响结果的协商不是协商,在绝对平等的基础上展开争论和在没有任何障碍的基础上交换意见,是真正意义上协商的本质。"① 从这个严格的意义上说,他自己从来没有真正地与别人协商过。他不愿意让任何人"对最后决定产生影响"。

一旦威尔逊在一个问题上形成了意见,他就马上拒绝任何意见,特别是在那些能激发他取得更大成就的事情上。在这种情况下,他就觉得他的决定不管是从道义上还是从思想上看都是唯一可能的决定。在对相关事实经过认真和艰苦的分析以后,他一般都会将他的看法与正义联系起来,不允许自己或任何其他人提出异议。他强烈的宗教信仰——坚信他的决定是在上帝的指导下做出的——让他对任何批评都无动于衷。② 教条地坚持一个特定的观点后,通常会有一个持续的不做出任何决定的时间。一旦他形成了他自己的立场,他就不能容忍别人的任何拖延,甚至是那些人所坚持的是他不久前所支持的观点。他好像非常确定地否认在公共问题的背后有不同的利益、不同的观点,而这种不同都是有根据的。在威尔逊看来,只有对或错,黑或白。他总是试图判断,不同的立场的目的属于哪一类。

比如,多少年来他一直反对联邦政府采取措施确立妇女的选举权。到

---

① Wilson, *Congressional Government*, p. 233 (15th ed.).
② 见 Baker Papers, Memorandum of Talks with Mrs. E. B. Wilson, 1/27/25 和 Talk with Margaret Wilson, 3/12/25。

了第一次世界大战期间他改变了立场、支持这个事业的时候，他就立即嘲弄那些参议员，因为在他要求参议院同意修正宪法、确立妇女的选举权的呼吁后，他们没有对此做出立即的反应。"……当我的这种想法改变的时候，"在他1918年10月3日对一群支持妇女运动的斗士们说："这种想法是压倒性的，如果我能够这样做，它要求我有必要不遗余力地动用我的职权来实施它。我对这个特点感到非常骄傲，当环境要求我怎么做的时候，我的确明白。我非常遗憾地说，最近的事实表明有些人他们不能学习，他们的观念是褊狭的。他们不知道这在国外影响是非常巨大的……有时候我得尽量克制自己不要在理智上看不起他们。"①

还有一次，在经历了不知道是否应该带领美国参加第一次世界大战的一段痛苦的不确定后，他开始相信美国参战的必要性。从此他就强烈谴责那些仍然持有怀疑态度的人。原因正如他1917年9月4日给亚瑟·布里斯班的信中所说的，这个问题在他头脑里已经变成了"一个非常简单的事"②。

一旦在关系他感情的事情上形成了自己的观点，他就马上把它说成是"人民"内心愿望的表达。一旦威尔逊为了某一个计划斗争的时候，他洞察公众情绪的那种非常敏感的知觉就会遭到扭曲。因为，为了证明他攻击对手的方式是合理的，他需要把自己看作是人民真正愿望的最好的解读者。他扭曲对公众情绪的估计，是为了证明自己进攻性策略合理性的需要，实际上就是想通过这种策略把自己的意愿强加给公众。他倾向于将公众舆论简单化，夸大公众舆论对他立场的支持。1920年他认为公众会愤怒地站起来，在大选中反对共和党候选人，以此来抗议他在国联问题上的失败，这种悲剧性的错觉只是他一贯倾向的一种极端表现。

在威尔逊一生担任的三个行政职务初期他非常成功，与此同时他的领导策略不可避免地也招致了对他的憎恨。除了个别显著的例外，如前面所提到的在为1915年到1916年的立法做准备的过程中，他没有采取有效的步骤，如通过征询对手的意见，或者在其他方面顺从他们，让他的批评者

---

① *Public Papers*, *War & Peace*, I, p. 272.
② Baker, VII, p. 258.

第七章 成功的模式

缓和下来，或者让他们恢复支持他的意愿。因为在这样的形势下对他来说很难采取一些很小但又很重要的顺从这些人的举措。他曾经绕过或拒绝了这些人的意见，这些意见可以平息他们对他的怒火，表明他了解这些人具有非常重要的作用。相反，在他的焦虑中，他以对抗性的态度坚定地强迫别人屈服，他挑衅性的行为引起对手对他个人的敌意。随后他们就怀着仇恨的心态攻击他和他的计划。他们的辩解很危险，几乎能揭露他内心动机的不同方面，而让他承认这些动机是不可容忍的，哪怕是在私下。

很容易理解威尔逊多么需要朋友。他们可以一次又一次地减轻自我怀疑对他的折磨，能够让他更加自信。他需要他的朋友们让他相信，他追求权力仅仅是因为他希望服务别人的强烈愿望。他需要他的朋友们证明他的信仰——这种信仰是如此容易被外部的攻击所动摇，因为这些从内心对他造成了巨大的折磨——相信他的伟大使命，相信他的人生价值。他需要他们对他无私的理想主义表现出敬意，尤其是在诋毁他的人粗暴地揭穿他精心设计的合理化说法，用尖刻的观点揭示他追求权力、自我为中心的傲慢的行为的时候。

他迫切需要朋友们给他的信心，给他安慰，他愿意对他们表达他的情感和信任。他所需要的只是希望他们能帮助他，让他相信他希望相信的——他是一个为推动崇高的事业的高尚改革者，而且他们既能给他提供这种令人陶醉的感觉，又不干涉他的权力范围内的事或与他争夺权力。

威尔逊获得朋友帮助的方式之一是与他们保持通信。威尔逊给朋友们写的信数量之多的确是非同寻常的，他在这些信件中热情洋溢地表达了他对他们的信任和感激。大量地撰写这类信件不仅没有影响他的精力，相反，繁重的公务，尤其是当他在遭受攻击的情况下，好像还增加了他寻求朋友帮助的需求，因为朋友们没有任何条件的支持可以帮助他恢复信心。

虽然很容易找到他与任何其他朋友语气与此非常类似的信，不管是男的还是女的，他与玛丽·赫伯特太太的通信最突出地体现了这个特点。从1907年到1915年（仅从保存下来的信件的数量来看——当然肯定还有其他的），威尔逊至少平均每两周就给她写一封信。与很多人保持书信往来可能给他很大的压力，与董事会、州议会以及美国国会保持联系也可能让他工作繁重，也可能有数十件事在等待他处理。但是，什么都不能阻止他乐此不疲地给赫伯特太太撰写长篇大论的信件，描述他的日常生活，他对人和事的看法，他所遇到的政治困难，他的成功，他收到她的信后的喜悦，看到她直觉上对他政治生活动机的理解后的快乐等。他一直挂念她的身体和生活状况。他表示，她的友谊（就像他对众多其他的朋友表示的一样）是他一生感到最快乐的事。他总是充满渴望地期待她的信，并且非常珍视这些信件。

赫伯特太太给他写的很多信都可以在他的文件中找到。从这些信中可以清楚地看出，用她自己的话说，威尔逊是她伤心哭泣时使用的手帕。她是一个不幸的女人，守过寡，离过婚，还需要负责养活她儿子和照顾病魔缠身的母亲。她自己也深受多种说不清的疾病的折磨——她的信中满是对这些的描述。

作为一个有魅力和聪明的女人，她对百慕大协会圈子内的生活非常感兴趣。但是，她快乐的社会生活只能增加她的忧郁。她把这两种情绪都写信告诉威尔逊。她的信表现出她非常自我为中心：她把自己的生活刻画成柔弱的、体面地承担着巨大的压力、俨然一个悲剧中的明星——这就是她的生活。她感谢威尔逊是她可以吐露心扉的朋友。

她对政治了解很少，也不太关心。她愤懑地说，我就是无心政治，因此为什么不把政治扔给那些狗们，而去谈论一些重要的事，如天气、美丽的自然，当然还有她自己。尽管如此，还是有一件事她了解，而且在每一封信中都快乐的表述：威尔逊是一个伟大的人，具有伟大的使命，对他的攻击是如此荒谬，都是非常可笑的。她所了解的仁慈的朋友是一个政治煽动家？一个独裁者？一个忘恩负义的人？一个骗子？这些都是多么可笑，连她自己有时候也可以带着挖苦的语气与他谈别人对他的这些指责，开玩笑地称他是一个精明的政治家，问他为什么上一封信不够直率，他应该很直率。紧跟着这些诙谐语言之后的是非常令人振奋的话，说他是多么好的一个人，一个伟大、善良、高尚和无私的人。

她有能力看出威尔逊希望别人把他看成一个什么样的人，这一点深深地打动他。他能体会到与他关系非常密切的其他朋友——克利夫兰·多奇，托马斯·D.琼斯，弗雷德·耶茨，艾迪斯·雷德，南希·托伊——在给他的信中也都有这种味道。毫不保留地赞美威尔逊的高尚品格是能把这些信串起来的一条线。

这些就是这个复杂的人的个性的一些方面，豪斯把自己成就事业的理想与这个人联系在一起。他希望扮演的角色远比单纯地成为威尔逊的个人朋友要困难得多。因为豪斯不会满足于仅仅让威尔逊喜欢他。他的目标是施加政治影响。简单地说，他希望进入最危险的领域，最受嫉妒心提防的领域——威尔逊的权力范围内。这确实是一个非常大胆的目标。正像他曾经对查尔斯·西摩所说的，豪斯认识到如果他什么时候让威尔逊不高兴，他的职业生涯就会立刻终止。因此，为他自己考虑，他在研究威尔逊个性方面是最敏锐的学生。正是根据他自己的估计，他学习如何去尽可能地了解他的对象，以便能影响他，但是"我永远也不能真正地了解他"①。

从一开始，豪斯就不断让威尔逊相信他是人类历史上最伟大的人。他给他的信中充满着对他的溢美之词。"我伟大和亲密的朋友"；"我认为您做的事情是再好不过了"；"您比到目前为止我所接触到的任何公共人物都更加高效，和您相比其他人都是新手"；"没有一个人比您更应该让我们国家得到了"；"您的信……都是我记忆中最好的那一类……"②

豪斯不仅自己颂扬威尔逊，他还习惯性地把其他人对他的赞扬转告他。因此（这种信非常典型），在威尔逊1917年4月2日对国会发表讲话后，豪斯写信告诉他，英国外交官威廉·怀斯曼爵士说如果莎士比亚撰写这篇讲话也不可能再好到那儿。帕德莱维斯基说世界上还从没有看到一个可以与威尔逊相提并论的人。豪斯自己认为，这篇讲话在全球激引起的反响远远超过他的预期。还有一次，豪斯转交给他一个英国记者的一篇报道，说威尔逊比林肯还伟大。③

如果像有些历史学家一样，把豪斯说成是一个不诚实的溜须拍马的人，那将是不公平的。把他评价成一个能够准确判断出需要采取什么样的行为才能与威尔逊保持良好关系人可能更准确。在他们关系形成的初期，

---

① House Seymour Conversation, 4/28/22, House Papers.
② 豪斯给威尔逊前四封信的引文出自 Baker, III, p. 302 – 3；最后一个引文出自 EMH to WW, 8/21/12, House Papers。
③ EMH to WW, 4/4/17 和 8/4/17, House Papers.

豪斯就意识到威尔逊非常需要得到赞扬、支持和奉献，并容易对这些产生反应。他就开始迎合这一点。

"我认为您永远不知道，我伟大和亲密的朋友，"他1913年5月20日给威尔逊写信说，"我多么感谢您对我的好。如果为了回报您所做的，我所做的所有努力看起来都是微不足道的……我相信您会在所有您做的事情上取得成功，因为在您计划要做的事情上，没有任何人像您准备得那么好。我对您的信心和我对您的爱一样大——远远超过我的表达能力。"他在1914年3月5日给威尔逊的一封信中信誓旦旦地说："我每天都想到您。"①

豪斯避免占用总统的时间和精力。他从来不会坚持要陪伴他，或把自己的意见强加给他。威尔逊得自己提出来需要陪伴或需要建议。如果威尔逊没有回信，豪斯既不抱怨，也不表达任何不悦。例如，在豪斯从欧洲回来后威尔逊没有立即见他，威尔逊在1914年8月3日表示道歉的时候，上校很确定地回答说（在8月5日）："我收不到您来信的时候，我从不担忧。没有人能让我怀疑您对我的友谊和情感，我的生命完全贡献于您的利益，我想您知道我从不会停止为您服务。"②

豪斯很快就了解到，在影响威尔逊的时候最有效的手段是满足他的虚荣心。他曾经非常直率地对查尔斯·西摩说，在后来的一次谈话中再次提到，所有能够让威尔逊选择特定的行为方式的办法，就是告诉他这将增加他在历史上的辉煌地位。③ 当然，豪斯这样的说法有点过于简单化和太夸张了。要想影响威尔逊，需要做的比仅仅利用他的虚荣心要多得多。豪斯的行为，以及在他日记中的其他话表明，豪斯对这一事实非常清楚。

如果威尔逊回避某一建议，豪斯的行为就是放弃这个建议，而且没有任何不快的表示。上校曾经对他的传记作者说，在超过一定的限度后，他从来不与总统争论。④ 如果他获许争论，他就会非常冷静地提出观点。如

---

① House Papers.
② *Ibid.*（部分引自 Seymour, I, p. 117）.
③ House-Seymour Conversation, 2/17/22, 3/31/22 和 4/28/22, House Papers.
④ Smith, *The Real Colonel House*, p. 277.

果总统不改初衷，豪斯就以保持沉默的方式来表达他的不同意见。① 当事情的发展证明豪斯是对的，威尔逊是错的，正如豪斯在1916年3月3日的日记中说的，他从来不会采取"我曾这样告诉您"一类的态度。

当威尔逊让豪斯看他的演讲稿，或者一些计划和政策的纲要时，他就确信会得到同情和充满赞赏地接受。豪斯是一个不倦的听众，对威尔逊来说也是一个可靠的崇拜者。"我几乎总是首先予以称赞，以增加总统的自信，很奇怪，他总是缺乏自信，"豪斯1918年2月8日的日记这样说。

即便是私下对总统感到不悦，豪斯在表面上仍然能给他以安慰的赞美之词，以看起来非常忠诚和谦虚的方式提出自己的政治建议。有时候他的日记中也充满对总统的批评，豪斯还是给威尔逊写这样的信："……当我说您是这个撕裂的和混乱世界的唯一希望的时候，我一点也不过分。没有您的领导，只有上帝知道我们还需要在黑暗中徘徊多久。"还写道："在您给他们指出方向之前，盟国的外交糟糕极了。"② 当然，批判和赞美没有必要互相冲突，因为豪斯可能真诚地认为，**在自己的指导下**，威尔逊的确是这个世界的希望。

最为重要的是，豪斯能精心培育一种印象，即他非常满意于帮助威尔逊工作，他并不觊觎拥有独立权力的官职。两个不同的政治角色——政治家和顾问——威尔逊和豪斯分别给他们自己安排的角色之间有很好的互补。豪斯理解，有一点非常必要，要避免让威尔逊怀疑在一个顾问角色赋予他可能产生的影响外，他还谋求更为直接地产生影响的其他途径。

为此，他一直公开表示，所有成就的功劳都是威尔逊的，即使在私下他也认为功劳应该是他的。通过刻意地留在后台，避免公开露面，避免威尔逊可能知道的对他的赞誉，以保护他的职位。他习惯性地拒绝记者采访他的要求，在不可能回避记者的情况下，如在他"一战"期间受命出国的时候，豪斯成功地什么都不告诉记者，而且很奇怪的是，他还能让他们保持对他的好感。他对媒体的回避有助于形成他一直努力创造的一个印象，他非常谦虚地从属于威尔逊。

---

① Seymour, II, 463 和 Seymour, I, p. 150。
② EMH to WW, 10/27/17, House Papers; EMH to WW, 2/3/18, Baker, VII, p. 521.

事实上，豪斯的日记表明他对赞美和奉承非常敏感，但是他对威尔逊个性的了解让他对公众对他的赞誉感到不舒服。早在 1913 年的 4 月，带着对他引起公众对他关注的担心（如果还有一些高兴），他给他妹夫，西德尼·梅泽思写信说："我不知道伍德罗·威尔逊对这样的事能够容忍多少，最近一期的《哈珀斯斯周刊》把我说成是'助理总统豪斯'。我想我该离开美国到欧洲，或退隐山林了。"①

当马克·苏利文在《Collier's》中写道，很多有思想的人认为威尔逊最好的一点就是他有豪斯，如果把这个小组的位置互换一下可能会同样成功。上校在他的日记（1916 年 4 月 10 日）中写道："这些是我最担心的事。"当亚瑟·D. 霍登·斯密斯在 1918 年让他看了他所准备的一份传记的草稿时，豪斯有点吃惊。"他以最高的赞美方式写作——太好了不利于我的安全……我担心这将招来麻烦。"豪斯让梅泽思和沃尔特·李普曼校对全稿，取消了这些过度的溢美之词。② 在"一战"期间还有一次，豪斯和威尔逊一起到教堂去，牧师为"总统和他的顾问"祈祷，豪斯在他的日记中吐露说，他知道这样的事情持续不了多久就会招来麻烦。③

豪斯在 1917 年 7 月 21 日的日记表明，豪斯与很多外交官有交流，但他在给总统汇报这些谈话内容的时候非常小心，刻意避免让威尔逊因感觉到被绕过去而恼火。他还感到，不让总统关注他参与的广泛的活动是明智的。豪斯在 1918 年 6 月 8 日写道："他没有意识到，在直接或间接传到他那里的事情中，不是由我事先转告他，或至少我不知道的重要事情，很少是重要的事情。这样做应该很好。"

豪斯的特殊地位自然引起威尔逊其他同事的极大兴趣，不管是公职部门的同事还是私人生活中的朋友，尽管很少有人能猜测到他在多大范围发挥作用。豪斯自己对他政治角色需要发挥作用的认识，还包括非常敏锐地意识到有必要避免引起别人的嫉妒。他能非常容易地做到谦虚，讨别人喜欢，对别人有帮助，保持这些人对他的好感是非常明智的。尽管如此，许

---

① EMH to Sidney Mezes, 4/24/13, Seymour, I, p. 150.
② House Diary, 2/14/18 和 5/14/18.
③ House Diary, 2/24/18.

第七章 成功的模式

多关注他们关系的观察家注意到,豪斯服务总统的方式是精心算计的,其中一些人认为这些行为本身显示了马基雅维利式的精明,并因此不喜欢他。

豪斯有意识地试图操控威尔逊也是事实。上校的行为是经过慎重考虑、不自然的,但也是公正和超然的。这并不是说他的目的是不诚实的,或者他滥用了一个杰出的朋友对他的信任。尽管他采取了操控性的措施,豪斯在政治理念上绝非一个机会主义者。他是那种可以被称为保守的改革派,他追求的是在政治上取得最大的成功。很高兴他的政治理念与威尔逊的政治理念是一致的。否则他们的合作是不可能的,因为不管他的策略多么灵活,豪斯都致力于自己的信念。

此外,还有各种各样的证据显示,他真的很欣赏威尔逊的伟大品质,相信他有能力成为在这个国家历史上产生重要影响的领导人之一。在他的日记中,他私下谈到威尔逊超人的智力和分析能力,说他具有清楚表达自己观点的天分。他坦陈"无限敬仰他的判断力,他的能力和爱国热情"。豪斯很高兴自己的思想总是能和威尔逊的思想合拍。① 找到这样一个朋友不仅是他日记中,也是他与别人通信过程中津津乐道的主题。

在对人做出判断的时候,豪斯是一个现实主义者。他对威尔逊的崇拜并没有阻止他从整体上去认识威尔逊的个性。他在提出建议的时候总是以非常巧妙的恭维话或带着肯定的情感,这些至少部分是由他对威尔逊的崇拜所激发的。但是,毫无疑问他认为这样是合理的,因为他不能以别的方法让威尔逊接受他的建议。如果他有意地利用他对威尔逊个性的了解来增加他自己的影响,服务总统,实现他们共同目标的机会,毫无疑问这样的方式是合理的。

从威尔逊方面来看,他很少花费精力来分析他朋友的个性和动机。相反,他陶醉于他的新朋友给他带来的友谊——自从在普林斯顿大学与约翰·格里尔·希本的友谊破裂以来最密切的友谊。他满怀感激地接受豪斯在现实中给他提供的服务和道义支持,而没有任何批评意见。他认为,他

---

① House Diary, 3/2/15, 4/17/14, 7/10/15, Seymour, I, 分别引自 p. 387, 123-4, 124-5。

不用说出来豪斯就能感受到他的观点，甚至在特别复杂的问题上。他以前认为其他朋友也有这种能力，但这些朋友总是让他失望。他还认为，既然豪斯是他的好朋友，他们总是很自然地保持基本上的一致。

豪斯总是使用过分的赞扬和感激的语言，小心翼翼地在政策问题上产生影响，从不让不同的观点表现出来，这种方式不仅一点也没有引起威尔逊的怀疑，反而让威尔逊相信他们之间完美的友谊。

威尔逊喜欢相信在他和豪斯之间有一种神秘的纽带。在他无数次地让豪斯负责某一项复杂谈判的时候，他告诉上校说，他没有必要给他任何指导，因为他们的思想和目标就是一个。有时候豪斯自己也鼓励自己相信他对总统意见的理解，他1915年春天从欧洲给总统写的信就是一个证明。他带着某种神秘的兴奋在信中会汇报说，总统有一种心灵感应，给他送来了这个声明，他本想写信要的，但因为担心给他增加负担而没有要。①

威尔逊对豪斯的反应是一种没有任何批评的高兴。因为从他们刚一认识开始，他就对豪斯产生了一种安全感。他嘱咐上校一定要经常对他直率，如果看到他做错了什么事就"训斥"他。② 当然豪斯很聪明，不会从字面去理解他的这种要求。

如果认真研究豪斯对他的感情，威尔逊好像非常天真，表达一种深深的感激之情。考虑到豪斯给他提供的服务，这种感激之情毫无疑问是发自内心的。

当威尔逊一次又一次地感谢豪斯给他干活的时候，豪斯就会说这种表扬和能有机会给他干活是最大的奖励。上校的全部愿望就是让威尔逊高兴，为他和他们共同的理想工作。面对来自众多不同的人和不同的方向的各种各样的压力，受到各种各样的纠缠，遭到各种各样批评和误解的总统，对豪斯显示出来的忘我的工作深受感动，有时候真的感动得流泪。

他们两人之间通信的突出特点是，豪斯不断重复为他干活的愿望（他具有代表性的说法是，"我唯一担心的是我不能为您做更多的事"），威尔逊则是不断重复表达他从心底里的感激。他总是对豪斯充满感激，他一次

---

① EMH to WW, 4/17/15, House Papers.
② House Diary, 4/14/13.

第七章 成功的模式

次地表示,豪斯所做的每一件事都让他对豪斯更加感激。①

威尔逊从豪斯的友谊中得到最大的感激是,只要豪斯在他就能放松。在豪斯创造出来的对他赞同和充满爱的氛围中,威尔逊可以畅所欲言,不用担心被别人引用,或误引,或误解,或遭到别人的反对。

"您是这个世界上我唯一可以敞开心扉的人,"他曾这样告诉豪斯说,"甚至可以讲一些傻话,可以无拘无束地讲话。"② 威尔逊几个月后对他详细地说,对一些人我可以吐露这些事,对另外一些人我可以吐露别的事,"但您是唯一我可以毫不保留地把我所有想法都告诉您的人"③。

在一直支持他的豪斯面前,威尔逊可以斥责内阁成员,诋毁媒体或任何让他不高兴的人或事。他在豪斯身上发现了一个可以试探意见的人,对他们亲密关系这一方面感到非常高兴。威尔逊可以告诉豪斯他想采取哪种惩罚措施来惩罚他不喜欢的人。有一次总统说他永远不想再任命另一个爱尔兰人入阁,豪斯肯定感到吃惊。因为威尔逊后来又说:"豪斯总是担心我会做一些愚蠢的事情,因为我毫不保留地将我的想法告诉他,他担心我会做一些我告诉他我要做的事情。"上校得出结论说,总统所说只有一半是实话,他在日记中写道。④

很容易理解,像威尔逊这样总是感到有必要进行严格自我控制的人,会非常珍惜没有任何负担地表达自己意见的机会以及能给他提供这种机会的人。总统对豪斯的健康、福利以及生活是否舒服都非常挂念。豪斯得感冒了吗?威尔逊会给他写信问候。很难找到一个比豪斯拜访白宫的时候更体贴的白宫主人了,对这个给他提供了大量帮助的人充满感激,威尔逊始终都急切地表达着对他的敬重。有一次,豪斯到华盛顿他女儿家过圣诞节,在豪斯和他的女儿、女婿正围坐在圣诞树周围的时候,总统在事先没有宣布的情况突然来拜访他们。因为美国总统很少"拜访"任何人,很容易想象这次非同寻常的拜访会让豪斯多么的高兴。

---

① EMH to WW, 6/5/17, 和 WW to EMH, 1/24/17 和 6/1/17, House Papers。
② House Diary, 1/13/15. 也可见 1/25/15 这一天的日记, Seymour, I, p. 58。
③ Seymour, I, p. 116(时间是 1915 年夏天某些时候添加的)。
④ House Diary, 8/16/18.

更重要的是，在相当一段时间里威尔逊不知道豪斯有自己的个人野心——很多人都没有认识到这一点！——他正是想通过他们之间的友谊来努力实现个人目标。"我喜欢豪斯是因为他是人类历史上最谦虚的人，"他对海军部长说，"他只想服务大众事业，帮助我和其他人。"①

这是对豪斯目标的一个非常天真的评价。他的动机要远比服务大众事业和帮助威尔逊要多；而且说他除了为威尔逊做事还有很多的个人目的也并不丢人。尽管由于受到不可改变的形势的限制，豪斯放弃了担任任何公职的想法，但他仍有指导和影响国家大事的雄心壮志。他宣布说他没有担任总统的理想并不是因为他不愿意接受在最高层决策的责任。正如他的日记清楚地记录的，豪斯认为他足以承担在关系国家和国际的重大问题上做出决定的任务。确实也是如此，在所有这些年里，他在具有重大意义的问题上参与做出决定的时候，他从来没怀疑过他非常合适在决定人类命运的问题上发挥一个主要的作用。

一部小说可以提供一些线索窥视豪斯雄心的性质和范围。这部名为《菲利普·德鲁》的小说是他在认识威尔逊后不久匿名于1911年到1912年冬天写的。菲利普·德鲁曾经受过军事训练，但因为疾病不能当兵，而成为一个反对无能政府的叛乱集团的领导人，后来又成为美国的独裁者。他废除合法政府，通过颁布行政命令进行一系列全面的改革，随后为了根据新的和改进了的宪法建立一个民主政府，他非常仁慈地放弃独裁统治权。

读者会纳闷，在多大程度上豪斯把自己看作是菲利普·德鲁。1915年他仍然想掩盖自己是该书的作者，他当时的一封信吐露了情况："我给您送了一本我提到的那本书，"豪斯写道，"……我认识书的作者……我的朋友——还不能吐露他的名字——告诉我……菲利普·德鲁**正是他想成就的人，但实际上他不是。**"② 菲利普·德鲁非常英俊和魁梧——他是美国的独裁者。

有理由认为，一个拥有豪斯的目标、雄心和自信的人，在对待中间人

---

① Josephus Daniels to Katharine Brand, p. 13, Baker Papers, Series IB.
② EMH to Mrs. F. L. Higginson, September, 1915, House Papers（黑体是后面增加）.

的态度有必要含糊不清，他需要经过这个人才能发挥作用。因为不管他对这个给他机会并让他代行权力的中间人多么感激，不可避免的是在思想的某些层面，豪斯应该厌恶这个中间人，也厌恶在有不同意见的时候还要需要服从这个中间人的判断，否则他所依赖的被别人的赏识就会突然消失。

这也正是豪斯为什么必须满足威尔逊个性的需求，拐弯抹角地通过他来为公共生活做出贡献。他是非常成功的。任何对从1914年到1919年美国外交的叙述都不能不提到他广泛的作用。豪斯完全明白他工作的重要性，在工作中兴致很高。他在欧洲致力于在交战国之间进行调解时的日记中这样写道："我的生活超越利益，比任何浪漫的事情更刺激。"① 豪斯为自己创造了一个自己高度重视的位置，这个位置值得他尽最大的努力来维护。

但是，一旦在重要的事情上他不能说服威尔逊，而且事情的发展证明他的想法是对的，在这种情况下他怎么办？豪斯正确地意识到，在超过一定的限度后他不敢坚持自己的建议。在美国的政策和美国的利益会因为威尔逊严格控制权力而遭到损失的情况下，有人会期待他对威尔逊的潜在的敌意会暴露出来。有人会预测，在豪斯对自己角色的不满增长到一个高度的形势下，他可能再也忍耐不住，屈服于更直接更有力地采取行动的诱惑。

豪斯表面上对政治领域内的奖励并不重视，并非出于他个人的谦虚，而是源于他认识到这样做对他非同寻常的角色是必要的，而且多年来凭借他非同寻常的自律能力才得以维持下来。

对一个具有威尔逊性情的人来说，如果认识到在豪斯有用的友谊中除了忘我的献身外之外还有别的想法将会让他的幻想破灭。作为一个机敏的心理学家，在面对威尔逊的时候，豪斯理解将他动机的某些方的时候掩盖起来是尤其迫切和必要的。他们之间的友谊之所以能够持续七年，正是因为他在这方面的高超技能。

---

① House Diary, 3/10/16.

第八章　威尔逊与国会[*]

克利夫兰总统说他支配着国会,但是现在有一个总统在后面推动着国会,冷酷无情地催促着它……还没有一届国会受到这样的压力,即使在"大棒"时期。

纽约《时报》社论

1913 年 8 月 15 日

伍德罗·威尔逊满怀着要取得辉煌成就的激情入主白宫。"这个国家醒了,恢复了那些被忽视了的理想和被忘记了的责任,"他在接受总统提名的时候说。"……她意识到……她正处于一个需要建设性的领导人时刻,

---

[*] 我们处理威尔逊在国内立法方面取得的重大成就时,根据需要有很大的选择性,主要集中于他为了在国会推动改革的领导方式。我们在很大程度上依赖纽约 Times, 以及根据 Baker, IV 和 V, Wilson 的 Public Papers 所复制的原始材料。

许多学术研究都对威尔逊创造性地把总统一职转变为领导立法的手段这一主题进行了分析。最有用的是 Corwin, The President: Office and Powers; W. F. Willoughby, Principles of Legislative Organization and Administration (Washington, D. C.: The Brookings Institution, 1934); James Hart, "Classical Statesmanship," Sewanee Review, October, 1925; 以及 Wilfred E. Binkley, The Powers of the President (Garden City, N. Y.: Doubleday, Doran & Co., 1937); 还可见 Louis Brownlow, The President and the Presidency (Chicago: Public Administration Service, 1949); George B. Galloway, The Legislative Process in Congress (New York: Thomas Y. Crowell Company, 1953); Clinton Rossiter, Constitutional Dictatorship (Princeton: Princeton University Press, 1948); Lawrence H. Chamberlain, The President, Congress and Legislation (Thesis, Columbia University Press, 1950); Stephen K. Bailey, Congress Makes A Law (New York: Columbia University Press, 1950); Bertram M. Gross, The Legislative Struggle (New York: McGgraw-Hill Book Company, 1953); William Diamond, The Economic Thought of Woodrow Wilson (Baltimore: The John Hopkins Press, 1943).

第八章 威尔逊与国会

从其政府建立之初的伟大时期以来还没有产生过这样的领导人。"①

威尔逊认为，他必须成为一个这个国家在呼唤的领导人。他说这个国家站在新时代的门槛上，他在这个时候被赋予了担任其总设计师的特权。挑战是巨大的，他的责任感也是如此，他形成的初步行动蓝图的规模也是巨大的。他对一个朋友说，他希望创造美国的复兴——政治的、艺术的和社会的。②一定的经济改革是他设想的更大成功的前提条件，因此必须立即付诸实施。为了开始这项伟大的工作，他要求于1913年4月7日召开特别国会。这仅仅是在他就职一个月后。

这一届国会，第六十三届国会，在两个方面与众不同。在威尔逊的坚持下，它持续了一年半，从1913年4月7日到1914年10月24日——是美国历史上时间最长的一届国会。从这届国会中，威尔逊得到了非同寻常

Willoughby（第34章）指出，威尔逊在第一任期内史无前例地使用党团大会的结果，引发国会对这种做法的强烈反对，此后不久两党决定限制为了强迫议员投票而使用党团大会。

有关在威尔逊领导下国会于1913年到1914年通过进步立法的更详细的内容见 Arthur S. Link 的 *Woodrow Wilson and the Progressive Era*, *1910–1917*。

豪斯对威尔逊1913—1914年在立法上取得的成就的贡献，特别是对《联邦储备法》的贡献曾经是一个引起猜测和争执的议题。豪斯自己认为是他促成了这个立法的实施（见他1919年1月29日的日记），Charles Seymour 称豪斯是《联邦储备法》"没有露面的守护神"。这种说法让众议院银行和货币委员会主席 Carter Glass 很恼火，他认为自己在该法的通过过程中发挥了重要的作用，他还写了一本批驳 Seymour 的书，称他"玷污了历史"（*An Adventure in Constructive Finance*, Garden City, N. Y. Doubleday, Page & Co., 1927）。尽管这本书在语气上非常过激，但在说明豪斯的作用并不重要方面是有说服力。毫无疑问，豪斯发挥了很重要的作用，在总统与重要部门的公众舆论之间，特别是与银行部门之间扮演了信息传递者的角色。但是，没有证据证明豪斯在起草和通过该法的过程中做出过直接和具有实质意义的贡献。还可见 Samuel Untermeyer, *Who is Entitled to the Credit for the Federal Reserve Act*（一个40页没有出版时间和出版社的小册子）；William Gibbs McAdoo, *Crowded Years*（Boston and New York: Houghton Mifflin Co., 1931）；Robert L. Owen, *The Memoirs of William Jennings Bryan*（Philadelphia and Chicago: John C. Winston, 1925）。在 Baker Papers, Series I 还有一个对 Carter Glass 的书评论的文件夹。

① 威尔逊接受民主党提名时的讲话，8/17/12，*Public Papers College and & State*, II, p.453。

② Percy MacKaye to R. S. Baker, Baker, IV, p.180.

的众多优秀立法。

这届国会的两院都由民主党所控制。众议院有大约三分之二（291）的成员是民主党，民主党在参议院的优势稍微小一些：民主党51位，共和党44位，进步党1位。威尔逊的第一个冲动就是忽视那些反动的民主党成员，在两党的进步派中间建立一个工作联盟。但是，不久他就发现他没有多少办法控制进步的共和党，即使那些不听指挥的民主党人也屈服于保护人或党的纪律。他曾经认真考虑过抛弃党的组织，谋求实现民主党议员在对党的忠诚上做出最大的让步。

威尔逊希望这届特别国会考虑的第一件事是修改关税，减少对美国企业的保护。在减少关税方面已经做了不少的努力，但这些都因为各种商业集团的压力而遭受挫折。

4月8日，也就是国会召开的第二天，威尔逊打破持续了一个世纪的先例，亲自到国会就关税问题发表了一个讲话。在这个很短的讲话中——只持续了大约十分钟——他概要性地提出了他主张废除保护性关税的原因。有些议员讨厌他这样做，认为这是行政部门对他们权力领域的侵犯，但总体的反应还是积极的：通常总统发表演说的程序是非常非常乏味的，威尔逊让这个程序变得刺激有趣。

第二天，威尔逊来到国会山的总统办公室与参议员财经委员会的民主党成员协商。自林肯（他只是在内战期间来过）以来的历届总统除在礼宾场合上外还没有使用过这里的总统办公室。会后威尔逊告诉新闻记者说，他"确信我们在关税问题上保持团结并不困难"[1]。但是，他并没有提到参议员们也警告他说，他们认为对关税法案进行一些修改可能是合适的。

威尔逊预料在参议院会遇到一些困难，而且还筹划了自己的战略：一旦失败将如何通过其他方法来赢得足够的支持。他对国会一些支持他的民主党议员说，他将直接呼吁人民来抗议那些反对关税法的人。[2] 这是一个

---

[1] *New York Times*, 4/10/13.
[2] *New York Times*, 4/7/13.

为应对最坏可能而设计的一个战略。首先,他会尝试其他的策略,因为他是在与民主党控制的国会打交道,只要他能获得自己党内的坚定支持,他成功的可能就是板上钉钉的事。那么该如何获得本党的一致支持呢?威尔逊决定通过使用还从未使用过的党的组织传统来解决这个问题:议会的党团大会。

国会两院一个党的议员组成该党的党团大会。通过党团大会对一个议案采取行动可以被称为一个"全党举措"。不管他们的个人观点如何,该党的成员必须支持这个议案。任何蔑视党的决定的人,就可能被认为对党不忠,这样的风险会让他失去本党的保护,在争取连任的时候得不到本党支持,在国会不能获得理想的小组委员的任命等。在实践上,在威尔逊之前的政府很少使用有约束力的党团大会,即使为了通过一个非常重要的议案。但是,威尔逊却突然抓住党团大会,把它当作实施他领导的一个工具。

在行政部门的压力下,众议院的民主党党团大会及时以"全党举措"的方式通过了"安德伍德－西蒙斯"议案。5月8日,该议案在众议院以281票比139票获得通过。

一开始就非常清楚,真正的斗争将会发生在参议院。民主党仅以微弱多数控制参议院,共和党议员们强烈反对这个议案。还有一些民主党议员称,取消对羊毛和糖的保护性关税将会让他们本州的毛纺业和糖业破产,因此他们也反对这个议案。

参议院财政委员会的民主党领导人力劝威尔逊将羊毛和糖的关税与该法案的其他部分分开,因为他们担心共和党与坚持保护主义的民主党联合起来的力量很大,有可能让整个法案泡汤。威尔逊拒绝了这一建议,一些报纸报道说他正准备在这件事情上寻求令人满意的妥协,威尔逊对这种说法非常恼火。在5月15日接受采访的时候,他以非常严厉的语言让记者们告诉公众:"只要我立场已定,我不是考虑妥协的那类人。"①

因为民主党在众议院具有很大的优势,说客们认识到在众议院的游说不可能有任何结果,不再徒劳地在众议院游说。他们把反对行政当局举措

---

① *Ibid.*,5/1/13.

的主要活动转向民主党控制得不很确定的参议院。说客们申请旁听参议院财政委员会的听证会，却遭到了拒绝。他们满怀激情地把注意力转向单个的参议员。威尔逊必须反击他们的影响，否则他进行税率改革的努力，就会像克利夫兰和塔夫脱政府一样，因为遭到根深蒂固的利益集团的反对而搁浅。5月26日，威尔逊发表了一个声明，谴责通过"毫无节制"地花费金钱来产生"狡诈"影响的人，"牺牲公众利益来谋取私利"①。

威尔逊反对说客，在参议院设立了一个小组委员会，调查在税率法案问题上游说所发挥的作用。这一做法激起汤森参议员（共和党，密歇根州）指责说，最赤裸裸的游说是总统自己通过威胁"不提供保护"和"胁迫参议员"等方式所进行的游说。②

双方你来我往，相互之间恶毒地攻击和反击。这场争论的实际结果是，让公众把注意力集中在税率争议上，让任何参议员都感到难以投票反对这个议案，否则他们就会被指责为屈服于说客的控制，或者在保护他自己的经济利益。

威尔逊对参议院的压力一刻也没有放松。他写信赞扬他的支持者："我怎能不高兴地告诉您，我是多么自豪，因为我属于一个有像您这样党员的一个党……？"这是一封（给阿肯色州罗宾逊参议员）信中非常典型的话。③ 他在这件事上一直紧逼不舍，在白宫或不断到国会山与参议院的一些小组成员会面。他还让人给他装了一部电话，能让他在白宫就能很快与参议员们联系上。

这场争论在华盛顿的酷热的夏天一直持续着。1913年6月20日，参议院民主党大会开会讨论关税法案。纽约《时报》（1913年6月21日）称之为"唯一的一次人们能够想起来的民主党参议员大会"，并指出，以前"约束力不怎么强的会议……就足以讨论党的政策"。经过艰苦的辩论后，围绕对参议员是否应该有适当的"约束力"这个主题，民主党大会通过一个议案，宣布减税法案是一个"全党举措。"

---

① 纽约 Times，5/27/13。
② Ibid.，6/7/13。
③ 5/20/13，Baker，IV，p.122。

第八章 威尔逊与国会

一些反对这一举措的民主党议员对强迫他们支持这个法案非常恼火。三个持不同意见的参议员宣布,他们会投票支持这一法案,但拒绝保证他们"一定"要这样做。内布拉斯加州的参议员希契科克在党团大会上提出对议案进行修正,这一建议尽管遭到大会的拒绝,他仍然坚持要在参议院再次提出。他1913年8月29日在参议院的演说中坚持,党团大会统治意味着代表制议会的结束。一旦多数党的党团大会决定了一件事情,并对其所有成员都予以约束,在参议院的辩论就成为了一场闹剧(虽然他宣泄了自己的不满,希契科克还是投票支持税率法案)。

1913年9月19日,参议院以44票比37票通过了"安德伍德-西蒙斯"议案。这对威尔逊来说是一个巨大的成就。他战胜了此前两位总统都不能战胜的众多利益集团。但是,他还是不能从这个成就中得到正常的满足。沃尔特·海因斯·佩奇(他的朋友,美国驻英国大使)给他写信表示祝贺。他在回信中写道:"我就是这样一个人,不知道什么原因我从没有任何胜利的感觉……"①

威尔逊于1913年10月3日签署"安德伍德-西蒙斯"法案使之成为法律。在签字仪式上,他说他很满意,但紧接着就提出了下一个目标:"我希望不要认为我这样说对我自己和对我的同事要求太多,这一成绩的确是巨大的,但是只是旅程的一半……"他宣布说,"我们现在要迈出第二步……货币法案……"②

整个酷热夏天都在争论税率法案,已经疲倦不堪的参议员们原本希望这届特别国会会休会,希望将威尔逊计划中的其他内容推迟到正常国会在12月1日开始后再讨论。但是,威尔逊决定推动他们立即采取行动。

他早已经在鞭策众议院采取行动了。前面提到众议院已经在5月8日通过了税法法案,然后才提交参议院的。从那个时候开始,众议院就不再忙碌了。威尔逊让他们开始在货币改革方面开始工作。6月23日,他来到国会并要求国会立即考虑政府的举措。

---

① WW to Walter Hine Page, 9/26/13, Baker, IV, p. 129, 还可见 House diary, 10/16/13, Seymour, I. p. 119。

② *Pubic Papers*, *The New Democracy*, II, p. 52.

在商业资产基础上建立一个灵活的货币体系得到广泛认可。但是在如何建立这个体系上，存在着三个方面严重的分歧。这些分歧涉及，1）由政府还是银行来控制这个制度；2）是应该建立众多的地方银行还是应该建立一个中央银行；3）这些银行是否有权发行货币。在民主党内，威尔逊在这些问题上的贴身顾问们——格拉斯众议员，欧文参议员，财政部长麦卡杜，威廉·詹宁斯·布莱恩，豪斯上校——中间也有各种各样的意见。总统收到众多建议令人困惑，这些意见都是在对以上所列三个方面的不同态度基础上形成的。在这种纷繁复杂的混乱局面下，威尔逊征询路易斯·布兰戴斯的意见。布兰戴斯建议说，政府应该控制新体系，而且只有政府才有权发行货币。威尔逊就指使格拉斯、欧文、麦卡杜根据这两点建议协调他们的法案草案，并规定建立地方银行，而非中央银行。威尔逊 6 月 23 日提交给国会的"格拉斯 – 欧文法案"是总统自己在这些问题上决定的结果。

根据 6 月 24 日纽约《时报》的报道，他在处理与国会关系的时候，决心非常坚定。"'我们必须现在就采取行动，不管我们自己付出什么样的牺牲，'总统在他的讲话中说。"这篇文章还报道，"他坚定而又轻松地强调'现在'。"他宣布他"'以政府领导人和执政党领导人的身份来敦促现在就采取行动。'第二个"现在"带着一种挑战的意思。"《时报》的报道还说，后来总统还在白宫宣布说，货币法案与税率法案"在含义上是完全一样的，都是行政措施"。尽管他愿意考虑在细节上做些改变，但他绝不能容忍在原则上有任何妥协。

在紧张的气氛中，众议院银行和货币委员会的 14 名民主党成员（他们组成了这个小组的多数）开始考虑这个法案。他们中有几个人对总统只让他们讨论议案的"细节"感到非常恼火，因为他们对提议的草案中的基本条款有不同意见，坚持他们有权提出几项影响深远的修正案来支持自己的意见。总统就立即介入，警告这些具有不同意见的人说，他们对议案的这些反对意见对他的领导权构成了挑战，要求该委员会向众议院民主党党团大会汇报草案的内容。① 显然，总统所希望的是，众议院民主党党团大

---

① 纽约 Times, 7/260/13. 另见 Glass, op. cit., p. 130 – 1。

第八章 威尔逊与国会

会的多数人会在不对议案进行实质修改的情况下接受行政部门提出的议案草案,并把少数派与大会的决议绑在一起。这样就可以确保民主党的一致支持,不管是在银行和货币委员会,还是在众议院,共和党的反对就都成为徒劳的了。

实际上,后来发生的事实也正是如此。反对他的民主党议员在党团大会上被否决,1913年的8月28日,该法案按照总统提出的样子以"全党措施"的方式获得通过。共和党强烈攻击这次"秘密的党团大会"让进一步讨论这个议案成为无用。但是面对牢固的民主党阵营,他们显得力不从心。1913年9月18日,货币法案在众议院以287票比85票获得通过。①

在众议院通过货币法案的第二天,参议员通过了税率法案。所有参议员都一直同意休会到12月。但是,威尔逊很清楚地表示,他希望参议院毫不迟疑地讨论货币法案。

参议员希契科克给威尔逊写信,说他反对被人"催促"。甚至连参议院银行和货币委员会主席欧文参议员也警告说,大家"肌肉很自然地出现了疲劳"②。对听到的所有抱怨,威尔逊的反应是,把参议院民主党指导委员会成员招到白宫,向他们宣布说,他反对任何一次超过三天的休会。

毫不情愿地,参议院开始处理该议案。参议院银行和货币委员会有12名成员,7位是民主党,5位是共和党。共和党一直反对该法案,3位民主党成员(希契科克、里德和奥戈尔曼)宣布他们自己反对现在的草案。这样支持政府的力量在该委员会就减少为少数的4位,面对的是反对政府的多数8位。

该法案随即面临的危险是,银行和货币委员会可能无限期地延长对整个货币改革议案的听证,阻止这些措施让参议院讨论。威尔逊应对这一形势的对策是向银行和货币委员会以及整个参议院发了一份最后通牒。要么该委员会停止听证,在一个星期内将法案提交参议院,让参议院在1913年11月1日进行表决,要么他就到反对他的民主党议员所在州发表演说,以

---

① Baker. IV, 181. 另见 Glass, *op. cit.*, p.154. 投票的统计根据 *Congressional Record*, Vol. 50, Part V. p.5129。

② Baker, IV, p.182.

动员足够的公众舆论来强迫参议院支持该法案。

整个10月的报纸铺天盖地地报道参议院对威尔逊胁迫手段的怨恨。华盛顿《邮报》一篇报道称，他把民主党内的反对派谴责为"反叛者、不是民主党"，进一步恶化了局势的发展。

尽管如此，参议院银行和货币委员会在10月6日投票决定在10月25日停止关于货币法草案的听证。这一举措并没有让该议案的程序像威尔逊要求的那样快，但他可以让他的支持者明白，只要该委员会届时能及时地将法案提交给参议院，这也是一个足够的让步。

但是，民主党内持不同意见的议员并不准备在压力下开始工作。他们和该委员会的共和党议员所组成的多数在11月6日通过了一系列的修正案，这些修正案改变了货币法案的基本的结构，使之更容易让银行家们接受。

"总统彻底疯了，"卡特·格拉斯后来写道。在他看来，现在的问题是，"是由一群掌握控制权的银行家还是由这个政府来起草货币法案"①。显而易见，威尔逊和批评他的民主党之间即将摊牌。

总统手中有一些强大的武器。民主党失去执政地位已经17年了，民主党忠诚的支持者对国会议员施加了强大的压力，要求他们支持政府。刚好这个时候威尔逊正在忙着任命上千个职务。不久人们就清楚地看到，他想利用这种任命来回报在国会对他支持的人，惩罚他的对手（附带说明一下，在多数情况下因为支持他计划而得到回报的那些参议员和众议员都是与党的机器有关的保守派，他们在自己所在的州，尤其是在南方，正在为争夺当地党的机器的控制权与进步派进行激烈的斗争。这些进步派强烈地反对党的机器，为威尔逊得到提名英勇斗争，他们现在期待威尔逊能支持他们继续与保守派进行斗争。现在威尔逊却将联邦政府的大量人事任命作为礼品回馈给那些他过去曾反复和雄辩地谴责过的那些民主党人，让进步的民主党感到沮丧，但是威尔逊对他们的抗议无动于衷）。②

---

① Glass, *op. cit.*, p. 193 – 4.
② Link, Arthur S., "Woodrow Wilson and the Democratic Party," *Review of Politics*, Vol. 18, No. 2, April, 1956. 在利用保护人和其他控制手段的时候，威尔逊采用的正是他在研究政府的时强烈谴责为非法的影响国会行为的手段（见他的 *Constitutional Government in the United States*, New York: Columbia University Press, 1908, p. 70 – 1）。

第八章 威尔逊与国会

威尔逊在选民中的声望是他手中的另外一件武器。在非大选年的1913年11月4日,威尔逊支持的候选人在他们的选区多数赢得了胜利,表明选民真诚地支持新的行政首脑。担心将来有一天为了赢得连任,在选举的时候可能得不到威尔逊的支持,这样的前景让民主党内的顽固分子冷静下来。

11月8日,支持总统的参议员提出在四天以后召开一次党团大会。非常容易理解的是,共和党对把货币法案弄成一个党派议题的决定非常恼火。同样愤怒的强烈抗议声来自一些民主党议员——甚至个别还是平时被认为是亲政府的议员。在他们看来,总统独断专横的态度超过了手中具体问题的重要性。

11月10日,自己党内成员在参议院公开表达了对总统的憎恨。里德参议员抨击总统对银行和货币委员会的态度。更敌对的是希契科克,他指责总统在大选后对该委员施加的压力不断增加。他把召开党团大会的做法说成是行政当局对该委员会施加压力最后和最糟糕的阶段。

在11月12日的党团大会上,欧文参议员提议再多给委员会几天时间,让它达成协议。他的动议得到采纳。但是委员会的工作毫无希望地陷入僵局。11月26日,党团大会复会后又召开了几次会议,具体发生了什么不得而知,只能从那些立场不够坚定的议员转变立场的原因中做些猜测。闭门会议的背后有抗议的报道,但事实是,党团大会通过了格拉斯-欧文法案,所有有实质内容的修正都得到威尔逊的同意。

在党团大会通过这个法案后,来自民主党内的公开反对意见消失了。参议院在12月的上半个月进行了辩论。共和党参议院卡明斯表达了多数共和党同事的态度。他说:

> ……在银行和货币法案问题上没有任何真正意义上的辩论。已经辩论过了,法案在别的地方已经被考虑过了,它在别的地方已经被通过……我抗议的是党团大会制度……议会的真正立法发生在民主党党团大会。我认为在这个措施上再辩论完全是徒劳的……①

---

① *Congressional Record*,12/4/13,Vol. 51,Part 1,p. 160,63rd Congress,2nd Session.

1913年12月19日，参议院以54票比34票通过格拉斯-欧文法案。在场的每一个民主党议员，包括希契科克参议员都投了支持票，让威尔逊感激的是，几个共和党也加入了支持者的行列。

众议院通过的法案和参议院通过的法案之间的微小差别需要得到协调，这是两院联席会议通常要做的。联席会议召开晚了些，威尔逊非常恼火。他是12月22日获悉国会在这个问题上的议程的，当时豪斯和他在一起。那天晚上豪斯在自己的日记中写道，威尔逊非常生气，他认为议员们的议程如此缓慢是完全没有必要的。他抱怨说，他们的行为好像一帮老太太。①

威尔逊在12月23日签署该法案后，离开华盛顿到墨西哥湾的克里斯琴海峡休了三周的假。1914年1月20日，他再次到国会发表演讲，这一次是要求国会在托拉斯和垄断问题上立法。我们已经对税率法案和货币法案在众议院和参议院获得通过的过程进行了描述，说明了威尔逊与国会打交道的特点。没有必要再阐述为反托拉斯法而斗争的详细过程。威尔逊对国会的压力从不间断，《克莱顿反托拉斯法》和建立联邦贸易委员议案的通过足以说明总统继续操控着国会。第63届国会在1914年10月24日休会。在威尔逊的督促领导下，这是美国历史上成果最多的国会之一。

在整个1914年，总统的精力越来越被外交事务所牵制。墨西哥爆发了持续很久的危机，威尔逊对这一危机的介入几乎使美国陷入战争。1914年夏天，大战在欧洲爆发，让美国在战争中保持中立占用了威尔逊越来越多的时间。这让他推动国内改革的努力可以歇一歇。

1916年总统大选可能失败的危险刺激他采取行动。在此之前，威尔逊一直没有将注意力集中到立法改革上。在这次大选中，共和党不再分裂，威尔逊不能再从中受益了。西奥多·罗斯福重新回到共和党，试图将走错路的共和党进步势力带回来。威尔逊需要吸引足够数量的进步力量的支持，否则他可能失败，因为民主党在传统上仍然属于少数党。

许多改革者在1912年将票投给罗斯福，因为他赞同他们支持的社会福利立法。进步派想让政府在确定和保护工人权力方面发挥积极的作用。威

---

① House diary, 12/22/13.

第八章 威尔逊与国会

尔逊也宣布他自己支持在工人不足以保护自己利益的方面由联邦立法来保护劳工利益；但是，他反对鼓励政府以人民的"监护人"和"托管人"的方式来保护工人，不管这种措施多么善良。

面对1916年政治形势的严酷现实，威尔逊再次经历一个思想转变。林克写道，"他变成了一个全新的政治人物"，而且"几乎是恫吓"国会的民主党领导人帮助他通过另一轮大规模的改革项目。林克指出，到1916年秋一个民主党主导的国会"已经……实施了1912年进步派大会所确立的几乎每一项重要的政纲"①。

通过这种策略，威尔逊成功地在以前的进步派内赢得了广泛的支持，而他们在他击败共和党候选人查尔斯·E. 休斯的胜利中发挥了关键的作用。

威尔逊时代30年后，政治学家E. S. 科恩在对整个美国历史进行了一个调查之后写道，"目前总统在立法领域决定政策的作用主要是由两个罗斯福和伍德罗·威尔逊创立的……"②

威尔逊是在民主党失去权力20年后重新执政的。国会的民主党终于有了一个担任领导和获得权力的机会，他们倾向于与新总统合作。我们已经看到，威尔逊很快地利用这个愿意接受他领导的党派优势，强迫国会内本党的成员以前所未有的方式屈服于行政部门的领导。

另外一个学者，W. F. 韦罗贝提出一个观点，国会的历史是一个由两种观点无休止地斗争的历史，一种认为议员应该根据自己的信念投票，另一种观点认为他们应该服从党的纪律。③ 只有强有力的领导人才能够确立由中央来控制。在缺乏连续的纪律措施的情况，议员很自然就转变为个人单独行动。

像欧洲大多数国家一样，英国立法主导权根据宪法掌握在执政的内阁手中。内阁参与立法机构的决策过程。控制的渠道及确保党的纪律的手段都很好地确立下来，这是这种政府制度的整体特点。但是，美国宪法并没

---

① Link, WW & PE, p. 224, 226, 229.
② Corwin, p. 267 (2nd ed.).
③ Willoughby *op. cit.*, p. 521 ff.

有规定立法领导权的依据。《宪法》并没有具体和详细地规定总统在立法过程中的作用。一般由总统自己开辟出一条与国会权力关系的道路。科恩观察到："……总统在特定的时刻发挥什么作用取决于谁是总统，他采取什么重要的措施。"① 个人对总统职位产生影响的机会是很大的。

分权的学说倾向于不鼓励行政部门在与国会的关系中采取主动。只有根据自己意志采取坚强行动的总统才能确立对国会的优势。近些年，不需要多大的压力就够了，因为近期最具支配地位的几任总统确立了对行政部门发挥领导所产生的期待，他们利用这个优势就够了。但是在威尔逊时期，主要的力量还是反对总统过多对国会施加压力。考虑到这一事实，他对总统在法律制定过程中作用的巨大扩张给人留下的印象就更深。正是他创造条件给总统增加了现在的重要职能之一：制定立法计划，并施加影响让国会通过。②

当然，威尔逊所取得的成就不是偶然的。一生对领导问题的思考让他拥有深思熟虑的理论，并迫不及待地将这些理论付诸实践。威尔逊关于领导的理论与他自己的雄心壮志，以及与生活环境的关系，非常值得认真思考。纵观他的学术生涯，他的观点都是根据他自己潜在的政治角色而形成和变化。威尔逊总是想相信，在一个人的生活环境中总有一条能够让他晋升到最高公职的道路。他善于根据自己的个人需求来解读政府形势。他的想法——许多都是非常中肯的——在很大程度上好像是由他解决自己长期面临的问题的个人愿望塑造的，这个问题就是寻找一个施展自己才华的途径。

他的研究所围绕的一个核心问题，是关于"真正的权力委托人和基本的权力机器"。这在他的第一本书《国会政体》中有明确的阐述。③ 他最初的信念是，这个国家主要的政治权力在国会，在两院中一个伟大的演讲家

---

① Corwin, p. 29 (2nd ed.).
② Willoughby *op. cit.*, p. 71; Corwin, p. 314－5 (2nd ed.).
③ Wilson, *Congressional Government*, p. 10－1 (15th ed.,). 这句话引文的原话是："在审视任何政府制度时候的关键问题，自然必须首先是权力的位置和权力机器的本质。总要有一个权力的中心：在这个体系中这个重心在哪里？足够有效的权威在谁的手中，这个权威通过什么样的机构发表言论和采取行动？"

第八章 威尔逊与国会

可以成为最有影响的人物。他年轻时期的理想是成为一个演说家和参议员。但命运却注定不是这样。他阴差阳错地进入学术界,尽管他努力争取还是没有成功实现他成为政治家的理想。有很多年,他好像不可能担任公职。这也很好。他早期的著作中满是这样的意思,也许这个国家必须在那些没有担任任何公职的人中寻找一个有灵感的领导人。

他在《国会政体》中主张,没有任何政府官员——不管是总统,还是众议院多数党领袖,还是任何国会小组的主席——能够成为一个卓越的党的领导人。"如果一个党或国家的绝大多数人需要寻找一个人来指导,他必须是不担任任何公职的,像丹尼尔·韦伯斯特,即使担任公职,也应该像杰斐逊和杰克逊那样。在某个时代或在某个问题上肯定有一些不合时宜的东西,把一个伟大思想的倡导者和目的明确的大师安插在一个非官方的领导位置……"①

在这些日子里,他给他的老朋友查尔斯·塔尔科特写信,建议他们和其他一些人把他们对当代问题上的思考联合起来,通过他们的作品"提出一个共同的声音",逐步摸索出一条途径,让自己"达到一个显著的位置,不仅在公开出版物中而且在人们的心中都得到承认的权威……"②

我们会看到,威尔逊最初对总统潜力的评价是毁谤性的。随着他担任这个职务的机会增加,他的看法逐步变得热情,直到最后,他在《美国的宪法政体》(1908 年出版)一书中称,总统可以是政府内的中间力量。他还进一步发展了这个思想,很轻巧地形成了一个在他成为候选人的时候特别适合他的一个说法,即"总统一职……实际上不需要如此多的实际经验,因为我们在担任公职的人之内和之外都可以找到具有特别思想品质和个性的人。"③

在他的一生中,威尔逊一直都非常羡慕英国的内阁政府制度。他在

---

① *Ibid.*, p. 204.
② WW to Charles Talcott, 11/14/86, Baker, I, p. 280 – 1. 在担任公职的前景还非常渺茫的时候,他迫切需要获得政治领导权的一个间接说法还出现在威尔逊的 *Leaders of Men* 一书里,他在 1890 年代的多次演讲中都这样说过。在这本书中,威尔逊认为,在思想上的领导人和那些在行动上的领导人都应该有资格被称为"领导人。"
③ Wilson, *Constitutional Government in the United States*, p. 65.

《国会政体》一书写道，代议制政府"是通过宣传、讨论和说服的政府……很自然，演说家应该是民治政府的领袖"①。他非常赞同地认为，英国的制度可以让演说家达到最高职位——非常容易理解这种环境对一个满怀希望且具有演说天赋的年轻人具有很大的吸引力。威尔逊认为，与此有关，英国制度的另外一个优势是，行政权和立法权都掌握在处于统治地位的党的领导人手中。首相及其内阁不仅直接参与立法过程，而且提出主要的立法建议，能够恰当地对这些法案承担起责任。英国的制度是完美的党政制度。内阁的任期取决于其立法项目的成功。反对党会对内阁成员进行坚决的攻击和最尖锐的批评也不可避免。部长们每天都必须确保得到本党的信任，因为对任何执政党成员所采取重要措施的反对就等于要求改组政府。因此在下院的辩论，"就是这种制度生命的灵气"②。它不仅能让争论的观点得到清晰的阐述，有益于必须在这些问题上投票的人，而且也能激发知情的公众舆论。

威尔逊认为，美国的制度是一个分权和分责的大杂烩。没有任何一个人，或一个党具有提出立法的依据。国会通过两党委员会，以私下的方式展开工作。小组委员会提出的那些议案不代表任何党的政策；相反它们体现的是一个妥协的结果，这些结果是由两党在该委员会内成员观点的结合。妥协达成前的那些辩论都是在委员会会议室内秘密进行的。没有任何一个特定的人对草案的内容负责，在国会进行的公开辩论没有多大用处，因为没有一个得到一致支持的领导，也没有一个团结的反对派，没有少数党对执政党的质问，领导人在重要问题上也没有任何风险。威尔逊认为，纠正这些不足的方法是采取内阁政府的某些特点。

他成熟的初期撰写《国会政体》的时候，威尔逊认为国会的权力是"不可抗拒的"。《宪法》在政府的三个部门之间很好地维持了一种平衡。但是在实践上，国会击败了司法和行政部门。

威尔逊说，总统的"尊严在从最高处下落，因为他的权力在衰落；其权力在衰落是因为国会的权力变得具有支配性"。总统"非常清楚地有义

---

① Wilson, *Congressional Government*, p. 208 - 9 (15th ed.).
② *Ibid.*, p. 119.

第八章 威尔逊与国会

务无条件服从国会"。他的工作"通常都不过是日常事务，大部分时间只是管理，只是顺从主人，即国会的正式委员会，所确立的政策方向"①。

到 1908 年他出版《美国宪法政体》的时候，威尔逊改变了他在总统与国会关系上的观点。自从他 1885 年出版《国会政体》以来，他观察到一个总统权力扩张的趋势。他认为，美国与西班牙之间的战争所创造的需要建设性领导人的机会将行政部门提高到一个新的显著地位。② 虽然没有提到，但肯定对威尔逊的思想产生影响的是，西奥多·罗斯福曾经表示，指导国会是他作为总统职权范围内的事。毫无疑问，威尔逊个人对这一职位兴趣的不断增长也激发他探索尽可能扩大总统职能的可能性，使之接近于英国首相，他非常敬重英国首相的政府角色。无论如何，威尔逊在《美国宪法政体》中对总统新的评价与他 23 年前不以为然的评价形成了鲜明的对比。

威尔逊现在认为，总统"必须站在我们国家大事的前面，这个职位应该像担任这个职务的人一样伟大和具有影响力"。他可随意"能多么伟大就多么伟大"③。只有他个人的能力可以限制他。他自然应该是他自己党的领导人，参与全国选举的党内唯一总统提名人。只有他一个人代表全体人民：

> 他可以支配自己的党，成为反映全国真实情感和目的的发言人，引导公众舆论，在需要的时候能立即给国家提供信息，做出政策决定，让这个国家形成与党和自己判断力一样的判断……
>
> 他一旦赢得了这个国家的称赞和信任，没有任何单独的力量能够反抗他，任何力量的组合也不能战胜他。他的立场代表整个国家，他不代表任何一个选民，他代表全国人民。他发表意见的时候，不是为了任何特殊利益。如果他能正确地说明全国的想法，并勇敢地坚持它，他是不可战胜的。这个国家的热情再也不会有像他们看到有如此

---

① Wilson, *Congressional Government*, p. 43, 273-4, 254 (15th ed.).
② *Ibid.*, xi, xii. 另见 Wilson, *Constitutional Government in the United States*, p. 59。
③ Wilson, *Constitutional Government in the United States*, p. 70, 79.

洞察力和能力的总统时更高了……一个它信任的总统不仅能领导它，而且能让它形成与自己一致的思想。①

威尔逊注意到，《宪法》授权总统向国会提出"他认为必要和合适的措施"。总统依法可以自由地尽自己所能向国会提出建议。"……许多早已存在、由先例而非法律确立的障碍，让他不能直接影响对这个问题的思考；毫无疑问，他是全体人民唯一的代言人。如果他能勇敢地接受领导者的角色，人们只要有机会，就一次又一次地对他表示满意，这些角色具有特殊的渊源，是这种权威的特点所赋予他的。《宪法》要求他发表意见，遇到困难或需要变化的时候，就更需要他提出原创性的政策。他在这个体系中居于关键的采取行动的位置……"威尔逊想，总统敦促国会的手段是被调动起来的公众舆论，这种舆论能够对议员们造成必需的压力。②

简单地说，威尔逊确信美国总统可以发挥比他早期想象的更接近英国首相的职能。这是他1913年入住白宫的时候对总统职位的认识，这也是他想提供的那种行政—立法领导方式。

威尔逊对总统职能的新认识的核心和关键是，行政首脑是大众舆论的媒介。在他就职的前不久，威尔逊说：

> ……我一直以来都有这样的感觉，我在以代表者的身份工作。我争取尽可能地说明美国人民的目标，并通过能代表这种选择的机构……采取行动。我在这些事情上没有自己的自由……③

因为利益的不同几乎在每一件事上都有多种态度。这种不同的态度在国会都能找到代言人。当威尔逊与国会之间产生不同意见的时候，他如何决定哪一种意见是公众在这件事情上的意见呢？他不是西奥多·罗斯福式的人，喜好与不同身份和不同观点的人都保持联系。豪斯上校的记录表

---

① Wilson, *Constitutional Government in the United States*, p. 68.
② *Ibid.*, p. 73, 71.
③ 威尔逊在新泽西特伦顿的讲话，1/13/13, Baker, III, p. 343。

第八章 威尔逊与国会

明,威尔逊很少读日报,只是粗略地浏览一下每周的新闻。① 在威尔逊任职期间一直负责处理白宫邮件的人说,威尔逊"对浏览邮件的兴趣不大……在这些信件中所反映的舆论趋势……对他没有特别重要的意义"②。在某种程度上,他把豪斯当作他的耳目,但是如我们已经谈到的,上校很小心,不对他说任何冒犯威尔逊敏感神经的事。还有一定的有关公众态度的信息是从一些他不可避免见到的人(例如,内阁成员)那里得到的,尽管他经常表示希望进一步减少会议的数量,缩短开会的时间。③ 此外,威尔逊通常也希望会议的召集人能把他们的发言限定在眼前的特定事务上。他对他们谈论公众舆论或其他任何事情的离题闲话不感兴趣。总之,他很少使用公职人员了解公众思想状态通常使用的方法。

他最倚重的是他的知觉。正如他的许多传记作者所表明的那样,这种直觉经常是神秘的公众倾向的晴雨表。但是,一旦一个问题与他有重大的个人利害关系,他的直觉就成为他努力把自己看成是代表人民利益斗士努力的一部分。因为从某种程度上说,他需要向自己证明他对反对者所采取的进攻性手段是有道理的。为了保持一种平衡,他必须相信"人民"支持他的事业。在这种情况下他对挑战他自己想象的新闻报道不感兴趣——实际上非常恼火——也就不足为奇了。例如,在他与国会围绕造船法案斗争的过程中,在他的墨西哥政策受到全面攻击之后,他对那些持批评意见的报纸的怒火就爆发了。1915 年 1 月 8 日在杰克逊日的讲话中,他说:

> 出于对主要报纸编辑的尊重,我得告诉他们,我很少从它们的社论中去发现美国人民的意见。当一些离我临时居住的地方不远的那些

---

① House diary, 11/14/14. 另见 Baker, V, p. 57(注释)。
② Smith, Ira R. T., "*Dear Mr. President…*": *The Story of Fifty Years in the White House Mail Room* (New York: Julian Messner Inc., 1949), p. 98.
③ 见,例如 House diary, 11/14/14 和 Lawrence, p. 215, 22-3. 威尔逊认为内阁是一个执行机构,而非一个政治机构,因此其作用主要用于为政府的行动提供建议,而非制定政治政策。他这一观点可以见他的 *Constitutional Government in the United States*, p. 76-7. Norman J. Small 在 *Some Presidential Interpretations of the Presidency* (Baltimore: The Johns Hopkins Press, 1932), p. 53-4, 发现威尔逊对其内阁使用基本上与他的这一理论观点一致。

重要报纸吵吵嚷嚷，蔑视地等待我失败的时候，伍德罗就坐在他的椅子里发笑，他知道笑在最后的人笑得最好——简单地说，他知道美国人民的性情和原则是什么。如果我自己也不认为我了解情况，那我就得移居国外，因为那样我也会对现在我居住的地方感到不满。①

有证据表明威尔逊至少是隐约地意识到，不仅是环境的要求，而且也是他个人的需求决定了他的领导方式。他在1913年夏天给里德太太写的一封信就是一个例子。他在信中谈到国会对他忠诚，并非常大度地接受他的领导，"有些连他自己都没有想到"的人也是如此。然后说："我想这一部分是因为他看到我不追求任何属于我个人和自私的目标。一个承担如此重大责任的人怎么能这样做呢！"② 难道这不是一个意识到自己具有一种总是将自己的目标强加于人的人的断言吗？他为这样的目标感到羞愧，因此千方百计不敢承认自己有这样的动机。

豪斯在1913年11月12日的日记也说明了这一点，当天参议院的一次党团大会就联邦储备法案做出了关键的决定。③ 威尔逊告诉豪斯说，总统应该用他的权力将人民的意志转变为法律。领导如此强势并没有什么危险，除非一个总统得到公众情绪的支持，否则国会不会对他的压力让步。总统说他头天晚上难以入睡，他做噩梦，觉得自己看到了他在普林斯顿大学的敌人。这好像是又一次对自己自以为是感到不安。这一次他还披露他与国会之间的斗争引起他对早期个人奋斗的痛苦非常清楚的记忆。听起来他好像对自己缺乏自信，对自己的需求感到担心的人，因此不管结果如何，都要将斗争进行到底。

他给赫伯特太太写的一些信也让人看到他内心的不自在。在报纸充斥着指责他是一个独裁者的报道的时候，他1913年9月21日给她写信说：

不要相信从报纸上读到的任何东西……他们的谎言是无耻的弥天

---

① Baker, V, p. 124-5.
② McAdoo, *The Woodrow Wilsons*, p. 259.
③ Seymour, I, p. 119.

大谎！……［他们］说我……控制现在形势，让国会屈服于我自己不屈不挠的个人意愿。这自然非常愚蠢。国会是由有思想的人组成的，他们和我一样想让自己的党成功，希望高效和明智地服务我们的国家。他们……接受我的领导是因为他们看到我努力在他们的思想和目标之间进行斡旋……他们在利用我，而不是我在推动他们……与意志坚强的人一起工作，他们自己在独立思考，知道如何把事情办好，这是多么大的快乐，多么巨大的人类快乐！为什么要一个人占据整个舞台，让弱智的人围着你转，我难以想象！那将是多么乏味！观看只有你一个的人演出，在开始之前你就知道每一步都在你预料之中将是多么无聊！这不是权力，权力包括一个人把自己的意愿与别人的目标联系起来的能力，用理性来领导，用智慧来合作。①

一个星期以后，威尔逊又给赫伯特太太写了一封信，这封信记录的是另外一种大不相同的态度：

这里的斗争仍在继续，没有任何中断。很难说为什么这应当**是**一场斗争（愤世嫉俗的想法先放到一边）。为什么**应该**领导和激励公职人员，如美国参议员们，去做全国都知道的本属于他们职责范围内的事情！他们为什么没有别人看得清楚，服务国家的大道在哪里！他们在倾听何人？当他们诡辩、欺诈和犹豫不决的时候，显然他们没有听人民的呼声。他们的观点奇怪地迟钝，却把自己捧上了天。因此，这**就是**一场斗争，也必须这样接受它。②

威尔逊对国会特点和目标评价的变化，以及他对自己作为领导人角色认识的波动证明了他内在的矛盾。一方面，他把自己看成是一个"希望为国家服务"的"有思想的人"的代理人。他乐于与"强人"一起工作，凭借"理性和合作的天分"带领他们，帮助他们实现他们的公共目标。另

---

① Baker, IV, p. 183.
② WW to Mary Hulbert, 9/28/13.

一方面，在第二封信中，他谴责那些顽固的参议员们，承认他的领导"是一场斗争"。

可以争论说，威尔逊在前引的第二封信中对国会的评价有真实的元素。他进攻性的策略成功了，这些可以被看作是他根据形势的要求做出很好的调整。如果他的策略只是根据特定形势所产生的压力进行的调整的话，那么他为什么在第一封信中如此千方百计地否认他在对议员们施加压力？强调他拒绝把他说成是"控制形势的人"，说他让国会屈服于他的意愿通过两项非常好的议案等，这些本身就暴露了他对自己动机的焦虑。他认为总统只有在他的建议得到公众广泛支持的情况下才能对国会成功，因此让自己的强势领导得以合理化。这种说法的确有说服力——但是威尔逊显然从来没有说服自己这些就可以解释他的行为。这种心神不安的断言，以及他的噩梦，都是他自己都不相信这种解释的证据。他好像深受一种不舒服感觉的困扰，即他自己精心设计的自我证明的方式实际上并没有掩盖真实情况。他好像意识到有别的东西，来自他自身的一些东西，决定了他的领导方式。我们认为，"别的东西"是他对支配别人的需求，这种需求是改变他强烈自卑感的手段。这种需求迫使他设计了这种自我合理化——他比任何他的敌人更能代表公众的意愿——来帮助他证明，为了支配别人采取进攻性策略是合理的。他越是对他的这种进攻性感到不舒服，他就越是坚持他的这种自我合理化方式。

"在美国不需要对我解释什么，最不需要解释的是美国人民的观点……"威尔逊曾明确这样宣布。"不让对你解释任何事情的好处是，你一听就知道他们是错误的。"①

总统面对不同意见的反应就是告诉国会，他们在各种事情上的观点就是"错了"，这不只是一次，而是已经形成了他的风格。在他的对手阐述他们观点的时候，他习惯性地指责他们无聊、没有良心、缺乏知识。这种行为恰似涓涓细流，汇成了憎恨他领导方式的滔滔大河，最终肯定引发对他的反击。

在1914年8月威尔逊敦促国会通过立法，授权政府购买和制造可以把

---

① 在纽约的讲话 3/4/19，*Public Papers*，*War & Peace*，I，p. 453。

美国商品运送到国外市场的轮船时,这种情况爆发了。欧洲战争的爆发打断了海外轮船设施的供应,美国出口高度依赖海运,美国的贸易被打断。要私人投资者愿意冒险将资本投入到巨大的造船项目上的可能性不大。威尔逊将行政部门拟定的造船法案交给国会——还是那个已经持续了一年多的那届国会——像他提出所有国内改革法案时一样迫不及待。疲惫不堪、百事缠身、抱着对威尔逊提案的明智的怀疑态度以及对他无休止地施加压力感到愤怒的国会在1914年10月24日休会,没有采取任何措施。

国会在12月7日复会。第二天,威尔逊就宣布造船法立法是"迫不及待的",而且"不能拖延是明智,"表示他真诚地希望它能够顺利通过。① 不久就很清楚了,威尔逊面对的是全面的反对。在这里不需要讨论法案提出的内容。这样说就够了,人们普遍认识到在战争期间的对外贸易中使用美国船只将可能引发与交战国之间无数的问题,有可能危及美国作为中立国的地位。但是,贝克承认,"有些反对意见的确是因为对这个激进建议的焦虑,"但反对中也有对"'行政支配'协调一致的反对"。他还说,"不容怀疑的是,总统在完成其改革项目,在施加压力实施各种紧急措施方面施加强硬的、不能和解的和冷酷无情的压力……是造成在造船法案上造反的部分原因"②。

两个月过去了,积极的行动看起来比以前更加遥远。在参议院,共和党议员在背弃7位民主党的议员支持下,努力通过冗长的演讲将议案置于死地。最后,威尔逊在2月中旬将威廉·C.亚当森(民主党,佐治亚州)招到白宫,对他说:

> 我对这些阻挠非常反感。我们需要轮船。国会需要在这件事上团结起来。为了产生道义上的效果,我想让众议院先通过这个法案,然后送交参议院,我想让您搞定这件事。③

---

① 威尔逊第二年对国会的讲话, 12/8/14. *Public Papers*, *The New Democracy*, I, p. 220.
② *Baker*, V, p. 122, 119.
③ *Ibid.*, p. 132.

亚当森非常顺从地安排了一次党团大会，要求民主党内的反对者支持这个议案。该议案在 1915 年的 2 月 16 日获得通过。威尔逊在参议院还从来没有这么快速地成功过。7 位持不同意见的民主党参议员——他们曾经在受到压力后投票支持威尔逊的国内改革——拒绝让步。共和党成员继续阻挠议案的通过。国会在 3 月 4 日休会，参议院没有在这个议案上采取行动。

又过了一年，威尔逊也没能迫使国会在造船法案上采取更多的行动。一个新的议案版本在 1916 年再次提交国会。这次国会两院的领导人工作效率很高。5 月 20 日，众议院通过了该法案。参议院在召开了一次党团大会以后于 8 月 18 日也予以通过。没有一个民主党议员投票反对，也没有一个共和党议员投票支持。

还有其他的反对意见　　比较突出的是关于是否应阻止美国人乘交战国船只旅行问题，因为由于这些船只有可能被击沉。国会绝大多数支持不鼓励这样的旅行，因为德国潜艇对盟国轮船的攻击而导致的美国人员伤亡已经造成了危机，有让美国卷入战争的危险。1916 年 2 月，众议员杰夫·麦克勒莫尔（民主党，得克萨斯州）和托马斯·P. 戈尔（民主党，俄克拉荷马州）在国会提出了一个议案，警告美国人不要乘交战国轮船旅行。威尔逊认为，根据国际法，美国人有权乘这样的船旅行，政府的信誉要求它一定要坚持它的公民有这样的权力。他宣称"……我不能同意剥夺美国公民的任何权力。""这关系到国家的荣誉和民族的尊严。我们渴望和平，应当不惜一切代价维护和平，但不能丧失荣誉。因为担心我们可能会被要求来维护他们的权力而禁止我们的人民行使这样的权力是一个莫大的耻辱。"①

许多人试图让他相信，坚持法律的字面理解可能导致爆炸性形势的发生，而稍加小心就可以避免这样局面的发生。但是面对这些说服他的各种努力，总统毫不动摇。有那么几天，国会好像会不顾总统的反对通过这个议案。在国际危机期间这将是一个后果严重的步骤。该法案的两个提名人

---

① WW to Senator William J. Stone, Baker, VI, p. 168（还发表于纽约 *Times*, 2/25/16）.

第八章　威尔逊与国会

开始犹豫不决。威尔逊大胆地要求摊牌，理由是外国政府已经开始怀疑美国对外政策是否团结一致。国会——包括许多共和党议员——让步了。这个议案被搁置起来。

随着国际危机的进一步发展，受到爱国主义义务影响的国会对威尔逊的敌意有所克制，共和党和民主党一样都感觉到有必要在行政首脑身后团结起来。对总统的高压政策不断增长的怒火暂时得到了分流。但是，他日益专横的霸道行为让这种怒火仍然继续发展着。决算的日子可能被推迟了，但总有一个清算的日子。

豪斯上校与威尔逊第一任政府时期的国内政治改革的关系并不密切。他投入精力最多的是货币法案，没有证据表明他对其他重要改革法案的起草和通过有任何实质贡献。尽管如此，他在总统将注意力转到外交事务上之前对他的帮助也是巨大的，外交是一个他们注定要进行富有成效合作的重要领域。

他鼓励威尔逊尽力向国会推动他的计划。他钦佩威尔逊有勇气在立法问题上采取主动：这与他自己的理论是一致的。他在《菲利普·杜尔：行政官》一书中就提出，总统应当在领导国会方面扮演更重要的角色。①

他的影响在人员任命上也是显著的。他帮助选择了联邦储备委员会的成员，他也是威尔逊任命驻外人员时最亲密的顾问。提到让这个人或那个人担任某一重要职位了吗？威尔逊经常让豪斯查一下记录，并"对某人再加考虑"。

豪斯还大大减轻了总统的负担，代他会见了那些可能占用总统时间的人，在无数事务上扮演了总管的角色，让他对各种公众舆论趋势保持了解。

早在第一次世界大战爆发前，豪斯就把他的注意力转向外交事务。战争的爆发让他在外交上更加活跃。从1914年开始，他的主要兴趣都在这方

---

① Seymour, I, p. 151-2, 156. 需要提出，在那个时候豪斯意识到需要威尔逊放缓要求国会通过立法的节奏。因此，他在1914年9月以总统和国会的关系已经达到破裂的时刻为由，建议威尔逊不要试图在这一届国会强行推动轮船购买法案（见House diary, 9/29/14）。

面。当然他也抽出时间在1916年的总统大选上发挥自己的才能。

早在1915年,豪斯就拟定了竞选策略,如何在1916年的大选中赢得前进步派和独立派的选票。豪斯正确地看到,如何给威尔逊吸引足够的非民主党选票是这个问题的关键。和往常一样,他强调有效组织以争取那些在两党之间保持中立的阶层的必要性。他帮助挑选了民主党全国委员会主席——万斯·麦考密克——并在整个竞选过程中都给他提建议。他设计了需要将精力集中在不确定州的行动计划,威尔逊在这些州赢得尚没有做出决定的选民的可能性很大。他想出了一个机制来追踪舆论趋势,以便可以根据特定时间的需要灵活地部署和使用竞选资源。豪斯还对各种偶发事件制定了计划——包括如果总统竞选失败,威尔逊应该任命休斯为国务卿,然后和副总统一并辞职,以便休斯可以立即负起责任来。

在两人保持密切关系的情况下,他提供的这些服务是让他与总统"沉默的伙伴关系"这个机器运转起来的动力。1914年初豪斯离开华盛顿回得克萨斯的时候,威尔逊给他写信说,看他离开到这么远的地方他很伤心,他每天都感谢上帝赋予他们之间的友谊。[1]

1914年发生的一件事打乱了威尔逊的个人生活。他妻子艾琳去世了。在悲伤的时候,威尔逊更需要他的朋友。从豪斯的日记和威尔逊给他的信中可以看出,从艾琳·阿克森·威尔逊的死到威尔逊与伊迪丝·博林·高尔特太太1915年12月结婚,他在感情上非常依赖豪斯。

艾琳·阿克森·威尔逊,威尔逊的第一任妻子是一个非同寻常的女人,一个非常有天分的家庭主妇,一个颇具才华的画家,更为重要的是,她完全献身于威尔逊。不管威尔逊一家住在什么地方,在大学城一个朴素的房子里,还是在普林斯顿大学校长的大房子里,还是在州长的官邸,抑或是在白宫,对她了解的人一致的看法是,艾琳·阿克森·威尔逊总能创造一个温馨、舒适和充满爱和支持的家庭氛围。他生活的全部目标是提供一个让丈夫能够工作和发展的环境。她让众多日常生活中的烦心小事不干扰他,不让他知道一些有关他同事的消息,因为这些信息可能让他发火,或浪费他的精力。

---

[1] WW to EMH, 1/28/14.

第八章 威尔逊与国会

在他一个人去度假的时候（在他们的经济状况不允许他们都去的时候，她多次坚持让他一个人到欧洲去旅行，或到百慕大去度假），她给他写的信是充满最温柔和坚定的爱。① 从一开始她就把他看作是——她的确也这样告诉他——能够想象的最好和最高尚的人，一个完全可以与他心目中的任何杰出政治家相提并论的天才。不管他想什么，她也总是在想什么。他的战斗也就是她的战斗，她是他可靠的支持者。她也知道为了帮助他促进事业的发展，如何缓和他对别人粗鲁的行为。

她完全没有去试图独占威尔逊的爱，或让威尔逊全部赞同自己，她鼓励他找朋友——男的和女的都有——他们能给他提供他所需要的朋友们的支持。艾琳·阿克森·威尔逊和豪斯上校的关系非常友好。她在丈夫与豪斯之间的友谊上从来不制造任何障碍。

第二个威尔逊太太与豪斯之间互不喜欢。这一事实在豪斯的日记和威尔逊太太后来出版的回忆录中都非常清楚。最初，他们都坦陈对方是令人愉快的，也许是谁都不愿冒险让总统不喜欢对方。当然，豪斯永远也不能对威尔逊批评他的太太。另一方面，威尔逊太太不用总是压抑自己来保持一个喜欢豪斯的假象。她能影响让威尔逊不喜欢他，她的确也是这样做的。但是，现在说这些太早了点。

---

① 这些信件（Ellen Axson Wilson to WW）存于 Baker Papers, Series IB。

第九章 世界大战：中立与干预*

总统说如果他知道两年后他不用再竞选连任，就会如释重负……我看不到他还能做什么别的如此有趣的事。

他回答说，让他感到担心的事情是将来他无法像过去那样努力，或者说他将来无法取得像他在立法方面已经取得的那样的成就。他害怕这个国家可能期待他继续努力，像他到目前为止一直做的那样，但这是不可能的了。

我想，这个国家既不期待也不想让他这样做。还有别的事情他可以做，在这方面取得成就将更加令人兴奋，对他的名声更有增益。**我特指他的外交政策，如果在这方面做得好，将为他在全世界赢得的**

---

* 在处理非常复杂的中立和干预问题上，我们是非常有选择性的，因为本章的目标是为了阐述威尔逊和豪斯在外交政策上的合作，他们在国际事务上的观点，以及威尔逊决策的个人方面的因素。在叙述豪斯作用的时候，我们在很大程度上依据 Seymour I 和 II 对其活动的详细叙述。关于威尔逊这一段时间在外交政策上的思想和活动情况的主要资料来源是，Baker V，Baker VI，以及 Harley Notter，*The Origins of the Foreign Policy of Woodrow Wilson*（Baltimore：The Johns Hopkins Press，1937）。

关于美国保持中立和参与第一次世界大战"原因"的重要文献，Richard W. Leopold 的文献综述性文章"The Problems of American Intervention, 1917：An Historical Retrospect," *World Politics*，II，April，1950，第 405 – 425 页有很好的综述和解读。尤其有用的是作者从历史的角度对美国政策改变进行的分析。

对这一时期无数的解释性叙述，我们吸收了几本最近出版的著作：Edward H. Buehrig，*Woodrow Wilson and the Balance of Power*；Robert E. Osgood，*Ideals and Self-Interest in American Foreign Relations*（Chicago：University of Chicago Press，1953）；Arthur S. Link，*Woodrow Wilson and the Progressive Era*，第 6 和 8 章。

对豪斯在这个时期对美国外交政策的贡献，以及他在这个方面对威尔逊的影响很难形成一个公允的叙述。那个时候他与威尔逊之间的私人友谊，后来 *The Intimate Papers o Colonel House* 所公布的他日记的一部分让人对他巨大的，有说服力和幕后的影响产

第九章 世界大战：中立与干预

声望。①

爱德华·M. 豪斯 1914 年 9 月 28 日的日记

20 世纪的头十年，一系列危机让欧洲的局势跌宕起伏。大西洋两岸有远见的人都认识到这些危机将最终导致大战的爆发，除非找到能改变导致紧张局势根源的方法。广义上说，这场动荡是由德国挑战英法的霸权地位所引起的。德国想要殖民地和海外市场，但其他国家已经把最诱人的部分占为己有。德国人决意建立一个世界性的帝国。英国人和法国人决心不仅维持他们既有地位，而且还想通过利用最吸引人的仍然存在的机会永远维持他们的霸权。说得明白一点，形势一触即发。

威尔逊总统受"单轨思维方式"的影响而视野狭窄。他对大西洋对岸的动荡不怎么关心：他正在集中精力于国内计划。豪斯上校属于现实主义者，看到在德国追求权力的过程中，美国的核心利益也受到威胁。②那时候许多美国人都没有看到，但是他看到美国的安全之所以至今能够得到保障，表面上看是因为美国对欧洲保持孤立，实际上则是得益于英国对海洋的善意控制；只要能阻止任何国家控制欧洲大陆，然后挑战英国的权力，

生一种夸大的印象。另一方面，为威尔逊辩护的人，以及亲威尔逊的学者则贬低和批评豪斯的行为只不过是非正式的解决外交难题的老手。贝克在他的正式传记中，以及 Harley Notter 在某种程度上都争论说，豪斯在海外执行和平使命的过程中超越了他的使命，而且没有让威尔逊知道他的行动。另一方面，Arthur Link 发现豪斯只有一次没有忠实地向威尔逊汇报他所做的事情，所说的话只代表他自己（WW & PE, 203）。豪斯对实力因素的关注和他的外交方式，让较早一代的学者和理想主义者感到反感，但到了二战以后对世界政治有了更加成熟的看法后，可能得到一代学者的同情（例如 Buehrig 的书中对豪斯的更加友好的评价）。

豪斯毫无疑问对美国外交政策的实施产生了重要的影响。在这一章中，我们试图表明豪斯在这个方面所做出的总体贡献，而不是他在具体问题上所提供的日常帮助。我们还想表明豪斯所产生的影响的重要限制，并将这与威尔逊的态度和个性联系起来。尽管他取得了重要的成就，也很享受他所发挥的作用，但他远远没有满足于在影响威尔逊外交政策和行为方面所取得的成就（关于这一点，见第十章，"暗流"）。

① Seymour, I, p. 295-6. 着重号是后加的。
② 有关豪斯对欧洲力量平衡的态度和欧洲的战争可能对美国国家安全的影响的讨论主要是根据 Seymour, I, p. 191-2, 209-10, 235-40, 251, 255-6, 260-1, 281-2, 285, 297-302, 318, 326-9, 337-8, 358 ff.; II, p. 84-5; Buehrig, p. 187-200; Osgood, *op. cit.* p. 160-3.

让欧洲继续保持均势就符合美国的利益。因此，阻止一场可能导致欧洲均势失衡，甚至糟糕到让英国海上力量削弱的战争，是符合美国利益的。豪斯还意识到，让美国与欧洲事务保持距离，被动地期待让欧洲内部关系能产生符合美国利益关系的情况一去不复返了。

带着这样的认识，上校三次说服威尔逊派他到欧洲执行和平使命。第一次是在欧洲大战爆发前，目的是为了与英国和德国领导人探索替代他们正在执行的危险结盟体系的可能性，以及在他们冲突的目标中找到妥协的可能性，以便可以实现共同裁军。尽管这次使命的开始很乐观——英国外交大臣爱德华·格雷爵士和德国皇帝都表示对豪斯的建议很感兴趣——但最后还是因战争的爆发而破灭。

豪斯对推动在大国间建立一个更具建设性的国际组织的兴趣并没有因此下降。他担心，一个胜利的德国将不可避免地对世界和平与美国的安全构成威胁。另一方面，让德国彻底失败同样是非常不可取的，因为这将产生一个权力真空，让俄罗斯乘虚而入。豪斯希望出现第三种结果，经过谈判实现和平，维持均势，并将这种均势转化成一个维护共同安全的体系。在1915年初和1915年到1916年的冬天，他再次赴欧洲为美国在战争中调停铺路，两次使命都无果而终。

尽管威尔逊满怀热情地批准了豪斯为和平而做的努力，但他对世界事务的基本看法与上校和他信奉现实主义的同事们有所不同。当然，威尔逊在理论上对欧洲均势及其运作非常熟悉，但是他不愿意将均势和对国家自身的考虑看得这么重要，对他个人来说很难据此采取行动或证明外交政策的必要性。

威尔逊对国际关系的看法深受他反帝思想的影响，他憎恶世纪之交主导美国舆论的权力政治论。与西班牙的战争和随后的领土兼并完全违背了根深蒂固主张公平竞争和尊重弱者的观念，结果理想主义者和空想主义者成功地赢得了美国的民心，在很大程度上让所谓的现实主义者信誉全无。作为美国总统，威尔逊很快成为理想主义方式处理外交事务的主要主张者，而他的雄辩才华进一步巩固了公众的支持。

在理想主义者们看来，国家间争夺权力的斗争是无知、自私，以及合适的国际组织发展不足所造成的。冲突不是必要或不可避免的状态，而只

第九章 世界大战：中立与干预

是个人和国家间利益自然和谐状态短暂地遭到破坏。通过唤起更好的激情、理性以及追求和平与正义的共同理想，人民和国家能够搁置他们的私利；通过国际协议可以保证自由和公正的竞争，消除冲突的根源，国家间的争议也可以得到解决。理想主义者期待着精神和道义的力量将取代国际社会中残忍的让别人屈服的工具。

尽管他们没看到欧洲均势被打破对美国安全的影响，理想主义者并非孤立主义者。相反，他们以传教士的方式来界定日益兴起的美国国际角色。他们认为，指导美国外交政策制定的标准不应该是——像现实主义者主张的那样——国家的自身利益和相关的权力考量，而是对普世理想的无私坚持。

19世纪在美国复兴和普及现实主义国际关系哲学的努力失去了信誉，这一点对理解美国在面临"一战"的挑战时所做出的反应非常重要。是理想主义的国际主义，而非现实主义的国际主义主导着美国极不情愿地逐步放弃对欧洲大战的中立，执行干预政策。

威尔逊的性情因素极大地强化了他的理想主义思想基础。理想主义的行为方式，尤其是其道德和利他主义的外在语言表现形式与他的性格非常一致。罗伯特·E.奥斯古德在他的《美国对外关系中的理想主义和自我利益》中说得非常清楚："威尔逊的民族利他主义，正如（西奥多）罗斯福的民族独断专横作法一样，是他个性和他生活哲学中不可分割的一部分，与他的个性密不可分，全面表现了人类行为的基本价值。"①

威尔逊一生都深受被压抑的进攻性冲动所困扰，但又不敢承认这一点。许多公共人物都能看到和接受这样的事实，即在他们大多数政治生活中都存在着一种自我利益和个人动机。但是，如果被说成"自私"或者被认为可能为了个人的目的采取进攻性行为，伍德罗·威尔逊会感到恐惧。

他尽力控制内在的这种倾向，也不承认其存在。只有说他的领导是为了最高的道德目标，他才能证明他的领导行为方式是合理的。他通常必须证明他自己，更广义上的整个国家在采取行为的时候都是无私的，没有任

---

① Osgood, *op. cit.*, p. 175. 关于威尔逊对国际事务理想主义的方法还可见 Baker, V. p. 24 – 7。

何敌意的。威尔逊认为,让一个国家真正强大的是它的"纯洁的目标"。他坚持:"没有任何东西能像自私一样自我毁灭了……放弃自己的物质优势而谋求精神上东西的民族能……造福千秋万代,造福人类持久和永恒的利益。"①

我们认为,这种让自己纯洁地使用权力的强制性个人需求,部分解释了威尔逊不喜欢把他的外交政策行为直接建立在冷冰冰的权力和国家利益考虑的基础上。因此,这就更幸运了,他最亲密的顾问——他有时候说他另一个自己——在现实主义的国际关系哲学环境中非常得心应手。豪斯上校的任务就是,从这种观点分析形势,推动威尔逊为应对欧洲的冲突采取一些最重要的外交政策,并做好准备工作。

正如本章开头所引用的日记表明的那样,豪斯上校非常清楚,只有通过让威尔逊看到在国际关系上取得伟大成就的机会唾手可得,才能激发起他对世界事务的积极兴趣。

但是,豪斯发现很难激发起威尔逊的理想主义及其在这方面的抱负。欧洲战争爆发后不久,豪斯就告诉总统,战争给他提供了一个让国际道德发生革命性变化的机会,敦促他开始提倡新的学说。但是,威尔逊觉得在这个计划上取得成就的可能性很小,仍然无动于衷。②

当然,威尔逊不愿将抱负转向在外交政策上取得成就的原因是多方面的,也是复杂的。他在开始执政的时候已计划将自己政府的主要努力都集中在国内改革上。就任总统时,他与美国人普遍的想法一样,那就是美国应当与欧洲的竞争保持距离。但是更微妙的个人因素也是他不愿意在国际领域承担领导责任的原因。具有讽刺意味的是,尽管威尔逊的声望今天主要源于他致力于世界新秩序的努力,但他突出的领导才能事实上更适应于国内政治领域而不是对外关系。

威尔逊用于指导自己的,与性情一致的领导方式在很大程度上依赖于他独特的通过演说说服别人的天赋。他知道,这样的领导方式在决策机制

---

① Public Papers, College & State, II, p. 81.
② House diary, 8/30/14, Seymour, I, p. 294-5. 关于威尔逊非常迟缓地将兴趣转向外交政策问题,还可见 Baker, V, p. 20-1, 29-30, 40。

第九章 世界大战：中立与干预

非常确定的情况下最有效。更重要的是，这样的环境提供了一个机会，让一位具有启发精神的领导人能推动实施一项体现"公众意愿"的具体计划。

然而，国际关系领域并不适用——尤其是在威尔逊的时代——他所擅长的有说服力、强势的领导方式。当时还没有一个代表性的国际组织来形成一种什么是公平和正义的世界舆论。与国内场合相比，在国际场合按照自己的方式、让自己的政策得到接受、控制政治斗争的结果，是一个无限困难的任务。无论如何，在国际场合不能给谁提供保护，也不可能借助任何大会。正如他正式的传记中非常恰当地指出的，当威尔逊面临国际事务给他提出的挑战、让他不得不面对困境时："没有现成的政治对策，没有国际组织可以讨论这个问题，并在相关问题上通过法律。"[①]

我们已经注意到，威尔逊在处理国内政治时选择的目标非常现实——他只选择那些条件成熟可以实现的目标。在相当长的一段时间内，他不相信可以在外交政策上实现他希望实现的伟大成就。不管他多么想成为那个豪斯一直激励他可以成为的"您这个时代的世界人物……新时代的先知"，[②] 但总统本能地避免让自己的个人理想依附于用自己擅长的领导方式不能很快实现的目标。个性决定了他急功近利，他不愿接受那些需要长时间耐心培育才有成果且无论如何这些成功都是不踏实的政治目标。

为了激发总统对某些外交政策项目的兴趣，豪斯利用了威尔逊的野心和青史留名的渴望。他还试图借助总统对爱的需求。豪斯对他们于1915年1月25日告别的描述就是一个例子。当时豪斯正要去欧洲为威尔逊主持的实现和平的谈判做准备。

> 当他最后说再见的时候，总统的眼睛湿润了。他说："您无私和充满智慧的友谊对我非常重要。"他一次又一次地表达他的感激之情，说我是他"最值得信任的朋友"……
>
> 我告诉他，他对我多么重要；我一生都在寻找一个能一起工作、

---

① Baker, VI, p. 119.
② EMH to WW, 7/1/14, House Papers.

实现我内心理想的人。就在我已经变得很失望，认为我的一生差不多就要失败的时候，他来到我的生活中，给我提供了我期待已久的机会。①

就在第二天，豪斯给总统写信说："天哪，我多么遗憾昨晚离开您。我生活的大部分乐趣都是围绕着您的，我最大的快乐就是为您服务。您在我们分手时候所说的充满爱的话让我非常感动，我当时不能告诉您，也许永远也无法告诉您我是怎样的感受。"②

在他起航的前一天，豪斯再次给威尔逊写信："再见，亲爱的朋友，愿上帝保佑您所从事的神圣事业。……您是最勇敢和最聪明的领导人，最温文尔雅而又最伟大的绅士，全世界最真诚的朋友。"③

值得注意的是，在豪斯对威尔逊表达这些感情的时候，他的日记中还充斥着对总统未能认识到欧洲战争重要性的批评。上校当时可能已经更深刻地认识到，不管需要采取什么方法，都有必要说服总统对战争更感兴趣。为说服威尔逊在欧洲的战争中发挥调停作用，在调停刚刚开始的时候，豪斯写信给他："……世界期待您在这场悲剧中扮演那个最重要的角色——您的确有必要这样做，因为上帝给您力量，要您让事情恢复正常。"④

但在对美国长期保持中立的批判上，上校在无数场合保持了克制。他恳请总统按照一定的思路行动："……即使我们别的什么都不做，您也能成就目前世界上最重要的工作。""他（拉特瑙）说这是人类所被赋予的最神圣的使命，他祈祷我们不会泄气。""我认为这是在这场悲剧中您注定要扮演的角色，这是降临到人类之子头上最为神圣的使命。""这个伟大的机会属于您的，我的朋友——也许是人们可能得到最大的机会。""在您前面的是一次从未有过的服务人类的最伟大的机会。我希望您不会冒丧失这个

---

① House diary, 1/25/15, Seymour, I, p. 357 – 8.
② EMH to WW, 1/26/15, House Papers.
③ EMH to WW, 1/29/15, House Papers.
④ EMH to WW, 9/18/14, Seymour, I, p. 324 – 5.

第九章 世界大战:中立与干预

机会的危险。"①

虽然从豪斯方面看,这些唤起威尔逊的理想主义,唤起他希望取得伟大成就的理想的呼吁肯定有点操控威尔逊的意味,但是绝非完全不真诚的。因为豪斯的日记表明,他真的相信美国外交遇到了千载难逢的好机会。② 从豪斯的立场看,他只是试图让总统抓住历史赋予他的这个机会。

对于在给威尔逊的呼吁和建议中反复引用的这些理想主义的辞藻,豪斯一点儿都不陌生。因为豪斯自己处理国际事务的方法在许多方面是现实主义和自由主义世界政治观点的结合,这在他那个时代是非同寻常的,至今也是如此。因此,从某种程度上说,他能更有效地将现实主义的考虑引入到威尔逊的思想和考虑当中,使他们与总统的理想主义追求相一致。

尽管如此,豪斯还是认识到在关键时刻,他对总统的建议听起来得像理想主义的考虑。总统的对外政策顾问们也是如此——兰辛、佩奇、杰拉德——他们从一开始也担心德国的胜利对美国安全可能产生的威胁。也许只是部分地有意识这样做,他们慢慢不再依赖国家的"自我保护"这样生硬的理由来说服总统朝进行干预的方向改变。原因正如罗伯特·E. 奥斯古德在近期对这个问题的研究所表明的③,这些顾问们认识到,不管是威尔逊还是公众舆论都不会支持根据现实主义的理由进行干预,但是他们对潜艇战给国家荣誉和国际道义的损害这一理由持**开放**的态度。

欧洲战争爆发后的一段时间里,威尔逊似乎私下与他顾问们的观点一致,即盟国的失败将不符合美国的利益。④ 但是,他觉得在公开场合他主要的任务仍然是保持谨慎的"严格中立"。战争爆发后不久,他就正式宣

---

① EMH to WW, 2/23/15, 3/21/15, 11/10/15, 2/916, 并分别见 11/30/16, Seymour, I, p. 382, 402-3, II, 92, 165, 395。

② House diary, 9/28/14. Seymour, I, p. 295-6. 还见 5/24/16 当天的日记, Seymour, II, p. 295。

③ Osgood, *op. cit.*, Chapters 8 and 9.

④ House diary, 8/30/14, Seymour, I, p. 293; Osgood, *op. cit.* p. 174; Notter, *op. cit.*, p. 373, 403, 422. 另见 Spring-Rice to Grey, 9/3/14, 出自 George M. Trevelyan, *Grey of Fallodon, The Life and Letters of Sir, Edward Grey* (Boston: Houghton, Mifflin, Co. 1937), p. 355-6。

布了这个政策。尽管由于个人的血缘、古老的友谊，以及他对在英国度过的假期的美好回忆等让他自然对英国抱有同情，威尔逊还是死板地强迫自己不让自己对同盟国的感情影响他的政策。他尽力不仅在思想上和行动上都保持中立，还责令美国人民也这样做。他认为对这场冲突保持一种不偏不倚、理性的态度，对战争的原因保持一种开放的态度，可以增加美国在适当的时候在交战国扮演调停角色的机会。

这种严格中立的权宜之计得到威尔逊个人性格的加强。的确，如果认识不到他个性因素的影响，就不可能全面解释他在交战国一次次侵犯美国人权利益的情况下拒绝采取行动，以及在顾问们和感到恼火的部分公众舆论的压力下他仍然能无动于衷。就是因为在他内心的深处，他对权力的兴趣来源于他潜在的进攻性和追逐私利的冲动，必须严格控制这些冲动。从很早时期开始，他就培养和主张要自我克制，以及为了更加理性必须克制情绪。他坚持必须排除感情的影响，不管是他自己的还是国民的感情，在欧洲战争把危机一次次强加给他的时候，他仍然坚持自己的判断和行为。面对交战国令人震惊的行为他不为所动，他用个人自我克制的信念来回答公众的批评。

在1915年4月20日对联合通讯社的一次谈话中，威尔逊解释道："我对中立感兴趣，是因为在战争之外还有更重的事情要做，我们这个民族有一种其他民族从来没有的显著特性，那就是绝对的自我控制和自我克制的能力。"在引起民众强烈厌德情绪的路西塔尼亚号击沉事件三天后的一次演讲中，威尔逊以同样的口吻说："作为个人，我们因不参加战争让我们感到自豪，同样，作为一个国家我们非常正确是因为不需要通过打仗来证明自己正确。"①

豪斯持续不断地努力想通过激发威尔逊的野心，以引起他对外交政策的关注。我们这么说并非为了表明，当总统真的朝这个方向转变时，主要

---

① *Public Papers*, *The New Democracy*, I, p. 305, 321. 关于威尔逊抵制挑衅，在压力下不采取行动的能力的性格基础，还可见 Robert Lansing, *War Memoir* (Indianapolis: The Boobs-Merrill Co., 1935), p. 349–50。关于威尔逊在思想上和行动上保持中立的愿望，见 Baker, V, p. 17–20。

第九章 世界大战：中立与干预

是因为豪斯说服工作是卓有成效的。

尽管上校付出了巨大的努力，战争爆发也好几个月了，威尔逊还是不愿意在军事上做任何准备。他不愿将他的注意力全部转移到担任世界领导人的可能性上。相反，是局势本身——维护美国中立权和置身战争之外越来越困难——逐步迫使总统更积极地参与到冲突中来。例如，他批准豪斯于1915年初第二次出使欧洲不仅是出于参与调停的愿望，更是出于他想与同盟国就中立权问题找出一些解决争议的途径。我们还将看到，豪斯在第三次赴欧使命回来后形成了一个大胆的让美国进行干预的计划，他批准这一计划的主要原因不是创造世界和平的雄心，而是他迫切地希望避免因潜艇战的争议而将美国拖入战争。

随着战争的继续，威尔逊越来越痛苦地认识到，不管他多么克制，德国的潜艇战还是逼迫他采取行动。但是，他还只是随机而动，孤立地看待每一次危机，并没有任何全面的行动计划。

豪斯对这种完全被动的美国外交政策感到非常困惑。如果德国的U-型潜艇继续施掠，豪斯（以及威尔逊的其他许多顾问）感觉到将别无其他选择，只有与德国断绝外交关系。在总统的所有顾问中，豪斯上校最不赞同因一个相对小的中立问题参战。[①] 他认为，这样损坏了使用美国武力的效用，美国使用武力应该是为了实现理想的和平与战后世界秩序。豪斯还担心，为了维护中立权而进行的无用的外交，美国的威望和影响会遭到破坏。夹在交战国之间，为维护中立权而与交战双方同时斗争，美国会激怒双方，并在世界面前浪费自己的道德声誉。

豪斯的结论是，美国的外交政策应该恢复其灵活性和行动的自由性。为实现按照符合美国长远利益的方式结束战争的目标，它应当采取主动，进行外交干预。

1915年10月8日，豪斯向威尔逊提出了一个经他反复思考形成的大

---

① *Seymour*, II, chapter4, Buehrig, p. 172-87, 200-4.

胆计划。① 他就是带着这个计划开始他的最后一次和平使命的。这个计划设计得很简单，后来却被证明很难落实：在得到同盟国初步理解的基础上，美国将通过英国要求召开一个和平会议，就一个合理的能够通过谈判获得的和平与新的战后安全制度做出安排。如果德国拒绝，美国将施加外交压力强迫它接受。如果有必要，美国将参与战争逼迫德国接受这个和平计划。

在试探了同盟国的意见并得到他们的鼓励后，经威尔逊同意豪斯再次到欧洲，谋求对这个计划坚定的支持，让美国积极进行干预。经过长时间的谈判，这个计划最终得到了英国的支持，并于 1916 年 3 月获得威尔逊的批准。这个计划就是有名的"豪斯－格雷备忘录"。

豪斯的计划是建立在这样的基础上的：放弃严格的中立政策，就算不立即公开，也转而与同盟国真诚地合作。当这些事实在战后被披露后，美国有很多人对这个计划感到震惊，因为他们认为是这个并非光明正大的计划将美国拖入了战争。对威尔逊在这个计划中的作用有不同的解释，他自己党内的一些支持者倾向于相信豪斯在某种程度上欺骗总统接受了一个范围巨大的承诺，而如果总统知道的话是不会同意的。事实好像并非如此。总统知道这个计划的基本内容，包括其中的承诺和风险。尽管这个计划非常激进，威尔逊还是非常愿意执行。因为他看到了在因强加于他的潜艇战而导致与德国关系破裂前通过谈判取得和平的机会。不过，这项计划的确也有让美国卷入战争的风险。但是威尔逊在头脑中低估了这种可能，他显然认为一旦交战双方都参加和会，它们重新投入战争的可能性不大。②

当然，从美国公众舆论的观点来看，让美国干预战争的"豪斯－格雷计划"是非常脆弱的。但是，这本身并不削弱这个计划的价值。因为只要与同盟国达成的协议仍然保持秘密，只要还不需要美国进行军事干预，对美国公众舆论的考虑并不妨碍威尔逊至少可以让交战双方走到一起讨论通

---

① 我们对豪斯－格雷计划中主张美国介入的叙述依据 Seymour, II, chapters p. 4 -7; Buehrig, p. 205-28; Link, WW & PE, Chapter 8, "Devious Diplomacy"。Baker, VI, Chapter 5, 和 Notter, *op. cit.*, 有非常有用的材料，但解读很有问题。

② Link, WW & PE, p. 205, Baker, VI, p. 128, Buehrig, p. 228.

第九章　世界大战：中立与干预

过谈判实现和平。威尔逊肯定也认识到，如果德国拒绝接受一个"合理的"经过谈判达成的和平，说服美国人民和美国国会支持对德国使用武力并不轻松。总统没有做任何的工作，哪怕是间接的，让美国公众和美国国会对这种可能有所准备。但是，威尔逊知道国会独有宣战权，因而在与英国谈判的时候对美国的承诺做了适当的限制。

从另一个角度来看，这个可能让美国卷入战争的计划也值得注意：这将是美国改变其孤立于欧洲事务之外政策的历史性转折的一个标志。在与豪斯就协议进行谈判的时候，英国要求美国承诺参与战后建立起来的国际联盟，这一点得到了威尔逊的保证。①

1916 年夏，豪斯 – 格雷计划逐步破灭了。由于一些在这里无需提及的复杂原因，对豪斯和威尔逊一遍遍地提起的这个计划，同盟国不是那么热心。面对这种情况，豪斯感到难以为继。因为根据协议，同盟国将决定什么时候实施这个计划，什么时候让总统来呼吁召开和会。后来证明，这正是这个计划的致命的，但也许是不可避免的一个弱点。因为，正像豪斯所设想的，美国只能根据同盟国，特别是英国接受的条件进行干预，他认为英国的合作是建立一个理想的战后安全机制的前提。豪斯也认识到，美国在军事上对任何情况都没有准备也排除了由美国进行一个单独的、强有力的调停的可能。②

"最人的错误，"豪斯在 1925 年 4 月 6 日给查尔斯·西摩的信中写道，是在欧战爆发后美国没有进行大规模的军事准备。豪斯认为，如果我们这样做了，同盟国和德国就得掂量干涉的威胁，我们就能根据我们自己的条件进行干预。③

如果豪斯争取和平的努力失败了，那么失败的原因更多的是因为他无法控制的外部环境因素，而不是因为他无能。事实上，他表现出了卓越的才华，能平心静气地探讨让人激动的问题，能让不同的观点最大限度地接

---

① Seymour, II, p. 89 – 92, 116 – 7, 293 – 8; Baker, VI, p. 125 – 6, 130 – 1, 141 – 2; Buehrig, Chapter 6.
② House dairy, 7/10/15, Seymour, II, p. 18 – 9.
③ Seymour, II, p. 83 – 4, 289 – 90, 129, 17 – 21.

近。既存的鸿沟是任何外交手段都无法填补的,并不能反映他作为谈判者能力的不足。

因为我们在巴黎和会上还要谈到他作为外交官的角色,在这里简单地介绍一下作为一个谈判的豪斯是合适的。①

如果威尔逊是政治演说家的话,他最密切的顾问则是则是一位完全不同的政治天才。豪斯赞赏鼓舞人心的演说家在政治中的作用,他鼓励威尔逊充分发挥他在这方面的才华。但是,豪斯也知道,通常只有通过耐心的组织和计划才能在政治生活中取得理想的结果。上校擅长的正是作为政治谋略和幕后组织。

我们已经看到,豪斯在国内政治中已经养成习惯,能完全掌握关系自己事业成败的方方面面的信息。他有很好的知觉,能够认识到这些因素都是什么。他经常能够预见在各种不同情况下可能遇到的困难。他令人惊奇地善于预测那些人的不同态度,并能估计到他们的动机,因为实现理想的结果需要协调这些人的行为。只要是有益于实现其最高目标的,他不会漏掉任何有关的细节,不管这些细节多么琐碎。他不会忽视任何动静,不管这种动静多么微小。简单地说,在为实施一个庞大的战略出谋划策的时候,上校具有非凡的能力。

豪斯的政治天分很容易就可以用于处理对外关系。与威尔逊的相比,他的这些天分更适合于应对在国际谈判中出现的挑战。豪斯很快就发现,辛勤的基础工作在本质上也非常有益于谋划和落实外交政策,而他在这方面天生具有很强的能力。

他认识到,美国对欧洲冲突进行有效调停的可能性依靠的不仅仅是充满理想主义辞藻的鼓动和提供良好的帮助。我们发现,早在 1914 年 8 月 5 日的日记中他就勾勒出一个深思熟虑的计划。他对这个计划更具信心:"我在制定一项计划,让自己成为卷入这场欧洲战争的所有国家都受欢迎的人,以便当事情发展到适当时机,我的努力成为优势而不会遭到反对……我不相信机遇,然后把失败说成是缺乏运气和机会。我想提前想出办

---

① 对豪斯作为谈判者的刻画依据是对 Seymour I 和 II 提供的材料的分析。这些材料描述了豪斯在外交上的活动。

第九章 世界大战：中立与干预

法解决这场战争可能产生的问题……"①

豪斯在制定计划和估计形势的时候有着不寻常的深谋远虑。他能看到貌似非常小的事件和行为对更长远目标所产生的巨大影响。他不赞同不顾后果和冒险的正面进攻，而是更愿意将可能实现的目标确定为最近期的目标，同时又关注更大和更远的目标。

豪斯认识到，决定他调停努力结果的因素并不全在他的控制之下。他并不夸大机遇的作用，而是尽量影响事态在合适的情况下能按他设想的方式成熟起来的方向发展。他的耐心和远见让他能接受挫折而不泄气或失去兴趣。

豪斯能在思想上对将来可能发生的意外有所准备，这不仅对他自己制定计划有用，而且也有助于影响那些与他谈判的人。比如，他能够非常有效地与英国和德国领导人谈判，尽管他们坚持要取得被豪斯认为是愚蠢的"完全胜利"。豪斯一针见血地指出英国或是德国可能被彻底摧毁后的可怕后果，迫使欧洲的政治家们考虑他们一般情况下会低估的可能性。

在赴国外履行和平使命以及后来的巴黎和会上，提出建议之前，豪斯都尽力了解他所要接触的欧洲领导人当时的想法。他还费尽周折彻底了解他们感兴趣的问题。他认为这些准备工作具有决定性的重要意义，有助于在向他们提出计划后，能够以最大的可能确保他们接受。与威尔逊不同的是，他对他的谈判对象既不高谈阔论，也不责备他们自私。他尽可能地以符合他们利益的方式提出自己的观点。欧洲的政治家普遍认为他是一个对情况非常了解且非常超脱的一个谈判者，一个与之打交道时让人感到很舒服的人，尽管有时不可能达成一致。

尽管能与欧洲政治家达成个人谅解，豪斯还是认识到通过言语打动欧洲领导人以及公众的可能性是有限的。有时候只有情势的发展才能改变他们的意向和政策。豪斯觉得，更为正当的理由是，美国需要等待一个适当的时机介入调停。豪斯同时也认为，为了保持这些努力的最终成功，有必要避免在涉及美国和其他交战国中立权问题上激怒美国和其他国家的公众。他还敦促欧洲交战双方的领导人减轻他们同人民之间相互的仇视，以

---

① Seymour, I, p. 322.

免他们因受到公众舆论的限制而失去考虑明智政策的自由。

豪斯也知道，使交战国的领导和人民对威尔逊有一个好印象，对让他们倾向于接受他的调停是非常有益的。他在交谈和书信往来中，尽力给威尔逊树立一个好的形象，反驳那些在国外非常流行的对他的批评性认识。①

我们已经看到，豪斯通过谈判实现和平的努力最后没有成功。在上校1915年到1916年的使命失败后，威尔逊自己亲自参与调停。他以一种更加符合他个性和政治风格的方式取代豪斯富有耐心地在幕后做工作的外交方式。

威尔逊之所以接受豪斯－格雷方案，让美国介入干预，主要是因为他想在美国因潜艇问题被卷入战争之前利用这个计划来实现通过谈判取得的和平。因此，很容易理解为什么在同盟国推迟实施这个计划的时候他感到非常苦恼。1916年夏，总统开始放弃了豪斯－格雷计划中隐含的亲同盟国的倾向，而采取一种更加严格的中立态度。他从此更加怀疑同盟国领导人。他逐步相信是交战国的领导人，而不是他们的人民应该对战争的持续承担责任。②

如果可能，威尔逊仍然没有放弃继续进行调停的决心。他开始思考一个新的方式，直接向交战国的人民呼吁和平。③ 他希望人民会迫使他们的领导人接受他对和平的安排。但是他决定在1916年总统大选以后再采取行动。

11月底，他写了一封信，考虑寄给所有的交战国。他还计划公之于众，让全世界人民都看到这封信。这封信呼吁交战国提出他们愿意停战的条件，提议召开一次交战国和中立国参加的联合会议，探讨和平的整个议题。

在威尔逊将这封信公开之前，德国政府（在1916年12月）宣布它愿意讨论和平问题。威尔逊认为德国的行动让他一直在思考的计划很尴尬，

---

① 例如 Seymour, II, p. 160 - 3。

② Link, WW & PE, p. 218 - 20, Buehrig, 229 - 46; Seymour, II, p. 284 - 5, 304 ff., 316.

③ Baker, VI, p. 226 - 7; Buehrig, p. 245 - 6, 250 - 3.

第九章　世界大战：中立与干预

但还是决定无论如何按计划行动。12 月 18 日，他向交战国发出了这封信。几天后，他公开了这封信。

然而由于急于劝说处于交战双方的领导人按他的和平计划进行合作，他没有估计到这样的可能性，即这一毫无把握的方法——绕过他们的领导人公开向人民呼吁——很容易产生出乎意料及事与愿违的结果，让每一方私下提出最低的和平条件更加困难。欧洲对他的公开信的反应并不积极。学乖了的威尔逊在几天之后就试图再次通过私下的外交渠道进行调停：他 12 月 24 日给交战国发出了密函，再次要求他们给他提出他们的条件。①

但是秘密磋商进展得很慢，而且没有多大希望。受到时间即将被耗尽的压力——的确也是如此——威尔逊再次直接向交战国的人民呼吁。场合是他 1917 年 1 月 22 日对参议院的一次演讲。威尔逊后来写道，他真正的听众是"正在处于战争状态国家的**人民**"②。这就是被称为威尔逊"没有胜利的和平"的著名演说。在这次演说中，他呼吁实现一种公平和合理的和平解决方式。他表达了非常有远见的看法，说"胜利者的条件"将"给和平的条件留下一个刺痛，一份憎恨，一段痛苦的记忆，让和平不是建立在永恒的基础上，而是建立在流沙之上"。随后他又提出了几项理想主义的和平原则，并说这些原则，也只有这些原则才能让美国人们愿意对和平提供担保。这个和平的基础必须是，所有国家一律平等，人民有自治的权力，公海航行自由，裁减军备和建立从此可以确保世界和平的国际组织。③

这个虽然有所阐述但并不是很清楚的计划，实质上是威尔逊在美国参战后所主张的，也是他带到巴黎和会上的计划。这次演讲也揭示了威尔逊作为一个国际政治家个性的几个方面：他的愿望是将这场战争转变为实现理想和平的伟大运动。这种愿望在美国参战之前已经存在；他过于强调道

---

① 豪斯上校强烈和反复建议威尔逊不要发表 1916 年 12 月 12 日的声明，但是威尔逊决心在美国被重新开始 U－型潜艇战拖入战争之前为和平采取行动，没有考虑他的所有建议。最后，威尔逊没有让豪斯看最后的版本就发表了这个声明（Seymour, II, p. 390－404）。关于美国 12 月 24 日声明见 *Paper Relating to the Foreign Relations of the United States*, *1916*, Supplement, p. 112, 引自 Baker, VI, p. 406－7。
② WW to J. P. Gavit, 1/29/17, Baker, VI, p. 414.
③ Baker, VI, p. 426－9.

德感染力的癖好；他用具体的建议取代用含糊不清的语言所表达的理想和一般原则的倾向。简单地说，"没有胜利的和平"的演说揭示了他谈判方法的一些弱点，这些弱点后来在巴黎让他付出了巨大的代价。

1917年1月30日，在威尔逊正在努力为创造和平谈判的机会而努力的时候，德国政府宣布恢复无限制的潜艇战。

尽管对德国的这一步非常憎恨，威尔逊还是拒绝了让国家做好准备以防御随时都有可能强加于自己战争所有的建议。相反，直到最后一刻，他还是不愿相信美国卷入战争将是不可避免的。他探寻保持美国中立的各种可能性，包括不可能实现的可能，如与其他中立国家结成一个"和平的联盟"，在同盟国与奥地利之间推动一项单独的和平。① 他在这两个方向的努力后来都证明是毫无结果的。

面对德国无限制潜艇战的境况，美国的船舶拒绝在没有护航的情况下冒险出海。威尔逊受到要求他武装美国商人的强大压力，他顶住了。他的内阁成员们几乎要公开在这个问题上反对他。在坚持了三周后，威尔逊终于极不情愿地采取措施武装美国商人，尽管他仍然希望可以维持一种武装中立。

随后的几周让威尔逊彻底丧失了最后的幻想。德国人继续击沉船只，公众群情激愤要求立即采取行动。根据豪斯上校的日记记载，一些政府高官对威尔逊的无动于衷有一种"类似恐慌"的反应。② 在从持续了十天的疾病中康复过来后，3月20日威尔逊在内阁中进行了一个调查，发现成员们一致认为战争是不可避免的，需要召开一次特别国会。怀着沉重的心情，威尔逊要求国会于4月2日开会，他要发表一个特别讲话——他的战争讲话。就在他发表讲话的那一刻，威尔逊仍然非常怀疑选择这条道是否明智，他彻夜未眠地考虑是否真的没有任何其他的办法了。

威尔逊如此迫切地想置身战争之外的原因是什么？尽管无限制的德国潜艇战已经造成了伤亡，他为什么还不相信战争是不可避免的？我们已经谈过他对暴力的反感，说这是威尔逊不愿意让美国参与战争的原因。但这

---

① Baker, VI, p. 453–4, 464–9.
② House dairy, 3/22/17, Seymour, II, p. 461.

第九章 世界大战：中立与干预

样的解释过于简单。因为威尔逊不是一个脱离实际的和平主义者，原因还有他所认识到的环境。他认为在这个环境中，是否诉诸武力是由道德要求决定的。①

他曾经把与西班牙的战争看作是一个高尚的讨伐运动，尽管他反对美国从中得到物质上的收益。虽然他自己的政府声称坚持不干涉主义，所有国家一律平等，却在几乎刚当选就发现有必要以前所未有的规模对一些加勒比的共和国和墨西哥进行干预。② 当然这样做的时候，威尔逊认为他自己对这些国家最大利益的考虑要远远超过这些国家的领导人自己。威尔逊还派遣美国军队深入墨西哥领土，不顾墨西哥所有政治派别的强烈抗议让军队在那里停留了好几个月。他自己支持这样的行为是因为他相信维护美国的荣誉需要他这样做：由弗朗西斯科·维拉领导的一帮墨西哥人多次袭击美国领土，威尔逊把军队派到墨西哥是为了抓住这些罪犯。而且威尔逊还感到他入侵了墨西哥是正义的，因为他是在以能促进墨西哥人民"最大"利益的方式干预复杂的墨西哥内政的。

因此，如果他确信他的动机是纯洁时，威尔逊就能够把武力和暴力作为外交政策的工具进行使用。他只能打一场"无私"的战争。

他不能接受与德国的战争正是因为他不能让自己相信这是一场"圣战"，证明美国是基于高尚的道德原则参战的。直到1916年11月底他还在思考这一部题。正如他要交战国提出他们的和平条件而给他们的第一封写的信所说："导致这场世界大动荡的原因仍然是不清楚的，而且……还不知道是什么原因导致了战争的突然爆发。"③ 因此，他很难在德国与同盟国之间做出选择。他的个性让他很难因为考虑国家自身的利益而倾向于某一方，因此也就没有与同盟国站在一起。在侵犯美国的中立权问题上，英国几乎和德国一样让人恼火——1916年下半年更是如此。从这一点看，证明

---

① 例如，Wilson's Address of May 7, 1911, *Public Papers. College & State*, II, p. 294. 另见 Notter, *op. cit*, p. 293, 298, 461. 关于威尔逊对与西班牙战争的态度以及随后的兼并，见 Notter, *op. cit.*, p. 270-2, 和 Osgood, *op. cit.*, p. 175-7。

② Link, *WW & PE* Chapter 4, "Missionary Diplomacy," 和 Chapter 5 对威尔逊干预墨西哥事务提供了简明的概括和有见地的解读。还可见 Notter, *op. cit.*, Chapter 5。

③ 威尔逊1916年12月18日声明的全文，见 Baker, VI, p. 380-6。

带领国家参战的合理就极其困难。

总统向来非常谨慎。在出现争议的问题上他倾向于推迟做出决定。豪斯上校观察到,有时候威尔逊也能快速而果断地做出决定,但有时候争论的双方争论不休,他就推迟做出决定,郁闷地等待事态的发展表明哪一方是"对的"。①

对德国宣战是一个重大的问题,因此在面对不同意见的时候,威尔逊感到难以抉择,他的谨慎让他在不冒险或不做一些坏事就不可能做好事的情况下按兵不动。他对我们参战可能会产生的严重后果感到恐惧。他不能协调支持和反对的意见,并在综合这些意见的基础上采取行动。他迫切需要清清楚楚看到什么是"正确"的,然后采取行动。当某位内阁成员争论说公众舆论支持战争的时候,威尔逊就会马上反驳说:"我们的最终决定不是由公众舆论来主导的。我要做正确的事,不管公众是否喜欢。"②

虽然他难以接受德国宣布无限制的U-型潜艇战,他还是不愿意与之断绝外交关系。用他正式传记作者的话来说,他仍然"固执地相信,某一方并非就是完全正确的",英国也不尊重我们的中立权。③

此外,也许考虑到对墨西哥的干预所产生的长时间和痛苦的纠葛,威尔逊曾经怀疑他自己是否有能力成为一个成功的战争领导人。无论如何,豪斯认为总统一直这样怀疑自己,并尽力消除他在这个方面的疑虑。④

威尔逊可能认为非常有说服力的一个原因,是美国参战将使军事僵局和通过谈判实现和平的最终希望不可能,他认为谈判的和平是实现合理、持久的和平的基础。他在发表战争讲话的前一天晚上告诉他的朋友,纽约《世界报》的弗兰克·科布说,美国的军事干预将意味着"德国将被打败,被彻底地被打败,和平将是一种强加的和平,一种胜利者的和平。"⑤

---

① 豪斯上校的评论,10/29/25, Seymour, II, p. 18。另见 Seymour, II, p. 51。关于威尔逊决策的责任心,还可见 Lansing, *War Memoirs*, p. 349-50。
② 这就是 Burleson 和威尔逊之间非常著名的通信,引自 Baker, VI, p. 503。
③ Baker, VI, p. 449-50.
④ House diary, 3/27/17.
⑤ Heaton, John L., Cobb of *"The World"* (New York: E. P. Dutton & Co., 1924), p. 269.

第九章 世界大战：中立与干预

他还对科布吐露说，他担心战争将让美国人变得残忍，让他们那种需要创造一种合理的，没有报复的和平的主张不复存在。"一旦把人民带入战争，"科布回忆威尔逊说，"他们就会忘记曾经还有一个叫做忍耐的东西。"①

威尔逊抗拒参战的另外一个原因是，战争将对美国国内的自由主义和进步主义力量带来负面影响。他似乎担心战争将给"反动的利益集团"提供一个重新确立他们地位的机会，而这正是他的政府在尽力控制的。②

正如无数历史学家所观察到的，在他仍然拒绝进行干预的关键几周，威尔逊始终不愿意接受这样的观点，即出于理想主义的考虑，或为了维护美国的国家安全而对德国宣战是合乎情理的。当他的现实主义顾问们用理想主义的理由来说服他朝干预的方向转变的时候，他们很惊奇地发现，他非常熟练地提出一些均势的考虑，而这些考虑是他通常认为不合适的，也是他坚持置身战外的一个理由！威尔逊争论道，美国必须远离战争，以便在这场破坏性战争最终结束的时候能够维护"白种人"的利益和"白种人的文明"不受"黄种人"的挑战。当国务卿兰辛提出未来的和平需要摧毁普鲁士的军国主义的时候，他发现威尔逊"对此并不赞同，因为这将意味着德国力量的解体以及德意志民族的毁灭"③。

尽管如此，当战争最终强加于他，他最终决定要求国会承认美国事实上已与德国处于交战状态的时候，他仍把他的行动置于理想主义的制高点。人们常说威尔逊让他的行为理想化和道德化的习惯做法从某种程度上是一种手段，反映他理解美国人民感情的根源，这是为了调动美国人民的民意必须诉诸的情感根源。这可能是一个最好的例子。但是，他的这种理想化的倾向显然首先是他个人的一种工具。威尔逊与这个具有和平倾向的国家意识的斗争不应当掩盖他同时还在进行与他自己良心的斗争。

---

① Heaton, John L., Cobb of *"The World"* (New York: E. P. Dutton & Co., 1924), p. 270.

② Baker, VI, p. 461-12.

③ Lansing, *War Memoirs*, 212-4; Houston, David, F., *Eight Years with Wilson's Cabinet, 1913-1920* (Garden City, New York: Doubleday, Page & Co., 1926). I, p. 229.

他就是这样一个人。只有当他毫不怀疑美国事业的正义性时，他才能不再坚持自己一直在苦苦挣扎的对自己顽固的怀疑。这种决策模式——用极端的确定性取代极端的不确定性——正是他个人的特性。

保护美国的利益不受德国U-型潜艇战赤裸裸的挑战，并未给他提供客观而充分的证据来证明他的战争决策的合法性。即使在决定性的一刻来临时，威尔逊也只能在拥有一个具有长远的理想主义目标的情况下才愿意领导美国人民参战。这场战争必须是一场让世界变得安全、可以实现民主的战争，一场结束战争的战争，一场开创新的世界秩序的战争。通过战争来实现这些伟大的理想是让威尔逊消除他因为把国家带入战争而产生的不安的一种方法。现在，他带着弥赛亚（救世主，译者注）般的热情投入这项艰巨的任务，这种热情远远超过他此生对其他任何目标的投入。

第十章 暗流*

今天晚些时候，来自北卡莱罗纳州的政府支持者奥弗曼参议员在参议院提出一个议案，考虑为应对战争的紧急状态，赋予总统在"协调和加强"政府所有部门活动时享有不受限制的权力。

这些出自总统的措施……今天晚上遭到批评，被认为是意图把政府的所有权力都赋予行政部门。

今晚参议院民主党和共和党的领导人对议案表达了同样的愤怒……一些参议员表示："我们恐怕也得辞职了。"

纽约《时报》，1918 年 2 月 7 日

……总统几乎毁掉了我在欧洲所做的所有工作。

爱德华·M. 豪斯日记，1916 年 12 月 20 日。①

---

* 正如本章内容和注释所表明的，关于豪斯对他作为威尔逊顾问角色日益增长的不满所依据的主要资料是豪斯的日记，特别是至今还没有发表的那一部分。

关于威尔逊在战争期间的权利和与国会的关系，我们的主要材料来源是 Baker, VII, the Baker Papers 和 纽约 Times。关于对这个议题的评论，我们参考的材料包括 Corwin；Small, *Some Presidential Interpretations of the Presidency*；Clarence A. Berdahl, *War Powers of the Executive in the United States* (Urbana, Illinois：University of Illinois, 1921)；Clinton Rossiter, *Constitutional Dictatorship* (Princeton University Press, 1948)。

当国会延宕他在 1917 年春天提出的武装美国商人的建议时，威尔逊发表声明，强烈谴责这种行为，要求对国会的这一规则进行修改。在下一届国会开始的时候，参议员在其历史上第一次通过了一个终止辩论的规则（Baker, VI, p. 480 - 2；Corwin, 2nd edition, p. 273）。

① House diary, 12/20/16. 关于这个引文的其他内容，见当天日记的其他内容。Seymour, II, p. 405。

当美国参与第一次世界大战的时候，威尔逊总统公开试图独揽大权，其批评者指责他对此觊觎已久。威尔逊的立场是，他必须成为一个必需的集权体系的最高统帅；在此期间民主政府正常的程序必须暂停；国会必须愿意授予所有他认为开展战争所需的权力。①

考虑到这个国家当时所面临的任务，威尔逊要求得到授权也是无可非议的。虽然感到非常忧虑和厌恶，国会还是授权总统动员国家的资源。用科温教授的话说，就是"通过简单的方式将国会适当的权力转让给总统"②。

威尔逊向国会提交了一项又一项的他希望得到通过的授权法案。他的要求涵盖面广，数量众多，以致国会很难跟上他对国会提出的新的工作要求。③ 刊载于《新共和》1917年9月29日那期的一篇文章概括了对行政和立法部门之间关系正在发生的根本变化的广泛和不同程度的批评：

> 国会议员个人的独立性不复存在……传统的分权被打破……国会可以延缓总统采取行动，但有充分的证据表明，即使没有战争，国会也越来越难以阻止总统了……
>
> 国会的委员会越来越不能左右立法了，只能是在接到法案后对其细节进行修改……他们只是解读行政部门的意愿，我们还看到总统亲自与那些拒不服从的议员谈话。
>
> 事实上，整个问题的核心掌握在总统的手中，毕竟，他自己的决策方式仅受到他性情以及能够直接与他接触的少数人的影响。

国会也尝试过通过改变行政部门提出的立法草案来闲置总统的权力，给总统的扩权行为踩刹车，但都被他断然拒绝。他一贯的目标就是扩大他的权力和不受任何约束地行驶这种权力。当有人建议他组成一个跨党派的

---

① Small, *Some Presidential Interpretations*, 11, Baker, VI, p.309；对 Harry A. Garfield 的采访，3/18/25，以及对 A. S. Burleson 的采访，p.48, Baker Papers, Series IB。

② Corwin, p.190（2nd ed.，修订版）.

③ *Ibid.*, p.273–4.

第十章 暗流

内阁时,他明确宣布自己"完全反对任何这类事"。他告诉塔马尔蒂,"最好的"共和党人是愿意与民主党政府合作的,而不计较他们是否在内阁中担任职务的共和党人。①

当参议院正考虑对可能限制他在禁运方面权力的《反间谍法案》进行修正时,威尔逊召见了 T. S. 马丁参议员(民主党,弗吉尼亚州),要求他帮助挫败这个修正案。两天后,参议院投票支持授予总统"全面和灵活的禁运权"。在起草《优先权》法案的过程中,一些对他持批评意见的人(民主党)提出修正案,将确定优先次序的权力授予"国际商业委员会"而不是行政部门。威尔逊谴责这是"怀有明显敌意"的人的阴谋,是想"阻止迫在眉睫的事情"。他指示塔马尔蒂告诉参议院的行政领导人,"我认为直接授予行政部门提出的权力,在当前形势下是能够做的唯一明智和可行的事"②。让他不高兴的修正内容立即就被放弃,尽管几个亲行政部门的参议员早先支持这些修正案。

国会拟在《食品法案》加入一条,规定成立一个监督战争开支的委员会,威尔逊警告说他把增加这一条款理解为"对我没有信心"。他给 A. F. 利弗(民主党,南卡莱罗纳州)众议员写信说,"该法案所酝酿的对行政权长期监督,不亚于让立法部门承担行政部门的某些行政工作……我真诚地希望在重新考虑这件事的时候,国会两院能看到我的反对意见是基于不可争议的基础之上的……"同一天他还呼吁本·蒂尔曼参议员(民主党,南卡罗来纳州)帮助他阻止在他之上建立一个"反间谍委员会"。③ 建立监督委员会的条款随即从草案中被取消了。几个月后国会又试图建立一个这样的委员会,威尔逊通知几个民主党参议员说,设置一个额外的权威机构"将造成混乱,让我的工作更加复杂"④。这个委员会也就没有设立。

1918 年初,参议员 G. E. 张伯伦(民主党,俄勒冈州)提出了两个议案,分别提议建立一个战争内阁和一个军火部来指导战争行动,这让对战

---

① Tumulty, p. 265.
② WW to Tumulty, 6/14/17, Baker, VII, p. 112–3.
③ 引自 Baker, VII, p. 185–6。
④ *Ibid.*, p. 251.

争工作某些方面的批评达到了顶峰。威尔逊明确表示，他将否决任何这样的举措。威尔逊让步说，也许这两个议案可以更好地协调战事，但他将承担这一工作。他所需要只是有足够的权力能让他对整个政府部门进行重组，在他认为需要的时候成立一些机构，按照他认为最好的方式重新配置资源。参议员奥弗曼（民主党，北卡罗来纳州）提出了反映威尔逊愿望的草案。1918年2月7日的纽约《时报》报道，民主党和共和党都被这个将政府的这么多权力授予行政部门的议案激怒了。"恐怕我们也得辞职了"，该报道援引几位参议员的话说。《时报》的社论认为，总统需要的不是更多的权力，而是更好的人选来帮助他使用他已经拥有的广泛权力。

两党在国会的领导人怀疑威尔逊非常想让整个议案获得通过。他们认为他让提出这个议案目的在于将注意力从张伯伦的提案中引开。无论情况如何，可再次引用《时报》的话说明当时的情况："参议院的民主党和共和党领导表达的普遍看法是，奥弗曼法案指出了一条通向集权主义的道路，国会不能将这个法案所包含的权力交出去……不止一位参议员谈到，这个议案目的在于建立一个事实上的君主政体。"① 威尔逊仍然坚持说这对于战争是必要的，坚持应该立即通过《奥弗曼议案》而不应该有任何修改。国会又一次极不情愿地屈服了。《奥弗曼议案》在1918年5月获得通过。

战争危机给威尔逊提供了一个征服国会和抵制任何限制他权力企图的借口。共和党和民主党对他的许多做法，不管在实质上还是在方式上，都持批评态度。尽管如此，战争在继续，作为爱国者，他们还是都团结在他的身后。长期受欺负的列兵做梦都想着有一天与他的军士长算总账，带着这样的情绪国会按照威尔逊的要求去做，等待战争结束后再清算。尤其是共和党，他们期待着1918年11月5日的中期选举中赢得控制国会的机会，到那时候再迫使总统重视他们的意见。

1918年10月，西线德军全线溃败的情况下，德国人请求威尔逊"采取步骤，恢复和平"②。对威尔逊来说，战争的结束只能让他更加需要满腹

---

① 纽约 *Times*，2/8/18。
② 引自 Baker，VIII，p. 454。

第十章 暗流

牢骚的国会在未来创造和平的过程中不再给他制造困难。已经有一些他最担心的那种障碍的不祥征兆,这些征兆来自于西奥多·罗斯福和来自马萨诸塞州的参议员亨利·卡伯特·洛奇领导的一派共和党。罗斯福和洛奇都支持战争,但对威尔逊本人一直非常恼火。他们在通信中旗鼓相当地表达了对威尔逊个性和动机方面的恶意诋毁。

在参议院,洛奇反对威尔逊的大部分国内改革。在1916年大选中,洛奇和威尔逊互相都质疑对方的诚实。问题肇始于德国击沉美国的卢西塔尼亚号轮船后起草的抗议书。威尔逊对抗议书增加了一个附言,想向德国政府暗示不要太认真地对待抗议书坚定的语调,因为它主要是为了平息美国国内的公众舆论。事实上,尽管一些细节不够准确,洛奇的指责的确有事实根据。威尔逊抓住这一事实,① 借用一些专业术语,否认洛奇的指责。从此两个人再也没有原谅过对方。

到1918年10月,威尔逊正忙着与德国和同盟国同时进行最微妙的谈判以回应德国提出的和平请求。罗斯福和洛奇则公开攻击他的和平计划,批评他每天的工作方针,强调参议院在条约制定中的作用。1918年8月,洛奇已经被选举为参议院共和党领导人,他是参议院对外关系委员会的资深共和党议员。如果共和党在11月5日赢得参议院的多数,洛奇将处于更重要的地位。

1918年10月25日,威尔逊发出了一项关键的呼吁,号召说"如果你们支持我的领导,希望我在国内外事务中继续担任不让你们感到难堪的代言人……",就请选出一个民主党国会。他承认共和党是支持战争的,但是"他们却反对政府"。他说,几乎每到关键的时候,他们总是试图破坏他对战事的控制。"现在还不是分割决策权或分担领导权的时候。指挥权的统一在民事方面和在战争中一样必要。"威尔逊还说:

> 此外,在国会的任何一院恢复共和党的多数地位都将会被大西洋对岸理解为对我的领导的否认……那边和这里一样都理解,共和党领

---

① Lodge, p. 32–63; Garraty, p. 329–32; Blum, *Joe Tumulty and the Wilson Era*, p. 97.

导人期待的不是支持总统，而是控制他。

总统说，在正常情况下他不会随意提出这样的要求。"但现在不是正常情况。"威尔逊声称，他是人民的仆人，他将"接受你们的审判，而毫无怨言"。

这个讲话内引发了共和党强烈的抗议。他们指出他们支持威尔逊的战争政策，指出事实上是国会中许多民主党人想阻止他。共和党在整个战争期间都置党派之争于一边，一直为胜利而努力。不是因为民主党更忠诚或更爱国，而仅仅因为他们是民主党，他们现在就必须屈服于民主党代表吗？一位接一位的共和党领导人宣布，总统的声明不仅是一个挑衅，更是一种侮辱。

威尔逊清楚地知道把自己的声望押在选举结果上是一次豪赌。他不仅在赌一些他想要的，事实上是对他信任度的公投，他是在公众是否根据他的条件在这个问题投票上赌了一把。国会中期选举往往会围绕一些地方问题，选民一般会同情在野党——这次是共和党。此外，他还在冒着失去那些认同他和平计划的共和党人的善意的风险。洛奇和罗斯福虽然都是非常有影响的人，但他们并不代表整个共和党。一些著名的共和党人，如前总统塔夫脱和前国务卿伊莱休·鲁特都倾向于支持威尔逊的和平计划。

后来证明这是一次大胆的，也是灾难性的赌博。1918年11月5日，全国的选民让民主党失去了对国会的控制权。共和党在参议院和众议院都将成为多数。两院也都将由共和党来组织，由共和党议员来担任委员会的主席——洛奇担任参议院对外关系委员会主席。①

在威尔逊看来，毫无疑问，选举出共和党控制的国会将意味着人们拒绝他的领导。不管这种看法是否正确，罗斯福、洛奇以及他们的朋友准备充分利用这一点。

---

① 威尔逊对民主党国会发出的呼吁刊登在 *Public Paper*, *War & Peace*, I, p. 286 – 8. 正如在此后不久各种各样的信件中所表明的那样，他对选举结果的反应是更加固执和坚定自己的信念，他再次发誓，他坚信上帝将找出一条实现他正在为之奋斗的伟大事业的道路（见 Baker, VIII, p. 562, 574, 591；还可见几个月后威尔逊在对民主党全国代表大会发表的演说中对民主党的失败所给出的各种各样令人好奇的解释。我们文中第 237 – 278 页引用这些话）。

第十章 暗流

就在威尔逊和罗斯福-洛奇集团之间的战线变得清晰之际,威尔逊的另一个困难,虽然是私下的苦难,也达到了关键的时刻。他与豪斯上校的关系很快要达到不愉快的巅峰。回过头来看,考虑到他们在政治上合作的基础非常复杂和微妙,比起他们之间的友谊持续了应有的那么长的时间,威尔逊和豪斯最终分道扬镳并不那么让人吃惊。

尽管与总统的关系是让上校感到高兴的重要源泉,但豪斯并非一个仅接近**权贵**就能感到满足的人。他在公共政策上有自己的想法,也有野心让这些想法得到实现。因此从豪斯的立场看,与无法用高超的说服能力说服的总统有不同的政治判断,是他不得不忍受的最大的挫折。为了获得对自己政策想法的认可,他不得不迎合总统的怪癖,这也让他非常恼火。

豪斯发现总统个人的局限性是实现具有重要价值的政策目标主要和一贯的障碍。豪斯后来写道:"我当时看他,以及我后来回头再看他,他主要的不足是性格。"① 上校在评论威尔逊的某些个性特点如何影响他作为政治领导人行为的时候是非常超然的。从豪斯的日记的语调中可以判断,他在很多方面感到难过,对形势的无能为力感到苦恼,对威尔逊感到生气。有时他试着力争,但更多的时候,他保持沉默,知道为了保持自己的位置采取这种策略的必要性。虽然无法用嘴说出来,但是却不妨碍他用笔记录下来。他的日记充满着对总统的批评。这些批评可以追溯到1913年2月,当时豪斯注意到威尔逊在挑选内阁成员的时候太随意。到1914年4月,豪斯已经意识到威尔逊一般不愿意与别人协商。在14日的日记中记录到,当总统声称自己总是征询别人建议的时候他差一点笑出来。②

1914年9月29日(此后更加频繁),豪斯写道,内阁成员所反映出来的,他们讨厌总统不与他们协商是有道理的。同一天他还说,他与总统在是否可以实现多个总统任期的问题上有不同意见。威尔逊的立场是,只要愿意他们就可以想留任多久就留任多久。1914年11月2日,豪斯和麦卡

---

① Seymour, I, viii. 关于豪斯对威尔逊缺点的观察也可见 *ibid.*, p. 124-8。
② House diary, 2/24/13 和 4/15/14, Seymour, I, 分别见第111页和第16页。

杜在利兹一起吃午饭的时候一致认为，该届政府正在转向保守。① 1914 年 11 月 14 日，豪斯在日记中吐露总统是一个奇怪的人：除了上校以外，他不愿与任何其他的人讨论任何事情，这妨碍了他作为行政领导人的效率。

1915 年 1 月 4 日，豪斯注意到在诸如失业和移民问题上总统没有充分认识到"社会学方法"的重要性。1 月 12 日，在白宫吃完晚饭后，总统阅读起 A. G. 加德纳的有关杰出人物的漫画，而不讨论即将急需讨论的工作上的事，这让豪斯感到很担忧。

战争在欧洲爆发后，豪斯多次写道，威尔逊没有充分认识到外交的重要性，他的思维确实是"单轨式"的，不能同时处理国内和国际事务，而是忽视其中一项。② 1915 年 7 月，豪斯在日记中写道，他感到烦恼，因为天气太热他不能待在华盛顿。而只有在他自己与威尔逊在一起的时候他才能让威尔逊采取行动，并且由他自己来落实他们达成一致的事。③

1915 年夏天，威尔逊遇到了一个 43 岁的弗吉尼亚女士，伊迪丝·博林·高尔特太太。总统在与寡妇高尔特太太认识两个月后，向她求婚。

豪斯的日记表明，他对这一情况感到忧虑。他抱怨说威尔逊正从他的官方职责上分心，尤其是从需要让国家对可能爆发的战争做好准备上分心。④ 随着威尔逊把精力越来越多地投入到他未婚妻的身上，他留给豪斯的时间久越来越少，也越来越不怎么依靠他们之间的友谊了。

1915 年 11 月，威尔逊在纽约拜访了豪斯两次，但是在他的日记中已经看不到他们快乐的谈话记录，在这些谈话中总统可以吐露自己的心事。在头一年 11 月，豪斯还能给他的妹夫写信说，除他之外威尔逊没有见任何人，并极不情愿地被带去与豪斯的老朋友克利夫兰·多奇一起午餐；而这回，豪斯的日记则成为对威尔逊对高尔特太太关注的愤怒记录——当时她也在纽约。没有一句话表明他对这次拜访有任何快乐。相反，日记有一种

---

① House diary, 9/29/14 和 11/2/14。关于内阁的不满见 6/30/17 和 4/1/17. 关于威尔逊在多种条件下的立场见 2/14/13 的日记。

② 见 House diary, 9/28/14, 7/10/15/, 7/24/15, 3/29/16, 6/23/16 和 5/19/17. 还可见 Chapter IX. 17, House diary, 7/10/15（部分在 Seymour, II, 第 18 - 19 页引用）。

③ House diary, 7/10/15（部分在 Seymour, II, 第 18 - 19 页引用）。

④ *Ibid.*, 7/31/15.

第十章 暗流

部分是因为感到不再被依靠,部分是感到不再被爱的愤怒的味道,他非常憎恨这种状况。①

1915年11月,在威尔逊第二次结婚的前一个月,豪斯私下对总统的批评大量增加。他日记中对个人情绪的记录是准确无误的。他在《造船法案》和税率问题上与总统意见不同。他收到的来自华盛顿的报告表明在政府内部有一种奇怪的惰性,豪斯认为这些当然主要是因为总统自己。11月22日上校在日记中再次抱怨:他如此专注于自己的未婚妻,以至于忽略了正事。他写道,他想到华盛顿去,但是他知道这个时候去将不受欢迎,特别是如果他试图迫使总统行动的话。随后是大量对总统个性的批评:他躲避困难;他对人有一种强烈和通常是不公正的偏见;他不能与他不喜欢的人协商等等。

11月的第三周对豪斯来说是一个尤其煎熬的一周,因为这一周他感到非常不安。威尔逊一周没有给他写信加剧了他的焦虑。11月26日威尔逊给他打电话时,对他一直没有联系豪斯表达歉意,并解释说他一直忙着准备一封很重要的信。豪斯的日记表明,他认为这是一个华而不实的借口,总统关心的是心上的事,而不是国家的事。②

在这段私人关系紧张的困难时期,豪斯全神贯注于形成一个结束欧洲战争的计划。他认为自己再赴欧洲一次是有益的,并得到威尔逊的同意。1915年12月7日,豪斯给威尔逊写信提出到华盛顿与他讨论他的这次使命。在过去,这样的提议很快就会得到来自白宫的热情邀请。但这一次,整整一周豪斯都没有得到回应。在这个过程中,上校的恼怒在日记中找到一个安全的发泄之处:威尔逊应该对国务院最近发给奥地利有瑕疵的照会进行修改,他没有这样做表明他对重要的事情过于随意;总统没有认识到这个国家正在滑向战争,否则他肯定会制定一个防御计划;在爆发危机的时候,威尔逊可能无法做出快速的反应并可能遭到有理由的批评。③

---

① EMH to Sidney Mezes, 11/19/14 和 House diary, 11/4/15 和 11/5/15. 后来豪斯在不同的场合多次评论说,在高尔特太太到来以后威尔逊对他的依赖和热情在减少(Smith, p. 359)。

② House diary, 11/26/15.

③ *Ibid.*, 12/8/15.

豪斯身份的窘境之一是，虽然他对总统和高尔特夫人怒不可遏，但他还得装出喜欢她，还得表示对他们的结婚感到高兴。在威尔逊第一次向豪斯透露他希望再婚的愿望时，豪斯佯装支持。豪斯还坦承愿意帮他求婚，甚至不辞辛劳地准备了几副戒指，让总统挑选送给高尔特太太。但是，豪斯在日记（1915 年 7 月 31 日）中写道，他很遗憾总统在这个时候坠入爱河。

豪斯对高尔特太太的到来有一种挫败感很容易理解。上校已经掌握了与威尔逊打交道的完美技巧。我们已经看到，这种技巧包括这样一些策略：公开宣称对他的个人感情，让他相信他很伟大，坦承在所有重要的事情上与他一致，不管他做什么都表示赞成等。这些行为威尔逊乐意接受，但是在别人眼里则是不诚实的表现。

第一任威尔逊太太不仅理解丈夫的需求，而且欢迎豪斯的帮助，毫不嫉妒。对豪斯来说不幸的是，第二任威尔逊太太具有更强的占有欲和保护欲。结果她对威尔逊好友们任何行为都特别敏感，她认为这些行为应该予以斥责。毫无疑问，根据她对忠诚的理解和对总统的忠诚，她很快就开始对总统的亲密同事吹毛求疵。

丈夫对豪斯上校的依赖尤其让威尔逊太太不安，也许让她非常困惑。他们之间的关系揭示了威尔逊个性的弱点，想到这一点让她不高兴。也许出于本能，她试图让威尔逊摆脱对豪斯的依赖，让实际情况与她理想中的丈夫形象相一致。

豪斯因此面临一个难以克服的困境，一方面需要继续他对总统讨好以便能够影响他，与此同时还需要避免因此而得罪威尔逊太太。他想通过与威尔逊太太结成同盟来对付这种形势，显然，他希望如果能鼓动她对总统

第十章 暗流

核心圈内的成员挑刺，就可能避免让自己成为被挑刺的对象之一。①

尽管豪斯愿意迎合威尔逊太太的喜好，他还是没能获得她的认可。他们之间的停火是让人不舒服的，是以他们都想讨好威尔逊为基础的，被双方之间不诚实的互相赞赏的场面话所掩盖。根据她自己出版的解释，甚至在她将豪斯看作亲信，与豪斯的通信或谈话中还会表达她对威尔逊周围一些人不满的时候，威尔逊太太已经开始怀疑豪斯的诚实，对他作为顾问所提供的服务的价值提出质疑。②

威尔逊太太希望豪斯与她丈夫的友谊能够继续下去，但她对豪斯行为的看法并没有因此而变得含糊不清。在她看来，豪斯完全可以说是一个干涉他人事务的人。在他们认识不久，豪斯就建议她不要屈服于一些人的强求纠缠，他们可能试图把她当作影响总统的工具。这件事给她留下的印象是他有试图不恰当地干涉她私事的企图。豪斯在 1915 年 11 月 30 日的日记记录，当豪斯建议她今后应让总统像过去一样单独想出解决自己问题的方法时，她可能就觉得上校在试图把她排除在他认为属于他自己的领域之外。

的确，毫无疑问，让豪斯感到烦恼的是，新威尔逊太太突然成为他与总统谈话的第三方，而以前他都是与总统单独见面的。得到威尔逊让她这样做的鼓励后，她开始对政治问题感兴趣。很容易想象豪斯的懊恼——他多年来研究历史和政治，让自己准备好成为总统的顾问——突然却必须尊重一个确实有魅力但缺乏任何专业训练的女士的政治观点，因为她现在有特权处于一个重要的位置。如果她感觉到豪斯很生气，她事实上就对了。

---

① 例如在 1916 年 4 月，豪斯在他的日记中写到，他和威尔逊太太一致认为，如果海军部长 Josephus Daniels 和他的私人秘书 Joseph Tumulty 被免职，对总统将会是有帮助的。威尔逊太太同意去见 Tumulty，豪斯同意想法摆脱 Daniels。1918 年 6 月，威尔逊太太给豪斯写信表达她对总统圈子内的另外一个人的反感，还批评这个人的野心。豪斯在给她的回信中假装对她观点的同情。还有一次，豪斯在 1917 年 1 月一天的日记中写道，威尔逊太太批评总统的私人医生 Grayson 将军。豪斯评论说，好像总统的亲密的圈子现在只缩小到两个人，威尔逊夫人和他自己（House diary, 4/6/16 和 1/12/17; Mrs. E. B. Wilson to EMH, 6/14/18, 和 EMH to Mrs. E. B. Wilson, 6/23/18. 还可见 3/13/17 的日记。关于没有成功地撤销 Tumulty 职务过程的翔实叙述，见 Blum, op., cit., p. 118 – 22）。

② Wilson, E. B., p. 155, 236 – 7.

总统的新太太不久就开始对上校总是赞同总统感到怀疑。威尔逊太太在《我的回忆录》中记录，1917年底，威尔逊就政府管理铁路的有关问题准备对国会发表一个讲话，他征询豪斯的意见。豪斯找到威尔逊太太，对这个讲话进行了尖锐的批评，但后来当总统征询他意见的时候，他对其中的每一句话都完全同意。威尔逊太太描述自己完全被他的这种出尔反尔的行径"完全惊呆了"。她写道："我不喜欢人这么快就改变观点，永远也不能忘掉这一幕。"威尔逊太太不只是自己对豪斯感到疑虑，在随后的场合，她还告诉了她丈夫，根据她的记录："两个人**总是**想的一样是不可能的。虽然我非常喜欢豪斯上校，但我发现他绝对是一个没有任何趣味的'唯唯诺诺'的人。"面对这样的指责，总统为豪斯进行了辩护。①

显然，威尔逊太太已经掌握了豪斯对总统行为的至少某些事实。但是她好像不理解，豪斯"唯唯诺诺"的个性是威尔逊含蓄地要求的，这就是保持他作为总统顾问的代价。她好像还忽视了这样的事实（至少她不重视这个事实），豪斯真诚地赞同威尔逊的政治目标，在他努力实现这些目标的时候给他提供仆人般的服务。对豪斯行为的某些方面的尖锐批评，使她好像低估了对他有利的缓和因素。

威尔逊第二任太太的到来让豪斯的职位感到尴尬。它是否，或在多大程度上增加了豪斯的失意还很难说。事实是他们结婚后，上校的日记中对总统的批评更多了。

豪斯注意到威尔逊不愿意见别人，是豪斯见到的人中间最孤僻的一个人，这严重妨碍了他在领导方面取得成功的机会。豪斯觉得他是一个具有非同寻常强烈偏见的人，不接受建议，除非这些建议是由豪斯自己提出的。② 更重要的是，在他看来威尔逊非常愚蠢的狭隘，在处理人际政治关系的时候复仇心重。豪斯在1916年12月14日的日记中写道，每次他见到总统，都有新人上威尔逊的黑名单。豪斯说他不能理解为什么总统总因一些小事儿不高兴，无法平静。在1917年12月30日的日记以同样的笔调写道，威尔逊身上总是表现出一种很不好的厌恶情绪。

---

① *Loc*, *cit*, 另见第 251－252 页。
② House diary, 4/2/16.

第十章 暗流

豪斯还经常说威尔逊不能有效地安排他的工作：

> 没有人能见到他解释问题或者得到他的建议。因此，他们就来找我，我得远距离给予解释或提出建议，这是困难的，难以令人满意。总统缺乏行政能力，不能充分利用他的内阁和他周围的人。①

有时候豪斯自己也不了解威尔逊的政策。在他们认识的初期，他对威尔逊不提供指导感到高兴，因为他自己有活动空间，如果总统有更明确的指示的话就会限制他的这些活动。随着时间的推移，豪斯好像意识到威尔逊实际上并没有赋予他任何决策的权力。②

豪斯逐步感觉到缺乏具体的指导严重地限制了他的行动。他曾经对麦卡杜抱怨：

> ……总统期待我对国内和国际的形势都要绝对了然于胸，除此之外，他还想让我了解他的想法，知道他得出的结论是什么，在特定的情况下他的愿望是什么……这对我是不公平的，对他更不公平。③

豪斯说，作为管理者的威尔逊是失败的："……总统不知道每个部门到底发生了什么，他不关注他们的工作，认为每一个部门都井然有序，非常顺利……"此前不久，豪斯还以同样语气抱怨说："总统不是一个行动者，好像也缺乏把工作分配给别人的能力……"威尔逊与媒体打交道的方式也经常引起豪斯的批评。④

在1917年初的几个月，随着威尔逊逐步相信美国必须以同盟国的一方参战，豪斯的情绪高涨。他在日记中多次记录说，至少他能让总统认识到美国应该在世界事务中扮演的角色。

---

① *Ibid.*, 6/10/16，还可见 11/18/16。
② 见 EMH 的 Sidney Mezes, 3/1/15. 还可见 EMH to Gordon Auchincloss, 5/25/15。
③ House diary, 9/8/18.
④ *Ibid.*, 12/14/16, 11/18/16 和 8/15/16. 还可见 5/19/17 的日记。

美国参战后不久，对有关美国在国内动员问题上缺乏效率的一些报道让豪斯感到吃惊。他促请威尔逊让他组织一个"战争机器"。总统没有接受。从那以后，他们之间好像达成了一种默契，豪斯将把自己的工作限定在对外政策和促成和平问题上。豪斯在1918年1月17日的日记中写道：

> ……他［威尔逊］知道我不相信他有有效的战争组织能力，我对他有这样的想法也心满意足。在这些事情上他不与我协商的事实表明他知道我们意见不一致，但是他相信他能根据他所追寻的路线解决这些问题。在外交事务上，不与我进行密切的可能的合作他就什么也做不了，我在这方面的兴趣也比我对国内事务的兴趣要多得多，我愿意接受他期待的这种状况。①

在整个战争期间，为了激发威尔逊对国际事务的兴趣，豪斯非常明确地让他相信，他可以通过发起一个确保和平的国际组织取得不朽的成就。当总统对建立新的国际秩序的使命的兴趣终于被调动起来，逐渐将和平问题看作自己的领地，别人不能染指的时候，豪斯就被推开了。威尔逊在构思和平计划的时候不愿意与同盟国合作，这在豪斯的日记中引起多处不满的评论。例如：

> 我再次希望让他注意那些当权者头脑中潜藏的自私。总统迫不及待地想在劳合·乔治面前提出他的和平条件，而克里孟梭阻止他这样做。这不是一项团队工作。因为意见太不一致而无法一起确立这些条件。而且如果不了解别人都了解的步骤，他就什么也做不成。这也就是我在日记中经常抱怨的事。也就是说，这不是那些当权者所希望的对他们的个人利益有益的那种一般成就。②

豪斯这个时候对总统的不满混杂着众多消极的感情，让他越来越难以

---

① *Ibid.*，7/4/17 和 1/17/18。还可见 1/9/18 当天的日记。
② House diary，1/3/18。还可见 9/3/17 的日记（第 XI 有引用）。

第十章 暗流

在威尔逊面前扮演他以前习惯的角色了。其中一点是，他认为在外交政策事情上他比总统更有能力。比如，有一次当他与威尔逊和兰辛意见不一致的时候，豪斯在日记表示，确信自己比总统或国务卿对情况更了解；他对世界局势第一手材料的更好掌握使他比他们更能做出正确的判断；① 豪斯认为，（总统）不仅完全没有认识到他的这一优势而不限制他，反而支配他。例如在 1916 年 3 月，他一直就美国进行战争干预的可能与英国进行微妙的谈判。豪斯觉得这个谈判被威尔逊和兰辛同时进行的不合时宜的解除商船武装的努力所破坏。又如，1916 年 12 月，豪斯在他的日记中抱怨威尔逊无缘无故地倾向激怒同盟国，几乎毁掉了他在欧洲的所有努力。②

豪斯的日记证明他主观上感到自己有处理总统面临的最复杂问题的能力。他在把错误归因于威尔逊的时候，不只一次地略述如果**他**是总统，他会怎么做。③ 考虑到豪斯的心境，很容易理解豪斯为什么越来越没有耐心，因为他必须通过别人，并只有在这个人高兴的情况下才能发挥作用，特别是像威尔逊这样的一个人。在他的"回忆"中，豪斯承认"有好多次我有点喜欢这个职务本身，而不是给身居该职的人做顾问"。他写道，当他的意见被忽视的时候，他有这样的感觉。

尽管在与威尔逊的谈话和通信中，他有意尽可能减小自己在执行对外政策中的作用，但私下在日记中他很随意地提到"我的"和平计划。④ 日记还有不少暗示，豪斯认为他自己是许多想法的首创者，总统接受这些想法，后来当作自己的想法。例如，总统要求国会承认美国与德国处于交战状态的讲话就是他与威尔逊合作的。豪斯的日记（1917 年 3 月 28 日）提到，总统"就应该包括在内的议题拟就了一份备忘录"，"我同意了，因为其中的大多数内容都是我不断提出的建议……"在威尔逊发表讲话的当天，豪斯在日记中提出这样一个问题，总统是否意识到他，豪斯，对这个

---

① *Ibid.*, 8/15/17.

② *Ibid.*, 3/4/16 和 12/20/16. 有关威尔逊和兰辛努力使同盟国商船非武装化方面有见地的叙述，见 Link 的 *WW & PE*，第 205－210 页。他用非常尖刻的语言称之为"美国外交史上最笨拙的外交失误。"

③ 见 House diary, 8/23/17 和 12/18/17。

④ House diary, 7/21/17.

讲话的贡献,他写道:威尔逊没有对豪斯功劳的认识有任何表示。①

有时候,豪斯私下评论总统的口吻总是以恩人自居。例如,在记录他对总统答复教皇1917年夏天提出的和平建议感到高兴的时候,豪斯在他的日记(1917年8月23日)中说:"我自己写的话可能会写得有点不同,但我对他的做法非常满意,因为他把我让他包括进去的内容全写进去了,删除了那些我提醒他注意的危险的几点。"有意思的是,前述日记的口吻与豪斯就给教皇的回信一事给威尔逊的信的口吻不同。日记口吻表达的是豪斯觉得他对这封信的内容是有功劳的,而给威尔逊的信则根本就没有提到自己的作用,而是极力赞扬总统,"您又写了一封宣布人类自由的宣言……您正开辟一条新的道路,全世界必须走这条道路,否则就会在非正义的迷宫中迷失方向。"② 他9月4日再次给威尔逊写信:"我认为您给教皇的回信是至今写得最好的文件……"③

豪斯的日记中还非常勤奋地记录了数十个对他的恭维,这些恭维的共同特点是他和威尔逊被放在同样高的位置。如下面英国外交官霍勒斯·普伦基特爵士对他的恭维:"感谢上帝,"普伦基特对豪斯说,"伍德罗·威尔逊和您在指导着这个国家的活动,在和谐地工作着。"④ 豪斯也不觉得美国记者林肯·科尔克德1917年8月25日的评价有什么不恰当的地方。科尔克德说他不仅指导着美国的对外政策,而且还指导了同盟国政府(包括俄罗斯)。

毋庸置疑,在他职业生涯的顶峰时期,豪斯对外交谈判有着巨大的影响。尽管他最大限度地使用他得到的实际(和特殊的)权力,人们还是怀疑他夸大他自己在国际事务中发挥作用的重要性。作为一个献媚的大师,他好像很天真,对一些外国外交官的恭维的话很容易敏感。可以放心地说,他们对他表示的尊敬并非都是真诚的。以伊格纳斯·帕德鲁斯基为例,他对豪斯说:

---

① *Ibid.*, 4/2/17.
② Seymour, III, p.164.
③ House Papers.
④ House diary, 12/6/15.

第十章 暗流

> 语言无法表达我对您的感受,为我们的国家找到一个"得到上天帮助的人"是我一生的梦想。我现在确定我做的不是白日梦,因为我很幸福,见到了您。①

在另外一个场合,帕德鲁斯基表示他来见豪斯就像见上帝。② 虽然豪斯知道帕德鲁斯基对他的赞扬具有很大的夸张成分,他还是在日记中记录了下来,没有一点他觉得不配或对方不真诚的意思。更没有将这些赞扬与帕德鲁斯基想让波兰独立的理想联系起来。他在日记中逐字记录了数百条表达对他尊重的话,③ 很有意思的是,对这些对他说出最热情洋溢的话的人,他自己也具有最高的敬意。

如此令人陶醉的赞扬很容易让豪斯忘记他的权力全部源于他与威尔逊的关系。豪斯似乎慢慢相信同盟国的政治家竭力与他拉关系是因为他自己的能力,而不是因为他是另外一位,在他看来对情况了解不如他多的人的代言人。

就在战争将要结束的时候,豪斯的心境对他与威尔逊的关系产生了威胁:他冷静地洞悉总统的缺点;他对自己在决策中所处的从属地位感到愤懑;他觉得自己比总统更有资格掌控美国对外政策;他误认为欧洲的政治家寻求他的建议是因为他自己的原因,并不一定是因为他代表总统;他成为自己自大想法的牺牲品,他自认为自己很重要,有能力影响同盟国外交政策。

他在日记中表达的与总统就是否在国联盟约中增加设立世界法庭的条款的不同看法表明了他的态度。豪斯赞同,并把这一条放进他的草案。总统把这一条删去。在提到他与威尔逊在此事上的立场完全不同时,豪斯在他 1918 年 8 月 15 日的日记中写道,他认为和会将支持他的立场,他以此自我安慰。

1918 年 8 月 15 日,威尔逊总统邀请豪斯接受对他担任即将举行的和

---

① Paderewski to EMH, 12/22/15.

② House diary, 5/14/17.

③ 见,例如 9/13/17, 6/14/18, 10/3/17, 11/11/17, 4/28/17 和 4/29/17。

会的美国代表团代表的任命。上校因此面临一次最重要的抉择。一方面他充分注意到接受正式职务的危险，因为这会让他很快陷入与威尔逊的权力冲突。豪斯在当天晚上的日记中写道："除非我改变主意，否则我不应成为代表（即代表团成员——作者原注），或者，除非总统自己不去……诸多理由让我最好置身事外…"

在这里的"诸多理由"中，自然有豪斯意识到的有必要回避的可能引起威尔逊嫉妒的情况。多年来，他一直躲开公众，留在后台，服从于威尔逊。这样做是他避免刺激总统敏感神经努力的一部分，豪斯知道这是非常微妙的。

随后的日记记录表明，豪斯希望总统自己不以谈判者的身份参加会议，而是任命他为美国代表团的团长。但是，不管他的愿望和期待是什么，豪斯在他知道总统自己将在代表团担任什么角色之前就得决定是否接受这个正式的任命。豪斯最终决定接受这个正式的职位，直到他赴欧洲参加停火前的谈判时，他才知道他只是美国代表团的一个成员。

为什么豪斯就这样改变了主意？很有可能是因为他看到即将召开的和会对他来说是最大的一次机遇，让他可以在世界事务中发挥第一流的重要作用。被压抑已久的雄心再次在豪斯的胸中燃起！此外，豪斯对总统的缺点不能容忍了，可能感到总统已经成为实现他们共同政治理想的一个障碍。更大胆地说，豪斯认为他可以比威尔逊更好地谈判和平条约。代价太高了，失败的危险也太大了，不能仅仅依赖于担任总统顾问，影响总统朝正确的方向发展的有限可能上。这一次，豪斯想直接和单独地采取行动。

多少年来，他一直安抚总统，总是把保持他们之间的友谊当作最重要的事。现在，第一次，他愿意冒丧失他们友谊的风险。他恳切地希望威尔逊将留在华盛顿，或者即使他到巴黎，也只是短暂地参加一次会议。在其中的任何一种情况下，豪斯在谈判过程中都将有很大的灵活性，并避开威尔逊的个人影响。但是，威尔逊决定留在巴黎，担任美国代表团的团长。到这个时候，豪斯已经接受了他的新角色，除了希望小心行事不冒犯总统以外，别的他什么都不能做了。

考虑到威尔逊的性格，豪斯当时的思想状况，以及他与威尔逊太太之间潜在的敌意，豪斯感到如履薄冰。

第十一章 世界的解放者*

也许我是全世界所有人中唯一掌握最高权力且能自由表达意见，不做任何保留的人。我欣然相信自己在为全世界大多数沉默的还没有地方和机会表达他们的心声的人们说话……

威尔逊"没有胜利的和平"讲话，1917年1月22日

伍德罗·威尔逊是一个在陌生人面前不善于表达感情的人。但是，也有非常偶然的机会，有些事情能让他非常感动，使他不再像往常一样能控制自己。1918年夏天的一天，小博登·哈里曼太太带着一位俄罗斯妇女博切卡洛娃夫人来拜访他。这位俄罗斯妇女给他讲了她的同胞如何贫穷可怜的情况。俄罗斯深受革命之害，人们在挨饿，他们需要帮助。博切卡洛娃

---

* 我们的主要目的是想说明威尔逊个人参与缔结和约的状况，以及他由此而产生的对国内和巴黎的政治力量的错误判断。

脚注的引文反映了在为准备本章过程中参考的主要资料来源，主体上都是对以前研究报告和搜集的资料的综合。威尔逊提出十四点的四个讲话和后来的补充要点的讲话，包括他1918年1月8日和1918年2月11日对国会的演讲，1918年7月4日Mount Vernon的讲话，以及1918年9月27日在纽约的讲话等，这些构成了他的和平计划。他们载于 Public Papers, War & Peace, I, 第155-162、231-235、253-261页。Bailey的 Woodrow Wilson and the Lost Peace, 第333-336页对这些要点有非常合适的引用。在以下地方可以找到关于他形成战争目标的重要背景资料的讲话：Baker, VII和VIII, Seymour, III和IV, James R. Mock and Cedric Larson, Words That Won the War (Princeton: Princeton University Press, 1939)。

Bailey的书对威尔逊在为和会做准备过程中所犯的错误有非常简明的叙述。对于威尔逊挑选参加和会代表团成员的补充资料，见 Foreign Relations, U.S., I, 第155-192页，以及Bailey第87-105、341-342页。关于威尔逊与除豪斯以外参加和会的

夫人的请求让他不能平静，总统的泪水夺眶而出。①

这个插曲揭示了威尔逊对人类苦难的认识和同感。他不仅深切地体会到遭受战争蹂躏所带来的苦难；他产生了这样的想法：通过重新安排国家之间的关系来减轻这些苦难，让平民百姓再也不再遭受战争之苦，是上帝赋予他的一个使命。在他的演说中，他提出了广泛的道义原则。他认为如果想维护持久的和平，这些原则必须是任何和平解决方式的指导原则。当战争结束的时候，他已经对其计划中的一项内容非常坚定：把成立国家间的联盟作为整个计划的基础，直到这个寄托了他所有的思想、感情和努力的组织从愿望变成现实。

对威尔逊为实现自己理想中的和平而奋斗的经历进行过详细研究的历史学家们，对他在这个过程中的一系列不明智的举动印象很深。怀着对他的同情进行逐一研究可以发现，他的许多错误可能是因为，的确也是因为他缺乏这样的判断，这种判断失误是任何人在巨大的压力下都容易犯的错误，或者说是与他需要应对的各种各样的困难有关系的：他所面对的强大和狡猾的欧洲势力；他面临的国内政治环境中的困难；他在为了自己的和平计划奋斗的两个关键时期的重病缠身；美国公众对外交事务的不成熟看法，以及战争结束后公众对充满使命感的理想主义和国际主义的反对等。

如果全面地审视总统在促进和平过程中所犯下的大量错误，还有一个重要的角落没有被注意到，即将这些无法分别解释清楚的错误串联起来的线。不管你对威尔逊高尚的理想及其奋斗多么同情，你还是得承认个性的弱点导致了总统悲剧性的失败，许多历史学家都承认这一点。无论是在凡尔赛和约的谈判过程中，还是在争取获得批准的过程中，威尔逊许多错误的根源，是他在实现理想主义的和平和新的世界秩序过程中复杂的个人做

其他代表之间的关系（包括本章和后面的两章），见 Robert Lansing, *The Peace Negotiations* (Boston and New York: Houghton Mifflin Co., 1921); *The Big Four and Others of the Peace Conference* (Boston and New York: Houghton Mifflin Co., 1921), 尤其是在国会图书馆保存的 Lansing Papers 中他还没有出版的日记。还有 Allan Nevins, Henry White; Frederick Palmer, Bliss。*Peacemaker: The Life and Letters of General Tasker Howard Bliss* (New York: Dodd, Mead & Co., 1934)。

① Harriman, Mrs. J. Borden, From *Pinafores to Politics* (New York: Henry Holt & Co., 1923), p. 280-1.

第十一章 世界的解放者

事方式。

毫无疑问,在将注意力转到促进和平的议题上的时候,威尔逊在国内和国际上所面对的都是困难和复杂的形势。在巴黎实现他理想主义和平计划并在国内需获得国会通过,对他作为一位政治家和政治领导人来说,的确都是一个巨大的挑战。然而,他一次又一次地固执地限定和安排应对形势的方式,让他无法采取最有利于实现他政治目标的行动。

早在美国参战之前,就有人向总统呼吁美国能成为带来理想和平的工具的可能性,这也是他试图在交战国之间进行调停的动机之一。如果说威尔逊有很强烈的弥赛亚式的冲动,那么他在战时和战后所处的环境给这种冲动大开门道,并使之更加强大。不管怎么说,在美国保持中立的日子里他确实有理由相信,他处于一个独一无二的能为和平事业做出贡献的位置。其他的世界大国正在被战争的歇斯底里所支配,已经失去了理性,没有节制。威尔逊有充分的理由相信,只有美国有足够的力量和影响,有望让交战的两个阵营恢复理智。

在威尔逊极不情愿地被推向战争的边缘的时候,豪斯在尽力让前景看起来更乐观,他认为参战将使美国在和平安排上享有主导性的声音。① 但是,只要美国还没有参战,威尔逊愿意将其促进和平的行动局限于作为中立国领导人能够采取的那些行动:他最强烈的愿望就是置身战争之外。但是,一旦战争已经强加于他,他就可以——的确心理上也迫切地希望——将自己与成为新的世界秩序的总设计师的使命完全联系在一起。

在不相信同盟国战争的目的是正义的,或者说在还未深信在美国参战前交战双方是为道义而战的时候,威尔逊就接受承担这一重大的责任,将美国人的生命和财富投入到欧洲的战争。他在这样做的时候并没有觉得国家利益需要同盟国取得胜利——因为他的性格使他不能首先考虑这些事情——是一个合理的理由。参战的决定是痛苦的,他证明自己这一决定合理性的唯一方法,是竭尽全力确保大屠杀之后能够出现一个符合道德原则

---

① EMH to WW, 2/4/17, 2/10/17, 3/29/17, Baker, VI, p. 498. Baker 还增加了这样的附言:"美国能够和应当参加和会,并在某种程度上主导会议的想法对威尔逊很有说服力。"

的和平安排，这种安排能够保证这是一场结束所有战争的战争。这一崇高意愿的实现是能使他心安理得的唯一筹码。

与这一令人崇敬的动机结合在一起的还有别的因素。这些因素源于威尔逊迫切的内在需求，也许更为重要。他总是希望——**需要**——做一些不朽的事业。设计出一个能够阻止未来战争的和平构架对他内在的每一部分都极具吸引力，因为他内心在想，如何努力取得成就来证明自己。还有什么比设计一个结束人类战争的工程更伟大的好事呢？他总是希望——**需要**——处于支配地位。这一伟业为他提供一个把他的道德诉求强加于整个世界的依据。为了服务这样的理想，他可以允许自己来控制和平会议，允许自己坚决和彻底地将自己的意志强加于国内那些敢质疑他的和平安排设想智慧的人。组织一个国家间的联盟对威尔逊来说尤其具有吸引力。他对安排人们之间的政治关系一贯感兴趣。从孩提时代到青年时期，他曾经参加了一个又一个俱乐部，并对它们的宪章进行了一系列的修改。现在，通过支持国联，他看到了一次不亚于给整个世界起草一部宪法的机会。

战争结束之前，就已经有参议员开始挑战他对和平安排的构想，并表明他们想行使宪法赋予自己在缔结条约过程中的权力。他们把目标集中在威尔逊提出的国联计划上。在对他来说具有非常重要的个人意义的活动领域的这种挑战，引发了被动的防御机制。这种机制注定威尔逊会采取对抗性的措施，坚持他的意愿最后必须胜利。他的批评者越是指责国联，威尔逊越坚持国联必须是和平条约的核心。

威尔逊坚持自己在创造和平，尤其是国联问题上，发挥作用的复杂动机中的任何一个方面无疑都足以激发他更加努力。在创造和平这个伟大任务上的这些动机结合到一起，刺激威尔逊采取一种发自内心的行动，让他的每一根神经都行动起来。良心、雄心和决心让他竭尽全力，完成他的使命。试图分析威尔逊行为的学者的文章并没有反映他的这种激情——因为这的确是一种激情——他就是怀着这样的激情实施这个任务的。可以毫不过分地说，威尔逊有一种类似宗教的"拯救人类"的狂热。现在，现实就是太阳，让威尔逊宗教般的使命感完全绽放。因为他确实**拥有**一个千载难逢的机会，运用美国的力量来谋求公共利益。美国没有任何需要满足的领土野心，与其他主要同盟国不同，她没有任何令人尴尬的秘密条约。威尔逊可能强烈地意识到,只有他处于一个有利的位置,可以代表全世界"沉默的人类大众"说出他们正义的、热爱和平的愿望。美国在战争中成为世界的债权人和成熟的第一流的大国。作为这个国家的领导人,威尔逊完全有资格在和平安排上发挥大的作用。

问题是,威尔逊不是想成为和会的**一个**声音;他想成为会议的**主导**声音。这种愿望让他形成了对其他谈判者以及对他的任务的一种看法,这种看法削弱了他对自己理想的话语权的影响力。

威尔逊的和平计划在四次演讲中得到体现,其中最重要的是他1918年1月8日对国会提出"十四点"的讲话。这些对美国和平目标的有力阐述,不仅想削弱被战争拖得筋疲力尽的交战国人民继续战争的愿望,而且想把同盟国的人民——如果不是同盟国的政府的话——团结起来,支持一个自由的和平计划。在这些讲话中,总统呼吁建立一种克制的和平,推行公开外交,公海自由,消除国际贸易的经济障碍,公平调整殖民地,裁减军备,民族自决,以及对他最为重要的,成立一个国家间的组织——国联。

1918年10月,德国人向威尔逊提出,根据这样的谅解实现停火,即在他的"十四点"和随后的三个讲话的精神基础上安排未来的和平。威尔逊派豪斯上校到巴黎争取同盟国支持把"十四点"作为和平的基础。这是一个艰巨的任务。

"十四点"具有宣传的性质,其对"公平"的呼吁是含糊不清和口号性的,这些口号能增强对敌国人民的感召力,是绝佳的政治武器,但是作为一个和平计划在现实上是难以付诸实施的。同盟国不愿意无条件地接受威尔逊非常笼统的宣言。答应这些含糊不清的宣言对同盟国领导人来说,等于是接受一个邀请,这个邀请将来不仅对威尔逊而且对德国都难落实,因为德国人在某一天会声称——事实上他们确实也是这样做的——和平条件违背了"十四点"。

豪斯上校让他的助手们起草了一份对"十四点"的解释性说明来应对这些困难。从某种程度上说,这些评论澄清了威尔逊在各种问题上的立场,但并没有在美国精心制定的和平计划上做任何让步。事实上,威尔逊告诉豪斯,"十四点""操作的细节"必须在和会上才能决定。① 同盟国领导人感兴趣的正是这些"细节"。尽管豪斯进行了详尽的说明,同盟国还是担心他们接受"十四点"可能被理解为他们提前同意威尔逊提出的具体内容尚不清楚的条件。

更为重要的是,同盟国非常清楚(豪斯和威尔逊也非常清楚),秘密条约已经规定如何分配战利品。他们很清楚他们签署的这些秘密条约完全违背"十四点",尽管这时"十四点"的内容还只是一个大概。

对同盟国外交官不断提出的各种反对意见,豪斯上校若有同感地倾听,但是他的立场一点也没有动摇,以自己上级的名义坚持,只有建立在"十四点"原则基础上的和平美国才愿意参与。最后,除对将公海航行自由提交和会讨论以及明确提出德国战争赔偿的义务有所保留外,同盟国同意接受威尔逊的"十四点"作为和平安排的基础。他们的承诺加速了停火协议的达成。

获得同盟国对"十四点"的支持,对威尔逊和豪斯来说是一次外交胜利。但是,同盟国提出的尖刻的反对意见,以及他们最后对接受"十四点"提出两点保留意见,证实了威尔逊对同盟国领导人目标的不信任。他对他们动机的怀疑有由来已久:这种怀疑开始于同盟国拒绝实施1916年的豪斯-格雷计划,这让威尔逊非常失望。因为在威尔逊看来,这个计划可以向他们保证实现合理的和平。在美国参战后不久,他的这种不信任就得到了增强。英国外交大臣向他通报了同盟国之间签署的各种秘密协议的内容。这种不信任在1917年12月得到了进一步的证实,在巴黎参加同盟国家间的一次会议时,豪斯不能让同盟国接受一份与威尔逊想法相一致的战争目标的总体声明,他,也只有他自己心里有一个"无私的"解决方法。毋庸置疑,他在当时就感觉到同盟国的领导人几个月后在和平会议上让他感到痛苦的迹象:在原则上达成协议并不等于在具体条件上达成协议;原则可以有不同的解释方式,不能总是很容易地运用于复杂的现实——简单地说,原则不能代替具体的主张,只有这些具体的主张才是可以理解的谈判以及毫不含糊的协议的可靠基础。

---

① Seymour, IV, p.153.

威尔逊相信,除非他能限制他们,否则同盟国的政治家们将背叛其人民的最优利益。他们考虑的主要是国家安全、力量平衡、获得新的殖民地和市场。对威尔逊来说,所有这些都是不道德的具体化。

如果按照克里孟梭自己的计划,他将彻底摧毁德国。他会像威尔逊所担心的那样,将"胜利者的条件"强加于德国,播下新的战争种子。克里孟梭一生经历了德国对法国的两次入侵。1871年,德国抓住战争的优势,把苛刻的和平强加给法国。从那时候起,德国在人口、财富和工业技术等方面全面超过了法国。现在法国赢了,克里孟梭考虑这是一个调整平衡的最好时机。法国人一直受安全威胁,不能再让法国受德国威胁的决心成为整个法国和平安排建议的基础。

英国人的观点比法国人要温和。在英吉利海峡仍然是英国最大的防御屏障的时候,英国人对德国直接进攻的担心很少。此外,传统上英国外交政策一直在大陆国家中谋求一种均势,为此而倾向反对彻底摧毁德国的力量。威尔逊对与英国共同利益的洞察被他对他们之间分歧的关注掩盖了。他对英国参加的大量秘密条约感到厌恶,落实这些条约将违背"十四点"的精神。他决心让英国承诺接受他的"公海航行自由"的原则,而英国拒绝完全接受限制封锁行为,因为封锁被他们视为主要的防御手段。英国想在中东和非洲开辟新的势力范围。一些英国领导人希望全部兼并某些德国的殖民地。

至于意大利和日本,他们主要目的是得到战争期间同盟国达成的秘密协议中对他们承诺的战利品。威尔逊不接受秘密条约,认为只要他们与"十四点"相冲突就不能落实。

在威尔逊看来,和会是只有他自己代表的"善良"力量与同盟国的政治家所代表的"邪恶"力量之间的一场宏大的战役。他不明白和会中需要处理的问题不是简单地运用正义的普遍原则就能得到解决;同盟国的政治家们确确实实并不是不受限制的代理人,他们的立场受到曲折历史的限制,受旧的谈判传统的限制,受公众舆论的限制。威尔逊不相信这些政治家能像他一样,能证明他们所追求的是合理的。在他看来,他们是一伙玩世不恭和邪恶的人。

在谈判开始的时候,威尔逊自己广泛并详细地思考了这样的想法,即他有义务将欧洲人民从他们的领导人手中拯救出来，他不仅最清楚，也最能代表人类的利益。全世界对他"十四点"讲话，以及随后呼吁建立一个以国家间的联盟为中心的和平计划表现出的热情帮助他进一步相信这一结论。

我们发现他在1918年7月5日私下说："……欧洲仍然被几年前还在控制这个国家的反动势力所掌控，但我相信，如果需要，我可以越过他们的统治者而直接与他们接触。"我们还发现他1918年10月23日表达对一个记者感激和并表示赞同他的观点，这个记者撰文建议他把"战争与和平的阀门"掌握在自己手中，而不要让同盟国的领导人掌握和平谈判的方向。我们也发现他在停火协定签订当天给人的一封信写道："一些外国政府的领导人有时候完全不考虑他们自己人民的感受，这是多么让人感到震惊的事。"①

很显然，同盟国建议要做的很多事都遭到威尔逊的批评。在认识威尔逊拒绝他们的某些目标的合理性的时候，我们绝不能掩盖这一简单的事实：把同盟国的谈判者看作是还没有启蒙的邪恶的旧式外交传统的代表，为了他们人民的利益必须遭到唾弃的看法很方便地给他提供了一个在谈判过程中把自己的意愿强加给他们的借口。

1918年11月11日，停战协定签署的当天，威尔逊给豪斯发电报表示他打算亲自参加和平谈判，他认为自己可能会被选出来主持这次会议。豪斯感到很沮丧。他一直希望威尔逊在欧洲只做短暂的停留，在谈判正式开始前让他负责美国代表团。像总统的其他许多支持者一样，豪斯认为如果总统留在华盛顿，超脱于大会的日常纠葛之外，威尔逊的和平计划得到实现的机会就会更大。

在过去，如果知道威尔逊不会同意某一观点，豪斯就小心谨慎不强求。但是，这一次他没有否定自己，而是在11月14日给威尔逊回了一封电报："这里的美国人的观点都很有价值，实际上他们认为，您亲自参加和会是不明智的……"豪斯还进一步暗示，克里孟梭觉得威尔逊不应当参

---

① Oscar T. Crosby to R. S. Baker, Baker, VIII, 253; Baker, VIII, p. 505; WW to L. S. Rowe, 11/11/18, Baker, VIII, p. 593.

第十一章 世界的解放者

加会议,理由是没有任何其他的国家元首参加会议,英国也同意这一点。

威尔逊很快表达了自己的不满。他在接到电报当天就回电说:"您第107号电报扰乱了我们的所有计划……这里的普遍希望和共同愿望是我应该参加会议……我认为克里孟梭、乔治、雷丁以及其他人对我提出的建议是想蒙蔽我,我希望您不要太顾及他们的意见,重新考虑后将您的判断告诉我。""经过重新考虑,"豪斯回电说,"我的判断是,您应该考虑参加谈判在多大程度上是明智的,以此决定是否参加会议。"对威尔逊指责英国和法国试图"蒙蔽"他的说法,豪斯补充说:"在我看来,所有的大国都想与我们合作,而非在彼此之间互相合作。他们的分歧是尖锐和长期存在的。"①

豪斯私下表示,他对威尔逊决定参加谈判感到失望。在1918年12月3日的日记中,上校吐露他真心希望总统任命他担任和谈代表团的团长。12月底,克里孟梭拜访豪斯,告诉他同盟国愿意同意威尔逊参加会议。他在日记中坦诚他发现很难激起他的满意,因为他的确感到不满。②

威尔逊在给豪斯的电报很清楚地坚持:"这里的普遍希望和共同愿望是我应当参加会议……"这种说法并不完全准确。例如,国务卿兰辛11月12日告诉总统说,他参加会议将是"不明智"和"错误的"。③

在兰辛的建议下,万斯·麦考密克造访了总统,恳请他不要参加会议。"如果我不去谁来率领代表团?"威尔逊问道,"兰辛地位不够高,豪斯不愿这样做,塔夫脱和鲁特不赞同我们的计划,因此我必须去。"④(需要指出的是,塔夫脱是建立"保障和平联盟"计划最主要的支持者。该计划主张成立一个国家间的联盟——这正是威尔逊计划的要点。)

威尔逊的政治对手公开指责他参加会议是违反宪法的,是证明他狂妄

---

① 威尔逊和豪斯之间的电报来往存于 *Foreign Relations*, *U.S.*, I, p.129-31, 134-5 (Baker, III, 第584-586页和 Seymour, IV, 第212-2144页部分予以引用)。
② House diary, 12/21/18.
③ 兰辛后来指出(*The Peace Negotiations*, p.22-4),正是这次会议标志着两人分裂的开始。
④ Memorandum of Conversation with Vance McCormick, 7/15/28, Baker Papers, Series IB.

自大倾向的又一个证据，结果将是灾难性的，因为他将被那些精明和经验丰富的外交官蒙蔽。很显然，由于威尔逊渴望担任美国代表团的团长，尽管有这么多人表示反对他出国冒险，他还是让自己（不管多少，至少试图）相信公众舆论支持他出国。

1918年11月18日，威尔逊宣布他将参加巴黎会议。他并没有表示他是否要以一名代表的身份参加，尽管这时候他也许已经决定要这样做。虽然也有不少人认为短暂地参加一下最初的谈判对他个人是有利的，公众对这一宣布的反应大多是负面的。

从事情的后续来看，最为关键的也许是威尔逊的这一决定进一步激怒了已经对他抱有敌意的参议院，给那些称他是一个以自我为中心、总是给自己戴上荣耀光环的人提供了新的把柄。共和党质问，在刚刚遭到美国人民的否定后，威尔逊有什么权力到欧洲去代表美国人民？——他本人已经遭到否定，因为在他10月份提出的相当于对他信任程度投票的呼吁中，他失败了。已经病入膏肓的前总统罗斯福在病榻上表达了他的态度：

> 我们的盟友、敌人，以及威尔逊先生本人都应该很清楚，此时威尔逊没有代表美国人民说话的任何权力。他的领导已经被他们断然否决了……威尔逊先生和他的"十四点"，他的四点补充和七点补充，以及他后来所说的所有内容已没有任何理由被视为美国人民意志的表达。①

如果说公众对威尔逊宣布他将参加和平会议的反应主要是消极的话，他几天后宣布他选择的代表团成员的名单，引发了批评的狂潮。参加和会的美国代表团其他成员包括国务卿罗伯特·兰辛、爱德华·M.豪斯上校、塔斯克·布利斯将军和亨利·怀特先生。

在所有这些人中，只有怀特是共和党人，但他是一位已经退休了差不多十年的职业外交官，在党内事务上从来就不活跃。威尔逊忽略了诸如前总统威廉·霍华德·塔夫脱、前国务卿伊莱休·鲁特、前最高法院法官查

---

① Kansas City Star, 11/26/18. 引自 Fleming, p. 56。

尔斯·休斯（他是1916年总统大选中威尔逊的对手），以及哈佛大学校长查尔斯·艾洛特等著名的共和党人。他还忘记在代表团中提名一位或更多的参议员，或者邀请他们以其他身份参加和会。

共和党愤怒地予以抗议。因为在代表团中，总统没有给根据最新的选举结果最能代表民意的党以充分的代表权。更重要的是，威尔逊的批评者指责说，代表团全部是由"唯唯诺诺的人"组成，这些"二流人士"不敢直面威尔逊并提出合理的，有时候是令人不愉快的建议。《哈佛周刊》的一篇评论反映了一种普遍的看法，认为威尔逊的和会代表团只代表了他自己；罗伯特·兰辛代表行政部门，亨利·怀特谁也不代表，爱德华·M.豪斯代表行政部门，塔斯克·布利斯代表军队统帅——换句话说，能够代表的唯一的观点是威尔逊的观点。①

有一代的历史学家对这件事进行了详细的研究，普遍的共识是批评者有充分理由抱怨。许多美国人认为（现在仍然这样认为），威尔逊应该让豪斯、布利斯和怀特作为顾问，而把正式位置留给更重要的人物，包括一两位参议员，他们的参加将让条约的最后通过变得容易。

在事情发生一代或更多代以后重新看待这些事情的历史学家，摆脱了过去激烈政治斗争的影响，掌握了此后很方便就可以得到的历史档案，有时候往往会形成对历史伟人错误的过于苛刻的评判。因此，有人想知道，后知后觉地说威尔逊去巴黎时没有带上几位参议员或重要的共和党人对他是否公平。但事实上，即使在威尔逊选择代表团成员的时候（这里需要说明，他随后与参议院打交道的时候也犯了不少错误），他同时代人的许多人都认为他做得不对。很多对他的警告都遭到他的拒绝。如果说威尔逊没有认识到他的这种做法的愚蠢，并非因为当时没有预示可能产生的后果的证据，而是因为视而不见是他特有的缺点。他同时代的人非常震惊地看到，威尔逊一次又一次地攻击共和党内潜在的支持者。其中有些人（如塔夫脱）非常宽宏大量地一次又一次地尽力给威尔逊创造机会，以弥补他自己可能造成的损失。

考虑到参议院在缔订条约方面的权力，有不少人或公开或私下劝告他

---

① Bailey, p. 93.

一定要照顾参议院，特别是共和党的意见。威尔逊不顾这些劝告任命了美国和平代表团的成员。威尔逊一意孤行。他没有听从建议，任命一两位参议院内或外的重要的共和党成员。他对此给出的理由显示了他总是找一些牵强附会的理由证明自己正确的特殊能力。

他告诉司法部长格雷戈里说，他不任命参议员是因为参议院是一个独立的机构，让一位参议员参加谈判达成条约，然后又把条约交给参议院来审定，既不公平也不符合宪法。但是，威尔逊以前的总统，尤其是麦金莱，根据同一宪法任命了不少的参议员参加谈判。

威尔逊知道与和平条约有关的任何事情都属于参议院的权力范围之内。因为《宪法》有一条规定总统在"取得参议院的意见和同意"后有权利缔结条约。总统和参议院在这一功能上的权力的分界线并不清楚。纵观美国历史，总统和国会在争夺美国的对外事务的主导权。一直对任何事实上或想象中的侵犯其权力或冒犯其尊严的行为总是保持高度警惕的参议院，对总统似乎忽视其宪法赋予的处理对外事务特权的建议尤为敏感。

总统的处境因如下事实而更加艰难，即只有得到参议院三分之二多数的支持，一项条约才能获得批准。这就意味着三分之一蓄意制造障碍者的权力得到了加强。很多研究宪法史的学者认为，现行的条约审批制度不能令人满意。不管这种结论多么有道理，现实是从1918年到1919年，威尔逊必须在现行的制度内发挥作用。为了让参议院批准任何他提出的条约，首先需要做的是安抚参议院。

由于我们的在缔结条约方面的制度安排给总统和国会之间关系造成的压力和紧张，两党的参议员对他压抑已久的不满让威尔逊的使命变得格外的复杂。通常情况下都会有的困难在这种氛围下更显微妙。但是，威尔逊不是采取步骤解决这些问题，而是处处让这些问题更为复杂。

很容易理解，他不愿意在代表团中任命洛奇这样的共和党参议员。因为他们强烈地反对他个人，在建立国联的谈判过程中不管做出任何努力，这些人都有可能故意让他难堪。这种偏见不适用于其他共和党和民主党参议员，他们支持建立国家间联盟的想法，或者至少在这个问题上持开放的态度。这种偏见当然也不适用于像前总统塔夫脱、伊莱休·鲁特和查尔

斯·艾洛特等的人，他们在威尔逊这样做之前就公开推动建立某种形式的国际组织，

即使威尔逊对他为什么不在代表团中任命一两位参议员所做的含糊不清的解释是可信的，还是难免得出这样的结论，即彻底把参议院排除在缔结和平条约过程之外是他这次任命的全部目标。因此，就算不让参议院在代表团有一席之地的话，他至少应让参议院以为自己正采取措施使其对事情的进展有所了解，得到参议院的配合，以便参议院可以行使其"建议和表决"职责。他没有这样做。相反，他故意不让参议院了解信息。有人还设想对参议院作用的尊重会让他采取这样的谈判方式，以便使参议院对条约可能的修正不会产生灾难性的后果。但事实上，正如他公开宣称的那样，他对谈判是如此在意以至于参议院发现很难对条约内容做出任何修改。

他根本不在乎，照顾参议院的感受可能挽救他计划的实质。他计划的实质内容是由各种不同的个人需求和思想信念所支撑的，最终也只不过是他出于控制别人的外部手段的需要。他最主要需求——尽管事实上他宁死也不会承认这一事实——是为了个人的"自私"的征服参议院的原因。他决不会听从参议院的。参议院必须听从他的。他一定不能屈服于洛奇。洛奇——另一位韦斯特院长，另一位**父亲**！——洛奇必须屈服于他。他的正直受到了威胁！

不管塔夫脱、艾洛特以及鲁特，在动员人民支持他的国联和条约方面能给他提供多大的帮助，威尔逊不能容忍声望可能影响到他自己卓越地位的人和他一起出席会议，他们独立的思想可能激发他们挑战自己的权威。我们认为，在他决心建立一个新的世界秩序的过程中，只有单独工作才能实现他内心的自我满足。从他萌发将国联作为他和平计划的一部分的思想的那一刻开始，他便有了独占这种思想的极端想法。国内外有许多其他的人一直都支持建立一些这样的国际组织。但威尔逊全部避开他们。

比如，"保障和平联盟"正是这样一个极力主张必须有一个国家间的联合来维护未来的和平的组织。在整个战争期间，这个组织的成员为美国参与这样的联合而不断动员美国舆论，把对联合有思考的人的思想系统化。这个组织的领导人都是美国最受尊重的人。截止到 1918 年 8 月，已经

有三十四个州的州长担任该组织的干事。它在美国的每个州都有自己的分支机构,有5万在册的志愿者。① 简单地说,"保障和平联盟"在美国有浩大的声势,一种反映威尔逊心中的大多数想法的声势。然而,威尔逊对这个组织的许多活动都不赞成。他称这个组织的领导人为"笨蛋"和"白日做梦的人"。② 他看不起他们建立联盟的想法——诸如前总统塔夫脱那样知名人士提出的计划——虽然他并没有认真研究这些计划的细节。他坚决地反对他们为这个设想的国际组织起草一项宪章的提议。他反对他们与欧洲的类似组织建立联系的企图。③ 因为迫切想保持他自己对联盟计划的控制权,威尔逊看到了让公众中感兴趣的阶层参与建立联盟的讨论的所有的缺点,一点也没有看到其可能的好处。

威尔逊给出的不鼓励公众讨论起草联盟宪政的主要理由之一是,起草这样一份文件属于政府的官方行为。确实,英国和法国政府为此还成立了官方的委员会。当英国的委员会完成了一份报告,英国政府打算公布的时候,威尔逊予以反对,理由是这样做只会招致对联盟设想的攻击,可能使在和平会议上通过一份理想的章程更加困难。④

1917年夏天,一位名叫富兰克林·布荣的法国人,一直在筹划一次战后的国际议会计划,拜访了总统并邀请美国与法国人、英国人和意大利人一道参加一个就此议题召开的会议。威尔逊拒绝了这个邀请。在1917年9月3日的日记中,豪斯将总统不愿意接受或派遣一个海外代表团的原因归于他独裁的本性。上校写道,总统相信个人的权威。他还说,虽然有其优点,善意的专制是极其危险的,不应该支持。

直到1918年7月,豪斯提醒他说,除非他采取主动,公众舆论有可能促使别人提出联盟的计划。他建议威尔逊投入精力起草一个公约。他认为英国的报告是不可接受的,含糊不清的理由是该报告缺乏阳刚之气,却并

---

① Bartlett, Ruhl J., *The League to Enforce Peace* (Chapel Hill: University of North Carolina Press, 1944), p. 96 – 7, 127 – 8.
② WW to EMH, 3/2018, Baker, VIII, p. 38.
③ Seymour, IV, 4; Pringle, Henry F., *The Life and Times of William Howard Taft* (New York; Toronto: Farrar & Rinehart, Inc., 1939), II, p. 932 – 7.
④ Seymour, IV, p. 49 – 50.

第十一章 世界的解放者

没有在这个问题上表明自己的看法是什么，只是让豪斯负责重新起草。①豪斯的草案是威尔逊后来版本的主体，为了容纳他在和会上遇到的意见而对草案进行了某种程度的修改。

雷·斯坦纳德·贝克在谈到有关国联起源的文件时写道，一个非常显著的事实是，"《国联盟约》实际上没有任何东西——哪怕是一个观点——是总统原创观点。他与它的关系主要是一个编辑者或汇编者……他有两条最核心和基本的信念：在国家间建立一个联盟是必要的；它必须马上成立。"② 还可以加上第三条信念，恐怕是他心里最在乎的：必须由他，他一个人来承担引导这个新的组织诞生的责任。

作为代表团的唯一的共和党人，以及理解赢得参议院内外的共和党人善意的关键作用的人，亨利·怀特出发到巴黎前征询了不同的共和党领袖的意见。他希望能在总统和总统的共和党批评者之间，尤其是参议员洛奇之间扮演一种缓和矛盾的角色，因为多年来，他一直与洛奇私交甚厚。1918 年 12 月 2 日，洛奇给怀特一份 9 页的备忘录作为其在和会上的指导。他在备忘录中警告说，国联计划"在任何条件下"都不能成为和约的一部分。"任何试图这样做的努力，"他说，"不仅将拖延和约的签署，使之被过度地延期，而且将使和约在未经修改的情况下被美国参议院，或其他需要获得批准的机构批准充满变数。"③

就在威尔逊到国会发表他的年度国情咨文的当天，洛奇将这份备忘录交给怀特。在他的讲话中，威尔逊提到了他即将开始的欧洲之行。和平安排不仅对我们，而且对整个世界都是极其重要的，他讲到，"我不知道还有什么别的事情或利益更重要……"美国军队已经接受了他所提出的思想，他们正在为此而战。"现在我有义务充分发挥我的作用，充分利用好他们用鲜血换回来的东西。"④

国会聆听总统讲话的时候没有热情，是个不祥之兆。纽约《时报》报

---

① Seymour, IV, p. 26, 52 – 3.
② Baker, WW & WS, I, p. 214.
③ Nevins, p. 355.
④ 威尔逊对国会两院的讲话，12/2/18. *Public Papers*, *War & Peace*, I, p. 308 – 23。

道说所有的参议员,共和党和民主党在他讲话的整个过程中都一样闷闷不乐。

两天后,1918年12月4日,在威尔逊太太、国务卿兰辛、怀特和一帮专家的陪同下,威尔逊乘坐乔治·华盛顿号出发到欧洲。这帮专家在豪斯上校的带领下花费了一年半的时间搜集可能与会议上出现的所有问题有关的资料。

总统的身后留下了一伙对他怀恨在心的私敌,不管他谈判达成什么协定,他们都可能挑剔。他身后还留下一群衷心支持他国联计划的人。虽然对他个人非常反感,这批人仍然支持他:例如前总统塔夫脱。虽然对总统对代表团成员的挑选及其行为感到不屑,却仍旧推动成立国联。绝大多数美国人对和平没有形成一个固定的看法。他们的想法是——用威尔逊自己常用的说法——在这个问题上"放手"。很多人支持成立一个国家间联盟以防止另一场战争的想法,此时,有组织的反对意见还比较少。至于说这种组织的具体性质,公众舆论还没有具体的想法。大多数人对创造和平的具体问题也不是非常关心:诸如高昂的生活费用,让自己的"孩子"晚些时候从军队转业,军工企业关闭后需要找新的工作等困难,对大多数美国人来说是更现实和重要的。普遍的想法是让欧洲人为欧洲的复杂问题操心,让美国保存自己的精力以处理自己家里的事。

前面就是欧洲——威尔逊感到为了实现一个符合道德的和平安排必须征服那里的政治家,他确信他是作为代表数百万普通百姓而行动。他在着手这项艰巨的任务时有一种复杂的恐惧感,这种恐惧源于他意识到他给自己确立的任务的艰巨性,鼓舞人心的狂热,更重要的想取得成功的强烈愿望。

在乔治·华盛顿号抵达法国的三天前,威尔逊对随行的专家们说,美国人是这次会议上仅有的没有私利的人,而其他国家代表并不代表他们的人民。他说,美国代表团的任务是实现一个新的秩序:"可能的话,实现一个愉快的秩序,如果需要,实现一个不令人愉快的秩序。"①

1918年12月13日,星期五,乔治·华盛顿号驶入布雷斯特港。总统

---

① Seymour, IV, p. 280-2, 另见 Baker, *WW & WS*, I, p. 11。

第十一章 世界的解放者

一行下船后即前往巴黎。

曾经目睹威尔逊凯旋般地进入到巴黎情景的人说,世界上还从来没有受到如此尊重的人。① 曾听过祖父描绘拿破仑凯旋后在香榭丽舍大街游行的壮观景象的法国人,曾经目睹乔治五世加冕典礼的英国人、美国人、澳大利亚人、希腊人、中国人——来自世界各地的人——可以作证,没有一个欢迎仪式可以与美国总统1918年到欧洲参加和会时所受到的欢迎仪式相提并论。在巴黎,有200万人涌向香榭丽舍大街,向"正义的威尔逊"致敬,他们欢呼雀跃,拥抱着花环,为他祈祷,被他感动得流泪。

威尔逊一到达巴黎就立即准备投入工作。克里孟梭、劳合·乔治和奥兰多都主张推迟会议的开幕。威尔逊立即同意延期,利用这一个月的时间以胜利者的身份首先访问了英格兰,随后访问了意大利。数百万人给他以最热烈的欢迎,使以往任何类似的欢迎仪式相形见绌。他受到的这些让人陶醉的欢迎仪式无疑让他更坚信作为世界普通大众拯救者的使命,让他坚信他比欧洲领导人更能代表欧洲人民。

不可否认的是,威尔逊的这种感觉有一定的根据,因为他理想主义的讲话赢得了欧洲人民的支持。他们把他看作神一样,能够也愿意纠正错误。尽管如此,威尔逊的想法还是有相当的一部分不符合实际,他自以为他更能代表欧洲人,认为如果需要的话,他能够赢得这几个国家人民的支持,迫使和会上的对手们接受他的观点。

在喧闹的欢迎威尔逊的人群中有不同和复杂的感情。他用如簧之舌阐述了人类的普遍愿望。对欧洲所有的人民来说——甚至在敌国——他的名字已经成为一个能够把期盼和平与正义的世界的呼声凝聚起来的核心。他的出现恰逢时机,让人们能倾泻他们因为战争的结束而感到的欣慰,他们对美国帮助的感激,对他崇高理想的支持,以及对无所不能的美国总统(他们好像认为他和美国具有无限的、魔术般的力量和权威)致力于改善

---

① 当威尔逊抵达的时候,在巴黎的美国人中还有从前线到这里休假的哈里·S.杜鲁门舰长。"我从来没有见到他所得到的那种隆重接待,"杜鲁门在1950年的一份备忘录中这样写道。引自 Hillman, William, *Mr. President*(New York: Farrar, Straus and Young, 1952),p. 230。

他们境况的快乐。

威尔逊所遇到的是感情迸发出来后所产生的，最多是对他最普遍目标支持的表露。对他的好感达到了顶峰，这种好感在危机和人们沮丧时能将人团结起来以追求崇高目标，但总是被证明是短暂和反复无常的。然而，威尔逊把人们的赞许误解为他们将在具体问题上支持他态度的可信证据，虽然他的态度还不明确。他还不明白，鼓动一群人为他、为"正义"、为国联欢呼到声音沙哑是一回事，获得他们支持以反对其领导人的特殊要求完全是另外一回事。如果他们与威尔逊在实现繁荣昌盛的最佳途径上有分歧，威尔逊就很少有理由去想象在具体问题上，他——而不是欧洲领导人——将得到欧洲人民的支持。

1918年12月末发生的两件事可能会让比威尔逊更实际的政治家感到踌躇。第一件，是劳合·乔治以绝对优势赢得了英国的大选。在对德国充满仇视的公众的要求下，他在大选中承诺要争取实现对德国苛刻的和平。第二件，威尔逊在英国呼吁需要成立国联和处理国际关系新的方法的时候，克里孟梭在法国议会表示他坚持，用他自己的话说，"被称为'均势'的旧的同盟体制"。他表示，他不愿意将法国的安全托付给一个未经尝试、由威尔逊总统出于"高尚的天真"提出来的设想。① 法国议员们用绝对的信任票表达了对他立场的支持。

豪斯上校在他的日记中写道，克里孟梭的胜利是"是我们能得到的让进步原则在和平会议上取得成功的最不祥的预兆。在英国大选结束后，再考虑到最近美国大选的结果，从战略上来看，形势不可能更糟了。"②

但是，威尔逊对公众舆论的估计好像丝毫没有受到这些外部事件的影响。③ 参加理事会议的时候，他踌躇满志地认为，他代表了"人类"，根据上帝的意志，他将创建一个新的世界秩序。

当威尔逊在三个国家接受其崇拜者盛赞的时候，法国和意大利军队占

---

① 纽约 *Times*，12/31/18；（第二段引文）Seymour, IV, p. 255。
② House diary，可能是 12/20/18, Seymour, IV., p. 255。
③ 见，例如威尔逊1918年12月30日在英格兰曼彻斯特的讲话。这个讲话被认为包含了威尔逊对克里孟梭前一天信任投票的答复（*Public Papers*, *War & Peace*, I, p. 354）。

第十一章 世界的解放者

领了一些有争议的领土。同盟国的谈判代表们有机会——他们期待已久——亲自观察一下威尔逊。

任何一位老练的外交官在确立自己战略的时候，都会把其谈判对手的心理特点考虑在内，以更加有效地实现自己的目标。英国、法国和意大利的领导人在战争期间就合作过。他们相互之间已经建立起密切的私人关系，即使他们在目前面临的问题上不能达成一致，也至少相互了解他们各种的观点。威尔逊是一个谁都不了解的人。他在欧洲受到的前所未有的欢迎和他们听到的关于他个性的故事之间的矛盾让他成为一个有趣的迷。

劳合·乔治在谈到会议的时候坦承，同盟国领导人对威尔逊是一位怎样风格的人，他真正的目标是什么都非常好奇。威廉·威斯曼爵士，一位在战争期间赢得威尔逊和豪斯信任的年轻的英国外交官有很多的信息。在和会召开前不久的一个晚上，劳合·乔治花了两个小时向他了解威尔逊的个性特点。在威斯曼阐述威尔逊的理想和弱点的时候，他急切地记录着。①

当然，在威尔逊看来，国联——用他自己的话来说——是"我们这次会议的核心目标"和"拱门的基石"②。会议召开前威尔逊在法国、英国和意大利发表的演说都围绕把创立国联作为条约核心的必要性（他把自己说成是只不过是反映美国公众舆论的工具，因此把全部精力投入到国联上——这种说法让他在国内的对手们非常恼火）。在到达巴黎的当天，威尔逊告诉豪斯，一旦国联得以建立，其他的困难问题都将消失。③

有相当多的文献证据证明，英国人和法国人也赞成建立一个国际组织。但是，他们重视的是实质问题，如他们将要进行的领土和经济争端的问题。威尔逊也认为这些实质问题重要，但是，与建立一个解决国际争端的永久性机制的重要性相比毕竟只不过是短暂性的问题。

1918年12月27日，劳合·乔治与威尔逊进行了首次正式的会谈。几天后他向内阁汇报说，总统"立即提出了国联的问题，留下的印象是，这

---

① Willert, Sir, Arthur, *The Road to Safety: A Study In Anglo-American Relations* (New York: Frederick A. Praeger, 1953), p. 17.
② Miller, II, p. 156, 158.
③ Seymour, IV, p. 251-2（可能在豪斯日记12/14/18）。

是他唯一真正关心的事情"。他想把联盟问题作为议程上的第一件事,"劳合·乔治先生和贝尔福先生都倾向于同意,"内阁会议的记录说,"理由是这将使其他议题变得容易,如'公海航行自由'、处理德国殖民地、经济问题等等。"①

很显然,英国首相从他与威尔逊的首次会面中得出的印象是,他可以通过支持立即成立一个国联(这对他来说不是一个很大的让步,毕竟建立国联也是英国计划的一部分!)来换取威尔逊支持英国的一些建议,落实这些建议将与"十四点"发生冲突。在一次内阁会议上,澳大利亚首相说国联对威尔逊来说就如一个玩具对一个小孩——在得到之前他不会高兴。在本能地寻找实现自己目标的过程中,英国人很快发现总统对国联有很深的个人情节,他们觉得或许可以利用。

法国人是否在和会开幕前就得出了类似的结论——他们后来的确得出这样的结论——还没有足够的资料予以证实。值得注意的是,在他们1918年12月15日初次见面谈了一个小时后,克里孟梭告诉威尔逊说,他曾经反对威尔逊作为代表留下来开会,现在希望他留下来以美国的首席代表的身份参加谈判。克里孟梭对随他一起下楼的豪斯上校表示,他对威尔逊"非常满意"。"克里孟梭观点的变化,"劳合·乔治在他的书中暗示,"意味着狡猾的法国总理在与威尔逊总统的首次谈话中发现,他比预想的要容易改变。"②

在开幕式前夕,在国联问题(以及其他任何问题)上还没有得到总统信任的怀特、兰辛和布利斯,不知道他们该如何发挥作用:总统甚至没有暗示一下,他将如何在代表团成员中间分配参会的责任。

兰辛和怀特希望在来参加会议的路上,与总统在乔治·华盛顿号上进行协商。让他们失望的是,威尔逊与他们只有几次断断续续的谈话,让他们对他的计划与以前一样不清楚。

亨利·怀特在到巴黎的第一天就拜访了克里孟梭。怀特曾经担任美国驻法国大使,他们非常熟识。显然,克里孟梭认为威尔逊可能将怀特用作

---

① Lloyd George, I, p. 114-5(强调是作者后加的)。
② Lloyd George, I, p. 89; House diary, 12/15/18, Seymour, IV, p. 252.

第十一章 世界的解放者

私下交换意见的渠道，表示他愿意为怀特效劳，不管是白天还是晚上。在几年后给威尔逊太太的一封信中，怀特写到，让他非常遗憾的是，他一直没有机会以克里孟梭所希望的方式提供帮助：总统没有给他使用这种方式的机会。怀特还指出，他和代表团的同事们在大多数时间都不知道和会上发生了什么事情，这一事实让任何的团队工作和给总统提供任何真正的帮助都不可能。①

没有得到威尔逊分配的任何任务的兰辛也尽力想做些有用的事。他推断（他**不知道**，因为总统从来没有把他国联盟约的计划告诉他的国务卿）威尔逊的国联盟约有一条款，要美国承诺对侵略者采取惩罚性的军事行动。预见到这样的一个承诺会在参议院会遇到困难，他起草了一项临时的保证条款。他认为这一条款比他了解的威尔逊头脑中的条款更可能获得批准。兰辛在12月23日将他的备忘录递交给总统。但总统从来没有表示他收到过。

另一项让兰辛感到担心的事，是总统显然缺乏一项具体的计划，让代表团的所有成员了解总统希望他们在众多将要参与谈判的问题上应该持什么样的立场。随着时间的推移，威尔逊没有任何哪怕只是察觉这一问题的迹象。兰辛采取措施填补这个鸿沟，让代表团的法律顾问们准备一个涉及可能讨论到的问题的条约框架。1919年1月10日，当兰辛在一次少有的总统与代表团成员的会面中向威尔逊提到这件事时，总统很快回答说，他不想让律师们起草条约草案。作为代表团成员中（除了总统以外）唯一的律师，兰辛认为这句话是对他个人的侮辱，随即放弃了这个工作。他还决定不再对《国联盟约》提出任何建议，因为总统已经忽视了以前他提出的多个建议。

布利斯将军与兰辛一样对总统不让代表团的成员们充分地了解情况感到担忧。他给他夫人写信（1918年12月18日）说，他对"我们的想法如此含糊不清感到忧虑"②。1919年1月11日，他给牛顿·D. 贝克写信说，他感到担忧，因为他不知道总统对各种问题的具体想法是什么。例如，他

---

① Henry White to Edith Bolling Wilson, 6/17/24, *Baker Papers*.
② Bliss 将军给 Bliss 太太, 12/18/18, Palmer, *Bliss*, *Peacemaker*, p. 359。

在想，如果贝尔福先生问他美国代表团在某某问题上的立场时，他该怎么回答？美国的代表团成员之间可能会不断互相矛盾，好像意见不一致。布利斯写道，有时候他觉得如果美国代表团只有一名代表会更好。① 关于总统对他态度最好的概括，要数他传记的作者撰写布利斯在和会上的一章时的标题："他的智慧戴着脚镣"。②

在会议召开前，代表团的所有成员在不同程度上都对他们与总统的关系感到忧虑。兰辛、怀特和布利斯对威尔逊不愿意让他们参与会议的实际工作很生气。只有豪斯得到总统的信任，总统也只向豪斯透露他的计划。他寻求上校的建议，把他与众多政治家谈话的细节告诉他。他也让豪斯去倾听其他欧洲同事的意见，解决困难。在1919年1月1日的日记中，豪斯说：

> 总统和我在很短时间内就处理了大量的事情。在我告诉他我已处理过某一事情或已经得出结论后，他很少或从不与我争论。他给信件、公文和文件签名都从不提任何问题。

豪斯对兰辛、布利斯和怀特有一点蔑视，还带有一点同情。他在日记（1919年1月8日）中说，虽然代表团中的同事们很想帮忙，但实际上却是在妨碍工作。他接着说道，总统好像根本就不想充分利用他们。

> 又回到了华盛顿那个时候。我们俩敲定了一件事，他似乎觉得这就够了，甚至不用通知别人。我与他在一起的时候我每天都感到尴尬。

每天早上，怀特就到上校的办公室以获得任何豪斯愿意与他交流的消息。正如在日记所表明的，豪斯认为在怀特急切了解情况的努力中有一点

---

① Bliss 将军给 N. D. Baker, 1/11/19。

② Palmer, *op. cit.*, p. 363.

第十一章 世界的解放者

悲哀。①

1919年2月21日，他在日记中的即时记录非常清楚地说明了他的态度。记录的意思大概是说，他曾经让怀特代替他参加一次会议，因为会议不会谈到重要的事。当兰辛就起草一个条约草案的可行性商询豪斯时，豪斯上校鼓励他这样做，以便不让他闲着。他的日记（1919年1月3日）这样记录。

我们已经看到，虽然他喜欢他的位置，但是豪斯对总统还是不满。他的不满好像主要是因为他渴望担任美国代表团的团长。

到1月中旬，同盟国已做好了开工的准备。威尔逊也渴望投入工作。全世界各国的代表们云集巴黎。他们代表着一千多种不同的目标，每一个人都想为自己的利益辩护。还有一支名副其实的记者大军。舞台已经就绪。每位主要的演员都希望扮演自己期待的角色。他们一起——满怀希望，又充满恐惧，肩负艰巨的任务，相互之间钩心斗角，折冲樽俎——已经准备好上演人类历史上伟大的一幕。

---

① Hosue diary, 3/28/19.

第十二章　巴黎和平会议[*]

先生们，我相信你们能够理解美国代表们支持这一伟大的国联计划的情感和目的。我们把它看作是整个计划的关键，它代表了我们在这场战争中的目标和理想，相关国家也接受以此作为和平协议的基础。如果我们没能尽力落实这个计划，我们回去的时候我们的国民完全有理由蔑视我们。因为他们是构建美国民主政体的主体……除了完成他们委托的使命外我们别无选择……我们在落实这个计划的时候不敢有丝毫懈怠，这个计划就是我们的指示。

---

[*] 本章和下一章有关巴黎和会的叙述是根据我们早先在1951年所做的一个更加详细的研究（没有发表）而缩写的。该研究引用的材料太多，不能在这里全部列出。在使用的比较重要的材料中应该提一下十人委员会，四人委员会和巴黎和平会议中的其他正式程序的记录。这些都收录于多达11卷的 *Papers Relating to the Foreign Relations of the United States, Paris Peace Conference, 1919*。（这一资料来源中有关四人委员会的对话依据的是英国代表团的 Sir Maurice Hankey 的记录。我们没有利用最近出版的当时官方翻译 Paul Mantoux 对同一会议所做的记录因该记录没有时间。）

关于威尔逊和豪斯的个人材料，我们主要的根据是 House 和 Baker；Baker, *Woodrow Wilson and World Settlement*（三卷）；E. B. Wilson, *My Memoir*；和 Seymour, *The Intimate Papers of Colonel House*, IV。

有关巴黎和会的众多解释性的研究中，对我们目的最为重要的是 Thomas Bailey 的 *Woodrow Wilson and the Lost Peace* 和 Paul Birdsall 的 *Versailles Twenty Years After*（New York: Reynal & Hitchcock, 1941）。两者都很公允和准确，我们用它们来核对我们自己对当时事情发展的叙述和建构。Birdsall 比 Bailey 提供了更多的有关豪斯－威尔逊关系以及美国代表团内部矛盾的材料。虽然他并没有直接得到豪斯日记的全部，他对这些问题的处理非常重要，Bailey 比 Birdsall 对作为谈判者威尔逊持有更多的批评态度。

有关巴黎和会学术发展的历史文献，见 Robert C. Binkley, "Ten Years of Peace Conference History," 和 Paul Birdsall 的 "The Second Decade of Peace Conference Hisotry," *Journal of Modern History*, I, (1929), p. 607–29; XI (1939), p. 362–78。

第十二章 巴黎和平会议

1919年1月25日，威尔逊总统在巴黎和会全体会议的讲话①

1919年1月12日，克里孟梭、劳合·乔治、奥兰多和威尔逊在各自外长的陪同下举行了首次正式会晤。这些人，加上后来加入的日本的松井庆四郎和珍田捨巳②组成了十人委员会。在一个多月的时间里，除有一周外，委员会每周末都碰头一次，直到2月14日威尔逊离开和会短暂回国。

五大国——英国、法国、美国、意大利和日本——的代表团的团长们很快决定，他们应当严格控制会议的程序和主要决议。十人委员会应该决定什么样的议题由整个大会来讨论决定。在最重要的问题上，应该由这个委员会的大国做出初步决定，然后递交由所有战胜国代表都参加的大会予以正式通过。与此同时，小国应邀就他们感兴趣的问题以及几个特别的问题提出备忘录。

因为某些从未被解释清楚的原因，大国领导人并未在多个现成的完善的会议议程中选择一个。相反，可以在大会上随意提出议题，大会的结构

下列著作尤其有用 David Hunter Miller, *Drafting to the Covenant*（两卷）; James T. Shotwell, *At the Paris Peace Conference* (New York: The Macmillan Co., 1937); Rene Albrecht-Carrie, *Itlay at the Peace Conference* (New York: Columbia University Press, 1938); Edward M. House and Charles Seymour eds., *What Really Happened at Paris* (New York: Charles Scribner's Sons, 1921); Harold W. V. Temperly (ed.), *A History of the Peace Conference of Paris*（六卷, London: H, Frowde, and Hodder and Stoughton, 1920 – 24）; Harold G. Nicolson, *Peacemaking, 1919* (New York: Harcourt, Brace and Co., 1939); Henry Wickham Steed, *Through Thirty Year, 1892 – 1922*（两卷, Garden City, N. Y.: Doubleday, Page & Co., 1924); Andre Tardieu, the *Truth About the Treaty* (Indianapolis: The Bobbs-Merril Co., 1921); David Hunter Miller, *My Diary at the Conference of Paris*（二十一卷, New York: Privately Printed, 1924）。

关于威尔逊与参议院以及国内舆论之间的各种各样的困难，除了 Bailey 的书外，我们发现前面提到的 Fleming, Pringle, Lodge, Garraty 和 Tumulty 的书尤其有用。

① *Public Papers*, *War & Peace*, p. 398.
② 此处有误。日本内阁的原敬首相和内田康哉外相都没能参加巴黎和会，日本代表团由元老、前首相西园寺公望担任团长，代表有枢密顾问官、前外相牧野伸显、驻英大使珍田捨巳、驻法大使松井庆四郎、驻意大使伊集院彦吉。西园寺因身体不好，发挥作用很有限，只是象征性的，实际的首席代表则是牧野，十人委员会的日本成员应该为西园寺和牧野。——译者注

是由十人委员会根据他们的特别需要一件件地堆积起来的。十人委员会的大部分时间都花在听取详细的时事报告的内部会议以及在次要问题上长篇大论而没有任何结论的讨论上。

因为得了流感一直待在卧室的豪斯上校对某些报道感到沮丧。这些报道说委员会在浪费他们的时间。"除非采取措施把代表们集中起来,并让他们投入工作,"他在1919年1月21日的日记中说,"……我担心会议将无休无止。"正如豪斯所见,问题在于缺乏组织。① 他认为,最根本的是要任命不同的委员会来处理各种具体的问题。他是否对总统提出过这个建议——他**的确**向英国代表团成员威廉·威斯曼爵士提到过——还不得而知。无论如何,威尔逊也对十人委员会没有任何成就感到十分不耐烦。

1月29日,在一次令人厌倦的会后,因为英国人和美国人得到的信息互相矛盾,事情变得更加复杂。威尔逊总统建议两个美国专家与他们的英国同行磋商,然后提交一个联合报告。专家们兴高采烈地接受了这项要求。委员会的其他成员也同意要求他们各自的专家协调在不同问题上的信息,厘清尽可能多的问题。在随后的几天内,委员会成立了几个不同的小组,讨论罗马尼亚、波兰、捷克斯洛伐克、希腊和阿尔巴尼亚事务。各个委员会的任务事实上就变成了起草后来成为条约的相关部分的草案。让美国专家感到吃惊和高兴的是,这样他们真的要参加谈判了。②

美、法、英三国代表团的专家的地位在几个关键的方面有所不同。英法的专家对他们在各种议题上应该采取的立场非常清楚,美国专家们却没有具体的计划或条约草案来指导他们。美国专家们只有威尔逊的"十四点"和一些其他笼统的声明可以作为参考。但是这些政策指示非常含糊,无法指导他们在面对的数以百计的议题时具体应该持什么立场。通常的情况是,如果"十四点"与特定的议题有关,在这个议题上会有好几个可以适用的原则,而满足某个原则的解决方法可能与另一个原则发生冲突。缺乏一个能够在美国立场上达成平衡的机制。更重要的是,他们的对手对所有小组的议程都有系统的了解,而美国的专家们在工作的时候却不了解自

---

① House Diary, 1/21/19 和 1/22/19, Seymour, IV, p. 274.
② Shotwell, *op. cit.*, p. 154.

第十二章 巴黎和平会议

己的同事是如何处理其他相关问题的。

威尔逊没能给他的助手们提供足够的指导,不仅仅是因为他被动地忽略了他的部分责任。我们已经看到,他拒绝国务卿试图起草一份条约草案的要求。说他阻止兰辛还不够,因为他对他缺乏信任。因为如果他需要一个条约草案,他就会让豪斯或者专家们起草一个。但是总统也没有这样做。在已经选择对可能出现的问题不提供任何完善可行的指导情况下,威尔逊就想让自己的代表团成员们去协调专家们的工作。然而,正如我们所见,早在会议召开前,兰辛、怀特和布利斯已经士气低落。因为威尔逊显然希望他们能体面地限定自己的活动范围,不要妨碍他。在谈判正式开始后,他的消极态度显然就更让他们苦恼了。他们的日记和信中满是生动,有时甚至是很激动的关于事实的记录:威尔逊很少让他们干活,让他们感到深受侮辱,因为他们根本不了解他的想法和计划。

此时的代表团成员兰辛、怀特和布利斯也无法指使专家们,因为威尔逊有意地限制下属对政策成型的可能贡献。此外,他还故意阻断他们给助手提供指示的渠道。结果导致了总统和其他工作人员之间的相互孤立。不管是否愿意,专家们(以及代表团的成员们)还是发现自己在各个委员会处于决策者的位置。总统和他的工作人员在很大程度上都是独立地参与政策形成的整个过程,而实际上他们都应成为一个协调良好的整体的一部分。

专家们在和会上的角色似是而非,让人得出不同甚至互相矛盾的判断,不知道总统是否乐意将权力委派给别人。有些著者根据专家们在委员会内拥有相当大行动自由这一事实,认为这是因为威尔逊非常大度,愿意授权给别人。但是,必须指出的是,专家们能够发挥影响是因为威尔逊的疏忽所留下的权力真空,而非他有意放权。

总统希望专家们在决策过程中发挥多大程度的作用含糊不清,他在众多议题上的态度也不得而知,使得专家们在各个委员会的作用非常被动。他们将主动权交给英法的代表,因为英法代表早就准备好了可以作为讨论基础的计划。"和平会议的一个显著情况,"雷·斯坦纳德·贝克(他自己也是美国代表团的成员)写道:"……是英法外交部或外交机构的高效率。他们总是有一个准备好的计划,通常制定得很周密。即使是在我参加的一两个小委员会中,一个议题刚刚提出,英法就有了详细的计划,并且已经很精致地打印出来了……"①

事实上,从最终条约的文本来看,委员会总是围绕英法的草案进行讨论具有非常重要的意义。因为,通常情况是,原始的具体建议大体确立了讨论的框架,除非有强烈的反对,一般都会得以通过。只有通过修正案才能对提议的草案进行修改。但修正案不仅相对难以实现,而且太频繁,会让一些参与谈判的人看起来像是在制造障碍。在这种情况下,美国谈判代表让一大批反映英法观点的构想未经任何挑战就成为条约的一部分。

威尔逊对其工作人员的态度反映了他独断专行及只关注自己感兴趣的事情——这一次是国联——而不惜损害其他(有时候甚至是同样重要)的事情。他将自己与其他工作人员脱离的另一个后果是,因他亲自负责处理一些关键问题,让他作为谈判者的弱点有更多的暴露机会。任何参与复杂谈判的政治家都可以从自己信任的顾问所提供的重要知识中得到很大的帮助。这能帮助他开阔视野,滤去个人视点带来的错误。威尔逊的许多个人目标都围绕着国联的建立,使得他无法实事求是地确立他自己的谈判立场,尤其到了和会的后期。只有他才能从一个更冷静的谈判代表那里得到对政策更有帮助的建议。但是他却很无理地避开能够帮助他改善自己观点的人和程序。他毫不设防,被那些娴熟的对手们随意利用。而对手们只不过是更注意利用他个性的弱点来实现他们外交目标的可能性。

在会议期间,威尔逊一刻也没有在他认为最重要的事情上摇摆过——建立一个国家间的联盟。他希望条约不仅要包括承诺在未来某一时候建立一个联盟的条款,而且还要包含联盟的宪章。

各个代表团(包括美国)普遍有一种强烈的认识,为了解决在欧洲恢复和平的迫切需要,应该推迟联盟宪章的拟定,把军事和政治解决的条款放在优先的位置。因为在这些条款上达成协议将有立竿见影的稳定局势的效果。威尔逊充耳不闻。他在十人委员会一次又一次地发表演讲,坚持起草国联宪章是第一要务。

---

① Baker, Ray Stannard, *What Wilson Did at Paris* (Garden City, N. Y.: Doubleday, Page & 1919), p. 27 – 8.

第十二章 巴黎和平会议

对威尔逊过度关注国联有点困惑的劳合·乔治和克里孟梭决定满足他。1919年1月22日，十人委员会接受了一项体现威尔逊愿望的议案，规定成立一个特别委员会起草国联盟约。1月25日，在威尔逊发表了热情洋溢的讲话后，该议案获得了大会的一致通过。

在威尔逊固有的观念得到尊重后，同盟国成功地将委员会的注意力转向更能激发他们兴趣的议题——处理德国殖民地问题。有一点是所有大国都同意的：德国的殖民地不能再归还德国。除此之外，各国在其他观点上都有很深分歧。

在自治领代表的强大压力下，克里孟梭、牧野男爵和劳合·乔治主张瓜分并立即兼并德国在海外的财产。威尔逊把这些要求看作是自私的帝国主义的表现，主张德国的殖民地应该在符合当地人民利益的情况下由国联委托的大国以托管的方式加以管理。至于意大利，奥兰多宣布他愿意接受任何其他大国想要的方案，只要意大利"在文明的成果中"得到它适当的份额。①

威尔逊倾向于把这个问题留给国联解决，这让同盟国，尤其是英国自治领的代表们（包括托管计划的提出者斯马茨将军）感到震惊和愤怒。他们希望自己的要求能立即得到满足，不愿意接受让自己在剥削这些地区时受到国联规定的限制。他们争辩说，国联还只是一个设想，还没有成立，更别说实际操作了。它能否发挥总统所期待的众多作用还是一个未知数。总之，他们宣布，即使威尔逊的观点占了上风，十人委员会也必须维持到国联成立。再说了，委员会的成员国正是将来在国联内处理这一问题的国家，为什么不立即做出必要的决议呢？

1月28日，委员会休会，威尔逊对不能与同盟国达成协议非常失望。1月29日上午，斯马茨将军拜见豪斯，提出了一个妥协方案。该方案同意德国的殖民地由代表国联的托管国进行管理——这满足了威尔逊总统。为了让英国的自治领感到满意，方案还规定某些领土，其中还提到了某些具体的名字，"应该根据托管国的法律进行管辖，就像它们是托管国领土的

---

① Foreign Relations, U.S., III, p. 767.

一部分。"① 斯马茨模式将把德国的殖民地置于国联的控制之下，但是他还将发明一种几乎等同于兼并的托管关系。豪斯对此表示同意。

这需要劳合·乔治说服自治领的领导人接受这一折中方案。然而，无论是他、豪斯，或是其他任何助手的言行都无法让威尔逊背离自己的主张太远。威尔逊在1月30日的委员会上宣布，只有在整个国联计划完成之后他才能同意重新考虑斯马茨模式。他的讲话刻意没有提斯马茨特别列出的不同的自治领可以托管的具体地区。对哪些国家将获得对这些地区的托管，总统没有做出任何承诺。自治领的代表对这一遗漏怒不可遏，愤怒地要求威尔逊予以纠正。威尔逊无动于衷。有那么几个小时，空气中弥漫着强烈的抗议气氛。但是，当天结束的时候，自治领的领导们极不情愿地平息下来。

这样，当这项争议结束的时候，大国间达成一致，同意使用托管原则。威尔逊只是临时地赞成英国提出的折中方案。总的来说，威尔逊对和平会议上的首场外交战的结果还是感到满意的。

劳合·乔治和克里孟梭决定个人不在国联委员会担任职务，而是宁愿将他们的精力投入到解决一般的原则问题上，指导各个委员会的工作，在问题产生的时候可以提供参考意见。但威尔逊决定亲自参与国联委员会。奥兰多和日本代表照着做。劳合·乔治对总统的决定非常不赞成。他后来写道，如果委员会的其他成员对国联的设想有任何不忠诚的问题，威尔逊做出这样的牺牲还是有道理的。但事实是所有人都是国联的狂热支持者。英国首相认为威尔逊的行为表明："国联对他而言，意味着就算不是整个条约，至少也是条约中仅有的让他感兴趣的部分。"② 威尔逊任命其代表团中唯一他信任的代表——豪斯上校为第二位美国代表。

从2月3日开始，连续11天威尔逊总统既参加国联委员会的会议，也参加十人委员会的会议。所有这些会议都是冗长和繁重的，有几次总统参会直到午夜凌晨以后。此外，威尔逊每天还要面对大量的报告、大串的访客，以及众多来自华盛顿的问题和信息。他被淹没在众多的采访和请他参

---

① Seymour, IV, p. 320.
② Lloyd George, I, p. 185.

第十二章 巴黎和平会议

加社会活动的邀请中。

在和会期间,威尔逊只有两位速记员。他没有安排足够的办事人员和秘书,也未有效地利用豪斯上校给他安排的那位秘书。"我一直感到很难过,"豪斯在日记里说,"看到他一个人在这么长时间,低效率地工作,而有很多事情都有赖于他保存精力,保持清醒,以作出正确的判断。"① 几年后,劳合·乔治说:"我们其余的人有时间打高尔夫,并在星期天休息。但威尔逊满腔热忱,连续工作。只有在场并看到的人才能了解他投入的巨大精力。"②

威尔逊控制着国联委员会,推动盟约的制定,他那种固执己见和毫不让步的决心与他控制(至少是在初期)普林斯顿大学董事会、新泽西州议会以及美国国会时一模一样。他坚强的决心和战胜所有障碍的愿望再一次帮助他在重要事业中取得成功。一个决心稍微不强的人很可能满足于对国联设想的一般承诺,他可能会发现要达成一致太困难而难以克服。他可能会认为不能既致力于国联盟,同时又花大量的精力处理十人委员会的工作。正是由于他强烈的内在需求支撑着他的努力,威尔逊能够调动几乎是超人的精力来工作,清除那些可能绊倒大多数其他人的障碍。在阐述这件事的过程中,这么频繁地谈他个人参与国联活动是他遇到的众多困难的根源,我们不想小看这样的事实,因为他的成功经常也在于他个人的深入参与。

威尔逊全身心地投入到起草盟约的工作中。主持这个委员会对他来说是一种快乐。在实现这个崇高目标的过程中,将他的演讲才能发挥到极致让他有一种巨大的成就感。许多见到他的人都发现他从这项工作中得到极大快乐,并在这个过程中表现出杰出的才能。例如,豪斯在国联委员会召开了几次会议之后的1919年2月7日的日记中写道,总统喜欢和擅长这类工作,他做得比豪斯知道的任何人都要好。③

总统从华盛顿带来一份盟约草案,这是他在豪斯上校1918年7月16

---

① House diary, 12/20/19.
② Fleming, p. 111.
③ House diary, 2/7/19, Seymour, IV, p. 312.

日起草的草案基础上形成的。在他到达巴黎后不久，总统审阅了南非代表团的斯马茨将军起草的一份关于联盟的建议。他对斯马茨模式的某些内容留下了很深的印象，尤其是那些与国联理事会的功能有关及通过托管制度来管理世界落后地区的部分。威尔逊重写了他自己的草案（有一些重要修改），吸收了斯马茨的几项建议。（顺便说一下，他在 1919 年 1 月的第一周就完成对这个新版本的设计工作，包括十三款——十三是他最喜欢的数字——有点笨拙地特意把其中的六条不叫六款，而叫做"补充协议"。）这份草案曾在美国代表团成员和法律顾问大卫·亨特·米勒之间征询意见。在综合他们的建议及一些来自欧洲的补充建议后，威尔逊起草了第三版的盟约草案，并于 1 月 20 日付印。

除了威尔逊的第三版草案外，还有意大利草案、法国草案和一份英国草案。英国草案是由罗伯特·塞西尔勋爵起草的，他是国联的坚定支持者，后来国联开始运作后他发挥了重要的作用。

英美的草案有足够的相似之处，足以确保在努力协调他们的不同后形成一份共同的盎格鲁-美国草案。在英国人塞西尔、J. B. 赫斯特和大卫·亨特·米勒的协助下，豪斯承担了这项任务。起初威尔逊对这个起草小组取得的进展感到满意，提前同意把他们的劳动成果作为国联委员会讨论的基础。然而，在按计划提交国联委员会的头一天晚上，威尔逊看到盎格鲁—美国草案的时候，抱怨它"既没热情也不生动，"说他更喜欢他自己的草案。① 豪斯尽力说服他遵守自己的承诺，接受盎格鲁-美国联合文本。威尔逊拒绝了他并指示豪斯和米勒修改他早期的草案文本，把盎格鲁-美国草案文本中建议的修改意见吸收进来，准备好按期提交。吓坏了的米勒熬了个通宵，在第二天早饭时将新文件准备好。

当英国人获悉威尔逊蛮横地抛弃了盎格鲁-美国联合草案，代之以自己的草案时，感到非常震惊。经过豪斯的强烈的请求和塞西尔勋爵最后一刻的强烈抗议才说服威尔逊同意将盎格鲁-美国联合草案作为委员会的工作文件。

因此，虽然盟约中没有一项思想是威尔逊原创的，他持续不断地关

---

① House diary, 2/3/19, Seymour, IV, p. 302.

第十二章 巴黎和平会议

注,并让自己成为该文件的著作者。他是在别人建议的基础上形成自己文本的,但他总是可以根据自己的喜好随意选择、拒绝或重新措辞。根据协议的要求,为了具体的目标第一次接受一个具体的盟约草案的时候,他就立即提出要求,并重新确立自己单方面对程序的控制。但在最后一刻他犹豫了,盎格鲁－美国草案成为考虑的基础。

委员会的程序很简单:逐条讨论对盎格鲁－美国草案,或修正或变更。在这个过程中也有观点的冲突,但都很快得到了协调。2月13日,会议从上午持续到下午,国联委员会完成了对盟约的修改。此时,这份文件已呈交给所有国家的代表们,因此安排在第二天,即2月14日召开一次全会。

在即将离开巴黎回华盛顿之前完成盟约,标志着威尔逊最重视的计划得到了落实。然而,经国联委员会讨后,他的草案被修改了,这让总统在取得胜利的那一刻感到烦恼。他对豪斯透露,他仍然更喜欢他们前一年夏天在马格诺利亚达成一致的那个版本。①

在2月12日的十人委员会会议上,克里孟梭提到了威尔逊即将回美国的问题。威尔逊解释说将离开会议一个月,他不希望在他离开的时候对赔款和领土调整问题的讨论停下来,他让豪斯在他离开的时候代替他。②

虽然威尔逊让豪斯在自己不在巴黎的时候"代替他",但他并没有给上校留下任何有关谈判的指示。在总统离开巴黎的2月14日上午,他与豪斯协商。根据他的日记,豪斯利用这个机会提出了他自己设想的流程计划梗概:"……在随后的四周我们可以把一切都安排妥当。他③对这句话很吃惊,甚至有点不安,因此我给他解释说,我的计划事实上不是在这些问题上形成最终决议,而是做好准备让他回来的时候再这样做。"豪斯给他列举了他认为需要立即予以重视的广泛问题:德国的裁军问题,德国的边界问题,赔款问题和对德国适用的经济政策等。"我问他,除了这四个问题

---

① House diary.
② Ibid., 213/19, Seymour, IV, p. 315.
③ 威尔逊 – ED。

外是否有其他的建议，"豪斯在当天晚上的日记中说。"他认为这已足够了。"①

考虑到后来有人指责豪斯在总统不在巴黎期间"背叛了"威尔逊计划的指控，豪斯向威尔逊阐述他的工作计划以及威尔逊对这些计划的默认具有重要的意义。同样具有重要意义的是，豪斯尽力提前提醒威尔逊可能需要与同盟国达成令人不快的妥协：

> 在他离开的时候我让他不要忘了，为了解决一些问题有时候可能需要做出妥协；不是原则性的妥协而是细节上的妥协；他到这里以来已经多次这样做。我不想让他离开的时候在所有的问题上都期待不可能发生的事情。②

当天下午的三点半，总统向全体会议宣读了盟约，并对全体代表发表了演说，对之大加赞扬。当他坐下的时候，豪斯给他写了一张条：

> 亲爱的州长，
>
> 您的讲话和这个场合一样伟大——
>
> ——我很高兴——
>
> 爱德华·蒙代尔·豪斯

威尔逊回答说：

> 保佑您，我衷心地感谢您。
>
> 伍德罗·威尔逊③

他们交换的这张小条值得引用，因为它们表明，至少从外表上看，威尔逊和豪斯的关系仍然非常好。几个小时后，豪斯（以及一群外国政要）陪同总统和威尔逊太太到巴黎火车站给他们送行。豪斯在日记中这样记录："总统热情地跟我说了一声再见，紧紧地握住我的手，伸出双臂拥抱

---

① House diary, 2/14/19, Seymour, IV, p. 329 – 30.

② *Loc. Cit.*

③ Seymour, IV, facing, p. 318.

第十二章 巴黎和平会议

了我。"①

豪斯当时可能还没有意识到,这是对他们之间长达七年的亲密友谊的告别。因为回到巴黎后,威尔逊在他与他的老朋友之间设置一条障碍,冷冰冰地保持克制。不管豪斯多么想维持他们之间的旧友情,始终都不能穿破这个障碍。

不少作者——亲身参加这次会议的人、在巴黎与政要们关系密切的人以及在这些重大事件发生时在这里做研究的记者们——都写到威尔逊对世界各国政要的影响。不管是威尔逊思想的支持者还是反对者,对他单一的谈判方式都表现出了不知所措。在叙述这次会议的时候,劳合·乔治这样写道:

> 观察会议的前五个礼拜克里孟梭对威尔逊的态度是和会中相当有意思的一部分……如果总统离开讨论议题,扯得很远的时候,他时不时这么干,不考虑与谈论的话题是否相关,克里孟梭就会把眼睛睁得大大的,闪烁着惊奇,然后转过来看着我,好像说:"他又扯远了!"
>
> 我真的这样认为,起初理想主义的总统把自己看作是一位把贫穷的欧洲异教徒从它们长期顶礼膜拜的、假的和残暴的神明手里解救出来的传道士。
>
> ……他最不同寻常的突发奇想是在他设想一些议题的时候——我觉得与国联有关。这种突发奇想让他开始解释基督教为什么没有能够实现其崇高的理想。"为什么,"他问道,"到目前为止耶稣还没有成功地引导世界在这些问题上追随他的教义?因为他教导这些思想,却没有设计任何可行的手段来实现他的目标。"克里孟梭慢慢地睁大他的黑眼睛,环视整个会场,看着围在一边的基督教徒们,看他们是如何欣赏这种揭露他们的耶稣无用的说法的。②

威尔逊国际关系的哲学基础是这样的:国家应该用最高的道德秩序原

---

① House diary, 2/14/19, Seymour, IV, p. 318.
② Lloyd George, I, p. 140 – 2.

则指导它们的行动。他蔑视只考虑自身利益，因为自身利益似乎与这种想法相矛盾。对那些首先考虑如何获得自己国家福祉的政治家，威尔逊的态度就变得与热心的传教士的一样，一定要让这些堕落的灵魂得到救赎。

人类及其历史本就如此，实现威尔逊的美好理想，不能仅靠让外交官们相信追求国家利益是邪恶的这一新理论，更需要通过逐步拓宽外交官们对国家利益观念的认识。事实是，威尔逊的努力没有说服克里孟梭和劳合·乔治，只是让他们感到惊奇。诸如总统曾经在对理事会讲话中所说，"国联的核心思想是，国家必须互相支持，即使与他们自己的利益无关。"[1] 这种说法自然既不能激发人们对国联的激情，也无法激起其国内支持者的热情。

实际上，有些例子能有力地证明利己主义也能实现威尔逊关于和平的想法。但是总统喜欢用简单的二分法来看待谈判形势：一方面是抽象的道德原则，另一方面是邪恶的自我利益。他总是自以为是地强求他的谈判伙伴接受前者，抛弃后者。同盟国的谈判代表们认为威尔逊是一个古怪的人——迁就他是因为他的位置赋予他的权力，而不是因为"现实"的他们真的在意他的观点。

劳合·乔治和克里孟梭认为威尔逊是一个不讲实际的空想家。如果需要什么来证明他们的判断，那么他在解决手头的具体问题时不能提出适用其原则的具体建议就能说明这一点。

威尔逊的谈判方式是非常不符合常规的。他似乎认为自己应该扮演法官的角色，用自己的原则标尺随意去衡量各国政治家提出的建议。在他看来，谈判本质上不是一个为达到双方满意的利益和解而讨价还价的过程。"讨价还价"是邪恶的旧式外交的一部分，他的目的就是用更高的道德规范取而代之。

他的外交对手们惯用的策略是，提出要求作为谈判的筹码，有意地夸大自己的立场以便为后来换取让步留下后退的空间，但这种策略对他不适用。威尔逊每次让步的时候，他都是在本质上做出让步，而不是在那些属于非实质性的可以作为让步条件的边沿问题。别人能从他那里获得最大程

---

[1] Baker, *WW & WS*, II, p. 252.

第十二章 巴黎和平会议

度的补偿，但他不会堕落到采取这种行动，当他答应别人的要求的时候，必须根据问题的优劣，如果一个要求是合理的，那么就必须无条件答应。

总统在表达自己观点的时候也绝不会刻意去迎合与之打交道的人的情感。他发表宣言的时候总是根据体现他原则的事实。对威尔逊来说，事实就是事实，正义就是正义，不需要为了迎合任何人而更改表达方式。

豪斯和威尔逊一样地希望实现公正的和平，他理解用符合他们价值观的方式呼吁不同的政治家的重要性。他在1919年4月14日的日记中说：

> 我能比总统更好地与克里孟梭相处的原因是，在讨论诸如这个俄罗斯问题的时候，总统按照与我谈话的方式与他谈话，而我从没有用与总统谈话时的观点与克里孟梭讨论。一个是理想主义者，另外一个则是一个务实守旧的政治家。当我与他谈到俄罗斯，谈到开放俄罗斯对法国和我们其他人的好处的时候，他立即就明白了，非常乐意。但是，如果告诉他是为了拯救俄罗斯人民，让那里的老弱病残以及无助的人生活得更容易些，可能就没有任何效果。

有一次回忆这次会议的时候，豪斯说，威尔逊从来都不能理解在谈判中个人感召力的价值。他总是感觉只要道理在他这边，别的什么都不需要。他对他自己的讲话着迷，但是他不能让克里孟梭和劳合·乔治着迷。豪斯认为，他们可能根本就不听。①

在总统离开巴黎回国的几天前，豪斯上校向他建议，为了讨论国联盟约问题，邀请国会两院的对外关系委员会的成员到白宫和他一起吃饭。上校得到了有关对威尔逊的反对不断增长的不利的报道——这些报道在报界广泛流传——他想如果可能的话，说服总统利用他回国的机会安抚一下国会一些生气的议员。

威尔逊对豪斯建议的第一反应是拒绝。他最想做的是就这个议题给国会发表一个演讲。机敏的豪斯知道，傲慢的威尔逊给他的同事们留下非常不利的印象，认为威尔逊提出的替代建议完全不够。"……这不会让国会

---

① House-Seymour conversation, 5/12/22, House Papers.

满意，"他在日记中说，"因为议员们会把这理解为他就像中学校长一样把他们召集到一起，他们说他经常这样做。这将不会有任何机会讨论、磋商或解释，他们不会把这当作致意，而会认为恰恰相反。"①

充分认识到威尔逊与国会日益恶化的关系将可能产生灾难性的后果，尽管总统的反应非常消极，豪斯还是坚持他的建议。威尔逊最终很不情愿地同意了，安排与国会两院的对外关系委员会成员在白宫共进晚餐。

如果说威尔逊个人的党内的支持者希望他利用这次回国的机会安抚参议院，其他支持国联设想的人，如威廉·霍华德·塔夫脱，也希望他这样做，虽然他并不欣赏总统本人。

在美国围绕国联问题的整个斗争过程中，前总统塔夫脱在动员公众支持美国加入这一新的国际组织中所做的努力比任何其他个人都多。在1918年11月共和党取得大选胜利后，塔夫脱提醒洛奇和参议院的其他共和党领导人说："在总统试图推行一项符合国家和全世界利益的政策的时候，如果他们制造障碍，共和党会在下一次大选中受到伤害。"② 与此同时，他敦促威尔逊在和平谈判期间与参议院对外关系委员会协商，任命几位参议员参与谈判。

塔夫脱认为建立一个有效的国联对维护世界和平至关重要。在他看来，这个问题超越党派政治和个人感情。他的一些书信表明他不喜欢威尔逊，他说，"他无理地忽视参议院，"以及"他独享谈判达成条约声望的贪婪决心"应该对参议院不断增长的对国联的反对承担部分责任。他在给 J. D. 巴特勒的信中（1919年3月17日）概括了他的态度：

> 我一点也不比您更喜欢威尔逊，但是我觉得我可以超越我个人的感情……以帮助世界和这个国家。只要它能获得通过，我不在乎谁享有国联的功劳。③

---

① House diary, 2/14/19, Seymour, IV, p. 315–6.
② 引自 Fleming, p. 54。
③ Pringle, *op. cit.*, II, p. 942, 944.

第十二章 巴黎和平会议

这些不是场面话。塔夫脱不懈地投入到两项工作中，一方面激发起积极的公众舆论，另一方面调动共和党参议员对国联的支持。1919年2月，当威尔逊还在巴黎时，塔夫脱周游14个州为国联游说。

在塔夫脱努力帮助总统的时候，洛奇及其同事们正在完善他们扼杀国联的计划，准备让威尔逊受辱失败。在《国联盟约》（1919年2月15日在美国报纸上）公布前，反对国联的人还没有什么具体的东西可以批评，因为他们还没有看到盟约，他们设计了一个方案，根据这个方案，不管他从巴黎带回**什么样**的国联建议，威尔逊都将受到攻击。乔治·哈维（威尔逊曾经的热心政治支持者，现在不共戴天的死敌）主编的《哈佛周刊》在2月8日一期中说了一段这样的话：

> 正如我们到目前为止一直认为的，国际联盟肯定要么是一个费力的组织，如此超越国家的组织不可能让美国批准；要么就是一个追求虔诚的理想无用的东西，不可能取得任何成就。①

换句话说，不可能有任何可操作的计划：如果国联拥有武装部队可以实施它的决定，美国的主权将受到侵犯，这将永远得不到批准；如果国联仅仅依靠"道德力量"来落实它的决定，它只不过就是一个无能的争论俱乐部。因此，威尔逊的敌人们提前制定了一个模式，让他们的反对意见不可能得到满足。

有意思的是，盟约1919年2月15日在报纸上被公布后，威尔逊的批评者最初不知道该采取哪一种立场，是说国联将是一个无用的争论俱乐部，还是说因为其他原因而不可接受，也就是说，它将侵犯美国的主权。最初他们不愿意放弃第二种批评。哈维上校在阅读了盟约后惊呼：

> 为什么没有任何军队，却要让国联的执行委员会"建议"成员国贡献武装部队，用以维护国联盟约。仅仅是"建议"；如果这个建议得不到支持，不能落实，将没有任何军队……那么从总统自己的观点

---

① Fleming, p. 117.

看,这个提议中的国联将不可救药地无效和无用。①

纽约《太阳报》在最初对盟约做出反应时,犯了个错误,承认"在国会绝对控制宣战权方面……它巧妙和成功地回避了宪法对它的反对。"② 只是到了后来,当他们很清楚地看到,这个策略有用后,威尔逊的批评者们才突然意识到第十款的极端危险性。

威尔逊还在乔治·华盛顿号上的时候,报纸宣布他靠岸后将在波士顿——洛奇的家乡——发表演讲。这一消息,以及几个参议员对此的愤怒评论引起了身在巴黎的豪斯的注意。深感震惊的上校与仍在船上的总统进行了一次无线电联系,恳请他把对会议情况的首次介绍放到国会,以此向国会的对外关系委员会"致意"。③

威尔逊没有按照豪斯的建议去做。乔治·华盛顿号2月24日抵岸,马萨诸塞州州长柯立芝陪同总统到力学厅,威尔逊在那里"向所有参议员及其他反对国联的人发出挑战"(第二天的纽约《时报》如是说),他告诉欢呼的听众说,美国必须解放人类,否则:

> ……美国所有的声望将不复存在,美国的力量也将烟消云散。然后,她将只能追求狭隘、自私、地方性的目标,对有些人来说这些目标如此重要以至于他们看不到眼前以外的东西。我非常欢迎这样的挑战。我是一个有战斗欲望的人,有时,让这种欲望有发挥的场所也是很让人高兴的事。如果现在就受到挑战,将是对它的放纵。④

在有关国联问题的激烈争论发生34年后,很难再刻画出当时总统与参议员里的反对者之间关系的紧张程度。威尔逊一回到美国就向他的批评者发出了挑战。与此同时,批评者们不顾总统提出的在找到机会与他们讨论

---

① *Ibid.*, p. 119.
② *Loc. cit.*
③ EMH to WW, 2/18/19, *Foreign Relations*, U.S., XI, p. 509.
④ *Public Papers*, *War and Peace*, I, p. 438.

第十二章 巴黎和平会议

前不要在国会辩论盟约的请求,在参议院谴责了威尔逊和国联。国会对外关系委员会的大多数共和党议员都有所保留地接受总统的宴会邀请。有两位参议员,博拉和福尔,拒绝了邀请。总统抵达华盛顿的时候,共和党正在酝酿的一项计划停了下来,该计划打算阻挠国会通过一些基本的拨款议案。这个策略意在迫使威尔逊在7月1日下一个财政年度开始前召开一次特别国会会议。这次特别会议将由共和党来安排(他们在1918年11月的大选中获胜),将提前给他们提供一个机会,不管用什么方法在参议院批评总统,让其难堪。

在如此充满个人敌对的气氛下,威尔逊与对外关系委员会在2月26日的晚宴非常沉闷,以失败而告终就不足为奇了。总统非常礼貌,待客方式也非常到位。洛奇也承认他"有礼貌","一点也没有生气"。他与他们讨论国联问题,长篇大论地解释各个条款,很耐心地回答问题。他表现得很好。但是,洛奇及其支持者离开的时候还是没有动摇。洛奇在日记里说,威尔逊"好像对它〔盟约〕不完全了解,不能回答一些问题……我们离开的时候和来时一样明智"①。康涅狄格州的布兰德基参议员与宾夕法尼亚州的诺克斯参议员一样,都是总统最固执和充满敌意的对手。他的描述更形象,"我感觉",第二天有人引用他的话说,"好像与爱丽丝一起游了仙境,还与马德·哈特一起喝了茶"②。

白宫晚宴的两天后,洛奇参议员在参议院发表了讲话,阐述了他对盟约的看法。他敦促推迟起草国联宪章的工作,至少需要等到与德国的和平条约签署之后。洛奇的确对国联从来没有过什么好感——即使在对德和约达成之后。他援引华盛顿要美国不参与任何永久的同盟的警告,提醒说在没有经过最认真的考虑的情况下,不要放弃传统的受人尊重的置身欧洲之外的政策。

至于威尔逊从巴黎带回来的国联盟约,洛奇坚持说几乎没有一条不存在不同的解读。他认为作为一项法律文件,此盟约的条款极其不准确。在美国对这一计划做出承诺前,不精确的地方必须予以改正,不能接受的条

---

① Lodge, p. 100.
② Bailey, p. 198 – 9;Fleming, p. 134.

款必须修改。然后,他概括了对盟约的反对意见:它约束了美国,把每一项国际争端都交给国联。国联将因此得到授权,可以在诸如移民问题等的国内问题上做出裁决;其他国家可能决定美国应当允许大量的日本、中国和印度劳力进入美国;第十款将让门罗主义无效,坚持这一条可能让美国因为别国的决定而卷入战争;没有一项允许成员国从国联和平退出的条款;它也没有说明一个国家可以拒绝成为托管者,等等。

"我认为起草这个草案的人应该很好地考虑这些方面,"洛奇说。"我可能不像内布拉斯加州的参议员①那样尊重起草委员会;我认识其中一些人,但不管他们是谁,我不认为他们的智慧和能力强到我们不能对这个联盟提出任何修正意见。"②

威尔逊对洛奇这种贬低盟约起草者智慧的讲话有多么愤怒——无论从哪方面看,智慧不足都是最可恨的缺陷,智力不足在两个人的眼里都是最可恶的缺陷——我们只能猜测。无论怎样,就在洛奇发表讲话的当天,威尔逊在白宫接见民主党全国委员会,对洛奇在参议院的讲话发泄了他的怒火。"如果我能告诉他们我怎么看待他们,将是非常生动的,"他说。"……按照我的经验,如果仅仅是克制怒火,总统总有一天会爆发……一旦爆发,我就去重新研究一下字典,找出足够的词汇来形容这些可怜的小心眼的先生们,他们哪儿也没有去过,只是围绕着一个小圈子转,却自以为自己到了很远的地方。我表达不出我对他们智力的蔑视……"他恳请听他讲话的人"像真正的美国人一样做好战前的一切准备,投入战争,满载美国战争史上从来没有过的战利品而归"③。

威尔逊还向民主党全国委员会的成员们提出他对前年 11 月民主党在国会选举中的失败的独特解释。总统没有提到他在 10 月份的讲话,大多数观察家认为这个讲话让民主党自食其果,惨遭失败;他也没有承认共和党的胜利在某种程度上反映公众否定了他的计划。恰恰相反,威尔逊坚持,这

---

① 希契科克——作者注。
② Lodge, p. 100.
③ Tumulty, p. 378-9, 332-4. Bailey (354) 提出,威尔逊 1919 年 2 月 28 日在民主党全国代表大会上的讲话,原本不是对公众讲的,但是其中部分内容在第二天就被媒体报道。其全文只是到了 1921 年才在 Tumulty 的书中发表。

第十二章 巴黎和平会议

是因为某些民主党议员——即使在该投票的时候他们非常忠诚——对他的计划表现出了不冷不热的态度，公众让他们落选了。简单地说，总统提出了一种理论，认为共和党的胜利实际上表明公众对那些某种程度上对作为党内领袖的他不忠诚的议员们的愤怒。

洛奇和他的朋友们在总统回到欧洲之前设法为他设置了两个障碍。3月4日，国会休会的那一天，洛奇参议员向参议院宣读了一份由39位共和党参议员签名的联合声明。这份联合声明明确表示其签名者不赞同巴黎和会的程序，明确宣布盟约的目前形式是不可接受的。这份联合声明试图提醒威尔逊以及所有在巴黎参与谈判的人，超过三分之一的参议员反对现在的国联盟约，他们支持尽快与德国签署和平协议，主张将国联问题放到一边，留待以后考虑。因为批准条约需要三分之二参议员的同意，联合声明的签名者的人数足以扼杀他们不同意的条约。因此，不能轻视他们对盟约的消极反应。

这个联合宣言还不是全部。在威尔逊回到华盛顿的时候共和党一直在考虑的阻止议事的行动获得了成功，结果是这届国会没有通过必不可少的拨款法案就到期了。威尔逊不得不在7月1日之前召集一次特别国会会议。

威尔逊于3月4日晚上在纽约的大都会歌剧院发表了演讲，对他离开前两天发生的事情做出反应。在他演讲之前，前总统塔夫脱发表了热情洋溢的讲话，为盟约辩护。然后，威尔逊站了起来，发表了具有强烈挑战意味的讲话。

他说，他首先要告诉所有欧洲人："绝大多数美国人民是支持国联的。我知道这是真的，我从全国各地准确无误地感受到这一点，这种声音在每一种情况下都是真实可靠的。"至于对国联盟约的批评："他们没有给我留下任何印象，因为我知道没有什么可以改变他们，这个国家的情绪就是反对诸如此类狭隘和自私的证据。"总统说他自己"感到惊奇的是——不是害怕而是惊奇——在一些地方还存着这种对世界形势全然无知的人。这些先生们不知道人民此刻在想什么，别人都知道。我不知道他们私下去过哪些地方，我不知道什么让他们什么都看不到，但是我知道他们不了解当今人类的普遍思想状况……我很难想象这些人能否在当今世界的氛围中继续活下去。"他指责他的敌人错误地解读了华盛顿有关美国参与联盟的讲话。

"如果您有读过它的话,而不是像这些先生们都不读一样,"你会发现它的意思是很明确的。国会的联合宣言要求将对国联盟约的考虑推迟到对德和约签署以后,总统没有直接提到这个宣言,但是表达了他的态度。威尔逊说,当条约拿回来的时候,"这边的先生们将发现盟约不仅包含在其中,而且条约中的许多内容都与盟约密切联系,如果不毁掉整个关键的结构,就不能将盟约与条约分开。"①

发表演讲一个小时后,总统与威尔逊太太登上了乔治·华盛顿号,启程返回巴黎。在横渡大洋的旅途中,总统在威尔逊太太的眼中"快乐得像一个孩子"②。

---

① *Public Papers*, *War & Peace*, I, p. 444-5(着重号是后加的)。
② Wilson, E. B. p. 245.

第十三章 "决裂"*

> 在某种程度上我意识到,这次破裂意味着我一生中某个时代的终结,因为我觉得和会结束后我将放弃我多年来一直做的事情,去做些别的事。

---

* 前一章参考文献的注释中已经显示了本章用于叙述巴黎和会所使用的主要材料来源。

在后来公开讲话的时候,豪斯上校尽量淡化双方关系在巴黎分裂的程度,以及他对这种关系破裂根本原因的看法(见 EMH to Charles Seymour, 4/20/28, Seymour IV, p. 517 - 8; Viereck, *The Strangest Friendship in History*, p. 7, 21, 246 - 7, 265 - 7, 270, 274 - 5)。

但是,正如我们的叙述所表明的那样,他的日记和他尚未发表的猜测显示,早在那个时候他就相当了解他所冒的风险,并对在巴黎和会上可能产生的分裂有非常深刻的认识。很容易理解豪斯倾向于不在公开场合为自己在巴黎和会上行为的这些方面进行辩护,这些行为导致双方之间的分裂。这样做不仅需要透露他明明知道还是伤害了与威尔逊的关系,而且为了证明这种行为,他还需要做比他希望做的事情更多的事情,来披露那个时候他对威尔逊能力以及他的谈判行为的批评。

后来,豪斯好像产生了这样的看法,即威尔逊周围的人——Mrs. Wilson, Admiral Grayson, 和 Bernard Baruch——应为这种分裂负责,而且应该为阻止他修补这种关系承担主要责任(Viereck, "Behind the House-Wilson Break," *The Inside Story* 第 12 章)。虽然在援引 Viereck 的叙述时需要谨慎,还是有证据证明,随着时间的推移,豪斯在分析双方分裂原因时太简单化了。

威尔逊喜欢大局而对细节不感兴趣的风格早就有人批评,认为这一习惯让他没有能发挥更重要的作用,以实现更好的和平过程。有关这些内容,见 Walter Lippmann 在 *the New Republic* Vol. , p. 20(September 3 和 17 卷,1919),第 145 - 146、194 - 197 页; Vol. 21(December. 13, 1919),第 151 页。他主要负责起草对《十四点》的解读性评论。还可见 John Dewey 在 "The Discrediting of Idealism" in *New Republic*, Vol 20(October 8, 1919),第 285 - 287 页具有独到观点的分析。对于同盟国代表出于谈判策略考虑而不支持《国联盟约》,特别是不支持门罗主义修正案的更多内容,见以下材料: *Foreign Relations, U. S.* V, p. 248, 317 - 8, 325 - 6; Baker, *WW & WS*, I, p. 337; II, 第 28 章,

爱德华·M. 豪斯日记，1919年6月10日①

总统乘坐的乔治·华盛顿号于3月13日晚上抵达布雷斯特。豪斯专程从巴黎来迎接总统，向他介绍了总统不在期间会上发生的一些事情。

总统返回法国后的这次见面到底发生了什么事情，有不同的说法。按照威尔逊太太的说法，这是总统一生中的一次主要危机。豪斯离开不久，威尔逊太太去见她丈夫：

> 伍德罗站在那里。他表情的变化让我大吃一惊。他好像老了十年，他的样子看起来是在尽最大努力来克制住自己。他一句话也没有说，伸出他的手，我紧紧地抓住，哭着问他："怎么了？发生了什么？"
>
> 他苦笑着说："豪斯让出把我在离开巴黎前所获得的所有东西。他在每一方面都做出了让步，因此一切我都得重新开始，而这一次更加困难。因为他给人的印象是我的代表们不支持我。他个人对妥协的解释是，因为美国媒体充满敌意，反对把国联盟约作为条约的一部分。他认为最好在其他方面做出一些妥协，以避免会议无果而终。因此他让步到没有什么可以再让的程度。"②

但是，威尔逊太太在事情发生几年以后所做的戏剧性描述，在主要的方面都与豪斯在日记中对这次会面的记录很不一致。豪斯上校对这次见面的描述根本没有提到总统对他不在期间谈判所取得进展的方式有任何不快，尽管总统确实抱怨说与参议员们一起的"你的那次晚宴"是个失败。威尔逊太太的叙述准确捕捉到了她丈夫回到巴黎后对豪斯不满的大意，应

特别是第64–67、75–76页，以及第36章，特别是241页，257–258页，261–262页，266页；Miller, I, 第321、337–338、453–454页，以及第30章；Lansing, *The Big Four*, 第50–51页；Nevins, p. 446（White to William Phillips, 5/8/19）；Birdsall, *Versailles Twenty Years After*, 第4、5章；Seymour, IV, 第409, 415–431, 450–455页。

① Seymour, IV, p. 480.
② Wilson, E. B., p. 35–6.

第十三章 "决裂"

该来说是很有可能的。然而，回过头来看，她可能无意识地将威尔逊只是到后来才对豪斯做出的批评当成是这次布雷斯特的第一次见面时候发生的。①

事实上，对豪斯在威尔逊缺席会议期间所犯的错误持批评态度的人本身是自相矛盾的。正如我们所看到的，威尔逊太太说他丈夫指责豪斯为了让同盟国继续支持国联，在其他每一项问题上都做出了让步。就在她书的后一页，她却进行了不同的指责。她在这里说："上校做出的主要让步影响到国联，让国联可能从条约中被删除，让其未来充满未知。"② 雷·斯坦纳德·贝克对这个观点进行了详细的论述，他特意花了很多时间指责豪斯（还有兰辛）在总统缺席会议期间默认反对威尔逊和国联的阴谋家的计划。③

有很多的历史学家，包括贝利、伯索尔、米勒和宾克利，在认真研究

---

① 另一方面，也不能忽视这种可能性，尤其是如果与威尔逊的谈话让豪斯不高兴的话。他在日记中对此并没有一个全面的记录。至少还在另外一次重要场合遭到羞辱，但是在他日记中并没有记录（这个场合就是我们文中第260－261页所谈到的，6个美国专家有效地阻止豪斯在阜姆问题上达成妥协。详细的内容见 Birdsall, op. cit., p. 280－3）。

威尔逊太太的叙述中有些细节并不准确，但是并不需要怀疑她对她丈夫与豪斯之间谈话内容记录的内容。她说这次谈话于1919年3月13日晚上发生在乔治·华盛顿号上，持续到午夜之后。根据豪斯的日记（3/14/19，引自 Seymour, IV, 第385－386页），他并没有登上该舰，而是在码头等待总统和威尔逊太太。此外，他的日记还说，他当天晚上没有时间与总统交谈，因为法国大使 Jusserand 一直在与威尔逊交谈。根据豪斯的叙述，直到第二天早上他才与总统详细交谈。

纽约《时报》1919年3月14日刊登联合通讯社的消息报道说，乔治·华盛顿号3月13日下午7：45抵达布列斯特，一群政府官员登上该舰迎接总统，但是该报道说"豪斯上校在码头迎接总统。"晚上11点，总统，威尔逊太太和包括豪斯上校的一班官员乘专列驶往巴黎。

因此，显然威尔逊太太在这件事情发生几年以后的说法至少在威尔逊和豪斯见面的地点上是不准确的，这件事很可能发生在总统的火车上，而非在乔治·华盛顿舰上。其时间也不一定准确。

② Wilson, E. B. p. 247.

③ Baker, WW & WS, I, p. 295－314. 贝克的指责某种程度上与和会最初通过的初步和平条约计划的命运有关（这个计划曾经得到威尔逊的支持）。这里不需要详细讨论这一复杂的问题。读者可以参阅（下页注释①）所列举贝克的反驳。

后，都拒绝了贝克耸人听闻的指责。① 贝克的观点中有许多缺陷。例如，他没有考虑到明显的非常重要的事实，即豪斯以电报的方式让威尔逊了解巴黎会议的进程，他（贝克）对此选择性失明。而威尔逊没有发一份电报表示反对，虽然他总是非常迅速地给豪斯发出在其他问题上的指示。

贝克还表示，在威尔逊缺席会议期间，对是否应该把国联盟约作为和平条约的一部分的怀疑增加了（这在媒体有反映），豪斯和他伙伴中的"阴谋家"应该对此负责。但是没有任何证据证明，这种怀疑是威尔逊不在的时候由豪斯的办事方式引起的。相反，这些四散的谣言更可能的原因是某些美国参议员对国联盟约日益滋长的反对，他们的讲话在欧洲有广泛的报道。如果说对威尔逊的激烈批评以及国会通过的联合宣言没有在巴黎广泛传播，他就被迫同意将国联盟约从条约中删除，那才是非同寻常的。

指责豪斯在威尔逊缺席会议期间为了保存国联在其他方面都做了让步也是站不住脚的。因为事实正如西摩所指出及十人委员会的记录所表明的那样，在威尔逊缺席期间，豪斯在主要的重要问题上只是参与**讨论**而没有**做出决定**。他尽可能地缩小分歧。他全部的努力是为总统做出决定做好准备。上校根本没有代替总统做出承诺，更别说为了拯救国联"在每件事情上都做出了让步"②。

事实上，在威尔逊不在的时候，劳合·乔治、克里孟梭和奥兰多在不同的时期也缺席了会议。2月19日，一位法国狂热分子开枪击中了克里孟

---

① Bailey, p. 211, 356; Binkley, Robert C., "Ten Years of Peace Conference History," *Journal of Modern History*, I (1929), p. 612 – 21; Miller, I, p. 92 – 100; Birdsall, *op. cit.*, p. 133 – 4, 155 – 8. 另见，Seymour, IV, 第十章, 尤其是该章的附录。

② Seymour, IV, p. 363; *Foreign Relations*, U.S., IV. 尽管如此，就像我们所提出的，在威尔逊离开会议的时候，豪斯认为有必要向同盟国做出妥协以尽早达成协议，在寻求各种各样的妥协安排，这也是事实。他这样做并不让威尔逊感到吃惊，因为豪斯通过电报将正在考虑的重要建议都告诉了他，威尔逊在给他的复电中提醒他避免做出任何承诺，哪怕是初步的。因此，可能的是，在到达布列斯特之前威尔逊对豪斯准备做出妥协已经有点担忧了，豪斯在他们第一次见面时对他的汇报进一步加剧了他的不高兴（Birdsall 上引书第 199 – 207 页提出了这一观点）。在总统暂时离开和会期间豪斯和威尔逊之间的电报来往见 *Foreign Relations*, U.S., XI, p. 511, 512 – 4, 516 – 7, 518, 521; Seymour, IV, p. 332 – 6, 348 – 53, 354 – 5; Birdsall, *op. cit.*, p. 200 – 1、204。威尔逊给豪斯的电报，部分引自豪斯文件，Seymour 的书中并没有收入。

第十三章 "决裂"

梭，让这位年迈的总理有好几天不能理事，缺席了十人委员会的六次会议。劳合·乔治和奥兰多分别回到了英国和意大利。在威尔逊离开期间，十人委员会召开了十八次会议，劳合·乔治只参加了六次，奥兰多只参加了两次。在这样的背景下，十人委员会推迟做出主要的决定，将主要注意力集中在加快其他各委员会的工作上。

因此，对豪斯的所有指责都是缺乏根据的。两种解释似乎都是根据总统后来在会议的第二个阶段对豪斯毫无疑问的态度改变而想象出来的。那么威尔逊回到巴黎后对豪斯的态度明显地慢慢变得冷淡了又该怎么解释呢？

前文已经说明，威尔逊喜欢豪斯的根源在于豪斯具有激发总统自尊的非同寻常的能力。不管总统的观点是什么，豪斯总是乐意接受。只有在总统愿意的情况下，他才能享有一定的地位，这一事实对于总统接受豪斯成为他亲密朋友和顾问方面具有重要的意义。在威尔逊2月中旬离开巴黎的时候，这两个基础都受到了破坏。

首先，在总统与参议院的关系方面，豪斯开始偶尔给他提出一些不招待见的建议。在1919年1月初，豪斯建议威尔逊向美国人民宣布，前年11月的选举让共和党掌握了立法权，因此他（威尔逊）将不再提出具体建议，而愿意放手让国会落实人民的意愿。① 是豪斯建议威尔逊安排了与国会对外关系委员会那次令人不快的晚宴。也是豪斯提醒威尔逊在与国会领导人讨论之前不要在波士顿提出国联盟约。

就在豪斯恳请总统安抚参议院内的反对者们的时候，他就已经开始增加威尔逊对自己对参议院进攻性态度的焦虑。在威尔逊内心高度紧张的时候，豪斯不是充满深情地支持他，而是向他提出了支持缓和妥协路线的痛苦建议。以前，在威尔逊尽力防卫对他处事动机深层次的个人因素进行分析的时候，上校总是赞扬他强有力的领导，给他鼓劲打气，让他感到莫大的安慰。但是，现在豪斯不是赞扬威尔逊向对手挑战的正义性和智慧，而是进一步加剧了威尔逊良心上不得不忍耐的那种束缚。因此，豪斯不但没有在心理上给他提供安慰，反而给他增加心理上的负担。

---

① House diary, 1/1/19, Seymour, IV, p. 256.

让他们友谊的基础遭到破坏的另一个原因，是和平会议上豪斯在威尔逊的手下担任了一个正式职务。对威尔逊这种个性的人来说，这种关系的变化本身就具有重要的意义。豪斯参与决策和谈判的权力现在是基于他自己的职位，而不是总统的慷慨赏赐。作为代表团一个成员，豪斯的活动已经进入威尔逊嫉妒的范围，因为他现在拥有的特权是豪斯以前只是总统非正式顾问的时期所没有的。更重要的是，豪斯早期在担任总统非正式的外交代表，或者他在战争期间担任正式的代表与同盟国谈判时所做出的初步的承诺和决定，与他现在直接在威尔逊领导下作为和谈代表团成员做出的承诺和决定，两者之间有着微妙但可能是非常重要的差别。在总统在场，并且决心在谈判中直接发挥作用的情况下，他更可能对豪斯向同盟国谈判代表做出的初步承诺或与他们达成的谅解感到尴尬。

几年后，豪斯后悔自己接受了代表团内的正式职务。他觉得如果自己仍旧非正式地服务总统，就能继续施加影响而不引起威尔逊的"嫉妒"。① 即使在当时，豪斯也意识到他与总统的新关系充满着危险。然而，上校不但没有更谨慎，反而是明知故犯地比以前更坚持己见，增加了这种风险。

豪斯的问题非常复杂。一个无与伦比的发挥更大作用的机会——对威尔逊的理想有利，他自己也真诚相信这一理想——就在眼前，而且主要是让他来决定自己的活动范围。总统看起来对他的信任，同盟国政治家的纠

---

① House-Seymour conversation, 2/17/22, House Papers. 在与 Seymour 这次谈话几年后，豪斯坦陈他不确定在参加和会的美国代表团中担任一个职务是否是一个错误。根据 Viereck 的说法，豪斯这样写道："如果我在巴黎的时候只是他的顾问——谁还需要一个接一个地见那么多需要见的人？威尔逊不会这样做，而除了我自己，没有别的人能发表任何权威的讲话——并非因为我实际上拥有权威，而是我认为，而且确信威尔逊将支持我的决定，就像过去一样……"（Viereck, "Behind the House-Wilson Break," *The Inside Story*, p. 153）

豪斯的反思很有趣，因为它清楚地表明作为和平会议的正式代表，他试图坚持自己的权威，控制谈判的方式，让威尔逊不高兴，这是有风险的。在前引的一段话后面，豪斯写道："我那时知道，就像我以前知道的一样，我每次这样做的时候都是自己掌握自己的命运，但是我从不缺乏这样的勇气。最根本的是，如果需要高效工作，我就应当果断和坚定地采取行动。"他这种为自己找理由的试图掩盖了这样的事实，他在巴黎所努力坚持的做法是他以前从没有做过的。他明知是在冒险——他当时在他的日记中他也承认这一点——在他们以前的合作中他从来没有这样做过。

第十三章 "决裂"

缠，并非完全没有根据地认为他作为谈判者的能力超过总统的认识，再加上他那种经受了相当长时间的斯巴达式压抑后急于表达出来的虚荣心，所有这一切诱使他采取某些行动。根据他对威尔逊个性的了解，这些行动都是轻率的。

在会议正式召开前，豪斯就在日记中就流露出他对威尔逊行为的不满，有时候他暗示他不会犯这种错误。例如，豪斯在日记中对总统早期与克里孟梭的一次谈话抱怨说，总统不够谨慎，没有恰当地阐述建立国联的计划，也没有充分介绍美国在公海航行自由方面的立场。①

他觉得现在正在发生的事情太重要了，有义务让总统避免犯一些将来可能证明是无法挽回的错误，这就让他的困境更加复杂。例如，当他预见到威尔逊对参议院的反对者的藐视可能对总统迫切希望实现的目标产生毁灭性的后果时，他能保持沉默吗？他不能。

豪斯不仅在会议上非常活跃，硬向总统提出一些不受欢迎的建议，他还不像通常那样小心谨慎，把自己影响事情发展的作用掩盖起来，并避免公开亮相。在那样的环境下，朝这个方向放松一点也许是不可避免的。豪斯问心无愧地向自己证明他冒这些风险是合理的，理由是处于危机状态的事情太重要以至于让他别无选择。比如，他认为威尔逊没有给新闻界提供足够的信息，豪斯就每天见记者，虽然他在日记（1919年3月20日）中也表示：

> 我确信总统不赞成我向公众提供我现在提供的这么多信息，但是我将继续这样做，直到他反对，那时我们就一起公布信息……公开化……是最好的事……因为总统的目的是非常值得赞美的。

此外，豪斯"自命不凡"沉溺于自己的政治家角色的证据也不少。正是因为自律让他多年来一直能够维持总统最亲密顾问的地位，一旦他放松了自律，上校就陷入一个鲁莽的自我放纵，这在过去是不可想象的。

同盟国的政治家头脑里有一些非常世俗的事情，如赔款、边界的更改

---

① House diary, 12/19/18.

等。发现在这些问题上威尔逊特别难以沟通后，他们就与豪斯讨论其中的大部分事。虽然上校反对他们的许多要求，他还是愿意用他们更容易理解的语言，而非总统那种别扭的说教方式与他们沟通。豪斯在克利翁酒店的房间就成了诸多高层谈判的场所，这并非总统的建议而是因为同盟国的政治家首先向豪斯表达自己看法，提出他们的问题。从一开始豪斯就意识到，他也一直这样认为，这种情况可能产生的爆炸性后果。"迟早，"他在1919年1月6日的日记中写道，"我会遇到麻烦，但因为很难建议与我们关系密切的政府不要这样做，我还是让事情顺其自然。"

在威尔逊缺席期间，许多人向豪斯暗示，说在他掌管美国代表团期间，事情进展得更顺利。豪斯在日记写道，劳合·乔治称赞他像是一名首相，不少的报纸表示豪斯取得的成就比总统多。①

豪斯自己后来认识到，他的一个失误在于他往代表团中安排了几位亲戚和朋友。② 其中一位是他的女婿，戈登·奥金克洛斯。他非常敬佩他岳父的能力，显然认为豪斯的能力比威尔逊强。因为急于想表达他不明智的孝顺热情，他给新闻记者们提供了大量的极力奉承上校的材料。而在这些材料基础上写的一些文章让总统和威尔逊太太非常生气。③

过去对豪斯友谊的感激让总统看不到上校喜欢操控别人，有自己野心的证据。威尔逊不愿意将豪斯的缺点表现出来。现在，既然这种感激减少了，威尔逊终于能够换过一种角度来看待豪斯。由于看待豪斯的时候比过去更加超然，威尔逊不再漠视豪斯行为中那些可以佐证威尔逊太太长期的对他充满敌意理解的迹象。

和会后半阶段发生的一系列事件，威尔逊太太对豪斯的反感，以及豪斯对巴黎的敌人的让步加剧了两人之间的不和。所有这些原因都很重要，但他们不是造成双方分道扬镳的核心。因为如果威尔逊对豪斯积极好感的基础还没有被摧毁，总统对豪斯的那些"不端行为"的证据和说法仍然会

---

① House diary, 3/7/19.
② Ibid., 12/20/19.
③ Wilson, E. B. p. 251 - 2. 另见 Anchinclos 兰辛日记 12/9/19 和 10/14/21 中的关于奥金克洛斯的内容。Lansing Collection, Library of Congress.

第十三章 "决裂"

无动于衷，或者像过去那样，尽量不让上校失宠。

正是各种事件的不幸集合——威尔逊对豪斯成为一个可能的竞争者不断增长的猜忌，以及豪斯强烈的"自行其事"的愿望——导致总统对他最密切的合作者的热情逐步减弱。没有任何具体事件标志着威尔逊与豪斯之间的友谊的终结。他们的关系也从未以一种明了的方式结束。相反，威尔逊慢慢不再喜欢豪斯，逐步停止了向他请教。

在和会的第一个阶段，他们之间的友谊所依赖的基础并没有受到考验。威尔逊在国联问题上获得了成功。虽然豪斯有了正式的身份，还形成了硬要提一些不受欢迎建议的习惯，两个人在表面上仍然保持良好的关系。然而，总统的和平计划所面临的挑战只是被推迟了。他一回到巴黎，就马上要面对这些挑战。

此时，威尔逊面临的问题不是新的，也并非没有预料到。法国人从会议一开始就表明了自己的观点。意大利人在总统离开巴黎前一周的2月7日提交了一份备忘录，阐述了他们的要求。日本人1月份就在十人委员会当着威尔逊的面说明了他们的情况。随着被委派到各个委员会的专家把他们的观点集中到每一个问题，已经可以非常清楚看到，如果没有广泛的让步，是不可能在几个重要的问题上能达成协议的。

因此，当威尔逊回到法国时，豪斯不得不告诉他现实的状况，尤其是固执的法国人提出的要求与"十四点"是不相容的。还在为离开美国前刚刚受到参议院反对者的责难而难过的威尔逊，在布雷斯特从乔治·华盛顿号上刚走下来就发现他在巴黎的对手们正准备肢解"十四点"。豪斯不仅把这个坏消息告诉了威尔逊，而且还明确表示根据他的判断，为了满足国会参议院的要求应该对国联盟约予以修正；对同盟国的妥协是不可避免的，应该尽早做出。

豪斯认为迅速就条约达成一致具有压倒性的重要意义。因为每推迟一天就有有关中东欧动荡和革命的令人绝望的报道。没有时间再以休闲的方式解决分歧了。必须快速应对明显不能解决的问题，以免让目前的混乱局面延续下去，迫使绝望的人们采取绝望的行动恢复他们的某种形式的生活秩序——也许是布尔什维克的秩序。豪斯对此很清楚，他和威尔逊一样不赞成坊间流传的许多要求。

"现在已经很清楚,"他在1919年3月3日的日记中说,"和平将不是我所希望的和平,也不是这场沉重的动乱应该带来的那种和平……我不喜欢坐在这里,让这样一种和平强加于我们。"① 但作为一个现实主义者,豪斯意识到必须对同盟国做出妥协,最好是威尔逊能够立即勇敢地面对无法逃避的现实,尽快地完成条约。他想在无果的拖延产生新的问题前完成需要做的工作。怀着这样的心态,豪斯催促在外交战线上做出妥协。②

没人能知道是什么烦扰的想法或观点在这个节骨眼上让威尔逊难受。他好像被一副老虎钳夹住,不管他怎样努力想挣脱螺丝都不可避免地朝相反的方向拧紧。人们在纳闷,他是否意识到,他应该对自己现在所处的这种让人难受的困境负部分责任。他犯了无数的错误:愚蠢地蔑视参议院的反对意见;让巴黎的政治家们知道他迫切地希望介入国联一事;在和会开始之初,他的位置最有利的时候,没有能勇敢地面对秘密条约问题;坚持在停火会议之前同盟国必须接受"十四点"的约束等。

在部分是由自己带来的那些让人痛苦不堪的矛盾和挫折面前,有谁不会去为这些问题找个替罪羊来承担责任呢?又有谁能比他的至交,豪斯上校更合适了呢?不管怎样,与他的友谊不再让他有以前那种已经习惯的感激了。通过将一些问题归因于豪斯,总统可以避免承认他自己对这些问题也承担部分责任。此外,根据这些理由找豪斯的碴儿,总统可以为自己找到一个不再喜欢和信任豪斯的理由。豪斯对他的吸引力因为别的原因在减少。

很显然,威尔逊回到巴黎不久,豪斯就不再像过去那样得到总统的信任。他们经常就具体的问题进行磋商,但那些总统召见他"最亲爱的朋友"非正式讨论事态进展的日子一去不复返了。更让上校感到屈辱的是,威尔逊不再让他知道自己与克里孟梭、劳合·乔治和奥兰多之间的会议上发生的事情。

---

① House dairy, 3/3/19, Seymour, IV, p. 363.
② Seymour, IV, p. 361-2, 379, 389-90. 关于对美国代表团内,特别是豪斯和威尔逊之间在达成妥协方式上的分歧的详细叙述和评价,见 Birdsall, *op. cit.*, 特别是 199-207 页和第十一章。

第十三章 "决裂"

在会议的第二个阶段，大多数重要的事情都是由四人委员会，或者说后来人们常说的"四巨头"在秘密状况下决定。四人委员会的其他成员以从属的方式参与这些秘密会议，或者相互做出安排获得会议的记录。让美国代表团其他成员懊恼的是，总统只带一名秘书或者助手参加这些非常重要的会议，而且还明确地指示，会议记录不能传给美国代表团的任何成员——甚至包括豪斯。① 现在，威尔逊以同样令人寒心的冷漠把豪斯排除在外，豪斯在受宠的时候曾经说在总统与美国代表团其他成员之间有这种冷漠。

没有必要去深究威尔逊有意公开侮辱代表团同事们的尊严给他们造成的个人伤害，虽然很容易推测参与谈判的人私下已经是怒不可遏了。但是，值得注意的是，能有效减轻总统所承担的巨大负担的可能性已经减少到将要彻底消失的程度。在会议的第一个阶段，总统不告诉他的同事们他的具体想法就已经相当麻烦了。但那个时候他们至少知道在十人委员会会议上发生了什么，但是现在，就像国务卿兰辛所表明的，美国代表团的成员们只能从其他代表团的工作人员的流言蜚语中打探到一些消息。② 如果说连代表团成员都不知道什么，那么美国的专家们就更是如此了。这种信息的缺乏让他们心灰意冷。专家之一的詹姆斯·T. 肖特维尔在 1919 年 4 月 8 日的日记中说："有好多原因让一股悲观的气氛笼罩着最近的会议，但我认为主要原因是我们不知道发生了什么。"③

对于威尔逊的冷淡，豪斯假装没有看到。从得到的资料中可以确信，他既没有问总统为什么他的态度发生了变化；也不会不合时宜地插手，或把自己的意见强加于总统，或者一怒之下不辞而别。至少在表面上，他尽力保持对待总统的一贯方式，让他来决定两人关系的步调，不管他需要什么帮助或有什么要求，他都仍然随时提供。

但这只是暴风雨来临前的宁静。豪斯在 1919 年 4 月 2 日的日记中说，总统冒险独自参加十人委员会会议，不带一位代表团的成员以记录会议的

---

① House diary, 5/31/19, 另见 *Lansing* diary, VI, 10/11/20; Library of Congress。
② Lansing, *The Big Four*, p. 66.
③ Shotwell, *op. cit.*, p. 252 – 3.

议程，是轻率和鲁莽的。① 在威尔逊回到巴黎后的三周里，豪斯的日记中有不少他对他的长官不甚恭维的评价，以及感觉自己比总统强的内容。豪斯对四巨头在审议过程中形成僵局，无法做出决定深感不安。他坦诚，他很抓狂地看着宝贵的时间在流逝，却什么都不能解决。至于威尔逊，他变得固执、暴躁、不切实际。豪斯抱怨道，由于总统从来就不是一位高明的谈判者，形势更加让人沮丧。②

此时威尔逊面临的谈判僵局基本上是这样的：他是在参议院对国联盟约的批评被广泛报道的情况下回到巴黎的。许多国联的坚定支持者建议，为了满足批评者的要求，他绝对有必要对国联盟约进行修改。大家警告他，否则参议院会全盘拒绝国联。他回到巴黎以后的第一个冲动就是，站稳立场，坚决反对修改盟约的要求。

总统具体什么时候决定谋求对盟约进行一些必要的修改还不好说。1919 年 3 月 18 日——他回到巴黎四天后——威尔逊收到前总统塔夫脱的一封电报，敦请他对盟约进行一些修改。这封信还特别强调，这样会使"参议院反对国联的那些人彻底失去了理由……"③

显然，挫败对手的前景让威尔逊克服了他对任何修正案的反感。在收到塔夫脱的电报后不久，我们发现他在这件事上表现出了被豪斯描述为"更现实"的态度。④

几天后，威尔逊打印出了对盟约的四项修正案，这四项修正案主要根据塔夫脱的建议，并吸收了 A. 劳伦斯·洛厄尔和希契科克参议员提出的建议。⑤ 不少能力很强的历史学家一致认为，总统现在发起的，后来确实获得批准的这四项修正案，是他为应对美国国内提出的反对盟约的意见做出的重大努力。这四项修正案是专门为了应对洛奇的批评，它们包括：1) 承认门罗主义；2) 排除国联对成员国国内事务的管辖；3) 让退出国联成为可能；4) 允许成员国拒绝当托管国。

---

① 也可见 4/26/19 的日记。
② House diary, 3/22/19 和 42/19。
③ Baker, *WW & WS*, I, p. 328, Fleming, p. 183.
④ Hosue diary, 3/18/19, Seymour, IV, p. 411.
⑤ Baker, *WW&WS*, I, p. 329 *ff*.

第十三章 "决裂"

那么，为什么——有点预测我们故事的味道——这些修正案没有缓和参议院的反对呢？威尔逊对批评他的人的意见做出让步的方式和情绪可以给出解释。初看起来像是威尔逊做出了和解性的让步，实际上根本不是让步，而是为了确保威尔逊在与洛奇集团的意志竞争中取得胜利的一种策略。虽然寻求对盟约进行修正，总统并没有掩盖他的判断，即实际上这些是不必要的。他还是没有给参议院一份坦率的公开声明，说他终于感到有义务把参议院的批评意见考虑在内。参议院对国联的批评的根本，不仅仅是对威尔逊本身的敌意，而且正如我们所见，是他们认为威尔逊蔑视参议院的威望和权力。

总统回到美国不仅没有减少，而是进一步恶化了他与洛奇及其支持者之间的矛盾。我们还不了解洛奇动机的性质。但是，可以清楚地看到，无论是出于何种原因，洛奇对威尔逊不遵从参议院的意见尤其敏感，觉得有必要阻止他。洛奇对盟约提出的所有具体的反对意见——其中有些是非常合理的——的核心问题是威尔逊对参议院的态度。

洛奇此时发表的一些讲话所表达的意思是，如果总统能与参议院协商，涉及盟约的实质性的困难是能够被消除的。他3月5日就参议院的联合声明问题给亨利·怀特写信说："有一点已经很清楚了，参议院决心已定，是让和会知道总统不是缔订条约所需唯一部门的时候了，而必须考虑其他的观点。"①

3月9日，怀特给洛奇发电报，问他"参议院认为重要的是限制国联盟约修正案的具体的词语"。洛奇拒绝表态，而是回答说："在参议院开会期间，总统没有表示过任何愿与参议院沟通的意愿。如果他希望提出一些能够得到参议院同意的修正案，自然和必要的做法是按照传统的方法召开参议院会议。"可以合理地推断，如果洛奇真想对国联盟约提出修正，他可以抓住怀特给他提供的这次机会，提出他的建议。②

威尔逊内心的焦虑不可避免地导致他的这种死板的反应。如果他在这

---

① Nevins, p. 391.
② *Ibid.*, p. 399, 401. 也可见洛奇与哈佛大学校长 Lowell 的辩论，见 Fleming, p. 194。

种情况下不这么僵硬，他可能就会征询参议院的意见，挫败洛奇。这样做他就什么也不会失去，因为无论如何，他回到巴黎后也的确谋求修正盟约，以应对已经提出来的严重的反对意见。他可以在实质问题上做出让步，但这样做的时候他需要表现出对参议院的遵从——这正是让他感到恶心的一件事。

威尔逊修改盟约的独断和傲慢的方式，后来解释了为什么他的行为既没有缓和那些对他具有强烈批评意见的人对他的个人敌意，也没有缓和参议院普遍存在的认为他忽视了参议院在缔订条约过程中应该拥有权力的看法。参议院很可能从威尔逊的行为中得出这样的结论，他决定对盟约修改只是他为了确保能更成功地将自己的意志和条约强加给参议院的一种更好的策略。威尔逊对盟约做出了大多数参议员希望的修改，但是他却剥夺了参议院应该得到的谘商权力。参议院认为这是他们的权利。

威尔逊提议的四项修正案中有三项很快得到和会上谈判伙伴们的赞同。与此同时，他们却不赞同最重要的修正案，即承认门罗主义的有效性。关于门罗主义的修正案中没有什么不符合英国或法国利益的重要内容，但是有远见的同盟国领导人正确地得出这样的结论，阻止威尔逊的修正案，实际上也就是不支持国联，是他们手中掌握的在谈判中可以讨价还价的最有效的武器。面对让威尔逊同意他们各种不同要求的艰巨任务，克里孟梭和劳合·乔治清楚地表示，他们对门罗主义修正案的支持取决于威尔逊在他们认为最重要的问题上的让步。

由于法国人民在德国人手中深受其害，法国谈判代表坚持为了法国安全和正义，想要建立一个独立的莱茵共和国，至少德国的莱茵地区也得由同盟国共同占领。他们想立即兼并萨尔地区的一部分，在德国人占多数的其他地区建立一个非德国人的政府；他们不仅想为了法国的利益经营萨尔地区丰富的煤矿，而且还想拥有这些煤矿；他们想让德国承担需要几代人才能全部还清的赔款（只是支付这些赔款的利息就将耗尽德国的资源，法国的立场等于让德国在金融上永远都处于被奴役的状态）。

威尔逊坚决反对法国有关莱茵地区的计划，反对将一个非德国人的政权强加于萨尔地区，理由是民族自决的原则将因此遭到侵犯。他同意由法国人来经营萨尔地区的煤矿，但是不赞成法国应该占有这些煤矿。至于赔款，他

第十三章 "决裂"

认为按其偿还能力，德国应支付在一代人就能还清的一定数额的赔款。

在威尔逊回到巴黎后的两周，他和克里孟梭进行了详尽但是让人筋疲力尽的辩论，最后的成就只是让双方观点之间的鸿沟更加清楚。3月28日危机终于爆发了。所有能说的都已经让人作呕。当天早上的讨论仍然按照既往的方式开始，也如同往常一样彻底陷入僵局。耐心已经耗尽的威尔逊打出了自己的王牌。他已经对此思忖了很长时间，认为这是迫使同盟国让步的最好的办法：

"也就是说，如果法国得不到她希望的，她就拒绝与我们一起行动，"威尔逊对克里孟梭大声说，"如果那样，您想让我回家吗？"

克里孟梭非常生气。"我不想让您回去，"他反驳说，"但是我自己想回去。"他离开的时候说的一句话是，威尔逊亲德国。说完这句话，克里孟梭阔步走了出去。①

如果威尔逊"回家"，自然就会让导致和会破裂的原因大白于天下。完全有可能的是，克里孟梭的行为是向威尔逊表明他并不害怕威尔逊所威胁的那种公开摊牌。事实上，狡猾的法国总理正在让威尔逊做最坏的可能。战争的界限已经划定，危机终于爆发了。

一般情况下，像克里孟梭这次的发火会让威尔逊立即采取行动做出反应，但是这次他必须克制自己的冲动，不能立即就投入战斗。因为他陷入一种极度的困境。根据他对形势的理解，他必须从两种对他而言都很重要的方法中选择其一：要么必须在"十四点"上做出妥协，以得到同盟国对盟约修正案的支持；要么放弃这样做的努力，让自己在面对参议院的时候处于不利的地位。对威尔逊来说，这不仅是一个艰难的智力问题，还是一个痛苦的个人困境，在这一段时间里亲自见到他的人对他的痛苦行为的叙述表明了这一点。

威尔逊没有"回家"。3月21日、4月1日、2日和3日，他开始对克里孟梭让步，一点一点地，在每一个节骨眼上都不顾一切，尽力把让步限定在尽可能小的范围内。但是，一旦法国人在威尔逊的装甲上发现了一条

---

① 引自 Seymour, IV, p. 396；也可见 Edward Madell House and Charles Seymour (eds.) *What Really Happened at Paris*, p. 464–5。

裂缝，就会不停地敲打它，尽力把这个裂缝扩大成一个大缺口。

不难想象，这些让步一定给威尔逊带来了多么巨大的痛苦。他不仅是从一个智力上可以防守的位置被逼到一个智力上不能防守的位置，他是处处被逼。每当卷入权力斗争的时候，威尔逊都不会简单地缴械投降。他的习惯是不惜一切代价抵抗压力。这一次，他卷入了两场权力斗争，眼前是与克里孟梭之间的斗争，将来还有一场与美国参议院的斗争。为了使自己在与参议院的斗争中处于有利的地位，他极不情愿地接受对克里孟梭有利的让步。这在其他情况下可能是难以想象的。即使在这样的情况下，让步也是非常困难，几乎是不可能的。

克里孟梭有一些顾问可以分担他的重任，这些顾问们帮助他制定计划攻击威尔逊。总统却是独自应对糟糕的困难。4月3日晚，他病倒了，医生要求他卧床休息。

在威尔逊的要求下，豪斯代替他出席四人委员会的会议。豪斯决心抓住这个意外的良机，在担任美国首席谈判代表的时候，让委员会千方百计、一劳永逸地解决拖延达成和平协议的问题。他的结论是，美国的让步是不可避免的，他倾向于不再慌乱做出这些让步。4月5日，委员会再次讨论赔款问题，豪斯起草了一份体现克里孟梭观点的赔款条款，第二天得到威尔逊的赞同。

再次做出的这次妥协让威尔逊非常沮丧，再次点燃了他意欲抵抗的愿望。4月6日下午，他把美国代表团召集到一起，告诉他们说，除非随后几天有让人更满意的进展，否则他就将告诉首相们，如果他们不遵守"十四点"，他要么回家，要么将尚未解决的问题提交大会讨论。

4月6日晚上或是4月7日凌晨的某个时间，威尔逊命令乔治·华盛顿号驶抵布雷斯特，做好准备，在一旦他决定退出会议的时候带他回家。根据雷·斯坦纳德·贝克的说法，这一"大胆的举动"让克里孟梭和劳合·乔治吓了一跳，他们软下来了。[①] 但是，正如西摩指出的，不是克里孟梭或劳合·乔治，而是威尔逊在随后一周的谈判中做出了最多的让步。[②]

---

① Baker, WW&WS, II, p. 61.
② Seymour, IV, p. 404.

第十三章 "决裂"

威尔逊太太在她的《我的回忆录》中描述了总统的思想状态：

> 他听到的消息是如此糟糕，我们都被这个消息对他的影响吓坏了……我静静地坐在他的床边，知道他正在形成他的思路。最后，他说："我永远也不能在一个根据这些条件达成的条约上签字……如果我没有病倒，我绝不会这样做，如果我在战斗中失败了，我将按计划退休；因此我们就回家。"①

威尔逊坚持如果他没有病倒他不会失败的说法经不起推敲。事实是，在他病倒之前他就做出了一些关键的让步，在威尔逊缺席四人委员会会议的时候，在他不了解或没有他批准的情况下，豪斯没有做出任何承诺。紧接着在他回到四人委员会会议后的日子里，克里孟梭获得了他对总统本人的主要胜利。

一些历史学家，特别是查尔斯·西摩把威尔逊在他患病期间对豪斯的依赖视为他仍然倚重上校的标志。仔细研究一下威尔逊想让替代他的人帮助他完成的任务，另外一种解释就不言而喻了。威尔逊觉得为了得到法国对门罗主义修正案的支持他必须向克里孟梭屈服。因为这对他个人来说是难受的，威尔逊就让豪斯做出这一必要的让步。

威尔逊不能指导如何实施在外交上的战略撤退，高度体现了他作为一个谈判者的风格。事实是，谈判的过程本质就是一个明智的妥协过程，威尔逊对此非常反感。他不是一个可以做出妥协的人。说威尔逊宁折不屈一点都不错。他必须得到所有他想要的，要么他什么都不想要。回想起他在普林斯顿大学的时候也是这样，如果他建立学生宿舍区计划全部内容得不到支持，他就不愿意接受他为之奋斗的改革普林斯顿大学俱乐部的机会，并最后彻底失败了。

对他来说，处理问题时总是先决定什么是对的，然后坚持到底。不是提前考虑好什么是他的最高目标，什么是他的最低目标，他倾向于形成一个立场，事实上就是他的最高目标，也是他的最低立场。然后为了调动他

---

① Wilson, E. B., p. 249.

自己的感情和精力为之而战,他就赋予这种立场以道德属性。

作为一个谈判者的这种方式——实际上作为大学校长,一位政治领导人也是如此——有它的优势。他追求最高目标的顽强精神,以及他将自己立场和对手立场之间的对立赋以道德意味的能力总能让他取得辉煌的成就。但是它也有致命的弱点。如果他的对手也处于不能再妥协的地步——威尔逊通常是不会给他们提供一个体面台阶的——他缺乏灵活,导致形成一种彻底的僵局,让可能维持自己计划中积极方面的妥协解决方案成为不可能。威尔逊习惯于不顾政治领导人的重要责任,自以为是但不切实际地想依靠公众舆论来证明他的正确,迫使他的对手向他屈服。这就是他的个性,总是把自己持有的主要立场构建在无情的道德争斗上。

如果不是因为威尔逊在思想和感情上认为与同盟国谈判对手的斗争不如与参议院的反对者之间的斗争重要,威尔逊的固执很可能导致彻底的外交僵局及和平会议的破裂。为了实现他的战略计划,迫使参议院接受国联,威尔逊极不情愿地同意对盟约做某些修改,在"十四点"上做出妥协。

在法国人利用总统在门罗主义修正案上的焦虑实现他们目标的时候,英国人也在做着类似的努力。他们的目标有两个:不让威尔逊提出公海航行自由问题,这是"十四点"的第二点;得到美国在海军建设项目上不与英国竞争的某种形式的保证。他们在两个方面都取得了胜利。

尽管在会议召开前夕他把在公海航行自由上达成协议看作是和平协议一个关键要素,威尔逊从未提出公海航行自由这一问题。实际上,在停火前的会议上,他就给豪斯发电报,指示他告诉反对第二点的英国人,说"我不能答应参加不包括公海航行自由的和平谈判"。①

---

① WW to EMH, 10/30/18, Baker, VIII, p. 533. 后来威尔逊试图提出公海航行自由的原则来解释他在巴黎的失败,称国联产生后就没有必要再界定和保证这个原则了。但是这种说法经不起推敲。驳斥威尔逊观点的材料可以在美国政府1918年10月发表的对《十四点》的评论中找到,而当时威尔逊是接受这些观点的(Seymour, IV, p. 153)。在国联参加的全面战争中并不会产生公海航行自由原则。但是这个问题的关键是,在国联并没有参与其中,不是交战一方的有限战争中,在公海上航行的中立国船只和私人财产的权利将仍然是一个问题。因此,如果威尔逊在巴黎放弃了公海航行自由原则,绝非因为国联建立以后这个问题就不存在了,而是因为威尔逊为了获得英国对国联的支持悄悄地牺牲了他和平计划中这一重要内容。

第十三章 "决裂"

至于第二个目标，英国人得到一封豪斯起草，并得到威尔逊批准的信。这封信向他们保证，"如果我们在努力创造的和平能够得以实现，如果这个和平包括一个国联……我保证你们会发现美国准备好'放弃或改变我们的海军计划'。"这封信是在劳合·乔治4月7日直截了当地告诉上校，在没有就美国的海军项目问题上首先与美国达成协议前，他不能支持有关门罗主义的修正案后。① 应罗伯特·塞西尔勋爵的请求，由豪斯起草的。

在国联委员会4月10日的会议上，门罗主义修正案按照提议的方式获得通过。法国人和英国人都投了赞成票。

不管他们对威尔逊在创造和平过程所犯的错误持有怎样的批评意见，大多数历史学家对他为拯救国联而在"十四点"上做出痛苦的妥协都做出了同情的解读。他们承认，为了获得参议院批评者所要求的在国联问题上的修正，让威尔逊没有别的选择，只能对同盟国做出让步。② 这种观点没有考虑到威尔逊在同盟国领导人手中失败的过程中一个非常重要的事实。克里孟梭和劳合·乔治在他们所希望的讨价还价内容上给威尔逊规定了谈判的环境。威尔逊没有提出任何问题就接受了他们提出的仅有的两个选项：要么他在同盟国的要求面前让步，要么他们就将阻止国联盟约中的门罗主义修正案，实际上也就是阻碍国联。威尔逊好像没有想到，他没有必要接受对形势的这种规定，在谋求对盟约修正的时候，他的谈判立场不一定就是不利的，可以用另外的、对他有利的方式界定形势。

比如，面对克里孟梭和劳合·乔治的时候，他可以争辩说，除非他们同意门罗主义修正案，美国参议院很有可能拒绝批准和平条约，美国有可能重新回到孤立主义政策上。如果他冷静地采取这一立场，总统就会发现参议院批评者的严词谴责可以帮助他获得他所需要的修正案，而不是他所感觉到的那种难以忍受的尴尬。

和会年鉴中可以找到一个非常清楚的事实，欧洲的政治家非常担心欧

---

① EMH to Cecil, 4/9/19, Seymour, IV, p. 420 – 1. 另见 Miller, I, p. 421, House diary, 3/27/19, 和 Seymour, IV, p. 418 – 20。

② 见，如 Bailey, p. 190, 206, 215 – 6.

洲可能得自己单独应对战后的问题——尤其是经济问题——而得不到美国的帮助。确保国联盟约得到美国参议院的接受符合克里孟梭和劳合·乔治的利益。许多人当时都认识到这一点。① 例如，同盟国首席谈判代表，罗伯特·塞西尔勋爵非常清楚同盟国为了他们自己的利益，不得不合作，按照美国参议院的要求对国联盟约进行修正。② 但是，把参议院的批评者的要求当作谈判的筹码，将意味着他接受这样的思想，即在缔订条约的时候参议院的观点具有某些合法的重要性。这正是威尔逊不愿意承认的。是的，他必须获得修正案，但是代价不能是让他公开顺从他在参议院的敌人。让他们屈服是他主要的目标，虽然他可能没有意识到这一点。为了实现这一目标，他宁愿牺牲任何其他的东西，我们后来会看到，甚至是国联本身。

威尔逊在谋求修正案时的窘境和忧虑被克里孟梭和劳合·乔治看得一清二楚。他的焦虑让他无法以冷静和超然的方式向他们提出要求。这就让两个在追求自己的目标方面冷酷无情的人任意摆布他。虽然门罗主义修正案对他们没有多大意义，但他们看到，可以把它用作与威尔逊讨价还价的杠杆，迫使他让步。他们确实是这样做的。

威尔逊与克里孟梭之间的危机刚刚被化解，威尔逊与意大利人和威尔逊与日本人之间冲突就成为核心。这些冲突同样复杂并让人泄气。意大利人和日本人都想争取得到秘密条约中对他们承诺的回报，这些秘密条约是在他们同意以同盟国一方参战前达成的。美国不是这些条约的一方，这些秘密条约中有关瓜分战利品的规定直接违反了威尔逊的"十四点"。对意大利和日本的要求，克里孟梭和劳合·乔治的立场是，不管落实秘密条约对其他国家人民可能多么不公平，他们有义务遵守自己政府在战争期间所做出的承诺。因此实现符合威尔逊主义原则的国际关系"新秩序"的重担干脆就落在了威尔逊一个人的肩上，而和平需要根据这些原则实现。

机警的日本人对法国和英国谈判代表的成功进行了认真的研究，在提出他们自己的要求时巧妙地运用了基本一样的战略。他们实际上对威尔逊

---

① 见，如 Frank Simonds1919 年 3 月 15 日在伦敦 *Times* 发表的文章。
② Bailey, p. 215.

第十三章 "决裂"

说,必须落实各种各样的秘密条约,根据这些条约我们将扩大在中国的控制权,否则我们就不参加国联。他们在陈述自己的要求时,非常冷静、自信、一本正经,不带任何情绪,俨然一种要说到做到的样子。豪斯相信他们的话,支持对他们让步。美国代表团其余人中间广泛的看法是,日本人不会实施他们的威胁,他们不会不参加这个新生的国际组织,威胁他们自己刚刚获得的大国地位。但是,威尔逊却不愿意玩这场令人头疼的游戏,揭露日本的阴谋。相反,他向日本人的大多数要求屈服。

意大利人不像日本人那样精明。他们没有依赖威胁不支持国联这样的策略。很有意思的是,大国中只有他们没有从威尔逊身上得到好处。

威尔逊总统拒绝了意大利人的全部要求——包括秘密的《伦敦条约》和他们提出其他的要求。在这一立场上,他得到了对亚得里亚海问题特别关注的美国专家的支持。

在威尔逊不在巴黎期间,豪斯上校相信,就像对英国人、法国人和日本的一些让步一样,为了迅速在条约上达成一致,需要对意大利人做出让步。他开始探讨找出一个妥协解决方案的可能。

不断有人指责说,豪斯的和解态度极大地鼓励了意大利人,他们更加积极地提出他们的要求,如果他们知道美国代表团一致反对他们,他们就不会这么坚持。很难评判这种指责的真实性,但是显而易见的事实是,奥兰多确实希望豪斯能够支持意大利的要求。

奥兰多最大的错误在于他没有估计到威尔逊的动机:他在寻求利用一位不再有影响的人(豪斯)的影响力;他没有利用威尔逊对国联的焦虑,表明意大利对国联的支持取决于她在领土要求上能否得到满足。

4月14日,奥兰多与威尔逊进行磋商,并陷于僵局。在这次不成功的会晤之后,威尔逊让豪斯寻求一个解决方案——显然并没有告诉豪斯他自己到底是怎么想的。好像是,总统真不想做出妥协,但是又担心必须妥协,因此只能做出这些有限和奇怪的自我挫败的让步来应对现实。

在随后的四天,从4月15日到4月19日,豪斯集中精力以和意大利人达成妥协。但他并没有成功。首先,奥兰多不愿从他的立场上倒退;其次,豪斯的工作不再能得到总统的坚定支持。美国代表团成员中的亚得里亚海问题专家们非常恼火,他们认为豪斯毫无理由地给和会造成一种误解,似乎美国在某种程度上认可意大利的要求。他们在 4 月 17 日向总统发出呼吁。在呼吁书中,他们巧妙地援引总统实现公正和平的决心,坚称意大利人在抢夺他们没有资格获得的战利品。当天晚些时候,威尔逊与美国代表团成员们协商,拒绝了豪斯一直在提的那些各种妥协建议。

现在还不清楚,在与奥兰多会谈前豪斯在多大程度上与总统解释清楚了他的妥协建议。但可以确定的是总统促使豪斯这样做。还可以确定的是,上校安抚奥兰多的尝试让威尔逊对豪斯更疏远了。

詹姆斯·肖特维尔把豪斯这个时期的活动视为上校与总统关系破裂的"原因"。① 当然,这不是"原因",但是它给威尔逊提供了一个机会,巩固了他对豪斯的消极态度。威尔逊可能这样想,这就是豪斯,太容易在"十四点"上做出妥协,而他威尔逊则竭尽全力来维护它们。豪斯谈判出一个解决方案的努力可能让总统和有关亚得里亚海的专家们坚决反对意大利人的要求的立场难堪,这可能是事实。然而,威尔逊好像是在他决定不接受任何解决方案之后又允许豪斯找出一个妥协方案。

豪斯显然不完全理解,对意大利人,威尔逊并没有他与法国人、英国人和日本人打交道时的那种迫切感,因为意大利人并没有给他施加压力,因此在不同立场间进行调解的努力获得总统赞同的可能很小。

大概也就是在这个时候,豪斯与威尔逊太太之间的关系最终破裂了。根据威尔逊太太的描述,他给豪斯看美国媒体批评威尔逊而称赞豪斯是"美国代表团的首脑"的一些文章。豪斯显然对此感到尴尬,走的时候把威尔逊还没有看到的这几篇文章带走了。威尔逊太太的叙述还说,此后不久,他从威尔逊的医生格雷森博士那里了解到,豪斯和他的女婿戈登·奥金克洛斯为鼓励这类文章忙得不可开交。② 根据豪斯的说法,事情是这样的,威尔逊太太拿着一篇称赞他的报道找到他,要他做出解释,她问话的语气好像是他让写出这样的文章。就在这个时候,总统进来了,打断了他们的话。③

---

① Shotwell, *op. cit.*, p. 18 – 19, 及 200 – 2。
② Wilson, E. B., p. 250 – 1。
③ House diary, 3/12/24. 另见 Lawrence, p. 337 – 8。

第十三章 "决裂"

不管这件事的具体细节如何，从两个版本都可以很清楚地看到威尔逊太太公开对豪斯发火，更重要的是她告诉威尔逊她的怀疑。这次难受的谈话后，豪斯再也没有到过威尔逊在巴黎的住处。

与此同时，意大利人的要求还没有解决。奥兰多有时强词夺理，有时声泪俱下，但从没有在威尔逊的国联问题上发出过威胁，坚决拒绝在他的立场上后退。虽然面临又一个僵局，但这次不需要为国联而担心，威尔逊终于决定证明自己比欧洲人的领导人更能代表他们的真实意愿。[1] 4月23日，他向媒体公布了他在意大利要求上的立场，即著名的对意大利人民的呼吁。

总统原以为他的讲话将会得到意大利的公众舆论的支持。这种想法的天真和无知很快暴露无遗。从意大利的每个角落，每个党派——甚至是那些威尔逊严重依赖的非常自由的派别——都发出了阵阵辱骂之声，这种谩骂可能是任何友好国家的领导人都无法容忍的。让他们最恼火的是，威尔逊愿意在他的原则上做出妥协与英国和法国达成协议，而在意大利的利益受到威胁的时候，他却顽固到底。奥兰多和马上就要下台的外交部长索尼诺因为反对一个牺牲意大利利益来满足自己原则的人，一夜之间成为公众心目中的英雄。

总统不仅对意大利人的公众情绪严重误判，他也没有采取这样一个重要步骤，以减少他对意大利人民发出呼吁的危险。他曾经与克里孟梭和劳合·乔治讨论过他向意大利人们发出呼吁的意图，他们也反对意大利的许多要求，但是他却没有让他们与自己同时公布这些观点。三巨头在对意大利人们发出呼吁的时候进行这种合作可能不比威尔逊单独的努力更有效，但是至少可以反驳非常错误却广泛流传的印象，即只有美国总统妨碍意大利实现其所有的要求，这种印象早在威尔逊公布自己观点前已经存在。[2] 结果是，在反对意大利领导人的公开呼吁让威尔逊自食其果的时候，劳合·乔治和克里孟梭安然度过了这次风暴。后来，威尔逊敦促劳合·乔治

---

[1] 关于威尔逊向公众"呼吁"的习惯，见 Bailey, p. 361。

[2] Baker, *WW & WS*, II, p. 166 认为，劳合·乔治和克里孟梭含糊地赞同了威尔逊发表公开声明的决定，威尔逊的理解是他们也会把自己的立场公开。但是记录显示，只有威尔逊公布了自己的意图，劳合·乔治和克里孟梭都没有发表任何评论（*Foreign Relations*, *U. S.* V, p. 150）。

公布在私下的备忘录中已经确定了的英国的立场。劳合·乔治回答说，这样做只会让局势进一步恶化。

在事情发生转折的时候内心实际上充满恐惧，但为了意大利人民的利益又需要表现出高度的愤慨的奥兰多4月24日离开了巴黎。唉，可怜的奥兰多！他希望委员会内的同事用让步诱使他回来，但是他们和他一样清楚，抵制会议，并长期执行这样的政策，将使意大利遭受更大的损失。威尔逊、劳合·乔治和克里孟梭对奥兰多缺席会议无动于衷，平静地继续开会，这让不幸的奥兰多非常失望。在罗马焦虑等了一个礼拜，也没有等到他所期待的安抚性姿态，奥兰多悻悻地回到了会议。这次离开他什么也没有得到。

在5月和6月，解决意大利危机的各种各样的努力都没有成功。其中，豪斯的努力抱负最大。总统再一次不情愿地授权豪斯探索一种上校已经有想法的妥协的可能性。

虽然因为早期试图妥协而遭到总统的反感，因而遭到惩罚，豪斯显然想再试一次。他更加认为总统的不称职和固执正在妨碍问题的解决。"我很高兴这件事又回到我的手中，"他在5月14日的日记中说，"……我从来没有想过，如果得到适当和持续的指导，就不可能解决不了。"

随着他们之间裂缝的加深，豪斯对总统的批评更加激烈。上校感到这种裂缝是永远的。他1919年5月6日的日记说，总统是他认识的人中最具偏见的。在他最近一次为达成一项妥协协议而努力的时候，豪斯觉得就在他让意大利人和南斯拉夫人接近达成协议的时候，总统再一次破坏了他的计划。此后的日记中增加了不少的细节，争辩说他的努力因为总统的不妥协而失败了。①

---

① 豪斯觉得，他让意大利人和南斯拉夫人达成协议的努力受到威尔逊偏见的严重影响。威尔逊不让他对南斯拉夫人施加任何压力，与此同时却支持对意大利人施加巨大的压力。豪斯的感觉是有些道理的（对豪斯战后对这个问题反思，见 Viereck, *The Strangest Friendship in History*, p. 254 - 5）。

Birdsall, *op. cit.*, 第十一章对威尔逊和豪斯在谈判意大利要求的时候关系恶化的过程有详细的阐述。在他的这本书中和在他文献回顾文章 "The Second Decade of Peace Conference," *Journal of Modern History*, XI p. 373 中，Birdsall 告诫不要不考虑会议的大的背景，而让会议期间发生的个别个人事件掩盖威尔逊和豪斯之间在缔结和约的方式和谈判手段上的根本性分歧。

第十三章 "决裂"

威尔逊是带着一种先入为主的观点来到巴黎的：惩罚性的和平肯定会让其支持者自食其果；适度的，不寻求摧毁德国作为世界大国地位的和平符合所有人的利益。因为威尔逊对同盟国，尤其是法国的观点做了许多的让步，和平协议显然不符合他开明的观念。①

如果提出这种主张的人打一场有技巧的外交战，是否能够达成一项更加稳健的和平条约，这种猜测很有诱惑力。最诱人的"可能发生的"可能存在于英美关系中。克里孟梭所处的国内政治环境让他在会议上自由施展的余地很小。要么他必须得到法国提出的相当一部分要求，否则他的政府很可能倒台。

从另一方面看，劳合·乔治在某种程度上具有更大的谈判空间。有很大一部分英国公众大声疾呼要求砍德国皇帝的头，呼吁"让德国赔款"，这是事实。但是也有——参加和会的英国代表团内的分歧表明了这一点——相当一部分人赞成温和的和平，让德国有能力维持欧洲的均势，这是英国外交的传统目标。

巴黎和会期间有个失误不是那么明显和引人注目：身负重任的英美领导人没有认真地探讨英国利益与威尔逊信念之间的一致程度，英国的利益是保持欧洲均势，威尔逊的信念是只有合理的和平才能是持久的和平。1919年3月，在首次努力限制法国人的要求时，威尔逊和劳合·乔治在莱茵地区和萨尔问题上基本完全一致，在赔款问题上部分一致。但是，因为某些不完全清楚的原因，这项因法国的诉求而起的有前景的盎格鲁-美国反对意见并没有成为德盎格鲁-美国合作性的谈判战略。相反，威尔逊和劳合·乔治对法国的立场进行了单独且基本上不算成功的攻击。② 正如我

---

① 说明这种观点的一个很好的例子是《十四点》在《凡尔赛和约》中得到了充分的体现（例如，见 Bailey, p. 317 - 9, 367 - 9）。尽管如此，由于赔款问题和领土问题的解决方式，和约并没有满足威尔逊的原则所激发的期待，也没有让很多支持他的人感到满足。

② 关于早期对威尔逊在和会期间没有与英国形成一个良好关系的批评，见 Walter Lippmann 在 *New Republic*, XXI (Dec., 31, 1919), p. 151 的话："因为对海洋国家的威胁是我们进行干预的核心原因，与海洋大国之间形成一种工作性的伙伴关系是与实现建立在自由基础上的和平密不可分的。我们应该与英国合作，而不是让劳合·乔治先生在克里孟梭和总统之间来回摇摆。"

们所见，在3月底4月初，威尔逊自己觉得，为了让法国支持门罗主义修正案，必须对克里孟梭做出大的让步。在已经做出妥协的决定后，他却不能制定一个全面的战略，把让步限定在最低程度，并利用劳合·乔治和克里孟梭之间的分歧来增强自己的优势。作为一个谈判者，这并非威尔逊的最小的缺点。

5月，条约已经准备好递交给德国。一部分人，尤其是英国代表团的一些人，在看到条约的全部内容后，被这个条约内容惊呆了，因为他们的工作仅局限于条约孤立的某部分，也只对这部分熟悉。劳合·乔治和他的一些同事不仅担心德国人不会签署，还认为条约将把德国削弱到无法最好地服务英国利益的程度。因此，在德国代表提出了一系列的反对意见后，劳合·乔治在6月初开始做最后的努力，以获得对德国有利的修改。

但是，令人感到吃惊的是，威尔逊根本没有热情利用这个机会，联手英国人收回他早期被迫做出的让步。6月2日，劳合·乔治提出缓和条约的内容。克里孟梭义愤填膺，拒绝考虑再次提出这些问题。威尔逊基本上保持沉默，这样也就把这场战争的所有的重担都推给了他的英国同伴。

6月3日，总统与美国代表团的成员认真研究了形势，并授权他们探讨对条约进行修改的可能性。他承认，如果能让条约更接近他的原则，应该进行修改。但是，他非常不愿意看到在他早先被迫做出让步的问题重新提出。"考虑这些问题的时间应该，"他对美国代表团说，"是在拟订条约的时候，现在有人来说他们担心德国人不会签署，让我感到很烦。他们现在担心的依据正是他们在拟订条约的时候所坚持的；这让我感到恶心。"①

毫无疑问，这种态度部分是因为他担心，如果试图缓和强加给德国的条件，同盟国的团结会遭到破坏——法国人对这种想法恼羞成怒。此外，威尔逊可能直觉上也拒绝在这个时候对整个条约彻底地进行复查，因为他感觉到任何这样的程序都将让他重新想起3月到4月他所经历的难以容忍的道德危机。他早期对法国人和其他人做出的让步是如此让他苦恼，他已

---

① 关于四人委员会1919年6月2日的会议，以及第二天威尔逊美国代表团之间的会议，见 *Foreign Relations*, *The U. S.*, VI, p. 138 – 46; XI, p. 197 – 222. 6月3日的会议记录也收录于 Baker, *WW & WS*, III, p. 469 – 504。

经忘记他被迫在他的原则上让步的程度了。在 6 月 2 日四巨头召开的一次关键会议上，威尔逊支持说，有关萨尔问题的安排是"合理"的，虽然他在 4 月份的时候是极不情愿地，在经历了一场避免剥夺德国主权的斗争之后才接受的。①

用威尔逊告诉雷·斯坦纳德·贝克话说，劳合·乔治毫无疑问地处于"极度恐惧"状态。他千方百计想获得威尔逊的支持。他与豪斯共进午餐以说明情况。② 威尔逊仍然无动于衷，这肯定让克里孟梭感到欣慰。无助的克里孟梭被迫让步，劳合·乔治得到了他所提出的一些修改，但条约的基本结构没有任何变化。③

如果采取更圆滑的谈判策略，威尔逊在巴黎能够取得什么样的成就，这个问题显然相当复杂。同样困难的问题是，如果他能对同盟国的谈判代表施加更加有效的压力，让他们接受自己的观点，是否会显得他有多明智？但清楚的是，如果他个人没有痛苦地介入议程，他可能更好地看到手中的牌，以符合他理想主义目标终极命运的方式更灵活地利用他们。

在 5 月份不成功地且不受欢迎地介入意大利问题之后，上校发现自己越来越被推倒事情的边缘。

到 5 月 30 日，他与总统的关系减弱到这种程度，以至于豪斯在他的日记中说："我很少或从来没有与他进行认真谈话的机会。现在他事实上完全不受我的影响。我们见面的时候，是为了处理一些临时性的问题，而不

---

① *Foreign Relations*, *U. S.* VI, p. 142. 比较一下威尔逊在接受此前对萨尔问题安排的态度：1919 年 4 月 2 日，他曾经说服豪斯承认这种解决方式与《十四点》是不一致的，Hosue diary, 3/28/19, (House diary, 4/2/19, Seymour, IV, p. 397)。

② Baker, WW & WS, II, 第三十章，尤其是第 109 – 115 页。另见 Baruch 对他与劳合·乔治谈话的回忆，以及威尔逊在随后与劳合·乔治的一次谈话中评论。这次会晤是 Baruch 安排的 (Philip Mason Burnett, *Reparation at the Paris Peace Conference*, [New York: Columbia University Press, 1940], I, p. 136, footnote 32)。

③ 这个时候美国修改条约的主要努力的目标集中在赔款问题上。但是，美国让德国赔款限定在一定范围的努力超出了劳合·乔治的设想，但一直没有成功 (Baker, WW & WS, II, p. 114 – 5; Burnett, *op. cit.*, I, p. 137)。有关这个时期四人委员会对赔款问题的讨论，见 *Foreign Relations*, *U. S.*, VI, p. 155 – 7, 240, 261 – 4, 272 – 80, 290 – 4, 301 – 3。

是处理计划之中一些的问题，或为未来制定计划。而这是我们以前做的。"

上校第二天的日记对他们日益恶化的关系进行了凄凉的反思。豪斯对总统的保密和独断表示遗憾。他提到，虽然威尔逊不赞同，他还是继续给记者们提供有关会议的必要信息。他解释说，他缺席了几次全体大会，因为他完全不赞同会议的那种在小国非常关心的问题上把他们蒙在鼓里，直到这些事情在大会上被公开的做法。他对威尔逊没有把条约的内容通报参议院而感到失望，尽管条约已经递交德国，在报摊上就可以得到。①

随着和会的闭幕，上校意识到他与威尔逊的亲密关系不会再恢复了，他们的亲密友谊走到了尽头。"在某种程度上，"他在6月10日的日记中说，"我意识到，这次破裂意味着我一生中某个时代的结束，因为我觉得和会结束后我将放弃我多年来一直做的事情，去做些别的事。"②

这确实是一个准确的预言。1919年6月28日，《凡尔赛和约》签署。急于投入到让参议院批准工作的威尔逊决定当天晚上就启程回国。豪斯察觉到了随后的艰难岁月，在最后与总统交谈时，恳请他以和解的精神与参议院打交道。

"豪斯，"威尔逊回答说，"我觉得如果不拼一把的话，你绝对无法得到此生值得拥有的东西。"豪斯坚持提醒总统说，盎格鲁-撒克逊文明是建立在妥协基础上的。③ 这次讨论就在这种不和谐的对话中结束了。

当晚的晚些时候，豪斯到火车站去给总统送行。这是他们的最终的告别。他们再也没有见过面。

---

① House diary, 5/31/19（部分引自Seymour, IV, 472）.
② *Ibid.*, 6/10/19, Seymour, IV, p. 480.
③ *Ibid.*, 6/29/19, Seymour, IV, p. 487.

第十四章　与国会之战*

> 如果总统坚持他的立场，要求我们必须通过它［和约］，而不能删去一个字母"t"，或去掉"i"上的一点，我保证他肯定要输。
>
> 参议员洛奇给亨利·怀特的信，1919年7月2日①

当威尔逊总统在巴黎先是不遗余力地为获得盟国对国联盟约的支持，随后又努力修正盟约的时候，他在国内的对手们在参议员洛奇的带领下，谋划着击败他。洛奇1919年4月28日在报纸上看到修改后的盟约时，即得出一个结论，威尔逊为了对盟约进行让人满意的修改所耗费的赫拉克勒

---

* 有关本章和下一章讨论事实的最好的二手材料是Fleming的 *The United States and the League of Nations* 和Bailey的 *Woodrow Wilson and the Great Betrayal*。Fleming的书文献非常丰富，尽管作者倾向于为威尔逊辩护，这本书对学生来说仍然是无价的。Bailey的书写得很好，组织得也很好，总体上说对围绕和约而进行的斗争提供了一个公允的解读。在一个重要点上，我们的解读与他的解读相反。他认为，威尔逊对"解释性保留"的态度在围绕和约斗争的过程中有所波动，我们没有找到任何证据证明威尔逊在7月份回到美国以后所采取的立场上有任何动摇，也就是说，如果在批准和约的决议中不包括这种解释是可以接受的，包括这种解释的决议则是不可接受的。到目前为止，就我们所能发现的材料来看，他从来没有像Bailey所说的那样，在第一种立场上"变得更强硬"。

洛奇死后出版的围绕和约进行的斗争的叙述清楚地揭示了他在应对和约的斗争中所使用的策略，也表达了他对威尔逊个人的敌意。洛奇最好的传记是由John Garraty撰写的，他的书是根据洛奇文件写的，他客观地看待他的主人公。

根据现在的观点历史地展现这一事情来龙去脉的材料，纽约《时报》是不可或缺的。Bartlett的 *The League to Enforce Peace* 在表现威尔逊行为对有组织支持国联者的影响方面非常有用。Pringle在 *The Life and Times of William Howard Taft*, II, 第926页很好地描述了塔夫脱痛苦的立场。

① Nevins, p.455.

斯式的努力是徒劳的。"……很显然，"他第二天对媒体说，"它需要进一步的修改。"从那以后，他一直坚持修改后的盟约不仅没有对最初的盟约进行修改，甚至"比以前的那个更糟"。他表示，如不予以阻止，不负责任的总统就会把这个国家带入危险的境地，参议院必须在危难之际挽救这个国家。①

事实上，洛奇甚至无需详细研究盟约，就能确定盟约是一个非常危险的设想。他早就决定，尽管否决国联的设想将是"一个错误"——因为每个人都赞成维护世界和平——但是可以挫败任何具体的计划，不管其名称是什么。早在和平会议首次提出国联盟约的两个多月前，洛奇就在给一直反对美国参加任何同盟想法的印第安纳州前参议员贝弗里奇写信说：

> 我们现在立场的力量就是让他们明白，提议中的任何方案都是不可能的，如果他们希望得到我们的支持，就请他们提出他们的条件。他们做不到。我自己的判断是，这个问题会在会议上彻底破裂。可能会有一些溢美和平的含糊辞藻，但是任何联盟的实践如果涉及操控我们的立法，我们的军队和海军，或触及门罗主义，或建立一支国际警察，以及类似的事情，问题就非常清楚了，我们赢定了。②

在围绕参议院批准《凡尔赛和约》的整个斗争过程中，洛奇表现得非常虔诚，坚持说他的立场完全是出于对维护美国国家利益的关心，只有在对盟约进行一些修改，以便能保护美国的国家利益时，他才赞成美国参加国联。在那个时候就有很多人怀疑，并很快得到证实的是，洛奇首先和最主要的目的就是为了羞辱威尔逊，至于说威尔逊的国联是什么形式都不重要。由于国联得到公众的广泛支持，完全拒绝肯定是要失败的，洛奇就非常狡猾地假装站在一个较温和的立场。根据这一立场，他能够更好地在最后把威尔逊带来的这个国联置于死地；至少也要对之进行修改，让傲慢的威尔逊向共和党控制的国会低头，这样可以为自己赢得个人和政治的

---

① 洛奇对媒体发表的声明，4/29/19，洛奇在参议院的演讲，5/23/19。
② Lodge to A. J. Beveridge, 12/13/18, Bartlett, *League to Enforce Peace*, p. 108.

第十四章　与国会之战

威望。

考虑到洛奇在围绕和约而战的过程中的策略，这种解释是非常有说服力的。在参议院最后拒绝和约、国联以及所有的一切的时候，洛奇在一封信中宣布他和他的同事们做得很好，这一事实让对前面的解释不能有任何怀疑。他对参议院一位同事称，这场争论的结果是一次"胜利"①。此外，在1920年的共和党全国代表大会上，洛奇也没有促请按照他极力主张的保留条件通过和约，而是给彻底拒绝国联留下余地。到1920年共和党赢得大选后，洛奇就兴高采烈地宣布，就美国而言，国联已经不复存在。②

洛奇个人憎恨威尔逊，他的信件和文件充分显示了这一点。但是，除了重要的个人考虑以外，作为共和党的一位领导人，洛奇的眼睛盯着下一届总统大选，在大选前的相当长一段时间内，国会中的党派分歧都会被放大。

不管是个人的、党派的抑或是爱国主义的动机，还是别的什么复杂的因素的结合影响了洛奇，可以确定的是，德国在1918年10月一提出和平，他就绞尽脑汁，在每个回合上让威尔逊公开难堪。曾经宣称在涉及外交政策的问题上不应该考虑政治的洛奇，③ 试图通过亨利·怀特向参加和平会议的同盟国外交官们提供一个备忘录，告诉他们，总统的看法不代表美国人民和参议院的真实观点。他非常明确地表示，他的目的就是让这些外国外交官与威尔逊打交道的时候更加强硬。④ 就在威尔逊急需动用全部权威以要求同盟国降低某些要求的时候，洛奇策划国会通过《联合声明》，对

---

① Lodge to J. A. Beck, 3/22/20, Garraty, p. 390; James E. Watson, *As I Knew Them* (Indianapolis and New York: Bobs-Merrill Co., 1936), p. 213.

② 纽约 *Times* 11/12/20，引自 Fleming, p. 487。有关洛奇对参议院拒绝和约满意的状况还可见，Lodge, p. 210, 214；洛奇女儿在纽约 *Herald Tribute* 1930年3月21日发表的声明，引自 Fleming, p. 476；Lodge 给 A. J. Beverdge, 3/8/19 和 3/21/19，载 Claude G. Bowers, *Beveridge and The Progressive Era* (Houghton Mifflin: the Riverside Press, Cambridge, 1932), p. 504; Lodge to L. A. Coolidge, 2/11/20, Garraty, p. 388; Alice Roosevelt Longworth, *Crowded Hours* (New York and London: Charles Scriber's 1933), p. 292.

③ *Congressional Record*, Vol. 21, p. 6456.

④ Nevins, p. 353.

威尔逊的威望以沉重的打击。在意大利危机发展到高峰，威尔逊坚决反对意大利在阜姆问题上的要求的时候，洛奇却对在波士顿的意大利人发表声明，支持意大利人的立场。公正性存疑的山东问题的解决方案给洛奇及其同伙提供了又一个进一步攻击他们最喜欢的恶棍的绝佳理由。①

在总统乘坐的乔治·华盛顿号从和平会议回到美国海岸的途中，洛奇参议员就一直在思考着如何让这个人屈服，他曾坦言，他对这个人的恨超过了他曾经预料到的对任何政治人物可能的恨。他认为可能除了詹姆斯·布坎南以外，威尔逊是美国历史上最糟糕的总统。② 他和他的同伴们在广泛散布一种耸人听闻的消息，说威尔逊的国联对美国意味着巨大的危险，现在参议院必须对盟约进行修改，让美国脱离危险。

面对像洛奇和他的伙伴们这样智力超群和精力充沛的对手，几乎任何一个人都会感到忧虑和愤怒。但是一位比威尔逊更超然的领导人，可能冷静地反击洛奇的策略，能采取更现实的步骤来动员参议院所有的可能来支持和约。威尔逊特有的焦虑让他不能如此镇定和冷静地应对洛奇的挑战，因为他很容易受到这种焦虑的影响，洛奇的冷嘲热讽对他的影响，恰如众所周知的红毯子对西班牙斗牛的影响一样。

从早年开始，威尔逊就对自己的智力、道德价值和自己的力量有一种根深蒂固的怀疑。他一直尽力通过严格的训练来克服这些怀疑，通过不断取得成功证明他的确具有超人的智力，良好和"无私的"品行，有充分的优势让自己免于屈尊输给任何人。洛奇对自己对手的弱点了如指掌，带着一种盛气凌人的气势，他对威尔逊进行了辛辣的人身攻击，进一步激发了威尔逊内心的焦虑。

因为"迟钝"而在孩提时代受尽羞辱，成年后的威尔逊对发现自己"有思想"，并随后在学术上取得相当出色的成就会感到高兴吗？洛奇就毫不掩盖他对威尔逊"思想"的蔑视。记得在1919年2月28日参议院的一次讲话中，洛奇嘲笑说，他发现威尔逊的智力和在世界的地位不是非常强大的。至于说"政界学者"——在威尔逊的名声超过他之前，洛奇享有这

---

① Fleming, p. 199–203.
② Garraty, p. 312.

第十四章 与国会之战

个称号——为什么,洛奇坚持说,威尔逊根本就不是学者(这位博学的参议员提及某个事实说,证据之一是在他后来撰写的一本书中,威尔逊在引用古文的时候混淆了(大力神,译者注)赫尔克里斯和(巨人,译者注)安泰俄斯。洛奇认为这个错误是"难以置信"的)。①

他父亲特别强调恰当使用英语语言重要性,受到父亲严格训练的威尔逊不是非常重视语言风格,不是特别强调遣词造句,善于运用流畅和华丽的语言吗?"作为一份英文作品,"洛奇在谈到国联盟约的时候说,"它的水平不高,在普林斯顿可能获得通过,但在哈佛肯定通不过。"②

威尔逊私下不是很担心自己行使领导权的时候的"自私",总是持续不断地声称他自己公正无私,并把这种公正无私延续到与其他国家打交道的过程中吗?洛奇认为威尔逊是一个追求私利、没有原则、自我为中心、胆小、狭隘,是一个只考虑增加自己成就的政治煽动家——而且他一点也不掩盖他的观点。

迫不及待地想削弱洛奇的立场的威尔逊,为了应对针对盟约提出的反对意见,在和会的后期为了得到对盟约的修改不是做出了痛苦的让步吗?洛奇一点也没有被威尔逊这种出乎预料的做法所迷惑,笼统地说这些修改没有任何价值,并通知说参议院将会做出更多的修改。他反复警告说,除非总统接受这些修改意见,否则和约将得不到批准。③

洛奇对他的攻击不仅仅是在内容上让威尔逊忍无可忍,他的方式也刺到了他的痛处。即使是洛奇一生好友之一的威廉·劳伦斯在对洛奇的生涯进行总结的时候也遗憾地表示,"卡伯特""在发表他精明和入木三分讲话时的声音有一种特质",能给人以致命的伤害。"他的那种冷嘲热讽,时不时地刺人的睿智,再加上他那种方式和声音,有时候能远远超过在某一问题上和情感上的其他精妙和高尚的演说"④。

---

① Lodge, p. 220 – 1.
② Bonsal, Stephen, *Unfinished Business* (Garden City, N.Y.: Doubleday, Doran and Company, Inc., 1944), p. 275.
③ 见,如纽约 *Times*, 12/1/19; Lodge to Henry White, 7/2/19, Nevins, p. 455。
④ Lawrence, William, *Henry Cabot Lodge: A Biographical Sketch* (Boston and New York: Houghton Mifflin, Co., 1925), p. 17 – 9.

在哈佛读本科的时候，洛奇参加了一次模仿同班同学缺点的传统模仿秀，他的模仿入木三分，以至于几位同学一生都疏远他，这个传统也因此取消了。半个世纪以后，一位见证人回想起他讽刺他同学的方式说："我现在还能听到他发表讲话的声音，那种残忍的样子……让我非常厌恶。"①

洛奇把自己讽刺挖苦的全部能力都用于攻击威尔逊。他的冷静本身就带着一种侮辱：他好像觉得不屑于把蔑视的对象当作敌人。

很久以前，威尔逊需要忍耐冷嘲热讽的批评；很久以前，他曾经被迫一次又一次地修改认真写好的作文，让他感到羞辱；很久以前，在他专横的父亲的打击下，他不得不顺从以挖苦的方式提出的要求，屈服于对他道德和智力价值的贬低。他好像是很顺从地屈服。也许是他从那个时候开始压抑已久的怒火对他后来遇到人彻底爆发了，这些人让他再次意识到半个多世纪以前他所经历的不愉快感觉。

我们已经看到，威尔逊对国联的感情非常强烈。即使在一些与他联系不密切、对他不重要的计划上，他也习惯性地认为对他行使权力的干涉是一个不能容忍的威胁。考虑到洛奇对国联和他内心平衡的威胁，仅仅提一下这个参议员的名字就让威尔逊咬牙切齿，这就不足为奇了。

1919 年 7 月 8 日，威尔逊总统从欧洲回到美国。两天后，他到参议院，将和约提交给参议院批准。就在他离开白宫前往参议院发表讲话前，威尔逊举行了一次记者招待会。其中一个记者问道，如果参议院附加条件，和约能否通过。"我觉得不用为这个假设的问题担心，"威尔逊反击说，"**参议院将批准这个和约**"。②

如果说他对参议院的讲话语调还算不那么专横的话，其表明的含义是一样的：参议院**必须**通过这个和约——这是上帝的旨意。总统承认它并不完美。他委婉地表示，虽然做出了许多"微小的妥协"，但和约"作为一个整体符合大家一致同意的作为和平基础的原则……"和约最重要的成就就是创立国联。"我们敢拒绝它，让全世界伤心吗？"拒绝和约是不可想象的。大家普遍承认，美国"参与战争不是为了寻求她自己独自或特殊的利

---

① 引自 Garraty, p. 25。

② Bailey, *WW & GB*, p. 9.

益,而是为了一种权力而战,美国乐意与任何地方的自由的人们和爱好正义的人分享这种权力。"现在全世界都在向美国寻求道德上的领导,接受这种责任,担任领导是我们义不容辞的责任。"舞台已经搭好,使命已经开始,"这是总统的结论。"绝非我们自己这样设计,而是上帝之手让我们这样做。我们不能畏缩,只能阔步向前。抬起头来,振奋精神,紧随梦想。这是我们与生俱来就梦寐以求的,现在美国实际上在带路,上帝之光照亮的是前面的道路,而不是任何其他的地方。"①

不幸的是,在讨论开始后,许多参议员看到"灯光"照亮了许多不同的、激情似火的总统却没有看到的路。他们把威尔逊看到的美国的命运看作是伍德罗·威尔逊自己计划的产物,而非"上帝之手"所设计的。参议员们认为最重要的是参议员提出的某些保留的要求,但是总统甚至提都没有提。用参议员布兰德基(共和党,康涅狄格州)的话说,他把它们当作"演讲的肥皂泡和装饰的语言"②。

和约被正式递交给参议院,立即被送到参议院对外关系委员会。这个委员会的主席不是别人,正是亨利·卡伯特·洛奇。

虽然是对外关系委员会的主席和参议院多数党领导人——根据1918年最新选举结果,参议院有49名共和党,47名民主党——洛奇的处境也很麻烦。他所面临的困境的关键是,绝大多数公众舆论都赞同建立联盟,而且在威尔逊成功地在巴黎对盟约进行修改,删去了反对者所提出的危险内容以后,公众明显支持这个联盟。几项民调的结果证明了这一事实。媒体、全国各地会场和教堂的演讲、农场、工会组织,以及州议会通过的决议等所反映的舆论潮流都是积极的。③

洛奇参议员对这种状况非常担心。他精明地认识到,考虑到全国的情绪,甚至他在参议院的一些共和党朋友们的情绪,如果国联的支持者和反对者立即摊牌,结果后者肯定失败。他1919年2月给 A. J. 贝弗里奇写信说:

---

① *Public Papers*, *War & Peace*, I, p. 537 – 52.
② 纽约 Tribune, 7/11/19。
③ Bailey, *WW & GB*, p. 10; Fleming, p. 165 – 71, 205; Bartlett, *op. cit.*, p. 130.

> 实际上必须认真应对……现在的形势。我不怀疑全国绝大多数人自然会对保持世界永久和平这种想法很感兴趣……我觉得在目前的状况下把这件事情弄成一个党派的问题是不明智的，简单地拒绝也是不明智的。我认为我们现在需要做的，是在全国人民面前对之进行讨论，弄清楚它涉及什么问题，意味着什么……①

据此，洛奇觉得有必要获得充分的时间来影响公众意见，反对现在的和约。洛奇认为，需要做的事情是，公布威尔逊的国联将给从大西洋到太平洋，从加拿大到墨西哥带来的危险；为了这个目标需要花费很多的钱。洛奇和其他国联批评者的讲话被打印出来由成千上万的人到处散发。他们召开会议，发表演讲，警告威尔逊的国联将损害美国主权，放弃门罗主义，让美国卷入欧洲和亚洲复杂的事务，因此将嘲弄乔治·华盛顿久负盛名的建议，让美国的孩子们听从外国权威的指挥，随时都有可能让他们在世界上遥远的地方为了遥远的目的而投入战争。更糟糕的是，我们的孩子们可能受命为很显然遭到爱好自由的美国人民反对的目的而战，如为了英格兰压迫者的利益镇压爱尔兰的革命者。

一些少数族裔很容易受到这些观点的影响。首先爱尔兰裔美国人，他们非常憎恨威尔逊，因为他在和会上没有为爱尔兰的自决而斗争。其次是德国裔美国人，大约有七百多万，他们在不同程度上憎恨威尔逊在他们祖国可耻的失败过程所发挥的作用；还有意大利裔美国人，他们强烈反对威尔逊无情地反对将阜姆归还意大利的立场。

还有其他一些人基于共同的观点，而非他们的出身也反对和约。例如，自由派认为威尔逊在和会上背叛了他自己的原则，也不再抱有幻想。其中一份著名的自由派周刊，《国家》就这个主题刊登了一篇文章，题目为"弥天大谎"。另一篇分析威尔逊所描述的拒绝和约可能的危害的文章题目为"威尔逊先生夸夸其谈"②。

---

① Garraty, p. 350.
② *The Nations*, 9/27/19 和 10/4/19.

更多,或者说国联面临更大的一个障碍是孤立主义者——他们仍然认为美国是一个属于自己的土地,不要让世界上其他地方无休无止的纠缠玷污我们的手。对他们来说,国联标志着美国危险地背离避免卷入别国事务的原则,这一原则曾经发挥了很好的作用。他们惊呼,一旦参加国联,美国将会发现她将主权交给了一个不三不四的超国家的组织。孤立主义者的立场非常强大,因为他们的立场是这个国家的神圣传统。他们对美国冒险参与到国际关系中可能给美国带来的严重危险的预测让很多有远见的爱国主义者三思。

所有这些人都是国联反对者宣传的天然对象。洛奇和他的政治盟友们不知疲倦地煽动他们各种各样的恐惧和憎恨。结果是,反对国联的不和谐声音和反对威尔逊的恶言秽语,让许多与任何组织都没有联系的人开始纳闷,在对国联的所有这些批评声中难道就没有任何核心内容是正确的;既然这么多人这样大声和急切地敦促,让和约"美国化"是否明智。威尔逊刚从巴黎回来的时候,接受和约,参加国联还是普遍的倾向,但是随着时间的推移,日益增长的情绪开始改变这种倾向,认为也许需要对和约进行修改才能进一步保护美国的利益。

如果说全国的民意因为反对国联的宣传一天天变得模糊,参议院的意见就更加复杂。因为,参议员们不仅受到全国广泛的思想交锋的影响,而且,还有两个因素影响他们的观点。一是这个问题本身的性质,作为政治家的参议员们都是在思考政治问题——距1920年的大选只有一年多一点的时间;二是许多参议员,既有共和党也有民主党,希望有这样一个机会以解决他们与威尔逊之间的个人恩怨。既然现在战争结束了,他们不再感到有必要压制自己的怒火。他们想用威尔逊自己钟爱的和平和约,在尊重政府立法部门方面给他提供一个教训的实例。

"一位能力很强的作家估计说,五分之四反对国联的人只不过是对威尔逊没有道理的恨。"在引述这种说法后,历史学家托马斯·A.贝利评论说:"这也许有点夸张,但毫无疑问的是,共和党领导人,以及许多普通的共和党成员,都对总统有一种强烈的憎恨,他们准备不惜一切代价让他垮台，同时（他们这样声称）拯救国家。"①

从严格的党派观点来看，也不能让威尔逊独自取得他梦寐以求的成就。在他单独取得成功后，共和党担心他可能寻求第三任——还可能获胜。从共和党的观点来看，威尔逊的国联要么必须失败，或者至少也得"共和党化"，以便让大佬党（共和党的别称，译者注）可以在这件好事上声称自己也有功劳。但是，和约获得通过，美国加入国联好像是预料之中的事。大部分共和党参议员愿意满足于对和约做些微小的修改。他们和民主党一起构成了参议院的多数，可能吸引足够的额外选票，形成批准和约所需的三分之二的支持票。

也就是在这样复杂的形势下洛奇开始担任参议院多数党领袖。这种形势让那些反对和约的人颇感失望，因为经过微小修改后的和约将不可避免地获得通过。一次，来自印第安纳的詹姆斯·沃森参议员和洛奇一起吃晚饭的时候商讨应对和约对他们挑战的手段。"参议员，"沃森说，"我不知道我们怎么才能够战胜这个提议。我觉得百分之八十的人民是支持它的。"

洛奇回答说，"啊，我亲爱的詹姆斯，我并不是说要通过直接的正面进攻来击败它，而是通过间接的保留的方式。"

沃森有点困惑不解，要洛奇详细说明。洛奇花了两个小时的时间，直到最后，沃森"感到非常满意，按照这样的方式，和约肯定失败，"他后来这样写道。② 仅就这种观念的精彩程度来看，洛奇的策略在美国历史上是无与伦比的，就使用这种策略的手段来看，作为一个战术大师和心理学家洛奇在美国历史上也是独一无二的。

洛奇的全部行动计划建立在他对威尔逊的判断上，他估计威尔逊绝不会接受参议院对和约有任何保留。对洛奇来说，他后来写道，威尔逊本人就是"在重大国际政治问题中需要沉着和冷静考虑的因素"。参议员对威尔逊"沉着"和"冷静"判断就是，威尔逊将尽他最大的努力"不接受对和约的任何保留……"

---

① Bailey, *WW & GB*, p. 38.
② Watson, *op. cit.*, p. 190.

第十四章 与国会之战

我的这种看法是根据我对威尔逊先生的性情、意图和目标的了解而获得。我对总统在困难时候的言行的仔细研究后知道——我对他的了解正如他的密友对他了解一样重要——他所做的任何事情的关键就是,他总是从自己的角度去思考一切问题。换句话说,威尔逊先生在处理任何重大问题时,首先想到的是他自己,他随后也可能想到这个国家,但中间有很大的间隔,至于说民主党,我说句公道话要落到可怜的第三位。威尔逊先生完全被他的权力欲望所吞噬了……

我对支配威尔逊先生的思想和个性的认识是逐步形成的,最后在面对一个特定形势的时候得出来的,这种形势对公众的重要性无论如何都不会被夸大。这种认识是在正确分析威尔逊先生可能的态度之后得出来的,在我尽力解决我和那些与我同事们必须面对的复杂的问题的时候,对他这种态度的正确分析在关键的时刻是一个重要的因素。①

考虑到他的这种认识,以及他将自己的全部战略都押在这个认识上大胆行为,洛奇能够设计出一个非常简单和微妙的行动计划。他需要做的就是对和约增加一些保留,特别是在威尔逊认为非常重要的国联盟约上。如果他的理论是正确的话,那么就可以让威尔逊自己来毁掉他倾注一生精力想创造的东西。因此,洛奇面临的首要问题就是确保获得足够的票支持他提出的保留要求。

在49位共和党议员中,有14位可以被称为"不妥协者"和"不屈服者",他们坚决反对和约,而不管其形式是什么。他们的领头人是爱达荷的威廉·博拉,一个坚持己见、决心阻止美国参加国联的人。大家都相信如果共和党的领导人在这个问题上不让他满意,他就会在1920年退出共和党。这些"不妥协者"明确宣布他们打算投票反对国联,不管有没有修正,也不管有无保留。

1919年4月29日,在新一届国会召开的三个礼拜前,洛奇与博拉协商,让他支持修正或保留。洛奇告诉博拉,根据他的判断,"绝大多数人,通俗地说,就是大街上的人"支持威尔逊的国联,而且"社会中有影响力

---

① Lodge, p. 226, 21-3, 218-9.

的一些群体"——牧师、教育工作者、报纸编辑，以及舆论领导人们——也在支持现在的国联。"考虑到现存的状况，我对博拉参议员说，我觉得非常清楚的是任何在参议院直接投票，并且是立即投票，来试图击败包含有国联的《凡尔赛和约》将没有任何希望，尽管非常值得一做。"洛奇认为，只有一个办法，那就是对和约进行修改或予以保留。如果那时候和约没能通过，博拉和他同事们就会得到满足。如果通过了，至少也是在在共和党改进之后。博拉赞同洛奇的分析，承诺他将投票支持对和约修改或附加保留条件，当然私下的谅解是，在最后投票的时候他还将投反对票。洛奇对这一结果感到非常满意——它"让我更加坚信我的想法，在和约交给我们的时候如何应对才是恰当的办法"①。

其次，洛奇将精力放到对外关系委员会的组织上，正如他后来写的那样，这个委员会的构成将有非同寻常的后果。洛奇让"不妥协者"充斥其中，有意回避诸如凯洛格参议员这样的中间派，因为凯洛格不愿意盲从洛奇的领导。在该委员会中的十个共和党议员中，有六个是"不妥协者"，三个是强烈主张保留的人，共和党内的"温和保留派"大吃一惊。一目了然，这正是当时形势所需要的那种"强势"委员会，洛奇后来满不在乎地这样说。②

就像他们的名称所表明的那样，参议院的十多个"温和保留派"也支持保留，但一般比较弱小。洛奇可以依靠他们支持**某些**保留项目。他得根据形势的变化观察他们能接受多大程度上的保留。他还能得到三四个民主党人的支持，他们已经准备好挑战威尔逊，尽量搁置和约。

到1919年7月威尔逊回到华盛顿的时候，洛奇已经确定他的希望所赖以存在的基础——威尔逊将面临的局势就是不愿接受保留而最终看到整个和约都遭到失败——已经形成。

算计是不可避免的。不管威尔逊做什么，他总是遇到这个问题。摆脱这种困境的出路只有一个：在保留这一点上做出妥协。总统向现实低头，

---

① Lodge, p. 146 – 8.
② *Ibid*, p. 151 – 2; David Bryn-Jones, *Frank B. Kellogg: A Biography* (New York: G. P. Putnam' Sons, 1937), p. 113 – 4.

第十四章　与国会之战

接受保留条件，不管是那些"温和保留派"的条件，或者在需要的时候，洛奇的条件，这种可能性正是反对和约那些人的最大的软肋，在参议院讨论和约的九个月内也是那些希望击败和约的那些人的噩梦。但是洛奇仍然坦然自若。

有一次，沃森参议员对他说："参议员，假如总统接受您对和约的保留意见，我们就得参加国联，一旦我们参加了国联，我们的保留意见就完全没有意义了。"

洛奇笑了。"我亲爱的詹姆斯，您没有考虑到伍德罗·威尔逊对我个人的仇视，在任何情况下他都不会接受一个附加有洛奇保留意见的和约。"

"但是，在我看来这就像把这么重要的大事系于一根细绳，"沃森回答说。

"一根细绳！"洛奇惊叹地说，"为什么？它和很多条线缠绕起来的电缆一样结实。"①

几年后，洛奇非常得意写道，他在估计威尔逊总统在特定的环境会怎么做的时候一点儿都没有错。②

一旦交给了对外关系委员会，和约就任由洛奇和他那些"强势"的同事们来摆布了，这些同事们都是他精心挑选的，协助他对威尔逊的想法进行大手术的人。首先，需要对病人进行非常非常认真的检查——没人能催促洛奇博士，因为他和他的共和党同事控制着这个委员会。

洛奇开始朗读和约文本——总共268页。他花了两个星期的时间。大多数时间只有委员会的秘书在场，有一次这个不能任意行动的听众也溜了。洛奇不为所动，就一个人在那儿独白。和约文本终于读完了，委员会开始了听证。巴黎和会上愿望没有得到满足的各种各样组织的代表在同情他们的参议员面前开始倾泻他们的怒火。他们的怨言让和约的所谓的不公正之处让公众一览无余。这些听证会还给参议院内外反对和约的人提供了更多的时间，让公众了解，如果国联盟约按照现在的样子不经任何修改就予以通过可能给美国带来的危险。

---

① Watson, *op. cit.*, p. 200 – 1.
② Lodge, p. 226.

持批评意见的人对盟约从头到尾都进行了大量的攻击，但他们的火力集中四点上。第一，他们称，现在的盟约让国联有权干涉其成员国的内部事务。我们能授权一个国外的超国家机构干涉我们的移民政策，例如，告诉我们必须没有限额地允许东方人进入这个国家吗？再比如说，让国联来决定我们的关税政策吗？威尔逊的支持者们指出，正是为了满足这个批评意见，总统在3月份回到巴黎的时候，获得了对盟约的修正，规定如果争论有关方"有一方提出，并被理事会确认，根据国际法完全是由属于该国国内管辖的事情引发的，理事会应予以报告，但不提出该如何解决的任何建议"①。威尔逊的批评者反驳说，这种方式让国联理事会决定某项争议是否属于争议一方的国内管辖范围。美国应该把任何涉及国家的议题的主动权掌握在自己手中。

第二，他们称盟约威胁到门罗主义。威尔逊的支持者提请他们关注他还在巴黎的时候所得到的第二项修正案，这个修正案规定："该盟约的任何内容都不能影响为了维持持久和平的国际安排的有效性，如仲裁条约或像门罗主义这样的地区性谅解。"② 对这一点，威尔逊的批评者回答说，门罗主义不是一项"国际安排"，或"地区谅解"。它是美国的单方面政策，必须明确表示不能由外国来解读。③

第三，他们称从国联退出的条款不符合要求。针对国内的批评，威尔逊在巴黎得到对国联盟约的第三条修正案规定："国联的任何成员，只要在其退出的时候已经忠实履行了其国际义务和本盟约所规定的义务，在提前两年通知其退出的愿望后，可以从国联退出。"④ 但是，他们提出，由谁来决定一个退出的国家是否已经履行了其所有义务是必要的。威尔逊的支持者表示，显然退出的国家将决定，因为国联从未获权决定这类问题。这种回答没有让攻击威尔逊的人满意。对他们来说，这一条款往好处说也是模棱两可的，而在这样的问题上容不得含糊不清：世界必须明白，只有美

---

① Baker, *WW & WS*, III, p. 181.
② *Ibid.*, p. 184.
③ 关于洛奇对门罗主义修正案的态度，见 Garraty, p. 364 - 5；洛奇在参议院的讲话，6/6/19, Fleming, p. 213 - 4。
④ Baker, *WW & WS*, III, p. 181.

国才能决定她是否已经完全履行了自己的义务，并将保留无条件撤出的权利。

第四，在经历了一段不确定的时间后，到底威尔逊的国联是一个无任何权利的清谈俱乐部，还是一个危险的超国家的组织，洛奇和他的朋友们决定采取后一个立场，把矛头对准盟约的第十条。第十条规定：

> 盟约会员国尊重并保持所有联盟会员国之领土完整及现有之政治独立，以防止外来侵略。如遇此种侵略或有此种侵略之任何威胁或危险之时，理事会应建议履行此项义务之方法。①

威尔逊的批评者指责这一条款显然违背了美国宪法。根据这一条款，国联能够命令美国的孩子们参战，或命令美国在经济上抵制其他国家。但是，宪法规定，只有国会才能宣战，增加或影响国家收入的任何议案必须由国会通过并由总统签署。支持威尔逊的人指出，因为国联理事会的决议需要一致通过，没有美国代表的同意，它将无法采取行动。这将阻止理事会采取美国不喜欢的行动。此外，理事会的任何行动都只是**建议性的**，它无权发出具有法律约束力的命令。其建议只提供一项道义的，而非法律的义务，关键的一点是，道德义务留下了行使斟酌和判断的空间。而且还将由国会来决定是否接受理事会的建议，决定在一个特殊的情况下应该采取何种行动。② 如果只是一种道义义务，那第十款还有什么用？反对威尔逊的人反击说，每一个国家都可以按照自己的喜好解释理事会的建议，那理事会不就变成一个没有任何权力的论坛了？威尔逊和他的支持者回答说，在这样的问题上有国家的良心。国家一般都尽力履行神圣的义务，不管是道义的还是法律的。国家在相互关系中接受道义原则就是国际关系的一个卓越的进步。

其实就在几年前，洛奇曾经热情地支持这个想法。1915 年 6 月，他在

---

① Baker, *WW & WS*, III, p. 179.
② 见，如 Claude Swanson 参议员（民主党、亚里桑那州）的讲话，7/14/19, Fleming, p. 242 – 3.

纽约的联合学院发表演讲时曾表示：

……思前想后，我们不可避免地会得出这样一个结论，只有国家间联合起来愿意用武力来支持和平与世界秩序……才能维持世界和平。为了维护和平和秩序，国家必须像人一样联合起来。大国必须联合起来，能对任何单一的国家说，你绝对不能发动战争，而且只有在试图发动战争的国家知道联合国家背后具有不可抗拒的力量的时候，他们这样说的时候才能有效。①

1916年5月，在使用武力维护和平联盟举行的一次会议上发表讲话的时候，洛奇阐述了他的观点，说世界未来的和平的唯一希望在于创造一个手中掌握军事力量的国际联盟。"我知道障碍是什么，"洛奇接着说：

我知道很快就会有人说，你们打算在协议中达成的问题很危险，没有一个国家能服从其他国家的评判，我们一开始就必须小心谨慎，不要期望得太多。我知道，当我们谈到任何涉及联盟问题的时候可能产生什么样的问题，但是当华盛顿告诫我们永远不要缔盟的时候，他的意思从来不是说，就算能够找到减少战争和鼓励和平的办法，我们也不应当与世界上的其他文明国家联合起来。②

但是，人的观点是会发生变化的。当他早期的这些设想在威尔逊的国联盟约中得以实现的时候，洛奇却援引国家缔造者的话来支持他反对威尔逊的国联，特别是第十款的观点。

威尔逊的追随者抱怨说，反对国联的人说话时好像盟约的条款仅适用于美国；好像国联只是一个侵犯美国主权的巨大阴谋。英国、法国、意大

---

① Lodge, Henry Cabot, *War Addresses, 1915–1917* (Boston and New York: Houghton Mifflin Co., 1917), p. 41.

② *Enforced Peace: Proceedings of the First Annual National Assembly of the League to Enforce Peace, Washington, May 26–27, 1916* (New York: League to Enforce Peace, 出版时间不详), p. 166, 另见 Lodge, p. 129–32; Fleming, p. 282。

利以及其他国家和我们一样关心，要保持他们的行动自由，把解决他们国内问题的大权控制在他们自己的手中。威尔逊主义者声称，所有成员国都受同样规则的约束。考虑到这种情况，其他国家和美国一样唯恐失去它们自己的特权，在实践上不需要牺牲任何主权。① 因此，许多人提出的对盟约进行修改的保留要求是没有必要的，因为他们已经非常清楚地包含在内，而且得到其他大国的默认。

通过简略叙述这些争议的观点，读者可以看得很清楚，谁都可以搜集到很多的证据来支持这些各种各样的观点。事实也的确如此。报纸刊登一个又一个专栏，充斥着错综复杂的法律讨论，阐述一种或另一种相反的意见，叙述参议院内复杂的议会运作，以及在让人眼花缭乱的和约条款上让人眼花缭乱各种各样的观点。公众很快就被彻底弄糊涂了，尽管在这个过程中唯一不变的是大多数人和大多数参议员想要一个某种形式的联盟与和约。那么为什么不增加一些保留条款，即使是为了消除一些毫无根据的担忧，一劳永逸地彻底解决这个麻烦事？随着争议持续下去，在参议院内外这种声音都在增加。

面对这种纠缠不清的形势，威尔逊总统形成了一种只可意会不可言传的态度。他不同意在批准的议案中将对和约的修正和保留具体化。但是，他愿意考虑在批准和约的议案获得通过的同时发表一个单独声明，可以对和约进行"合理解读"。他在将和约递交参议院审议的当天就持这一立场。② 他在 8 月 19 日与对外关系委员会见面的时候重申了这一立场。③ 他自始至终都没有从这个立场上动摇过。正是保留条款的形式，以及最后版本中对第十款保留的内容让整个和约失败了。

威尔逊拒绝在批准和约的议案中将修正案和保留意见具体化的理由是，这样的变化需要已经签署该和约的每一个国家——包括德国——的批准。其他国家也会效仿我们，开始对和约进行修改。闸门将被打开，这样

---

① 见，如 Smith 参议员（民主党，亚利桑那州）的讲话，引自 Fleming, p. 278。
② 威尔逊对新闻媒体声明，7/10/19, Bailey, *WW & GB*, p. 170。
③ 威尔逊对 McCumber 参议员建议的反应。他是一个温和的"主张保留的人"，他主张对第十款予以保留，引自 Lodge, p. 315 – 6。

就需要对整个和约进行重新谈判。① 另一方面，总统坚持说，在批准议案通过的时候发表单独一份不同解读的声明，将不需要协议的其他签字国采取行动。

这点涉及国际法的一个技术性问题，对这个问题存在着不同的观点。威尔逊与共和党共同的看法是，对和约的任何文本的修正的确需要其他签字国的批准，包括德国。但是，他们对自动保留意见是否也需要提交它们批准具有不同的看法。共和党认为，大家普遍接受的观点是，和约的其他签字方对保留意见的沉默就是接受。② 他们并不满足于默认，他们担心默认可能产生怀疑，以后可能产生混乱，即我们的保留内容对其他签字国是否具有约束力。到1919年仲夏的时候，所有主张保留的人，包括温和的保留派和强烈保留派——参议院明显的多数——都同意，保留必须是批准和约的议案中一部分，此外，主要的同盟国签字方必须毫不含糊地接受保留。③

在巴黎和会前及和会过程中，威尔逊有个狭隘的观点，认为谈判是独属于他的特权，只有在和约完成后才需要参议院的"建议和批准权"。既然和约已经达成了，他就认为对文字上的稍微改动都将威胁到整个神圣的计划。那么，他认为参议院在什么时候，以什么样的方式能合法地行使它的权利呢？反对他的人大声疾呼，说伍德罗·威尔逊想把美国参议院变成橡皮图章。洛奇和他的朋友们喋喋不休地宣传这个话题，巧妙地激发许多参议员对威尔逊的私仇。从威尔逊方面看，他却冷若冰霜，鄙视在这个问题上掺杂个人因素。这样做的时候，他给他的对手们提供了更多攻击他的材料。

比如他对和约内容的保密问题。和约在5月份已经交给德国了，没有几天其内容就泄露给媒体，发表在全世界的报纸上，包括美国的报纸。一位美国的金融专家向他在华尔街的朋友提供了一份非正式的文本，他们又

---

① 威尔逊对媒体的声明，7/10/19 以及有关他与共和党参议员会晤的报道，载纽约 *Tribune*，7/17/19，引自 Fleming, p. 322。

② 见8月19日总统与参议院对外关系委员会召开的会议上威尔逊与洛奇参议员，以及威尔逊与 Fall 参议员之间的交锋。Lodge, p. 312–3, 317–9。

③ Fleming, p. 322.

第十四章　与国会之战

把这份文本交给洛奇。参议院非常恼火，因为报纸和华尔街都拿到了和约文本，但威尔逊却不屑于将内容告诉参议院，哪怕是非正式的。威尔逊和他参与谈判的伙伴们的确承诺在德国人接受和约之前对其内容保密。但是，后来事态的发展已经让他的承诺过时了，威尔逊还是选择严格遵守自己的承诺。这种呆板的正直在最为重要关键问题上，也就是参议院的善意上，让他付出了巨大的代价。

然后还有在《法国安全条约》上的问题。威尔逊对克里孟梭做出的让步之一是一项条约。美国在这项条约中承诺，如果德国在没有挑衅的情况下侵略法国，美国将向法国提供援助。该条约还专门规定，总统应该将该条约和《凡尔赛和约》同时递交参议院。但是威尔逊却没有将该条约递交参议院。他向媒体解释说，他倾向于分开递交——太复杂了，他还没有顾着给条约附加一封给参议院的信。① 这一明显的，虽然在本质上很小的对《安全条约》的违背，给他的对手们提供了另一个批评他的借口。19 天后，他才终于将《法国安全条约》递交参议院（其命运，洛奇后来写道，该条约被及时交给了对外关系委员会，但是从没有被提出来讨论。② 该条约悄无声息地死亡了——只是在法国，威尔逊被斥责为世纪无赖。但这是另外一个故事了）。

洛奇还不断向威尔逊索要巴黎谈判的记录，称它们对他的委员会的工作是必要的。他还要求得到与其他小国正在进行的谈判的条约的内容。威尔逊拒绝了他提出的许多要求。不管总统这样做是否有道理，洛奇都把他沉默不语当作他蔑视参议院进一步的证据。8 月 1 日，洛奇将美国作为签字国之一的波兰条约递交参议院，他说这个条约在两周前都已经递交给英国国会了，在伦敦甚至还可以买到这个条约。③

这一围绕信息问题的持久战争可能是，至少是部分参议员试图保证部分"温和保留派"对总统敌意以有意转移注意力，这些"温和保留派"总之还是喜欢《盟约》并真诚希望看到和约得到批准。7 月 17 日，威尔逊开

---

① Bailey, *WW & GB*, p. 8.
② Lodge, p. 156.
③ Fleming, p. 294.

始与一些他认为思想仍然不确定的"温和保留派"和强烈主张保留派成员展开了一系列的单独会谈。应该指出,他的目的不是为了征询他们的意见或达成可能的妥协。相反,他希望说服这些人以现在的形式通过和约,有必要的话,以单独的方式通过一项解释性议案。这些参议员几乎一致地警告威尔逊,除非他接受一些绑定的保留条款,否则和约不可能获得通过。在离开白宫的时候,面对热切的记者们提出的问题,他们都信誓旦旦地表示,总统并没有改变他们的观点。贝利对举行这些会谈的拙劣策略进行了非常恰当的评论:这些参议员一个个"被逼入尴尬的境地。他们将到白宫的消息被提前报道在报纸的头版。这个问题在公众的嘴里就是:'他们会屈服吗?'……整个事情有点像捣蛋的学生被叫到校长室受训的味道。这些傲慢的参议员的自然的倾向就是提前下定决心,以绝不让步来显示自己的勇气。显然,确实没有人让步。"①

虽然如此,"温和保留派"仍然努力工作,真诚地希望通过和约,主动寻求与威尔逊达成妥协。8月1日,其中的7位参议员发表了一套四项温和的保留条款,他们对这些条款感到满意,他们也希望这些能够将民主党和足够数量的其他主张保留的共和党团结起来,构成通过和约所需的三分之二的多数。② 根据当时普遍的认识和历史学家的判断,其中的第一项保留条款没有任何坏处。它们只是在《盟约》中有关退约,将国内事务排除在国联的管辖之外,门罗主义的有效性,以及国会独享控制美国军队和经济资源的使用的权力等问题上清楚地表达了威尔逊认为不够清楚的方面。只是其发起者要求这些保留条款应该成为通过和约的决议的一部分,需要其他大国也予以批准。如果威尔逊在这个时候与这些"温和保留派"联起手来,可能的结果是,和约在进行这些少数的微小修改后获得通过。

探讨这些有趣的"假如"没有任何意义。事实是,威尔逊没有抓住这些"温和保留派"的建议给他提供的这次机会。相反,在长达两周的时间里白宫对这个议题保持沉默,在这两周内,威尔逊在参议院的发言人吉尔伯特·M. 希契科克把这个建议说成是"反对派"阵营"混乱"的新的表

---

① Bailey, *WW & GB*, p. 76 – 7.
② 纽约 *Times*, 8/1/19;纽约 *Herald*, 8/2/19。

第十四章 与国会之战

现。最后,希契科克自信地预测说:"反对国联势力的斗争是徒劳的,和约将会按照它提交给参议院时候的样子获得通过。"① 8月15日,希契科克与威尔逊进行了磋商,他们俩给"温和保守派"又一沉重的打击。纽约《时报》第二天的头版头条报道说:希契科克说总统不会妥协,哪怕是删去一个"t"。希契科克援引威尔逊的话说,即使是温和的保留也将被证明是非常尴尬的,无论如何现在还不是让签订和约的朋友们谈论甚至考虑妥协的时候。② 威尔逊毫不动摇地坚决反对对和约做任何修改,不管这个修改有多小,只要这个修改是被包含在对和约进行修改的决议中,并因此需要其他大国批准的。在白宫举行了另外一次磋商后,希契科克宣布,他和总统一致认为:"和约将获得通过,不能有任何修改。"③

整个夏天,威尔逊和他的发言人都在发表大胆的断言,和约将完全按照现在的方式获得通过。④ "温和保留派"非常清楚,条约不可能以"完全按照现在的方式"获得通过,他们对自己所做出的有益努力总是遇到这样的障碍感到非常压抑和愤懑。他们不敢相信威尔逊会仅仅因为保留条款是否应该纳入批准和约的决议中而毁掉整个和约。作为洛奇一帮人正在准备的更严厉的保留条款的替代选择,他们提出一个建议,即只要能与民主党达成一致,他们愿意以此为基础坚持这样的建议,但是他们也不敢相信,威尔逊会对这样的事实视而不见。1919年的整个夏天,他们都不断对他们的保留条款进行修改,尝试了除将保留条款从批准和约的议案中删除以外的所有途径,以便让威尔逊对这些保留条款感到满意。

到7月末,曾经认为目前的和约是可以接受的前总统塔夫脱悲观地得出这样的结论,无论事情的好坏,参议院的形势是,没有保留就不可能通过和约。在推动国联的事业中,没有别人对威尔逊的帮助如此大,也没有人更急切地希望和约获得通过。7月21日,塔夫脱给希契科克写信说,根据他的判断,让共和党参议员们满意,白宫必须接受"在盟约范围内

---

① *Ibid.*, 8/1/19.
② *Ibid.*, 8/16/19.
③ *Ibid.*, 8/27/19.
④ 纽约 *Times*, 7/19/19.

的……"解读。他真诚地建议希契科克与"温和保留派"合作。① 希契科克公开将塔夫脱的信说成是为了拯救共和党在反对国联过程的失败,并且还表示他既没有改变现状,也没有改变他的看法,那就是盟约将以现在的状态得到通过。② 7月23日,塔夫脱发表公开声明重申,现在的和约是令人满意的,但是他现在赞成温和的保留。他宣布,有必要"认识到当前的迫切情况,包括个人的、政党的和政治的压力"。听到这个消息时,洛奇大笑说,"塔夫脱兄弟放弃了他自己的立场"③。

威尔逊现在面对的是他内心的恶魔。他曾经尝试过说服那些理性的共和党人,要他们必须支持现在的和约,但是失败了。在8月19日与参议院对外关系委员会开会的时候他还谦恭地努力解释他的立场,对他们提出的尖锐的问题做了持续三个小时的回答。他的话没人听。那些"顽固派"在会后仍然和以前一样反对和约,强烈主张保留派会后仍然坚持他们决定将保留意见当作和约的一部分。④ 双方剑拔弩张,对于威尔逊来说,唯一能够挽救和约的方法是威尔逊在这个阶段做出妥协——不是与洛奇妥协,而是与急切地等待他做出这种表示的"温和保留派"做出妥协。

但是,不管形势如何紧迫,威尔逊还是禁不住地像几个月前那样思考问题,威尔逊那时在参议院的发言人马丁参议员提醒他说,以目前的状况,和约或许得不到批准。

"马丁!"威尔逊愤怒地叫道,"谁在这个事情反对我,我就彻底击败他!"⑤

---

① Hitchcock Papers, Library of Congress, Vol. I, 通信。
② 纽约 Times, 7/25/19。
③ Fleming, p. 293; Garraty, p. 369 – 70.
④ 纽约 Times, 8/20/19。
⑤ Bailey, WW & GB, p. 13.

第十五章　失败[*]

> 归根究底，和约是被支持它的人而非反对他的人扼杀的。归根结底，并非三分之二多数的原则，也非那些"不妥协派"或洛奇，也非"强硬"和"温和的保留派，"而是威尔逊和他温顺的追随者给和约捅了最致命的一刀……威尔逊用自己病态的双手扼杀了他自己的设想……
>
> 托马斯·A. 贝利《威尔逊与大背叛》[①]

威尔逊是一个道德家。什么是"正确的"？这是他整个一生都以不同的方式关注的问题。现在他处于一个关键的十字路口。怎么做才是"正确的"？他是一个历史学家，他的著作已经表明他非常清楚，一个政治家应该做的"正确"事情，是以务实的方式成就可能之事。他自己经常就这个

---

[*] 除了前一章注释所表明的资料外，有关威尔逊与和约的个别看法可以参阅下列文献：Lee Meriwether, *Jim Reed* (Webster Groves, Mo.：International Mark Twain Society, 1948), p. 58 – 92; Claudius O. Johnson, *Borah of Idaho* (New York and Toronto：Longmans, Grees and Co., 1936), p. 223 – 56; Watson, *As I Knew Him*, p. 184 – 206; Alice Roosevelt Longworth, *Crowded Hours*, p. 272 – 312; Johnson, *George Harvey*, p. 262 – 72。

对威尔逊离开白宫以后的研究最好的个案资料是，Katharine E. Brand 根据"S"街档案而撰写的一篇优秀备忘录。这一并没有发表的文献收录在 Baker Papers, Series IB。对于威尔逊在 1920 年对第三任总统的兴趣，见 Bambridge Colby to WW, 7/2/20 和 7/4/20，引自 Homer Cummings 的备忘录，1/18/19, Baker Papers, Series I; Charles Stein, *The Third Term Tradition* (New York：Columiba University Press, 1943), p. 247 – 9; Rixey Smith and Norman Beasley, *Carter Glass* (New York and Toronto：Longmans, Green & Co., 1939), p. 205 – 6。

[①] Bailey, *WW & GB*, p. 277.

问题阐明观点：领导人"决不能为不可为之事，他们绝对不能坚持立即获得他们得到不到的东西"①！

在与国会陷入僵局的时候，总统应该怎么办？对于这个问题，威尔逊也曾深思过，并在《美国的宪法政府》一书中提出了他的观点。如果总统遭到了众议院的阻挠，他可以向全国发出呼吁。公众舆论可能让众议院考虑到下一次国会选举。但是，"在面临参议院的阻挠时，总统却没有同样的对策……参议院对公众舆论并不会马上有所反应，在对之施加同样压力的时候，如果有变化的话，那就是有可能变得更加强硬"。

但是，总统一开始就可以采取步骤避免这种僵局的产生："他自己可以不那么僵硬和冷漠，**只要他根据宪法的精神主动与参议院建立密切的信任关系，不是在他的计划完成之后，将其最后形式交给参议院，让参议院决定接受或拒绝**，而是在形成计划的过程中与参议院的领导人保持亲密的联系……以便有名副其实的讨论，容纳不同的观点，而不是留到最后遭到挑战和争执。"这种选择不是总统的特权，而是他"明确的责任"，威尔逊曾这样写道。②

到1919年夏天的时候，威尔逊已经忘记了自己的劝告。他把参议院排斥在和平谈判之外，独自完成了自己的计划，的确以最后的方式将这个计划交给参议院，要求它要么接受要么拒绝。但是，他还是有一个改正错误的机会，那就是对"温和的保留派""不那么僵硬和冷漠"，做出让步，接受需要同盟国同意的保留，以获得支持，让他的和约获得通过。但是，威尔逊却不能做出让步。也许更精确地说，他不是不愿意做出让步，而是他**不能**。他决定踢开"温和的保留派"直接求助于人民——背弃他"明确的责任"而寻求一个他肯定知道成功几率很小的道路——不是一个理性谋划的结果，而是一种感情的需要。

人需要找到表现自己进攻欲望和维护自己自尊的方式。不幸的是，威尔逊在做这两件事的时候都是严格按照自己的方式，直接面对对手，不管

---

① WW address, Fall, 1909, Baker, II, p.307.
② Wilson, *Constitutional Government in the United States*, p.139–40（着重号是后加的）。

第十五章 失败

成功的几率如何,也不考虑代价多大。理性告诉他,为了挽救他的国联他必须留在华盛顿,做出妥协;但感情却不允许他这样做。感情威胁着他心爱的国联——他既不理解,也不忍心认真审视,也不能抗拒这种感情。因为个人的原因,因为他所谴责的"自私"的动机,而使国联——乃至整个和约——受到威胁是一个不可饶恕的罪孽。他心底里知道他正在这样做,知道他不能放弃自己而首先考虑和约,让他努力来减轻因此而产生的愧疚和焦虑。他**必须**按照他的方式行事,但这样做的时候他必须证明他是为了和约;他必须表明,他坚持自己的立场没有任何个人的目的,而是关系到一个重要的原则问题;他必须表明他在道德上的优势和对手的"自私";他必须做好准备,愿意为此事业而死。

8月末,威尔逊决定,作为最后的手段,他将巡游全国,向人民申辩。这个时候他已经精疲力竭了,不管是身体上还是感情上。他开始每天都感到头疼。酷暑耗尽了他的精力。威尔逊太太心急如焚,看着总统所遭受的压力对他的影响越来越明显了。塔马尔蒂担心主人的精神处于崩溃的边缘,央求他不要冒险,因为这样的旅行需要运动员般的体质。威尔逊回答说,他得拯救和约:"……我愿意做出一切必要的个人牺牲,因为如果和约失败了,只有上帝知道世界上会发生什么……以我现在的情况,即使意味着放弃我的生命,我也将乐意做出牺牲来挽救和约。"① 格雷森大夫严肃地警告他的病人,这样的旅行可能招致灾难。威尔逊非常动情,说在和约面临危险的时候,他不能考虑自己的命运。②

这样,威尔逊的助手们开始给他准备西行日程表。威尔逊拒绝了一个又一个计划,说它们面不够广。他取消了计划中的几天休息时间。"这是一个工作旅行,既单纯又简单,日程中一定不能有任何休息的安排,"他对塔马尔蒂说③。

在离开华盛顿前,威尔逊交给希契科克四项"解释"草案,这是他在

---

① Tumulty, p. 435, 439; E. B. Wilson, p. 273-4.
② Fleming, p. 336.
③ Tumulty, p. 438.

交换和约的"正式批准文本"时愿意与同盟国沟通的。① 简单地说，它们是些解释性内容，这些内容是不能包含在批准条约的决议里的。从本质上看，威尔逊的四项解释和"温和保留派"所支持的四项保留没有什么两样。②

威尔逊授权希契科克以自己认为合适的方式使用他的解释。但希契科克却不能做出一个必需的让步，他不能说威尔逊允许将这些解释或保留包括在批准和约的议案中。他不能说威尔逊愿意让它们对和约的其他签字国也具有约束力。关键就在这里。③

1919年9月3日晚上11点，总统登上了将把他带到"人民"中间去的专列。随行的还有威尔逊太太、格雷森大夫和塔马尔蒂。其他公务再加上他的头疼让他没有时间给他计划要发表的数十次演说做任何准备。塔马尔蒂后来记录说，他从没有看到总统如此疲倦过。④

在随后的20天里，威尔逊发表了大约40场演说，行程8000英里，参加了十多次游行，与数千人握手。他参加午餐会、晚宴、招待会，接受采访，牺牲了自己的隐私，让地方的政治家乘坐他的列车，与他一起从一站到下一站。⑤

---

① 威尔逊给 Hitchcock 这种解读的全文见 Fleming, p. 493。

② 例如，可以把威尔逊对第十款的解读与当时"温和的保留主义者"所支持的解读做一比较。

威尔逊的解读："国联理事会在根据《国联盟约》第十款的规定考虑使用武力的建议只能被理解为一种建议，应该由每一个成员国自由判断根据这种建议采取的行动是否明智和现实可行。"（引自 Fleming, p. 493）。

8月1日宣布的"温和保留"（纽约 *Tribune*, 8/2/19）：

"国联理事会关于落实第十款义务的建议仅仅是建议性的，根据第十款采取的任何行动，而实施该行动又需要使用美国军队、海军力量或经济措施时，只能根据宪法由国会来采取行动。如果国会没有采纳国联理事会的建议，或没有提供这种军事、海军力量或采取经济措施，不应该被理解为违反了和约。"

③ 有关进一步说明威尔逊反对的是"温和保留"的形式而非内容的资料，见威尔逊对 McCumber 参议员提出问题的答复。他在1919年8月19日与参议院对外关系委员会会晤时候提出了对第十条款的保留是否可行的问题。引自 Lodge, p. 315–6。

④ Tumulty, p. 439.

⑤ 对这次旅行的叙述，见 Tumulty, p. 434–51; E. B. Wilson, p. 273–85; Fleming, p. 337–59。

第十五章 失败

一路陪伴他的忠实的三个人沮丧和无奈地看着威尔逊越来越紧张和疲惫。间歇性的头疼开始连接起来,最后几乎是连续不断地疼痛。在整个过程中,他还是坚持他紧张的日程,全身心投入到争取公众对他正在进行的生死之战的支持中。有些听众非常热情,有些则很冷漠,还有一些甚至可以说很不礼貌。例如,在印第安纳州的集会上,人群非常吵闹,会议一度被中断。

威尔逊的演讲都很长——平均每次演讲大约一个小时。① 在演讲中,他针对反对和约的主要观点,逐点地予以答复。他和他的支持者一次又一次地阐述他们的观点,总统的演讲中没有多少内容是新的。在对改变和约内容的态度这一最为重要的问题上,他重申了他 7 月回国时所采取的立场:和约现有的内容必须得到批准,可以在批准和约的时候通过一个单独的解释性声明。和约的内容不容有任何误解,"但是,如果美国国会想以别的语言重申其内涵"对世界其他国家说,'我们理解和约的意义,'我觉得这是多余的了,但是我觉得没有任何道义上的理由来反对它。"但是,任何**有条件的**批准——需要和约的其他签字国同意的保留或修正——就不是对条约的批准。"因此,同胞们,我们的决定取决于这样的事实:如果我们需要一个国联,我们就必须接受这个国联,因为想不出任何别的方法可以实现其他形式的国联。我们必须要么放弃它,要么接受它。"

这些演讲充满激情。威尔逊觉得,人类的命运系于美国将要做出决定的结果。如果美国在世界上不承担其责任,世界必将爆发可怕的新的战争。"啊,同胞们,不要忘了这些讨论背后那些疼痛的心,不要忘记那些被遗忘的家庭,孩子们从这里奔赴战场再也没有回来。我深信,如果我们现在不完成这一伟业,每一个妇女都应当因为他们怀中的孩子而哭泣。如果她现在抱着一个男孩,她就会很确定当孩子长达成人后,还需要再次来完成这个伟大的任务。"他的火车停留的每一个地方,都会有很多孩子围观。"我几乎含着眼泪看着他们,因为我的使命就是拯救他们,这些快乐

---

① 关于威尔逊代表国联发表的演讲,见 *Public Papers*, *Ware & Peace*, I, p. 590 - 644;II,p. 1 - 416. 此后几段从这些演讲中引用的材料分别出自 I, p. 615, 619, 622, 633, 641;II, p. 9, 26, 39, 42, 63, 64, 144, 148 - 9, 155, 173, 212, 234, 280, 302, 345, 355, 356, 369, 400。

的年轻人,手里拿着国旗——我向上帝祈祷,他们永远也不会在战场上高举这些旗帜!"

和约是对"各国人民和全人类的解放","是一个伟大的人类的伟业"。世界期待美国担任领导,为了承担这一使命,我们必须接受和约。"拒绝它是不可想象的,对批准它附加条件也是不可想象的……"如果这些"不可想象"的事情发生了,他觉得就像告诉那些曾经在海外激烈的战场上战斗的美国孩子们;他觉得就像站起来说:"伙计们,我曾经在你们越洋过海奔赴战场的时候说,这是一场反对战争的战争,我尽最大努力来践行我的诺言,但是我有义务怀着屈辱和惭愧的心对你们说,我没能实现我的诺言。你们被背叛了,你们打了一仗却什么也没有得到。"

对于那些阻碍和约立即和无条件通过的人,威尔逊毫不犹豫地表达了他的蔑视。对和约的反对或者是出于"完全的无知",或者是出于某种恶毒的"个人目的"。这些恶毒的人应当在人类历史上"出丑",而且"他们将后悔他们出大丑"。至于那些仅仅是"无知者",那些"不懂英语的人",总统建议他们找一本法语字典,去读读其法文版本——也许他们会发现他们更喜欢法文版。对各种有保留地接受和约的计划,视而不见的总统到处称那些反对和约的人并没有提出任何替代方案,他们应当"要么行动要么闭嘴。"威尔逊坚持说,任何一个热爱正义的人"都必须支持无条件地通过条约"。仅有的有组织的反对,来自那些"同情外国的某些组织"和在战争期间"不忠诚的那些人"。德国曾经受益于美国的犹豫不决,德国将再次受益于美国拒绝或有条件通过和约。

在旅行开始的时候,他相信是他而非参议员们代表了美国人民的意愿。在结束的时候,他更坚信"人民中的绝大多数要求批准该约"。他相信"最终的结果将是成功地接受条约和国联"。任何有眼光的人都能够看到"历史的车轮浩浩荡荡,势不可挡,美国或任何国家都不可能阻止历史前进的步伐,上帝也支持历史的发展,你不能阻挡它们。你必须欢迎它们,否则你就得谦卑地屈服于它们。要么欢迎要么屈服。也就是说要么接受伟大的世界现实和伟大的世界责任,要么现在回避,将来再来。"

总统蔑视地谈论他的对手,实际上激怒了华盛顿的每一个人。即便是那些同意威尔逊说法的参议员——国联**的确是**世界的希望,美国应该通过

第十五章 失败

和约——也感到愤怒,因为他坚持说在这个问题上不存在不同的观点;反对他的人要么是流氓,要么是无赖。"温和保留派"一致抵制洛奇参议员和他更加严厉的保留条件,他们的观点完全是无害的,而且虽然他们一次次地感到失望,他们还是相信威尔逊是会接受他们的观点的。但是威尔逊一次又一次挑衅性地拆他们的台,声称他完全不能接受任何有限定性的保留,坚持要么按照现有的样子接受他的和约,要么就没有任何和约。

9月9日,"温和保留派成员之一",斯潘塞(蒙大拿州)宣布,他宁愿拒绝和约也不愿意无条件接受它。"我深信,就以现在的形式看,和平条约永远也不可能被美国参议院通过"。他警告说,保留内容"必须成为通过的一部分"。第二天,另外一个"温和保留者",凯尼恩(爱荷华州)在谈到威尔逊说他的对手将"出大丑"的时候,生气地说:"参议院是不会被吓到的,它有自己的责任,而且想履行自己的责任。"这两天的纽约《时报》报道,"温和保留派"在迅速向洛奇阵营靠拢。威尔逊在将他们驱赶到洛奇阵营的过程中比任何其他人发挥的作用都大。①

与此同时,洛奇继续他骑士般的那种微妙的技巧,他那种非常优雅的进攻策略开始发挥作用。9月10日,他向参议院提交他的委员会多数派关于和约的报告。该报告建议批准和约,但附加了五十项修正和四项保留。修正的内容是需要重新递交德国和其他同盟国批准的。洛奇提出的保留所涉及的内容与"温和保留派"的主张,以及威尔逊留给希契科克的"解释"性内容是一致的。但是限制性更强,特别是在第十款的法律和道德义务方面,除非国会采取了行动。正像洛奇的传记作者所明确提出的那样,这个报告"充斥着争论精神,不合时宜地运用了大量的讽刺和挖苦"②。表面上是针对重大问题的文件,但报告里却有一种奇怪的个人的语气,好像是恶毒地与威尔逊个人对话的一部分。

"本国联盟约,"报告专横地称,"是一个同盟,而非联盟……本委员会认为现在形式的国联将导致战争,而非维护和平。"英国"很自然地"立即通过了和约(洛奇并没有阐述英国"成功地增加了一个批准国",因

---

① 纽约 *Times*,9/10/19 和 9/11/19。
② Garraty, p. 371.

此需要加快步伐使之生效),但是本委员会不会因为行政部门所鼓动起来的人为的喧闹而加快审议的步伐。因为不能从"参与谈判的人那里"获得必要的信息,迫使本委员会"从媒体的报道中获得不完善的信息……""我们经常听说,美国在涉及这个国家联盟以及与德国的和约中'必须'做这、做那。没有任何'必须'的事情,'必须'不是一个外国政府或本国官员对美国人民和他们的代表所用的词。"①

9月12日,洛奇的委员会对他们厌恶的对手又一打击,在爱达荷和华盛顿州忙碌的总统已经几近精疲力竭的时候。他们让威廉·C.布利特到听证会作证。布利特因为抗议和约,从美国参加和平会议的代表团辞职。布利特作证说,在离开巴黎前,国务卿兰辛曾对他透露说,和约的许多内容"糟透了",特别是在有关山东和国联的内容。如果参议院和人民都理解国联的含义,兰辛说,和约永远也不会通过。布利特的证词在全国掀起轰动。"布利特称兰辛预料和约将失败"成为纽约《时报》的头版头条。兰辛8月在对外关系委员会作证的时候,就没有能够掩盖他对山东问题解决方式的不满,而且说自己在和会期间只是扮演了一个非常小的角色。他的证词已经足以让威尔逊难堪了,布利特在总统旅行期间的披露,对威尔逊赢得公众支持和约的努力是一个致命的打击。② 好像这还不够,反对威尔逊的人还派出一个由"不妥协派"成员组成的小组跟随威尔逊到全国各地鼓吹他们对和约的观点。

面对这些一连串的攻击,总统每天都变得更加消瘦、苍白和疲倦。他从没有公开提到过布利特的证词。至于洛奇的报告,他在随后每一次演讲中都清楚地表明,根据他的判断,仅是接受报告提议的对第十款的保留就是对和约的拒绝,它甚至让国会采取行动的道德义务化为乌有。

然而,我们认为外部给他的巨大烦扰远不及来自内心的烦扰,这种烦扰来源于他知道他才是阻挠自己目标实现的根源。"如果我感到我自己在以某种方式阻碍这个问题的解决,"他在奥马哈抗议说,"我乐意去死,这

---

① 见 Lodge,第 165—77 页主报告的文本。
② 关于威尔逊对布利特事件的反应,见 Tumulty, p. 442-3。

将是完美的……"① 从一个城市到另一个城市，他绝望地尽力消除这种可怕的念头，即在有关和约的争议中他有个人目的。他一次又一次地称，他在巴黎的时候并不是阐述他自己的想法，而只是作为人民意志的工具创造了国联。"可以这样说，我是带着清楚的指示到那里的，"他说，这些指示是他"回来的时候不敢不落实的"。

9月22日在盐湖城，他对拥挤在摩门教大教堂的14000人发表演说。空气非常难闻，威尔逊太太差一点晕倒。那一天的演讲是他在旅途中发表的最长的演讲之一。演讲结束的时候，汗水已经湿透了他的衣服。回到宾馆后他仍然大汗不止，显然他的精力已经耗竭了。威尔逊太太央求他休息几天。他拒绝了，说他已经激起了人民的想象力，如果他中断他的旅行就不能完成他的使命。②

9月25日上午，他努力在丹佛发表的演讲给他疲惫不堪的身体又一沉重打击。"在这个场合我要感谢上帝，这个事情与我没有任何关系，"他表示。他继续用比以前更长的篇幅坚持说他只不过是实现人民意志的工具。当天下午，他又赶到科罗拉多州普韦布洛的露天市场再次发表了一个演说。他的头剧烈地疼痛。末日快要到了。"我旅途最大的快乐是，"他说，"与我个人的命运没有多大关系，也无关我个人的声誉，除了重要的原则外，与其他任何事情都没有关系……"然后他发出了最为感动人的、要求无条件接受和约的呼吁。听众中有些人感动得哭了，就连那些坚强的记者也被感动了。普韦布洛的演讲是威尔逊所做的最后一次公开演讲。

当天晚上在火车上，他的头痛变得难以容忍，让他坐立不安。不管是威尔逊太太还是格雷森大夫，所做的一切都不能减缓他的痛苦。感觉到他必须采取行动，当天半夜，总统就穿好了衣服。凌晨4点钟，格雷森大夫叫来塔马尔蒂。塔马尔蒂发现头儿可怜巴巴地坐在椅子上，半个脸下垂着。"他看到我后，泪水夺眶而出，"塔马尔蒂后来写道，"他说：'亲爱的孩子，我以前从来没有出现过这种情况，我觉得从昨天开始的，我不知道

---

① 威尔逊拒绝说他在围绕和约的斗争中掺杂了他个人的动机。在本段和后面段落中对他讲话的引文分别出自 *Public Papers*, *War & Peace*, I, p.604; II, p.43, 410, 398, 399。

② E. B. Wilson, p. 284 – 5.

该怎么办.'接着，他恳求我们不要缩短旅程。"威尔逊说，洛奇和他的朋友们会称他是"轻易放弃的人"，还会说到西部的旅程是一个失败，和约将会失败。① 大约5点钟，威尔逊睡着了。两个小时后，他再次醒来，梳洗完毕，换了衣服。火车即将开到堪萨斯州的维奇托，他在这里还得发表一个演讲！塔马尔蒂、格雷森和威尔逊太太都促请他放弃剩余的旅程，好好休息。格雷森对他说，继续下去可能有生命危险。"不，不，不，"他坚持说，"我必须坚持下去。"只是在威尔逊太太祈求他说，为了他的事业，歇一会，恢复精力，他才让步。②

塔马尔蒂宣布剩余的旅程被取消了。格雷森发表了一个声明，解释说总统处于一种"精神上精疲力竭"，需要"相当一段时间"休息和安静。③ 总统的火车拉下窗帘，快速驶回华盛顿，并于9月28日早上抵达。

四天后，命运给他致命一击：威尔逊得了中风。他的左半身瘫痪了。并没有透露问题的性质，或者发生了一个新的危机，格雷森大夫宣布总统得了"重病"，"需要一段时间的绝对休息"④。

对手的病倒并没有让反对威尔逊的阴谋停下来片刻。乔治·哈维在《哈维周刊》这样评价总统的崩溃：

> 他自我为中心无人可及，他在相信他愿意相信的问题上能力很强；甚至他的旅程也是一个成功的示威……他在众人的注目下站在舞台中央，获得了巨大的满足……他得到了大量的对他的阿谀奉承，这些对他是那么重要……毫无疑问，他也得到充分的时间"用粗话责骂"美国参议院，羞辱那些胆敢不同意他的美国人……他的话都说完了，对别人也攻击完了。他做得糟糕极了。不要再考虑他了，现在该让参议院采取行动了。⑤

对外关系委员会多数派的报告——洛奇的报告——只是该委员会就和

---

① Tumulty, p. 447-8.
② E. B. Wilson, p. 284-5.
③ 纽约 *Times*，9/27/19。
④ *Ibid*., 10/3/19.
⑤ *Harvey's Weekly*, October 4, 1919, 引自 Fleming, p. 358。

第十五章 失败

约公布的三个报告之一。还有两个少数派报告：一个是委员会民主党成员的报告，促请既不修正也不保留地无条件地通过和约；另一个是"温和保留派"中最温和的麦坎伯参议员提出的，他敦促附加一些"温和保留"内容通过条约，这些保留应当成为"通过和约的一部分和条件"。他们对威尔逊感到烦恼，简单地说，"温和的保留派"仍然可以达成妥协。

整个10月和11月的第一周，"温和保守派"联合民主党，意欲否决洛奇提出的对和约进行修改的内容。但是他们一次次地表明，他们将在保留问题上寸步不让。在没有得到威尔逊新的指示情况下，希契科克继续坚持无保留地通过，因为保留内容需要和约的其他签字方承担义务。① 直到11月12日，他甚至都没有将威尔逊在赴西部旅行前委托他的"解释性内容"提出来。到这个时候，"温和保留派"已经放弃了与民主党达成妥协的希望而向洛奇屈服，而洛奇这时正在忙着以保留的方式重新提出曾经被否决的修正内容。

希契科克的处境极其困难。首先，他只是一个少数派的执行领袖。正式的少数派领袖是来自弗吉尼亚州的马丁参议员。长期患病（就和约进行投票前夕的11月，该病夺去了他的生命）使马丁在这场戏中不能扮演任何角色。心神不安的，表面上看能力也并不强的替身希契科克被推到前台。更为不利的是，威尔逊并不尊重他。早在1918年，希契科克担任对外关系委员会主席的时候，威尔逊曾想免他的职，还告诉马丁和其他参议员说他不信任希契科克，不管他是不是委员会的主席都不想与他协商。② 在围绕和约进行的斗争期间，多次有传言说希契科克被撤销了威尔逊发言人一职。总统并不经常与这个内布拉斯加人协商的事实让这种说法具有一定的可信性。③ 因为希契科克在白宫的地位并不稳定，他首先和最想做的事情是忠实和有效地落实威尔逊的愿望。在试图与"温和保留派"达成妥协的过程中他很少采取主动。他很少根据形势的变化形成自己独立的判断。

---

① 纽约 *Times*，9/28/19。
② 威尔逊给豪斯的声明，House Diary，5/17/18。
③ 见，纽约 Times，7/12/17。

在整个10月期间，希契科克从没有与威尔逊协商过一次。① 威尔逊瘫痪在白宫，由威尔逊太太、格雷森和塔马尔蒂看护着。转交给总统的任何事务都需要经过威尔逊太太。她最关心是挽救丈夫生命，挡住了任何可能打扰的问题。大夫已经告诉她说，任何紧张和情绪上的骚扰都可能危及的他生命。因此，为了保持他安静，她自己判断总统应该在什么时候见什么人，看什么文件。②

在11月的第一周，洛奇的保留条款已经减少为十四条，被参议院通过。因为与威尔逊或希契科克合作中不能取得任何进展，感到厌倦的"温和保留派"最后与洛奇联手，也正是他们的投票支持，保留的内容才成为通过和约的一部分。从这个时候开始，问题就成为：威尔逊是接受包含洛奇提出的保留内容的和约，还是说服民主党参议员投票反对，操纵其彻底失败？

也许可以争论说洛奇的保留内容的语言很伤人，也可以争论说他提出这些保留内容的目的是有问题的。**但是，这些保留并没有让和约化为乌有。它们也没有让美国全面参加国联感到特别难堪。实际上，它们的作用很小。这是一代学者对洛奇的计划进行认真仔细研究后得出的共识。**③

随着对和约最后投票日子的临近，威尔逊的朋友们与支持和约的朋友们感到非常痛苦。看起来难以想象，一个人将毁掉他一生的工作——一个影响到整个人类福祉的工作——仅仅是因为几句琐碎的话。然而，非常清楚的是这种可能将要发生，除非威尔逊允许他在参议院的支持者投票支持包含有洛奇保留条款的和约。因为，没有民主党的支持，就得不到批准和约所需要的三分之二的多数票。对于几乎所有希望说服他缓和立场的来访者，威尔逊太太都不让重病缠身的威尔逊见。她小心谨慎地整理、拒收或自己回复大多数书面的恳求。尽管如此，还是有人向威尔逊陈述了他们的请求。伯纳德·巴鲁克恳求总统妥协；威廉·吉布斯·麦卡杜亦是如此。

---

① Bailey, *WW & GB*, p. 148.
② E. B. Wilson, p. 296–7.
③ 见，如 Bailey, *WW & GB*, p. 166, 383–4, 引用 Taft, Hoover, Bliss, White 和 Miller；另见 Fleming, p. 438。

第十五章 失败

但都不管用。希契科克参议员被允许进入病房,向他汇报说,召集不到一个简单的多数,更不用说三分之二的多数票无保留地支持和约了,"可能吧,可能吧",威尔逊呻吟着说。

"我们需要妥协,总统先生,"希契科克冒昧地说。

"让洛奇妥协,参议员,"他这样回答说。

"哦,我们需要伸出橄榄枝,"希契科克又说。

"不,让洛奇伸出橄榄枝。"①

威尔逊太太收到大量的信件,接受众多的来访。她知道这些人都是忠于总统和他的理想的人,他们都恳请她为了和约进行干预。终于,她走进了丈夫的房间。"为了我,"他央求她,"您不能接受这些保留,把这个糟糕的事情解决掉?"他拉着她的手很伤感地说,"小姑娘,您不要抛弃我;我不能忍受。我签署了一份文件,其他的签字国,包括德国都没有权利做类似的事情,您看不到我没有任何道义的权力接受任何改变吗?不是我不愿接受,这个关系到这个国家的荣誉。"②

11月18日,威尔逊对希契科克口授了他对民主党参议员的最终指示。总统写道,根据他的意见,包含有洛奇保留内容的批准议案"不是批准,而是让这个条约化为乌有。我真诚地希望该条约的朋友们和支持者们投票反对洛奇的批准议案。我想真正批准条约的决议这个时候就会出现"。威尔逊那个时候还在希望,在包含洛奇保留内容的和约失败后,"温和保留派"很快就会支持现有的和约,或者是希契科克的解释性保留。③

随着最后采取行动日子越来越近,威尔逊还是没有说出那些可能打破僵局的那些话,人们在焦急地期待他能这样做。大家都知道许多民主党都想投票支持和约,即便是包含洛奇的保留内容。如果希契科克同意,有足够的民主党就会支持洛奇提出的批准议案,以确保其获得通过。塔夫脱给希契科克写了一封感人肺腑的信,呼吁投票支持有保留的和约:"啊,我恳求您,参议员,考虑一下让和约失败的后果吧,"他说,"……即使具有

---

① Hitchcock Papers, Vol. III, 日期不明的讲话 "威尔逊在历史上的地位"。
② E. B. Wilson, p. 296 – 7.
③ Fleming, p. 398.

保留内容的和约在事关世界战争与和平环境问题上也代表着一个巨大的进步。反对派的狂吠声音将停止，在实际参加国联活动的时候美国真正的良知将得到维护。我们已经看到了承诺之地，不要，一定不要阻止我们到达那里。"①

但是希契科克却对那些让他不要顾忌上司给他的指示的建议无动于衷。毫无疑问，让他这样做的重要因素之一是，在投票前夕威尔逊在与他见面过程所表现出来的决心，即如果批准的决议包含洛奇的保留内容就搁置和约。② 考虑到威尔逊的态度，蔑视他将没有多大意义，而且距下次选举不到一年了，对所有有关的人都非常尴尬。因此，希契科克对威尔逊的忠诚一直保持到最后，尽他最大的努力说服民主党投票反对洛奇的批准议案。

最后，最为重要的一天终于来临了。参议院在1919年11月19日召开会议，对和约进行最后的投票。最后关头还有机会发表讲话。希契科克呼吁想要和约的"两党""团结起来，看看他们是否能够就他们的分歧达成妥协"。他指责说，根本不相信和约的那些人操纵了洛奇的保留内容——那些"不妥协派"——高调地让民主党"要么接受要么搁置和约"。

这个讲话激怒了"温和保留派"。凯洛格参议员反驳说，希契科克"充满激情的呼吁"来得"有点晚，而且非常不体面"。希契科克一次又一次地宣布，和约将在没有任何保留的情况下获得通过，不管保留条件是什么，这种要求类似于让参议院放弃自己的权力。"温和保留派"曾一次又一次寻去妥协，而希契科克"就像一堵墙一样站在那里，阻止任何妥协"。麦坎伯参议员附议凯洛格的讲话说，洛奇提出的保留内容的每一项都代表着一种妥协。现在的保留内容"是可能得到的最温和且无害的保留，在国会的我们党拥有足够的支持，再加上你们那边可以得到的所有支持票，将构成批准和约所需要的足够的三分之二支持"。他央求民主党不要因为他们此前受到过"小的挫折"就"使轮船沉没"。③

① W. H. Taft to Hitchcock, 11/15/19, Hitchcock Papers; Pringle, *op. cit.*, II, p. 948 - 9 也有引用。
② Fleming, p. 398.
③ *Congressional Record*, Vol. 58, p. 8779 - 80, 8786.

第十五章 失败

发表讲话的时间结束,投票开始了。首先就洛奇的批准和约的议案进行表决。共和党内主张保留的人加上四个民主党——供39位参议员——支持。其余的民主党和"不妥协派"——55票——投票反对。

随后,希契科克试图就他四天前提出的保留进行一次表决。洛奇成功地阻止了就此投票。主张保留的人,包括"温和"和强烈的保留派,再加上少数持不同意见的民主党挫败了希契科克的动议。

接着,开始对无条件通过和约进行表决。结果是38票赞同,53票反对。这一次,民主党和麦卡杜参议员投票"赞同",主张保留的议员和"不妥协派"联手投票"反对"。

和约没有得到简单多数票——必须需要的三分之二要少得多——不管是否有洛奇的保留。民主党参议员斯旺森(弗吉尼亚州)摇晃着头走到洛奇跟前问道:"为了上帝,不能做些什么来挽救条约吗?"

"参议员,"洛奇冰冷地回答说,"大门已经关上了,是你们自己把门关上的。"①

但是,大门并没有被"关上"。公众舆论不允许这样。只有不足12个参议员宣布他们坚定地反对和约。其余的,大约80名参议员表面上是支持通过和约的,所有的80名议员都支持某种形式的保留。对公众——甚至对法律专家——来说,各种保留意见之间的不同看起来都是微小的,因为此毁掉整个和约是荒谬的。肯定能找出一个达成协议的方法。报纸,民间组织和著名舆论领导人呼吁重新考虑和约,以达成妥协。这种要求是不可抗拒的。在一个政治家的生涯中,威尔逊拥有这一少有的特权——再来一次。但问题是,他会利用这个优势吗?

很少有人能像豪斯上校那样对这个问题考虑得如此深刻,看得如此清楚,且具有如此强烈的愿望来提供帮助。在整个1919年夏天,直到秋天,上校在威尔逊的明确要求下一直留在欧洲,虽然并不乐意却一直恪尽职守。他想回家,他觉得自己在国外能做的重要的事情很少,而在国内却可以成就很多重要的事。他在巴黎的处境也很尴尬——美国代表团的领导人对他既嫉妒又憎恨。在那种境况下,豪斯期待离开那里。但是,在围绕和

---

① 纽约 *Times*,11/20/19。

约战斗期间，总统显然不希望上校回到美国，坚持让他留在国外。① 豪斯在日记中坦诚，他对总统的态度非常烦恼，担心可能在他们中间引发严重的争论。②

在被迫流亡期间，豪斯怀着沉甸甸的心情密切关注着威尔逊与国会战争的新闻。一年多前他就认识到，威尔逊对待参议院的方式将会酿成苦果。他曾经对威尔逊在1918年10月呼吁选举一个民主党的国会感到不安。他觉得威尔逊在自己下面生了一堆火，现在正在被这堆火烤燎着。极为关注威尔逊西行的旅程。豪斯在日记中感叹说，这是一场大赌博。威尔逊迫切需要确保和约得到通过，而他现在却毫无必要地威胁着和约获得批准。豪斯认识到，威尔逊和他自己一直努力实现的目标现在正面临危险。他确信他自己可以在参议院对外关系委员会作证来为这个目标提供帮助。更重要的是，他认为，只要他能与威尔逊交谈一次，他就有机会说服他通过妥协挽救和约。③

最后，在9月末，豪斯自己做出决定。他决定回美国，并把这个决定告诉了威尔逊。到这个时候，威尔逊已经病困于白宫。不幸的是，大概就在这个时候豪斯自己也病倒了，不得不在到达纽约的时候被用担架抬下客船。他一直没有收到白宫的任何音信，直到10月17日他收到了威尔逊太太的一封信。她并没有告诉威尔逊豪斯病了，甚至没有告诉他豪斯离开了

---

① EMH to WW，7/14/19，8/26/19，9/15/19，9/19/19，9/30/19；WW to EMH，8/28/19；House Papers.

② House diary，9/4/19，9/21/19.

③ *Ibid.*，9/24/18，10/25/18，5/10/19，9/21/19，9/30/19；House-Seymour conversation，3/31/22.

豪斯没有在参议院对外关系委员会作证。1919年10月13日，他给洛奇写信解释说他病了，并说一旦健康问题允许他根据需要随时到该委员会作证。洛奇回信说建议豪斯在能够作证的时候告诉他。10月31日，Stephen Bonsal给洛奇带了一封豪斯的信，说他随后几天随时都可作证。洛奇告诉Bonsal说，听证会已经结束，他认为没有必要再叫豪斯（Seymon，I，p. 504-6）。

George Sylvester Viereck认为，豪斯后来觉得他在10月13日的信被威尔逊太太Grayson和Baruch利用，给威尔逊一种他与洛奇密谋的印象。豪斯认为正是这封信促使Baruch说，豪斯伤透了威尔逊的心，一直不忠诚（Viereck，"Behind the House-Wilson Break，" *The Inside Story*，p. 151）。

第十五章 失败

巴黎，因为她的政策是不让总统听到不重要的或让他烦恼的事。她知道总统迫切地希望豪斯留在巴黎。

吃了一惊的豪斯回答说，在给总统的多封电报和信中他都表示了要回来的愿望，他把威尔逊的沉默当作批准了。他请求威尔逊太太，在他可以为总统或她自己提供任何帮助的时候向他提出。威尔逊太太很快给他回了一封信，说她不知道威尔逊是否收到了上校的各种信件。他在西行的途中非常繁忙，回来后又一直重病，各种文件堆积如山，都没有过目。她对豪斯提出愿意帮助表示感谢，但说她现在还想不到任何事情需要他的帮助。①

他提供帮助的请求就这样被拒绝了。豪斯非常无助地作为旁观者看着和约在11月份遭到挫败。② 即使在那个时候也绝非不可救药。威尔逊还可

---

① 威尔逊太太给豪斯太太的信，10/17/19；EMH to Mrs. Wilson, 10/22/19；Mrs. Wilson to EMH, 10/23/19. 还可见 Mrs. to EMH, 11/18/19，告诉他说，她已经告诉威尔逊豪斯病了，总统表示遗憾。她还说，她并没有告诉他豪斯已经回到美国，因此让威尔逊认为豪斯还在巴黎。（都出自 House Papers.）

② Stephen Bonsal 称，豪斯试图在11月投票之前谋求在威尔逊和洛奇之间达成妥协。根据 Bosnal 的说法（见他 *Unfinished Business*, p. 271 - 6），在豪斯的请求下，他（Bonsal）在10月底征询了洛奇，从他那里得到了一个表达他最低要求的声明，这一声明是打印出来的国联盟约，参议员手里拿着这个盟约，上面写着他认为需要修改和增加的内容。洛奇这次的修改在 Bonsal 看来比洛奇公开支持的保留意见相比较为受欢迎。Bonsal 一离开洛奇的家就赶快跑到邮局将这份修改过的盟约寄给豪斯。根据 Bonsal 的说法，上校又把它寄给威尔逊，但是他一直没有得到他是否收到了这封信的消息。

至于洛奇"修改"的性质，Bonsal 坦诚，"除了这些修改很少，无关紧要外，"他不能"清楚地记住"详细内容。但是他确实记得，洛奇用铅笔在第十款和第十六款下增加了一些内容；他强调说不要认为国会不反对根据第十款承担的任何义务。在参议员标注完并说完话后，Bonsal 提出，还是有缺点，任何修改都得回去要求其他签字国同意。简单地说，仍然缺乏证据证明洛奇在第十款或将和约重新交给其签字国审议问题上有任何让步——这两点是威尔逊和主张保留者之间争论的两个关键点。如果他有做出任何妥协的想法，洛奇不可能选择 Bonsal 作为他传达妥协的渠道。Bonsal 仓促得出结论，认为洛奇会对他这次表达的更改很满意，这个修改要比他公开支持的修改更受欢迎，这种看法不能不加批评地就被接受。Bonsal 是一个新闻记者，而非一个国际法专家。他在与洛奇谈话前不久才到国外，他对这个国际问题微妙之处的理解还是不够的。

此外，威尔逊太太11月18日给豪斯上校的信表明，总统还认为豪斯仍然在巴黎，他不可能意识到豪斯在努力调解与洛奇之间的困难。

在 Bonsal 从洛奇那里得到的文献被找到，并对洛奇的标注进行独立的评估之前，我们觉得对这段插曲的重要性做出判断仍然为时尚早。

以挽救和约，只要他愿意。豪斯克制不住自己，希望改变威尔逊正在坚持的这个灾难性道路。他在11月24日给威尔逊的一封信中提出了他的想法。他委托司法部长格雷戈里亲自将这封信交给威尔逊太太，同时还给了她一封信。

在给威尔逊太太的信中，上校说他本不愿在总统得病的时候写信，但是这个问题非常重要——威尔逊在历史上的地位系于这个结果。有异议的保留意见可以后来再予以纠正：关键的问题是让总统伟大的作品活下来。豪斯在给威尔逊的信中建议威尔逊将和约再次递交参议院，建议希契科克让民主党参议员投票支持有条件地通过和约。那时候就要由同盟国来决定是否愿意在此基础上接受我们对条约的批准。威尔逊可以认为他已经履行了自己对他们的义务，为了获得无条件的批准和约，总统尽了自己的最大努力。如果同盟国拒绝了包含有洛奇保留条件的和约，就可以证明威尔逊此前反对保留的意见是正确的。如果他们接受保留，我们就可以加入国联，这将使这些保留意见无效。

格雷戈里恰当地将两封信交给了威尔逊太太。他回头对豪斯说，她认为豪斯的建议等于投降。豪斯不希望留下任何误解的空间，在11月27日再次给总统写了一封信，强调他的建议绝非是投降，而是采取行动以确保和约获得通过，也许只有一些温和的保留。

这些信都石沉大海，杳无音信。总统是否看到了这封信也不得而知。豪斯得出的结论是，他的建议并不受欢迎。从此，他再也没有向威尔逊提出任何建议。① 就在围绕和约的斗争达到顶峰，进行第二轮投票的时候，豪斯郁郁不乐地在日记中写道，他曾经认为洛奇是和约的最大敌人，但是现不得不承认最大的敌人应该是威尔逊。②

整个1919年12月和1920年1月，为了让和约获得通过又有各种各样的努力。大辩论再次开始。"温和保留派"重新试图与民主党团结起来，

---

① EMH to WW, 11/24/19, 11/27/19, Seymour, Ⅳ, p. 509 – 11. EMH to Mrs. E. B. Wilson, 11/24/19, 11/27/19, House Papers. House-Seymour conversation, 5/12/22.

② House diary, 2/18/20; 4/3/21.

第十五章 失败

仍毫无结果。洛奇也再次表演着他惊人的技巧，在那些不愿做任何让步的"不妥协派"和那些威胁说除非他与民主党达成妥协，否则就拒绝支持他的"温和保留派"之间寻求维持一种平衡。但是，任何折冲樽俎的活动，激动人心的演说，都不能改变一个最为重要的事实——威尔逊的立场在11月失败以后和以前没有任何变化。如果需要任何妥协，别人得做出妥协：他不愿做丝毫让步。

为了避免任何人对他决心的怀疑，威尔逊12月14日在一份白宫发表的声明中表明了他的态度，声明宣布他"没有任何妥协或让步的想法"。① 几周后，他在杰克逊日晚宴的讲话中再次表明了这一立场，这一次他还给民主党领导人提出一个严肃的建议。这封信说，他一开始就知道，"这个国家的绝大多数人民是渴望通过和约的"。大意是他的宣讲旅途证明了他的这种印象。但是，"如果对这个国家人民想法有任何的怀疑，清楚和唯一的方法是交由选民在下一次大选中来决定，让下一次大选成为一场伟大的和庄严的公投……"②

1920年杰克逊日与1918年10月一样。那时候威尔逊发出了灾难性的呼吁，要求选出一个民主党的国会，而选民做出决定的依据有很多，其中一些完全是地方性的。在美国全国选举中不可能在某一具体问题上得到公众可信的表达。此外，这个问题到底是什么？没有任何保留地通过？威尔逊也认为对和约的"解读"是有必要的。接受威尔逊的"解读"而反对洛奇的保留？能够理解两者之间细微区别的美国人不到百分之一，特别是在这个国家的一些知识分子也坦承，他们也看不出两者之间事实上有任何重大区别的情况下完全拒绝和约？

许多重要的民主党成员自己对这个令人困惑的纠缠都感到厌倦，他们希望看到的就是投票支持保留——如果必要就支持洛奇的——这样就可以快速地解决这个问题。他们并不喜欢没有任何实际目标地追随威尔逊的伟大使命。他们担心威尔逊坚持将围绕和约展开的斗争拖入到即将开始的全

---

① 纽约 *Times*，12/15/19。
② *Public Papers*，*War & Peace*，II，p. 455.

国选举可能导致民主党的严重分裂。① 此外，任何一个头脑清醒的务实的人都能看到，即使在下一次选举中，每一个争取连任的民主党都赢得胜利，在参议院席位面临威胁的共和党都失败，民主党也达不到通过和约所需的三分之二的多数。② 那时候威尔逊会决定让这个问题在1922年或1924年再决胜负，而让世界其他国家耐心地等待？

威尔逊呼吁在1920年进行一个"庄严的公投"只是他让人民对他的立场进行裁决计划中为人所知的部分。他还在酝酿另外的计划，这个计划可以说是可笑的。威尔逊曾经在1月末以书面的方式对这种想法做出承诺，提出让在和约斗争中反对他的五十多个参议员（也就是几乎所有的共和党和几个民主党）辞职。他们可以立即根据他们对和约的立场再次寻求当选。如果其中的大部分再次当选，他就辞职。任何一个人都可以想象这种建议毫无疑问将会受到怎样的待遇，尤其是对那些任期尚有很长时间的参议员。幸运的是，更为冷静的忠告占了上风，这个想法从来没有被公开。③

尽管威尔逊固执己见，打破僵局的努力仍然在继续。考虑到总统的态度，希契科克参议员不能与"温和保留派"、强烈主张保留者或任何人进行任何有意义的谈判。事实是，他没有任何谈判的余地。12月19日，威尔逊太太给他写信说，总统觉得民主党**提出**任何建议，哪怕是暗示性的任何妥协或让步的可能，都是严重的错误。让对方先提出他们的建议！在1月初，希契科克非常悲伤地给威尔逊太太解释说，通过和约的希望依赖于与温和的共和党达成协议，要达成这样的协议需要民主党做出让步，但总统至今都不愿考虑。④ 威尔逊的这种"不愿意"从来也没有减弱。希契科克尽力在不能做出任何让步的情况下与共和党"达成妥协"。

在公众舆论的激励下，更直接是在"温和保留派"的激励下，洛奇在1月中旬同意参加一个为了打破僵局召开的两党联席会议。根据纽约《时

---

① 见 W. B. 提出的将有关和约问题不要纳入1920年大选的请求，纽约 Times, 7/9/20。
② Bailey, *WW & GB*, p. 224.
③ *Ibid.*, p. 214-5, 399.
④ Mrs. E. B. Wilson to Hitchcock, 12/19/19, Hitchcock to Mrs. Wilson, 1/5/20, Hitchcock Papers.

第十五章 失败

报》的报道，洛奇对这次会议的程序抱着一种看起来"宽容和娱乐"的态度。① 很可能是因为洛奇有充分的理由相信希契科克不能满足哪怕是"温和保留派"的最低要求——威尔逊最近的话已经证明了这一事实。因此，他能够满足其他迫切需要找到一个解决办法的那些人的要求，甚至做出让步，因为他高兴地知道，这个努力最后会因为威尔逊的固执己见而破产。与此同时，他看起来到像是一个非常通情达理的人！这样，洛奇和其他八个参议员开了两周的会议，从 1 月 15 日到 1 月 30 日就保留条款逐条讨论，最后达成协议，就保留的一些内容以及规定盟国接受这些保留的形式等做些微小调整。但是，洛奇对那些"不妥协派"做过保证，除了改变一些用词外，他并不准备在任何实质内容上做任何让步。②

威尔逊也毫不动摇。1 月 26 日，他给希契科克写信，拒绝了一项就当时正在讨论的第十款妥协建议。他解释说，虽然他支持保留内容，但其"形式"是不幸的，将使我们与其他国家的关系"变冷"。但是，他可以接受希契科克在 11 月 13 日提出的保留意见。③

曾经有一段时间"温和保留派"想抓住机会，在希契科克提出的保留意见的基础上达成一致，但这是几个月以前的事。期间，他们已经转向了洛奇的模式。此外，**仍然**看不到威尔逊愿意让通过和约的议案包含有希契科克提出的保留内容，尽管洛奇这个时候愿意接受其他国家以沉默的方式而不是正式的书面承认这些内容的方式解决这个问题。④

---

① 纽约 *Times*，1/17/20。

② Lodge, p. 194.

③ *Public Papers*，*War & Peace*，Ⅱ，p. 460 – 1.

④ 在 1920 年 1 月 26 日给希契科克的信中，威尔逊清楚地接受了希契科克的"保留。"他以前倾向于称之为"解读"。但是，没有证据表明威尔逊愿意答应把这些保留包含在批准和约的决议中。在本月早些时候杰克逊日的讲话中，他重申了他一直坚持的立场，"不能有任何理由反对在批准的同时进行一些解读。"（*Public Papers*，*War & Peace*，Ⅱ，p. 455）。需要提醒的是，在批准的**同时进行一些解释**，而不是把这些解释当作批准决议的一部分。威尔逊在 1 月 26 日的信中使用"保留"这个词不可能表示他愿意改变他在这个问题上的立场。无论如何，希契科克好像也没有寻求这种可能性，威尔逊更没有任何宽容的表示。

当希契科克 1919 年 11 月 13 日在参议院提出他的保留意见的时候，他淡化了是否应该它包括在通过和约的决议中这个问题。他没有提出一个解决问题的条款（见 *Congressional Record*，Vol 58，p. 8433）。

这次会议在第十款上彻底陷入僵局。已经很清楚了，不管是洛奇还是威尔逊都不愿意做出任何让步，会议也于1月30日解散了。十天后，参议院再次和洛奇的保留内容一起审议和约，只是稍有不同。问题很清楚了，需要再次对和约进行投票表决，问题又是威尔逊愿意让步吗？

威尔逊赖以证明他拒绝具有约束力的保留的主要理由之一是，这样的保留将让同盟国感到不舒服。在两党联席会议破裂的当天，问题再次变得非常清楚，要么通过包含洛奇保留内容的和约，要么什么都不通过。威尔逊的立场被伦敦《泰晤士报》发表的一封信彻底粉碎。其作者是当时英国最著名的政治家之一格雷子爵。

在战争期间，年纪越来越大，眼睛也越来越看不见的格雷退休了。他是国联坚定的支持者，他以极大的兴趣和认可跟踪盟约的进展状况。1919年夏天，当威尔逊和参议院之间的严重危机已经非常明显的时候，在英国政府的劝说下，部分也是在豪斯上校的劝说下，他赴美执行一个特殊使命，帮助身陷困境的总统认识到，欧洲更喜欢美国通过一个有保留的和约，而不愿看到美国丧失参与其中的机会。① 格雷于9月底，也就是在威尔逊病倒后不久抵达美国，他等待被邀请拜访总统。苦苦等了4个月，终于还是没有等到邀请，尽管到12月和次年1月，威尔逊已经开始接受其他拜访者了。最后，并没有完成他的使命，格雷回家了，但是他要想对威尔逊说的话太重要了，考虑到参议院即将对和约进行最后表决的形势不能不说。

大概已经得到英国政府的同意，他在英国最重要的报纸上发表了一封信，表面上是呼吁英国公众舆论要容忍洛奇的保留内容。格雷承认，洛奇的一些保留是"在巴黎起草的国联的物质条件，"然而，不管是"美国人预见到的困难和危险"，还是欧洲所担心的这些保留"对国联的削弱和危害"，也许在现实中都不会实现。最好让美国"以一个具有有限义务的自愿的伙伴"，而不是"担心自己被迫参与其中的勉强伙伴"的身份参加国联。②

---

① Trevelyan, *Grey of Fallodon*, p. 397–400.
② 引自 Fleming, p. 412–3。

第十五章 失败

格雷所表达的情感在法国媒体中也有附和。法国媒体的意见可能反映了法国政府的观点,那就是让美国有保留地批准和约与让参议院全部拒绝和约相比要强得多(几年以后克里孟梭写道,美国参议院拒绝和约,因为威尔逊不同意做出"一些无害的妥协"①)。

格雷的信被美国主要的报纸转载后,给洛奇的立场以巨大的支持。如果英国政府,还有法国政府愿意接受保留,如果威尔逊也承认他并不反对保留的实质,只是不同意其形式,那还折腾什么呢?对盟国可能阻挠保留的担心现在不复存在了,那就让参议院通过含有洛奇保留意见的和约吧!

咋一想,有人会认为,消除了盟国不同意保留的幽灵应该让忧心忡忡的威尔逊如释重负。但是,他仍然记得威尔逊在普林斯顿大学与韦斯特院长类似的斗争的人,没有一个人会感到惊奇,威尔逊对格雷勋爵的声明感到愤怒,起草了一封强烈的谴责他的声明,严厉批评他的行为,庆幸这个声明从来没有发表。② 还记得在与韦斯特斗争的关键时刻,反对派突然在争议的研究生院的地址上提出缓和立场后,整个争议应该期待得到解决了。威尔逊完全没有感到欣慰,而是感到吃惊,过了短暂的困惑时期后,他说问题根本不在于地址,而是事关普林斯顿的"民主"。他根本就没想通过妥协解决这个问题:他想打败韦斯特。他想击败参议院,尤其是洛奇。如果他不能战胜他的对手,牺牲和约比做出让步相比,给他带来的痛苦要小。通过把自己刻画成为了一个伟大事业的烈士,通过让"人民"证明他无罪——到死那一天他都力图证明这一点,他会减轻他因为招致自己的失败所产生的罪责感。

在为国联而战开始时的某一场合,法国驻美国大使朱尔斯·朱思朗带着一份保留草案来见威尔逊,他曾经得到非常可靠的消息说这些保留是一些关键的共和党参议员愿意接受的。大使说,只要威尔逊愿意接受它们,和约就可以获得通过,而他可以向总统保证,英国和法国政府愿意接受这些保留。

---

① Bailey, *WW & GB*, p. 205, 241; George Clemnceau, *Granderu and Misery of Victory* (New York: harcourt, Brace and Co., 1930), p. 258-9.

② Bailey, *WW & GB*, p. 239.

"大使先生，"威尔逊说，"我什么都不答应，参议院必须受到惩罚。"①

大多数人的个人悲剧都是在相对隐私的情况下发生的，但威尔逊是美国总统，他是在具有极其重要意义的公共事务上展现了他个人的冲突。世界就是他的舞台，他的"台词"刊登在美国的每一家报纸上，在全世界每一个国家的首都被非常急切地浏览着。没有任何悲剧作家能够创作比这些更富有艺术性的悲剧了。在众目睽睽之下，每天都面临着同一激烈的冲突——是否接受包含有洛奇保留意见的和约——他每次都做出这个必然的选择，让充满同情心的旁观者先是难以置信，后是感到愤怒，最后是感到失望。

在2月底，格拉斯参议员——他曾经在制定《联邦储备法》过程中对威尔逊提供了巨大的帮助，从那以后一直对总统提供慷慨和虔诚的支持——作为代表去拜访威尔逊，看看他是否接受与洛奇的保留一起通过的和约。威尔逊回答说他愿意。② 这对一些民主党参议员来说是一个令人沮丧的消息，因为他们原打算即使没有威尔逊的明确同意也将投票支持包含洛奇保留的和约，因为得到威尔逊的同意显然太难了。即使威尔逊这个时候也不接受和约，那又能怎么样？

辩论在参议院仍然继续着，洛奇的保留经过反复的争论最终成型。在做出最后决定的日子临近的时候，威尔逊的朋友们再次央求他不要因为参议院采取的行动可能产生的一些微小的不完美就完全抛弃和约。威尔逊自己在宣讲途中曾经说，参议院只是关注"一些地方的微不足道的细节，"而忽视了"整个计划的伟大之处"③。的确也是如此，他的朋友们恳求说，如果仅仅是因为和约中一些"微不足道的细节"被改变了就放弃一切将是一个悲剧性错误。但是，威尔逊却不能改变自我毁灭性的道路。

1920年3月8日，为了给参议院的民主党提供明确的"指导"，他给

---

① 引自 Nicholas Murray Butler, *Across The Busy Years: Recollections and Reflections* (New York and London: Charles Scribner's Sons, 1939), II, p. 201。

② Bailey, *WW & GB*, p. 256.

③ *Public Papers*, *War & Peace*, II, p. 311; I, p. 621 – 2, 626.

第十五章　失败

希契科克写了一封信。威尔逊说，他的结论是这些保留，特别是针对第十款的保留，实际上让整个和约化为乌有。他曾经听说过"保留派"与"温和的保留派"，但是他不明白"将其化为乌有者与温和地将其化为乌有者"之间有什么区别。他再一次回到了原来的立场：必须拒绝包含有洛奇保留内容的和约。

直到最后一刻，支持和约的人仍然希望总统能够改变自己的想法；只要他让他的支持者根据自己的判断自由地投票就够了。3月11日，阿什赫斯特参议员（亚利桑那州）表示："作为总统的一个朋友，作为一个一直忠实地追随他的人，我今天早上严肃地对他说：如果您因为参议院伸直了自己弯曲的四肢，您就想害死自己的思想之子，您必须承担责任，接受历史的判决。"甚至在风风雨雨中一直追随威尔逊的纽约《世界报》也宣布支持通过包含有洛奇保留内容的和约。①

威尔逊不改初衷。民主党参议员们根据自己的良知做出判断，是否不顾本党的领导人愿望，投票支持唯一可以通过的和约。3月19日是做出最后决定的日子。包含有洛奇保留内容的和约被付诸表决。民主党议员面临极度痛苦的压力。显然，如果他们中间有足够的人投票支持，和约就会得到通过。希契科克坚持说，他们的责任是投"反对"票。21个民主党参议员没有听从他的意见，和主张保留的共和党参议员一起投了赞同票。23个民主党参议员屈服了威尔逊的意志，与"不妥协派"投了"反对票。"结果是49赞同票对35反对票。大多数都投票支持和约，但仍不够三分之二多数。**如果再有7位民主党参议员不支持本党政策，包含有洛奇保留意见的和约就将在参议院获得通过。**几年后，希契科克自己承认他做了"所有我能做的"来争取足够的民主党保持一致击败和约。②

数完了最后一张票，公布了最终的结果。布兰德基参议员，一个"不妥协分子"转向洛奇。"我们总是能够指望威尔逊先生，"他说，"他从来没有让我们失望过。"③

---

① Bailey, *WW & GB*, p. 271, 266.
② Hitichcock Papers, III, 时间不明的演讲，"威尔逊在历史上的地位"。
③ Lodge, p. 214.

和约寿终正寝。

有足够的证据表明，尽管他的身体糟糕透顶，尽管在他的带领下自己的党遭到了毁灭性的失败，尽管到当时为止的传统一直是反对连任三届总统，威尔逊还想在1920年成为民主党的旗手。他在白宫满怀希望地等待着在旧金山举行的民主党大会会请他做总统候选人，但根本就没有人提他的名字。他的一个热心支持者给他发电报说，他获得提名没有足够的支持，在那样的场合提出他的名字会使民主党感到尴尬。最后的提名归俄亥俄州州长詹姆斯·C. 考克斯，竞选伙伴是一个政治新星富兰克林·D. 罗斯福。

共和党选出了参议员沃伦·G. 哈丁。他是一个积极主张对和保有保留的人。很难从哈丁的竞选演说中看出他在国联问题上是什么样的立场。这种含糊不清也许是有意的，因为他既不想疏远支持国联的塔夫脱派，也不愿疏远共和党内资深的"不妥协派"，任何一致的立场都会让其中的一派不满。尽管考克斯明确宣布支持国联，在到底是支持保留派还是"解释派"上，他的立场也含糊不清。因此两个候选人在国联问题上的立场都采取了模棱两可的立场。此外，公众对整个复杂的争论也感到困惑不解，诸如禁酒、高昂的生活费等是许多选民头脑中最为重要的事。显然，选举绝非威尔逊呼吁的"庄严的公投"。

无论情况怎样，哈丁在1920年11月2日赢得总统选举，获得了美国历史上前所未有的高票支持率。两天后，在他俄亥俄家的阳台上，哈丁宣布（他喜欢高谈阔论、夸夸其谈），威尔逊的国联"现在不复存在了"。

威尔逊从白宫搬到华盛顿"S"街一个舒适的房子里，在那里度过了他一生的最后三年，仍然致力于消除参议院对《凡尔赛和约》所做出的决定。在一帮忠实朋友的帮助下，他围绕着美国必须承担其国际责任和领导责任，起草了一份原则声明，想在1924年的总统大选的时候使用。他好像非常珍惜这个伤感的希望，那就是他可能从退休中被召唤出来在1924年再次竞选总统。

威尔逊活着的时候看到参议院在1921年批准了单独的对德和约。他计划通过一个强有力的国联的矫正行动和美国在落实和约条款的各个组织（尤其是赔款委员）中代表的缓和性影响来调整《凡尔赛和约》的不公正性，他活着的时候看到这个计划彻底失败。美国没有成为国联的一个成员

第十五章 失败

是对国联致命性的打击，让它再也没有从中恢复过来；美国也没有能够帮助和约的落实，特别是其中的赔款条款，让德国任由法国处置——让德国不再骄傲，德国经济也一蹶不振。威尔逊活着的时候也遭到盟国的众多指责。它们感到被出卖了，因为它们之所以在巴黎的时候参与当时的安排是因为它们原以为美国会承担相应的责任，让国联发挥作用。他活着的时候也看到了美国进入了一个不经意的"正常状态"阶段，尽力不在乎世界的关心，执著于追求假的繁荣、假的安全感和狂喜之中。

在他的垂暮之年，他变得沉默寡言和暴躁易怒。但他从来没有丧失自己的信仰。1923年的停战日，一群为他祝福的人集聚于他在"S"大街的家外面。威尔逊站在阳台上，尽量克制住自己的感情，发表了一个短暂的演讲。"我不是一个那种自己所坚持的原则一旦取得胜利就感到焦虑不安的人，"他结束的时候说，"我见过愚蠢的人违背天意，我也见到过他们的毁灭，就像将要再一次发生一样——彻底的毁灭和遭到蔑视。我们终将胜利，就像上帝决定一切一样确定。"（纽约《时报》刊登了威尔逊的讲话，与他的讲话有三个专栏之隔是当天的主题新闻："希特勒的军队在慕尼黑附近集结。"）

1924年初，威尔逊的身体严重恶化。到2月，他卧床不起，精力也在慢慢耗尽。他的医生很清楚他的日子已经不多。格雷森对他说末日已经临近。威尔逊勇敢地接受了这个消息。"我是一个破机器上的破零件，机器已经破了——"他拖着有气无力的声音。"我已经做好准备，"他低声说道。

1924年2月3日，伍德罗·威尔逊与世长辞。

在世纪中叶写威尔逊的故事不能以死亡和失败告终。在许多方面，他的看法是正确的。在今天的纽约市矗立的联合国总部，证明他非常自信地预测的政策所发生的变化。在那里代表美国的就是——小亨利·C. 洛奇。

威尔逊想证明自己是正确的。历史已经证明，面对孤立主义者的反对，倡导他伟大的理想，他是正确的。但仅仅因为洛奇的保留意见就让美国拒绝参加国联长达一代人之久，还没有证明他这样做是正确的。他很有可能是正确的，但他永远也证明不了。

研究说明

心理专家迟早要关注像谜一样令人困惑的威尔逊的个性和生涯,这是不可避免的。弗洛伊德自己曾对威尔逊进行过一次合作研究,但没有发表。无数他同时代的学者和传记作者都指出,威尔逊政治行为中的"意识"和"固执"所发挥的非同寻常的作用,肯定能够激起研究人格学者的兴趣,让他们思考他们在这些问题上的专业理论在多大程度上能用于对威尔逊的研究。一个具有天分的学者埃德蒙·威尔逊对伍德罗·威尔逊生涯的敏锐观察也可能激发以心理分析为导向的传记作者的兴趣。他说:

> 作为美国总统,他一再重复他在担任普林斯顿大学校长期间的悲剧——洛奇扮演韦斯特的角色,国联问题取代宿舍区制度,参议院取代了普林斯顿的董事会。在一些人的生活中可以观察到一种现象,能力明显很强的人同时也存在着严重的不足,有天分的人在生涯和职业上的进步不是让他们达到一个牢固的位置和实现确切的目标,而总是出现曲折,让他们从成功中迅速陷入快速的失败("Woodrow Wilson at Princeton," Shore of Light, N. Y.: Farra, Straus and Young, Inc. 1952, p. 322)

我们自己对威尔逊的研究可以追溯到1941年。当时作为毕业班的一个学生,为芝加哥大学内森·莱茨博士教授的一门研究生课程"人格与政治"准备的一篇论文。在莱茨、哈罗德·拉斯维尔博士和其他人的鼓励下,他完成了这个研究的第二稿,并于1949年提交给芝加哥大学社会研究会。最近,在1956年9月的美国政治科学会年会上,我们就在这个研究过程中遇到的数据搜集和解读问题提交了一篇论文。这些文章,尤其是前两篇，都是技术性的，有很多专业术语。但在这本书中，我们用相对非技术性的语言把我们的成果呈现出来，希望能够与对政治领导人具有共同兴趣、专业非常不同的专家和一般读者更好地交流。

和最初相比，这个研究有重要的改进。最初认为威尔逊的人格具有与冲动型人格有联系的特质。这种观点虽然在很多方面有帮助，但却存在着重要的局限。就像很多仅仅局限于找出更深层次动机的诊断一样，这种研究是静态的，并没有找出在范围和灵活性上严格限制其行为的特殊环境。

在我们开始对他的整个生涯进行仔细研究的时候，我们最初对威尔逊"冲动"个性的认识经历了巨大的改变。我们见到的很多证据证明，他在很多情况下行为非常灵活，能够只选择那些时机成熟可以实现的计划作为政治目标；作为政治领导人，他有时候的政治策略和领导技能都非常精明并具有创造性。

虽然受困于严重的，有时候是伤害巨大的性情缺陷，威尔逊在各种不同的形势下能够巧妙地追求自己的政治目标，在政治生活中能够创造性地和建设性地采取行动。威尔逊在担任普林斯顿大学校长、新泽西州州长和美国总统期间所取得的成就给人留下了深刻的印象。在很大程度上是因为，他能够利用和适应因个性顺应不良而产生的强大雄心和能量，并将它们与有效的领导模式结合起来。尽管被迫在一个分权制衡的体系内发挥作用，威尔逊精力旺盛，本质上专制性的领导方式在一定的年限内在政治上是可以接受的，也是成功的。当然这种成功在很大程度上也是由于当时形势的特点使然，这种形势支持政治改革和强势领导。但在某种程度上也是因为他能够根据他所看到的形势调整自己的愿望，发挥一个首相的作用，按照民主的理论并根据国家利益，使自己给国家提供的领导方式合理化。

因此，我们尽力找出威尔逊个性的多面性，把它们放在他生活的大环境中去研究。这种方法反映了心理学领域研究人格和性格一种日益盛行的趋势。人格组织的复杂性，本我所发挥的重要功能，特定的个性因素在政治领导人行为中的表现等——只有对整个一生，而非其中几个孤立的片段进行细致的研究，所有这些才会显现。

对政治领导人的发展分析——我们对威尔逊的个案研究是朝这个方向的一个努力——吸收了基因学和关于人格的动态命题。近年来众多研究人格发展的学者感到有必要修正和拓宽弗洛伊德人格形成于早期性经历的理论。结果，试图将基因心理学用于政治传记研究的学者面临大量重要和广泛的尚没有融合到一起的命题和假设。因此，对我们的目标最有帮助的是哈罗德·拉斯维尔博士，他从对研究政治领导人有重要意义的角度，将人格发展知识予以融合和重新表述。①

研究人格发展的专家目前的共识是，早期孩提时代的多种经历对基本人格结构的形成可能都会产生重要的影响，但是无论如何，完全根据这些来解释成年时期的行为过于简单化。同样，在发展传记研究中，研究者必须考虑研究主体全部人格形成阶段的发展，有时直到其成年。他试图追溯主体从童年开始应对其焦虑的努力；他不仅试图找出对这些焦虑的防御是如何形成的，而且还需要找出他努力控制自己焦虑的调整性和建设性策略，以避免可能出现严重破坏性后果的环境。在追溯一个人个性系统的内涵和结构以及他生活观形成的时候，研究人员尤其关注他的家庭、文化和社会环境。因为正是在与环境的互动中个人"找到自我"，学会了用令人满意的方式表达自己。正是从这个观点出发，传记作者才研究传记主体对政治和领导能力兴趣的形成，试图解释他们为自己选择的特定政治角色。也正是从这一点出发，他才研究主体努力发展适合他所选择的政治角色的技巧（见第一章和第二章）。

在发展传记学中，对主体一生个性与情势因素之间互动需要进行历史和横向的研究。生活历史中的重要事情和行为需要挑选出来进行深入的研究。在对行为进行这些横向分析的过程中，个人以前的生活历史被看作是一系列学习的经历，框定了在当前形势下发挥作用的倾向。

对人格发挥作用的情势进行分析的一般目的，是为了确定主体政治行为的动力和描绘其自我意识发挥作用的特征。确定一个主体的个人价值

---

① 参见他的 *Power and Personality*, N. Y.：W. W. Norton, 1948. 尤其是第三章《政治人格》，还参见他的《人格的选择性对政治参的影响》，载 Richard Christie and Marie Jahoda, eds., *Studies In the Scope and Method of "The Authoritarian Personality,"* Glencoe, Illinois, The Free Press, 1954. 的选择性对政治参的影响，"载 Richard Christie and Marie Jahoda, eds., *Studies In the Scope and Method of "The Authoritarian Personality,"* Glencoe, Illinois, The Free Press, 1954。

（如权力、认可、感情、顺从、安全感、正直）相对容易，为了追求这些价值，主体在政治生活中寻求满足。但是，在民主环境下凡取得一点成就的政治领导人，甚至包括那些像威尔逊那样很早就具有明显权力欲望的人，很少在政治生活中只追求一个价值而把其他价值排斥在外。

对于像威尔逊这样具有多层次价值的政治人格的领导人，确立其潜在动机力量是困难和复杂的。因为需要评估个人价值需求的**力量的对比**，在选择目标的过程中**调和**相互竞争和冲突价值的方式，以及某一价值或价值模式在行动中处于支配地位的**条件**。不仅某一价值需求可能超过对其他价值的需求，而且他们相对的重要性和在特定情势下发挥作用的方式，也会因为主体可能满足这些价值**期待**的变化而变化。①

通过对威尔逊生涯的详细分析，我们形成了对他个性和行为之间的看法。我们希望这些看法是一致和互相联系的。这一点在本书第七章的第一部分有充分的阐述。我们在那里试图解释威尔逊行为一些矛盾的方面，如果把他的一生当作一个整体来看待，把作为权力追求者的威尔逊与权力拥有者的威尔逊的区别开来，把支持和不支持他取得伟大成就的政治目标区别开来；以及把他与别人磋商和不与别人磋商的条件区别开来。

为了说明在发展分析过程遇到的问题，我们在这里用更为笼统的语言概括对威尔逊政治活动的分析。对威尔逊政治行为动因的基本假设是，权力对他来说是一个补偿性的价值，是恢复在孩提时代受伤的自尊心的手段（这个一般的假设——在研究政治领导人的过程中得到了显著的应用——拉斯维尔在《权力与人格》第39页的注释中提出和详细阐述了这一点。在第一章可以找到这种假设也适用于威尔逊的证据）。

但是，权力并非威尔逊政治行为中唯一发挥作用的价值。他并没有——显然也不能——谋求赤裸裸地支配别人。他只有通过使他的领导

---

① 例如，威尔逊在政治上对感情和认同的需求也是非常明显的。但是由于多重原因这些价值需求所发挥的作用并没有表达出来。他可能已经认识到作为认同和感情源泉的群众是高度不可信的，也许他有时候担心不要为了得到公众赞同和喜欢干涉他最重要的"正确"和支配的需求。虽然他看到公众的喜欢和赞同的证据后也很高兴，但是他一生都持续不断地依赖家庭和朋友，把他们当作他所需要的持续的爱和赞同的可靠源泉。

"纯洁化"，通过将自己的理想投入到被说成是人民最高尚和理想化的政治项目，来满足他内心深处支配别人的愿望。因为他同时需要得到别人的支持、尊重，特别是需要感到他的目标是高尚的。这些可以让他追求权力的愿望得以缓解。

如果他想从外部获得对他自尊的支持，威尔逊需要在支配别人和在他选择的政治领域成就伟业。这种成功的需求毫无疑问地被他在宗教的"良政"和"服务"中得到进一步的加强。他在成长过程中形成的信仰，也许也能激发他将主导别人的愿望与他需要获得支持、顺从，以及感到自己正义的需求协调一致。无论情况如何，威尔逊找到了一个具有高度建设性的策略——不管是对他自己，还是对国家来说都是建设性的——只将主导别人的愿望和成就伟业的雄心投入到那些已经获得相当支持的事业上，而且这种事业是合理的，也是能取得成功的。这样做，他就将参与政治所产生的巨大能量投入到值得做和可行的政治目标上。

如果与不能得到广泛支持的政治计划绑在一起，威尔逊想主导别人的需求就会遇到政治上的反对，这种政治反对又会使他更焦虑、更固执，并采取弄巧成拙的措施。只要能减少这样的可能性，这种策略就是一种建设性的策略。

威尔逊都是在需要进行改革的时候开始担任他的每一个行政职务的，有足够的善意可以依靠。普林斯顿大学的董事会，新泽西州议会，以及民主党所控制的美国国会都愿意给他一个机会，愿意追随他的领导。担任这些职务期间，威尔逊最初都非常成功地推动了一系列的改革措施，只是到后来才遇到了差不多同样重大的政治僵局或挫折。

因此，回过头来看这种建设性的策略都是徒劳的。为什么会这样？有三个原因。第一，威尔逊要求**立即**追随他的意愿，这个特点很明显是他喜欢演讲这种个性的一部分，一旦他投入一个主要的改革计划，就需要立即主导别人。

第二，威尔逊的雄心是难以满足的。他不能从他的成就中获得一般的满足和快乐（"……我就是这样的一个人，不知何故，我从来没有功成名就的感觉"）。他对成功的满足感总是稍纵即逝。刚刚完成一个改革计划，他就发现另一个伟大的工作需要他关注。不久他就迫不及待地敦促议员们立即接受它。换句话说，他的雄心是强迫性的。结果，他很难慎重有序地安排他的政治需求，以确保实现尽管有点慢却是连续不断的一系列的成就。在每一个问题上都寻求立即和完全的支配，再加上他强迫性地推动一个又一个改革，取得一个又一个成就，最终引发了那些与他共享决策权者的反对。这种循环在他担任三个行政职务时不断重复。

有证据表明，威尔逊意识到在他强迫性的雄心中有一种潜在的危险。威尔逊对豪斯谈到他在噩梦中梦到他在普林斯顿的冲突，谈到他担心在担任总统期间会重复他早前先成功后失败的模式。他还焦虑地谈到很难在后两年保持他在（第一任期）1913 年到 1914 年所取得的成就的程度和速度。①

还有证据表明，威尔逊在搜寻各种途径，避免重蹈他作为改革者在普林斯顿大学所经历的那些让他苦恼的经历。因此，曾经有一段时间他有一种看法，认为随着主要的立法项目在 1913 年至 1914 年获得通过，根据进步派的原则对美国经济生活进行改革的任务已经完成。威尔逊在 1914 年 11 月曾公开表示过，但从政治立场上看这种看法是不现实的，它让进步派领导人感到困惑和失望也就不足为奇了。② 从自我意识发挥作用的角度看，这种政治上的不成熟让威尔逊的观点更加有趣。他已经在政治上做出了重要贡献，意味着他将努力去找到一个自我保护的途径——比如辞职或者拒绝第二个任期——以免强迫性的雄心，让他焦虑不安。

第三，在破坏性的焦虑充分发挥作用之前，威尔逊不能在政体内找到一种解决与立法部门权力冲突的途径，这种焦虑是由对他意愿的反对所引起的。在其他方面，威尔逊做了很多的努力，试图将总统职位变成一个党的领导工具和立法领导的媒介，使之更加接近于他很早就推崇的英国内阁制。

在他第一任期之初，威尔逊就认识到，在对总统职位进行创造性改变时，需要找出一些手段来打破总统和立法部门之间的僵局，让总统以类似

---

① House Diary, 11/12/13；12/22/13；9/28/14, Seymour, I, p. 119 – 20；295 – 6；这一部分的最后部分曾在第九章的开始被引用。

② Link WW & PE, p. 78 – 80.

与首相对立法部门负责任的方式承担责任。"迟早,"他写道,"他(总统)必须以某种程度上非正式和密切的方式对舆论负责,如果可能的话不仅对他试图领导的众议院负责,不管是直接领导还是通过内阁,而且还要对他们所代表的人民负责。"但是,他的结论是,"这是需要努力争取的——因为这是不可避免的——以一种我们还不能预测的自然的美国方式。"①

威尔逊正确地找出了问题,但其解决问题的办法要比他想象得难。他朝这方面的努力失败了。但是它们非常有意义,因为它们是他领导方式的核心。因为,他一般把自己担任领导的愿望和表达人民道德和政治愿望的计划紧密地联系在一起,他可以坚称他直接代表了人民的意愿,这也具有一定的可信度。因此,他向自己和其他人证明他努力迫使国会按照他的意愿行事是有道理的。

但是,他并不容易满足于仅仅感觉自己是正直的。对认为他有专制倾向的指责,他一直都非常敏感,而且在潜意识中担心这是真的。有好几次他都表现出自己在这个问题上的担忧,并自我辩解说,他代表立法动议对国会所施加的压力不能被认为是专制行为的证据。因为除非公众舆论支持这些举措,国会是不会让步的。不是他的压力——他想这样认为——而是他后面来自人民的压力,才是真正让国会通过他所想要通过的议案的原因(见第149页到151页)。

当与政治对手形成僵局的时候,威尔逊为了冷静下来所需要的是实用的策略。这种策略能让他"验证"他的观点,即他比国会(其他情况下的普林斯顿大学的董事会,或新泽西州议会,或盟国在巴黎的谈判代表)更好地代表了人民的意愿。这种策略因此也可以发挥一个心理的和政治的安全阀,证明自己身上没有专制倾向。为此目标,他经常使用的策略是"向人民呼吁"。

在他与对手的权力冲突中,"公众舆论"可以成为直接的仲裁者,这种想法的确是安抚性的。它避免威尔逊在僵局出现后做出妥协。在这种情

---

① WW to Representative A. Palmer Mitchell, 2/13/13, 引自 H. J. Ford, *Woodrow Wilson, The Man and His Work*, New York: Appleton & Co. 1916, p. 323-4。

况下，他可以谋求将自己的意愿强加于人，而不用满足我们分权制衡体制所需的妥协，通过自以为是地依赖公众舆论来支持他——或击败他，使他不至于因其专断行为而自责。他热衷于采用直接向人民呼吁的策略，他在这样做时表现出来极差的判断力和不务实的作风，证明这种策略在他手里具有高度的个性化特点。

我们已经注意到，实际上对威尔逊来说，"向人民呼吁"差不多就是一个我们这个政府制度中没有的"信任投票"。在内阁制中，总理可以利用的另外一个选择——如果在一个重要问题上的投票中被击败，他可以辞职——威尔逊好像从来没有认真考虑过，虽然据说他在几个场合都谈到这种可能性。[①] 在我们的制度中，总统在这样的情况下辞职显然是无用的，因为不可能同时解散国会让全国人民在这个问题上有一个进行判决的机会。

通过个人的领导，而非修改宪法的方式，把总统的作用改变为首相作用的努力结果失败了。威尔逊失败的关键正是他最需要的制度保障，这种制度保障可以防止他的个性和领导方式的破坏性倾向。

[①] Baker, IV, p. 415; Lawrence, p. 310–11.

说明及参考书目

因为这本书是对威尔逊生涯中众所周知的事实的综合和重新解读，引用的文献材料被限定在尽可能小的范围内。在每一章的注释前面所列举的文献材料仅限于使用的主要材料。注释也基本只保留豪斯和贝克文件中所使用的新材料，在其他地方不容易找到的引文和材料，以及对正文增加补充的说明。最常引用的材料的名字都被缩写（关键的缩写见下文）。对于所有其他的材料，只是在第一次引用时给出了的全部的引文。

在为本书做准备的时候所查阅的主要手稿有威尔逊、贝克、希契科克和兰辛文件，这些都在国会图书馆中，豪斯的文件都保存于耶鲁大学图书馆。在获许查阅威尔逊文件的时候，本研究已经差不多完成了，因此很少使用这个收藏。其使用主要都是为了核实我们对某些观点的解释。

主要缩略语

WW	Woodrow Wilson
EMH	Edward Mandell House
Bailey	Bailey, Thomas Andrew, *Woodrow Wilson and the Lost Peace*, New York: The Macmillan co., 1944.
Bailey, WW&GBB	Bailey, Thomas Andrew, *Woodrow Wilson and the Great Betrayal*, New York: The Macmillan co., 1945.
Baker	Baker, Ray Stannard, *Woodrow Wilson: Life and Letter*, Garden City, New York: Doubleday, Page & Co., 1927, 1931, 1935, 1937, 1939, 8 vols.
Baker papers	*The Ray Stannard Papers. Library of Congress* （这些文件汇编在我们查阅后又重新编排，因此我们只注明该引用相关材料所在的第几集。）
Baker, WW&WS	Baker, Ray Stannard, *Woodrow Wilson and the World Settlement*, Garden City, New York: Doubleday, Page & Co., 1922, 3 Vols.
Buehrig	Buehrig, Edward Henry, *Woodrow Wilson and the Balance of Power*, Bloomington: Indiana University Press, 1955.
Corwin	Corwin, Edward S., *The President: Office and Powers 1787–1948*, New York: New York University Press, 1948.
Fleming	Fleming, Denna Frank, *The United States and the League of Nations*, New York and London: G. P. Putnam's Sons, 1932.
Foreign Relations, U.S.	*Papers Relating to the Foreign Relations of the United States*, *Paris Peace Conference*, *1919*, Washington, D. C.: U. S. Government Printing Office, 1942–47, 11 Vols.

Garraty	Garraty, John A., *Henry Cabot Lodge: A Biography*, New York: Knopf, 1953.
House Papers	The diary and letters of Colonel Edward House, Sterling Memorial Library, Yale University（除非特别注明，该引用的日记和通信均出自该文集的原稿）.
Kerney	Kerney, James, *The Political Education of Woodrow Wilson*, New York and London: The Century Co., 1926.
Lawrence	Lawrence, David, *The True Story of Woodrow Wilson*, New York: George H. Doran Co., 1924.
Link	Link, Arthur Stanley, *Wilson: The Road to the White House*, Princeton: Princeton University Press, 1947.
Link, WW&PE	Link, Arthur Stanley, *Woodrow Wilson and the Progressive Era, 1910-1917*, New York: Harper & Brothers, 1954.
Lloyd George	Lloyd George, David, *Memoirs of the Peace Conference*, New Haven: Yale University Press, 1939, 2 Vol.
Lodge	Lodge, Henry Cabot, *The Senate and the League of Nations* New York and London: Charles Scribner's Sons, 1925.
Miller	Miller, David Hunter, *The Drafting of the Covenant*, New York and London: G. P. Putnam's Sons, 1928, 2 Vol.
Nevins	Nevins, *Allan, Henry White: Thirty Years of American Diplomacy.* New York and London: Harper & Brothers, 1930.
Public Paper	Baker, Ray Stannard, and William Edward Dodd, eds., *The Public Papers of Woodrow Wilson*, New York and London: Harper & Brothers, 1925-1927, 6 Vol.
Reid	Reid, Edith Gittings, *Woodrow Wilson: The Caricature, the Myth and the Man*, London, New York, and Toronto: Oxford University Press, 1934.
Seymour	Seymour, Charles, *The Intimate Papers of Colonel House*, Boston and New York: Houghton Mifflin Co., 1926, 1928, 4 Vol.

Smith	Smith, Arthur D. Howden, *Mr. House of Texas*, New York and London: Funk & Wagnalls Co., 1940.
Tumulty	Tumult, Joseph P., *Woodrow Wilson As I Know Him*. Garden City, New York: Doubleday, Page & Co., 1921.
Wilson, E. B.	Wilson, Edith Bolling, *My Memoir*, Indianapolis and New York: The Bobbs-Merrill Co., 1938, 1939.

索 引*

A

Adams, Dr. Herbert B. 亚当斯，赫尔伯特 博士（约翰·霍普金斯大学教授），22

Adamson, William C. 亚当森，威廉·C.（众议员），153

Ashurst, Henry F. 阿什赫斯特，亨利·F.（参议员），312

Auchincloss, Gordon 奥金克洛斯，戈登（威尔逊的姑爷）245，261

Axson, Stockton 阿克森，斯托克顿（威尔逊的妹夫），29，30，96

B

Baker, Ray Stannard 贝克，雷·斯坦纳德（和会代表团成员），222

Balfour, Arthur James 鲍尔弗，亚瑟·詹姆斯，215

Baruch, Bernard 巴鲁克，伯纳德，265，301，344，351（注释39）

Beveridge, A. J. 贝弗里奇，A. J.（前参议员），268，274

Bliss, General Tasker 布利斯，塔斯克将军（和会代表），205，216-217，221

Bones Helen 伯恩斯，海伦（威尔逊的表妹），8

Bones, Jessie 伯恩斯，杰西；见布劳尔，杰西·伯恩斯

Bonsal, Stephen 邦斯尔，斯蒂芬，351（注释39），352（注释41）

---

* 本索引的页码是英文原版的原页码。——译者注

Borah, William E. 博拉, 威廉·E.（参议员）236, 278

Botchkarova, 博奇卡罗娃夫人, 195

Bouillon, Franklin 布荣, 富兰克林（法国国际主义者）, 209

Bradford, Gamaliel 布拉德福德, 加梅利尔（作家）, 23

Brandegee, Frank Bosworth 布兰德基, 弗兰克·波斯沃斯（参议员）, 236, 273, 313

Brandeis, Louis D. 布兰戴斯, 路易斯·D., 106, 138

Bridges, Robert 布里奇斯, 罗伯特（威尔逊的朋友）25, 27

Brower, Jessie Bones 布劳尔, 杰西·伯恩斯（威尔逊的表妹）, 3, 8

Bryan, William Jennings 布莱恩, 威廉·詹宁斯, 民主党领导人, 47; 威尔逊早期对他的反感, 50; 与博斯·斯密斯竞选参议员, 63; 对威尔逊观点的怀疑, 71; 豪斯对他的看法, 85; 作为总统候选人, 85, 87; 获悉威尔逊给乔林的信, 95; 对威尔逊与哈维关系的破裂感到高兴, 98; 在1912年民主党大会上, 104-105; 威尔逊与他的关系, 113; 对1913年货币法案的意见, 137

Bryan, Mrs. William Jennings 布莱恩, 威廉·詹宁斯夫人, 94, 99, 102

Bullitt, William C. 布利特, 威廉 C. 297

Butler, J. G. 巴特勒, J. G.（与塔夫脱通信）, 233

C

"Cabinet Government in the United States," "美国的内阁政府," 17

Cecil, Lord Robert 塞西尔, 罗伯特勋爵（帮助起草国联盟约）, 227, 257, 258

Chamberlain, G. E. 张伯伦, G. E.（参议员）, 179

Chinda, Viscount Sutemi 珍田舍己男爵（日本参加和会的代表）, 219

Clark, Champ 克拉克, 钱普（众议员）, 88, 89-90, 91, 94, 95, 99, 101, 104-105

Clark, Judge George 克拉克, 乔治法官（竞选得克萨斯州州长的民主党候选人）, 83

Clemenceau, George 克里孟梭，乔治，189，201，203，212，213，215，216，219，223，224，225，226，228，230，231，232，242，244，248，252，253，254，255，257，258，259，262，263，264-265，285，310，347（注释39和42）

Cobb, Frank 科布，弗兰克（关于纽约《世界报》），175

Colcord, Lincoln 科尔克德，林肯（记者），191

Congressional Government《国会政体》，21-23，24，144-146

Constitutional Government in the United States《美国的宪法政体》，145-147，290-291

Coolidge, Calvin 克里奇，卡尔文，235

Cox, James M. 考克斯，詹姆斯·M.（民主党总统候选人），313

Crandall, John 克兰德尔，约翰（参加州大会的民主党代表），55

Culberson, Charles A. 卡伯森，查尔斯·A.（德得克萨斯州州长，参议员），84，88-89，93，102，111

Cummins, Albert Baird 卡明斯，阿尔伯特·贝尔德（参议员），141

D

Dabney, Heath 达布尼，希斯（威尔逊的朋友），20

Daniels, Josephus 丹尼尔斯，约瑟夫斯（海军部长），113，339（注释22）

Davis, Robert Ward 戴维斯，罗伯特·沃德（新泽西州哈德逊县的领导），54，62

Dodge, Cleveland 道奇，克利夫兰（威尔逊的朋友），102，123，184

E

Eliot, Dr. Charles 艾略特，查尔斯博士（哈佛大学校长），205，207，208

索引

F

Fall, Albert Bacon 福尔, 阿尔伯特·培根 (参议员), 236

Folk, Joseph W. 福克尔, 约瑟夫·W. (密苏里州州长), 88

G

Gardiner, A. G. 加德尼尔, A. G. (作家), 183

Garrison, Lindley M. 加里森, 林德利·M. (陆军部长), xv

Gaynor, William J. 盖纳, 威廉·J. (纽约市市长), 87-88

Gerard, James Watson 杰勒德, 詹姆斯·沃森 (美国外交官), 164

Glass, Carter 格拉斯, 卡特 (参议员), 137 ff., 311, 334

Gore, Thomas 戈尔, 托马斯·P. (参议员), 153

Grant, Ulysses S. 格兰特, 尤利西斯·S., 79

Grayson, Dr. Cary 格雷森, 卡里博士 (威尔逊的医生), 261, 292, 293, 298, 299, 300, 315, 339 (注释22), 344, 351 (注释39)

Gregory, Thomas Watt 格雷戈里, 托马斯·瓦特 (司法部长), 206, 305-306

Grey, Sir Edward 格雷, 爱德华爵士 (英国政治家), 158, 309-310

Grosscup, Edward R. 格罗斯卡普, 爱德华·R. (新泽西州民主党委员为主席), 73

H

Hankey, Sir Maurice 汉基, 莫里斯爵士 (英国外交官), 342

Harding, Warren G. 哈丁, 沃伦·G. 313

Harlan, John 哈伦, 约翰 (大佬斯密斯的副手), 51, 52

Harmon, Judson 哈蒙, 贾德森 (俄亥俄州州长), 88, 89, 101, 102

Harrimon, Mrs. J. Borden 哈里曼, J. 博登太太, 195

Harvey, George 哈维, 乔治, 第一个支持威尔逊政治生涯的人, 47; 提名威尔逊竞选参议议员, 48; 敦促威尔逊担任民主党州长候选人, 51; 遭到霍布根《观察家》的攻击, 53 – 54; 参与大佬史密斯竞选参议员, 61 – 62; 在威尔逊转变成为一个自由主义者后仍然支持威尔逊, 70 – 71; 与威尔逊分道扬镳, 96 – 98, 330; 攻击国联, 234 – 235; 敦促国联拒绝国联, 299

Hayes, Rutherford B. 海斯, 拉瑟福德·B., 79

Hearst, William Randolph A., 赫斯特, 威廉·伦道夫·A., 90, 100, 101

Hibben, John Grier 希本, 约翰·格里尔（威尔逊的朋友）, 33, 38 – 39, 74, 128

History of the American People《美国人民史》, 101

Hitchcock, Gilbert M. 希契科克, 吉尔伯特·M.（参议员）, 136, 137, 139, 141, 237, 250, 287 – 288, 292, 299 – 303, 308 – 309, 353（注释53）

Hogg, James W. 霍格, 詹姆斯·W.（得克萨斯州州长）, 83 – 84

House, Edward Mandell 豪斯, 爱德华·曼德尔, 74; 家庭, 75 – 76; 童年, 75 – 79; 身体状况恶化, 78; 上学, 77 – 80; 在霍普金斯和康奈尔做恶作剧; 80 – 1; 处理他的遗产, 81 – 82; 放弃自己成为政治家的想法, 82; 学习政治, 82 – 83; 第一次组织全州的大选, 83 – 84; 成为得州州长的政治顾问, 84; 布莱恩的观点, 85; 转向全国政治, 86; 考虑1912年总统竞选中可能的民主党候选人, 88 – 89; 决定威尔逊是最好的民主党候选人, 89; 给威尔逊写信, 90 – 91; 见到威尔逊, 92; 在布莱恩面前支持威尔逊, 94; 与威尔逊的友谊成熟, 99; 为威尔逊成为候选人而工作, 99 – 100, 330; 1912年民主党大会, 104 – 105; 给当选总统提建议, 109 – 112; 与威尔逊的早期关系, 113 – 132, 政治信念, 127; 写作《菲利普·杜: 管理者》, 131; 在威尔逊第一任期中的作用, 154 – 155, 334; 在1916年总统大选中, 155; 和平使命, 158 – 159, 162, 165, 166 – 167, 170, 185; 对维持和平的兴趣, 158 – 159; 敦促威尔逊将努力的方向转向外交, 161 – 163; 敦促用美国军队结束战争; 166; 豪斯 – 格雷备忘录, 166 – 167; 和平努力的失败, 168; 谈判的方法, 168 – 170; 对威尔逊的行为越来越不满, 183 – 194; 对第二任威尔逊的到来的感觉, 185; 同一被任命为参加和会的代表，193；获得同盟国对十四点计划的承诺，200；试图阻止威尔逊参加和会，203；起草了一份《国联盟约》，209；认为威尔逊的原则在和会上取得成功的可能性不大，213；参加和会的代表中唯一在会前对威尔逊的计划有所了解的人，217－218；对十人委员会的延宕感到困惑，220；赞同斯玛特提出的对德国殖民的管理模式，224；协助起草最后的《国联盟约》，227；与威尔逊协商在威尔逊缺会期间的程序计划，228－229；对威尔逊作为一个谈判者的看法，232；敦促威尔逊在《国联盟约》问题上抚慰国会，232；首次在威尔逊回到欧洲后见到他，240－241；因为在威尔逊缺席和会期间的行为而遭到批评，240－242；与威尔逊的友谊变得冷淡，242－244；对威尔逊持批评的态度，244，249－250，263，266；敦促为了达成协议而做出让步，247；在四人委员会中代替威尔逊，254；在和平会议期间积极地谈判，254－263；与威尔逊太太的关系最终破裂，261；认识到与威尔逊的关系不复存在，266；对与参议院就和约的战斗感到不安，304；回到美国，305；在给威尔逊太太的信中促请威尔逊做出妥协，305；

影响政治事务的野心，xiii，82－86，93，123－124，130－131，132，182－183，190，193，244－245，246；以操控别人为乐，78－79，80－81；83，246，329；自我为中心和政治上的自信，126，130－131，189－192，244，245，249，331－2（注释43），345（注释9）；有保留地陈述作为暗示他成就的技巧，91，99，100；政治上谦虚，xiv，84－85，109－112，126，127，193，（逐步放弃了）243－245，331，（注释43）345（注释9），深思熟虑地满足威尔逊的虚荣和雄心，124－126，127，129，162－163，187，191；耐心组织的能力 83－84，100，155，168－170，228－229，242

House, James 豪斯，詹姆斯（豪斯的哥哥），77－78

House, Thomas William 豪斯，托马斯·威廉（豪斯的父亲），75

Houston, D. F. 休斯敦，D. F.（农业部长，豪斯的朋友），90，115

Hoyt, Mary 霍伊特，玛丽（威尔逊的表妹），11，25，30

Hughes, Charles Evans 休斯，查尔斯·埃文斯，143，155，205

Hulbert, Mary Allen 赫伯特，玛丽·艾伦（佩克太太，威尔逊的朋

友），31，32，51，53，68，69－70，102，103，122－123，150－151，330

Hurst, Sir Cecil J. B. 赫斯特，塞西尔·J. B. 爵士（英国律师，帮助准备了《国联盟约》），227

J

Joline, Adrian 乔林，阿德里安（铁龙公司执行理事），50，95

Jones, Thomas D. 琼斯，托马斯·D.（威尔逊的朋友），123

Jusserand, Jules 朱塞朗，朱尔斯（法国外交官），311，334（注释3）

K

Kellogg, Frank Billings 凯洛格，弗兰克·比林斯（参议员），279，303

Kenyon, William Squire 肯扬，威廉·斯夸尔（参议员），296

Kerney, James 克尼，詹姆斯（特伦顿文件的编辑），58，61

Kirk, Harris E. 科克，哈里斯·E.（威尔逊的朋友），xv

Knox, Philander Chase 诺克斯，费兰德·蔡斯（参议员），236

L

Laffan, William M. 拉芬，威廉·M.（保守的记者），49，50

Lanham, W. H. D. 拉纳姆，W. H. D.（得克萨斯州州长），84，86

Lansing, Robert 兰辛，罗伯特（国务卿）115，164，175－176，190，204，205，210，21－28，221，249，297

Lawrence, William 劳伦斯，威廉（洛奇的朋友），272

Lever, A. F. 利弗，A. F.（众议员），179

Lewis, Vivian M. 路易斯，薇薇安·M.（共和党新泽西州长候选人），56

Lindabury, Richard V. 林德伯雷，理查德·V.（支持威尔逊的律师），53

索　引

Lippmann，Walter 李普曼，沃尔特，127，334，347，（注释42）

Lloyd George，David 劳合·乔治，戴维，189，203，212，213，214，215，219，223，224，225，226，230，231，232，242，245，248，252，255，257，258，259，262，263，264，265，347（注释39，42，45和46）

Lodge，Henry Cabot 洛奇，亨利·卡伯特，与威尔逊的关系，11-12；同意发表威尔逊的文章，17；与威尔逊斗争的本质，46；在卢西塔尼亚问题上与威尔逊的意见不一致，180-181；在国会的立场，181，182；威尔逊没有任命他参与美国参加和会代表的理由，207；威尔逊迫使洛奇向他屈服的需求，208；警告说国联一定不能成为和平条约的一部分，210；塔夫脱警告他一定不要阻挠国联，233；找到了攻击任何形式国家的模式，234；不为威尔逊在与对外关系委员会的晚宴上提出的理由所动，236；在参议院发言攻击盟约，236-237；宣读共同宣言，238；对盟约的主要反对，250-251；反对修改后的盟约，268；对威尔逊个人的反对，269-270；试图羞辱威尔逊，270-272；击败《和约》的行动计划，274-280；获得多数支持对《和约》予以保留，278-279；参议院对外关系委员会对《和约》举行听证会，280；对《和约》的主要批评，280-282；早期赞同国际联盟的观点，282-283；怂恿参议院对威尔逊的敌对感，285-286；起草了对《和约》的强烈保留意见，288，295；向参议院提交对外关系委员会的主要报告，296；对《和约》的修正遭到否决，299；提出修正作为替代，300；包含和不包含保留的《和约》在11月都遭到了否决，303；参加讨论保留的两党会议，308；《和约》最终遭到失败，312-13

Lodge，Henry Cabot Jr. 洛奇，小亨利·卡伯特，315

Lowell，A. Lawrence 罗威尔，A. 罗伦斯（教育家），250

M

McAdoo，William Gibbs 麦卡杜，威廉·吉布斯（财政部长，威尔逊的女婿），106，113，137，138，188，301

McCombs，William 麦库姆，威廉（威尔逊竞选经理），99，105，106，330

McCormick, Cyrus 麦考密克, 塞勒斯（普林斯顿校董），45

McCormick, Vance 麦考密克, 万斯（民主党全国委员会主席），155，204

McCumber, Porter James 麦坎伯, 波特·詹姆斯（参议员），299，303，350（注释9）

McKinley, William 麦金莱, 威廉，85，206

McLemore, Jeff 麦克勒莫尔, 杰弗（众议员），153

Makino Baron 牧野 男爵（日本外交官），224

Malone, Dudley Field 马隆, 达德利·菲尔德（律师, 与布莱恩的通信），95

Mantoux, Paul, 芒图·保罗（四人委员会的译员），342

Martin, E. S. 马丁, E. S. （豪斯的朋友），89，96

Martin, Thomas Staples 马丁, 托马斯·斯坦普尔斯（参议员），178，289，300

Martine, James E. 马丁尼, 詹姆斯·E. （新泽西州参议员候选人1911），60-66

Matsui, Baron Keishiro 松井, 庆四郎男爵（日本外交官），219

Mezes, Sidney 梅泽思斯, 西德尼（豪斯的妹夫），93，126，127

Miller, David Hunter 米勒, 戴维·亨特（帮助起草《国联盟约》草案），227

Morgan, J. P. 摩根, J. P. 47，94

Morton, Oliver P. 莫顿, 奥利弗·P. （参议员），79

Morton, Oliver T. 莫顿, 奥利弗·T. （豪斯的同学），79-80

Murphy, Charles Francis 墨菲, 查尔斯·弗朗西斯（塔曼尼的大佬墨菲），105

Nugent, James 纽金特, 詹姆斯（大佬斯密斯助手和侄子），57，64，66-74

O

O'Gorman, James A. 奥戈尔曼, 詹姆斯·A. （参议员），139

Orlando, Vittorio Emanuele 奥兰多，维维托里奥·伊曼纽尔 212，213，219，224，225，242，248，260，261-263

Overman, Lee Slater 奥弗曼，李·斯莱特（参议员），177，179

Owen, Robert Latham 欧文，罗伯特·莱瑟姆（参议员），137ff

P

Paderewski, Ignace 帕德鲁斯基，伊格内斯 124，191，192

Page, Walter Hines 佩奇，沃尔特·海因斯（驻英国大使），137，164

Parker, Judge Alton B. 帕克，奥尔顿·B. 法官（1904年民主党总统候选人），87，104

Patton, Francis Landey 巴顿，弗朗西斯·兰迪（普林斯顿大学校长），27，33，40

Peck, Mary Allen Hulbert 佩克，玛丽·艾伦·赫尔伯特，见赫尔伯特的《菲利普·杜：管理者》，131，154

Plunkett, Sir Horace 普伦基特，霍勒斯爵士（英国外交官），191

Procter, William Cooper 普罗科特，威廉·库珀（普林斯顿的捐助者），39-46

Porter, Dr. Noah 波特，诺阿博士（耶鲁大学校长），79

Prince, John D. 普林斯，约翰·D.（新泽西州参议院共和党多数派领导人），103

Pyne, Moses 潘恩，摩西斯（普林斯顿校董），41，42

R

Rathenau, Walther 拉特瑙，沃尔瑟（德国政治家），163

Reading, Lord 雷丁，罗德（鲁弗斯·丹尼尔·艾萨克，英国外交官），203

Record, George 雷克德，乔治（新泽西州共和党改革者），56-57

Reed, James A. 里德，詹姆斯 A.（参议员），139，141

Reid, Mrs. Edith Gittings 雷德，伊迪丝·吉挺斯夫人（威尔逊的朋友），31，32-33，102，117，123，149

Renick, Edward Ireland 雷尼克，爱德华·爱尔兰（威尔逊的法律合伙人），19-20

Robinson, Joseph Taylor 罗宾逊，约瑟夫·泰勒（参议员），136

Roosevelt, Franklin D. 罗斯福，富兰克林，·D. 143，313

Roosevelt, Theodore 罗斯福，西奥多，62，87，106，107，108，142，147，148，180，181，182，204-205，330

Root, Elihu 鲁德，伊莱休（前国务卿），182，204，205，207，208

Ryan, Thomas Fortune 瑞安，托马斯·福琼（保守的民主党银行家），49，50，98

S

Sayers, Joseph D. 塞耶斯，约瑟夫·D.（得克萨斯州州长），84

Shotwell, James T. 肖特维尔，詹姆斯·T.（和平会议上的专家），249，260

Smith, Hoke 斯密斯，霍克（参议员），111

Smith, Arthur D. Howden 斯密斯，亚瑟·D.·霍登（豪斯传记的作者），113，127

Smith, James 斯密斯，詹姆斯（新泽西的大佬斯密斯），48，51，52，54-55，57，59-66，66-74，101，104

Smith, Lucy 斯密斯，露西（威尔逊的朋友），32

Smith, Mary 斯密斯，玛丽（威尔逊的朋友），32

Smuts, General Jan Christiaan 斯马茨，让·克里斯蒂安将军，224，227

Sonnino, Baron Sidney 索尼诺，西德尼男爵（意大利外交官），262

Spencer, Selden Palmer 斯宾塞，赛尔登·帕尔默（参议员），295-296

The State《论国家》，26-27

"The States and Federal Government," "州与联邦政府，" 51

Stevens, E. A. 史蒂文斯, E. A. （1906年新泽西州竞选参议员的民主党候选人），49

Sullivan, Mark 苏利文, 马克（记者），126

Swann, Josephine 斯旺, 约瑟芬（普林斯顿大学的捐助者），41，42

Swann, Claude Augustus 斯旺森, 克劳德·奥古斯塔斯（参议员），303

T

Taft, William Howard 塔夫脱, 威廉·霍华德，87，106，108，182，204，206，207，208，209，211，233－234，238，250，288，302，313

Talcott, Charles 塔尔科特, 查尔斯（威尔逊大学时候的朋友），16，18，145

Thompson, Henry B. 汤普森, 亨利·B.（普林斯顿校董）35

Tilden, Samuel J. 蒂尔登, 塞缪尔·J.（1876年民主党总统候选人），79

Tillman, Benjamin R. 蒂尔曼, 本杰明·R.（参议员），179

Townsend, Charles Elroy 汤森, 查尔斯·埃尔罗伊（参议员），136

Toy, Mrs. Nancy 托伊, 南希夫人（威尔逊的朋友），32，123

Truman, Harry S. 杜鲁门, 哈里·S. 212（脚注）

Tumulty, Joseph 塔马尔蒂, 约瑟夫（威尔逊的私人秘书），xvi，10－11，55，96，178，292，293，298，299，300，339－340（注释22）

U

Underwood, Oscar W. 安德伍德, 奥斯卡·W.（参议员），88，94，101，102，111

V

Villa, Francisco 维拉, 弗朗西斯科（墨西哥的土匪），173－174

W

Watson, James E. 沃森，詹姆斯·E.（参议员），277，279-280

Watterson, Henry 沃特森，亨利（威尔逊早期的支持者），96-98

West, Andrew Fleming 韦斯特，安德鲁·弗莱明（普林斯顿大学研究生院院长）11，36-47，208，310-311

White, Henry 怀特，亨利（参加和会的代表），205，210，216-218，221，251，270

William II, Kaiser 威廉二世，凯撒，158，264

Wilson, Anne 威尔逊，安（威尔逊的妹妹），5

Wilson, Edith Bolling Galt 威尔逊，艾迪斯·博林·高尔特对豪斯的态度，156；遇见威尔逊，订婚并结婚，184-185；不信任豪斯，185-187，194；对威尔逊挚友的态度，339（注释22）；豪斯对她的到来感到不高兴，185；陪威尔逊参加和平会议，210；与丈夫一起离开巴黎，229；回到欧洲，239；对威尔逊回到法国后见到豪斯一事的陈述，240-241，344（注释3）；指责豪斯，340-342；可能造成威尔逊与豪斯分裂，246；对威尔逊对谈判过程中困惑的态度，255；与豪斯的最终分道扬镳，261；与威尔逊一起在全国游说，292-298；对威尔逊身体的担心，292；恳求威尔逊终止旅途，298；不让病中的威尔逊见到文件和他人等，300，不让威尔逊见到大多数来恳请他在《和约》问题上做出妥协的人，301；不让威尔逊听到豪斯已经回到美国的消息，305；收到豪斯给威尔逊写的信，306

Wilson, Eleanor 威尔逊，埃莉诺（威尔逊的女儿），109

Wilson, Ellen Louise Axson 威尔逊，埃伦·路易斯·阿克森，遇到威尔逊，21，订婚，21；嫁给威尔逊，24；个性及与丈夫的关系，24-25，155-156；对豪斯的态度156；去世，155

Wilson, Jessie Woodrow 威尔逊，杰茜·伍德罗（威尔逊的母亲），4，5-6

Wilson, Joseph 威尔逊，约瑟夫（"多多"威尔逊哥哥［的昵称］），10

索 引

Wilson, Dr. Joseph Ruggles 威尔逊，约瑟夫·拉格尔斯博士（威尔逊的父亲），4-13，14，15

Wilson, Margaret 威尔逊，玛格丽特（威尔逊的女儿，7-8，39

Wilson, Marion 威尔逊，玛丽昂（威尔逊的姐姐），5

Wilson, Thomas Woodrow 威尔逊，托马斯·伍德罗，出生与先辈，3-5；信仰，4-5；与父亲的关系，6-13；早期教育，6-8；中学，14；在大学（戴维森和普林斯顿），15-17；进入弗吉尼亚大学法学院，18；成立律师事务所，19；遇见埃伦·阿克森，21；订婚，21，进入约翰·霍普金斯大学为教书生涯做准备，21；开始写《国会政体》，21；与埃伦·阿克森结婚，24；与她的关系，24-25；任教于拜伦·莫尔大学，25-26；撰写《论国家》，26；开始在韦斯利任教，26；任教于普林斯顿大学，27-30；成为普林斯顿大学校长，33；担任普林斯顿大学校长期间所取得的成就，34-35；研究生院争议，26-47；宿舍区计划，37-38；与希本分裂，38-39；可能成为民主党总统候选人，47，48；50-51，52，53，66，70，74，88-89，90ff.；考虑成为民主党参议员提名人，48；反对布莱恩（"让他体无完肤的"）声明，50，95；退出民主党参议员提名人的竞争，49；初期的保守政治观点，47-50；早期对布莱恩的看法，50；州长候选人，51-52；向斯密斯保证如果当选不会攻击党的机构，52；辞去普林斯顿大学校长职务，52；作为州长候选人遭到攻击，53-54；宣布在政治上独立，55；就雷科德的问题做出回答，56-57；当选州长，57；反对大佬制度，58ff；从保守派转变为自由派，58；反对大佬斯密斯选参议员，61-26；他的候选人当选参议员，65；作为州长的立法项目，66-70；面临大佬们的反对通过选举议案，66-69；在1911年新泽西大选会上赢得选举，69-70；寻求布莱恩的支持，71-72；1911年新泽西州议会选举，73-74；遇到豪斯，92；乔林关于布莱恩的信，49，95，330；与哈维分道扬镳，96-98，330；《世界报》为"他忘恩负义"的辩护，98；与豪斯很亲密，99；总统候选人遇到困难，100-102；1912年的初选，101；1912年在新泽西州议会遇到困难，102-103；1912年民主党总统选举大会，104-105；被提名为民主党总统候选人，105；1912年大选，106-109；当选总统，109；作为当选总统，109-112；与豪斯关系的基础，113，123-

132；对妇女选举权的态度，120 – 121；入主白宫，133；关税法，134 – 137，139；利用党代会，134 – 137；138 – 139，140 – 141，150，153，334；货币法案，137 – 142；托拉斯法，142；与墨西哥的危机，142；1916年总统大选，142 – 143；对总统角色的影响，144 – 148；对总统角色的看法，144 – 148；决定公众舆论的方法，148 – 149；轮船购买法，152 – 153，336（注释48）；开始体会到国会的反对，152 – 154；第一个太太病故，155；国际事务中的理想主义，159；不愿意将努力方向转向国际事务的原因，161 – 162；战争爆发后严守中立的困难，164 – 56；豪斯－格雷备忘录，166 – 167；给交战国写信，171；向交战国人民发出呼吁，171 – 172；尽各种努力使美国置身战争之外，172 – 173；向国会提出参战咨文，173；置身战争之外的原因，173 – 176；在战争期间向国会提出特别权力，177 – 180；在卢西塔尼亚照会问题上不同意洛奇的观点，180 – 181；向全国呼吁选举一个民主党的国会，181；遇到艾迪斯·高尔特，订婚，结婚，184 – 185；任命豪斯为参加和会的代表，192 – 193；决定担任美国参加和会的代表团团长，193；决定亲自参与创造一个理想主义和平的原因，196 – 198；《十四点计划》的讲话，199；派豪斯到巴黎让盟国对《十四点计划》做出承诺，199；对盟国政治家目标的看法，200 – 203；不顾顾问们的反对决定参加和平会议，203 – 204；宣布代表团其他成员的名单，205；对代表团成员人选的批评，205 – 206；拒绝以任命参议员为代表团成员的方式来表示对参议院的尊重，206 – 207；躲开其他支持国联者的观点，208 – 209；209 – 210；《国联盟约》作者的身份，209 – 210；出发参加和平会议，210 – 211；凯旋般地进入巴黎，211 – 212；访问英国和意大利，212；向英国人和法国人透露他自己不参与国联，214 – 215；对参加和平会议其他代表团的态度，215 – 218；创立十人委员会，219；在会议上设立特别委员会，220；不向与会专家和代表团成员提供足够的指示，221；在谈判过程将自己与其他成员隔离开来，221 – 223；坚持优先考虑国联，223；处理德国殖民地问题，223 – 225；决定亲自参与国联委员会，225；主持起草《国联盟约》，225 – 228；国联委员会完成了盟约的起草，228；提前与豪斯协商缺席会议一个月，228 – 229；欧洲政治家对他谈判方式的看法，230 – 232；同意与对外关系委员会举行晚宴解释《国联盟约》，233，236；在波士顿发表挑衅性的演说，235；回到美国后发现一个充满敌意的参议院，235－239；表达对国会批评的愤怒，237；为应对《共同宣言》在纽约发表蔑视性的讲话，238－239；回到欧洲，239；回到欧洲后首次见到豪斯，240－241；对豪斯变得冷淡，242－244；对他和平计划的挑战，247－248；将豪斯和代表团其成员排斥在谈判过程之外，248－249；决定修改盟约以满足国会的批评，250；拒绝顺从参议院，250－251；对和约中门罗主义内容的修正，252－258；对法国要求让步，254；病倒了，254；谈判的手段，255－256；对英国要求让步，257；对日本要求让步，259；对意大利要求寸步不让，259－260；向意大利人民呼吁，261－262；最终的《和约》非常严厉，264；反对英国修改《和约》的努力，264－265；回美国之前与豪斯告别，266；遭到洛奇的攻击，270－272；回到美国，273；向参议院提交《和约》并坚持要求批准，273；洛奇、少数派等指出《和约》的危险，274－276；参议院反对《和约》，276－277；洛奇获得多数支持对《和约》予以保留，278－279；对《和约》的主要批评意见，280－282；拒绝在《和约》中包含任何保留，284；进步一部的行动激怒了参议院，285－286；"温和保留派"提议达成妥协，286－287；再次拒绝在《和约》中包含保留，287－288；"温和保留派"为达成妥协继续努力，288；早期关于如何与参议院打交道的看法，290－291；为支持《和约》巡游全国，292－298；将对《和约》的"解释"交给希契科克，292；回应对《和约》的反对，293－295；对反对《和约》者的蔑视性攻击，294－295；疏远"温和保留派"295－296；洛奇的委员会递交了多数派报告敦促修改《和约》，296；布利特作证时说兰辛不赞同《和约》，297；取消了剩余的旅途，298；中风，299；在夫人的保护下不受任何政府问题的打扰，300；对《和约》的修改遭到参议院的否决，但保留被采纳，299－300；拒绝让追随者投票支持对《和约》的保留，302；希契科克也拒绝妥协，302；包含和不包含保留内容的《和约》在 11 月都遭到了否决，303；豪斯敦促妥协但并没有告知自己的建议是否被收到，305－306；提议把 1920 年的大选当作对《和约》的公投，306－307；继续拒绝妥协，307－309；格雷爵士表示宁愿让美国有保留地签订《和约》也不愿拒绝它，309－310；仍然拒绝接受保留，310－311；最终在参议院表决，312－313；哈丁赢得了 1920 年

的总统选举，313-314；辞世，315

不足感，6-8，9，30-31，114，115，119，150-151，171，320；支配的需求，11-12，43，46，103，114-121，151，197，206-208，226，235，254，255-256，258，272-273，291，311，319（脚注），320-322；获得巨大成就的需求和愿望，8-9，11，18，20-21，23-24，29，34-35，70，114，116，162，176，195-198，212，226，320；对友谊的需求，21，30-31，38-39，74，94，121ff，156，234，319（脚注）；成为政治家的雄心，xiii，3，17-18，20-21，23-24，29，47，51，74，102，144；政治感召力的原因，107-108，212-213；政治权谋，29，57-59，61-63，66，71-72，96-98，108，116，143，318；把行为说成是正义的，40，42，46，108，114，117，120-121，149-152，160，174-176，197，202，230-231，271，291-292，297，320，322；威尔逊喜欢英国政治制度的个人基础，17，22，26-27，145-146，321，322；不能对自己的成就感到满足，23，119，137，320

Wiseman, Sir William 怀斯曼，威廉爵士（英国外交官），124，214，220

Woodlock, Thomas F. 伍德洛克，托马斯·F.，vx

Woodrow, Dr. James 伍德罗，詹姆士博士（威尔逊的伯父），5，6

Wyman, Isaac 怀曼，艾萨克（普林斯顿大学的捐助者），45，47

Y

Yates, Fred 耶茨，弗雷德（威尔逊的英国朋友），31，113

译后记

亚历山大·乔治一生致力于国际关系中程理论和对外政策研究，独著与合著十余本学术专著，获得多项学术荣誉和奖励。其中这本由他和夫人朱丽叶·乔治合著的《总统人格：伍德罗·威尔逊的精神分析》无论在政治心理学的发展史上，还是从乔治的学术生涯上看，都具有里程碑的意义。

亚历山大·乔治 1920 年出生，二战期间曾在美军服役，后在美国政府工作。曾任教于芝加哥大学和美利坚大学，1958 年获得芝加哥大学博士学位。从 1948 年到 1968 年任职于美国兰德公司，1968 年开始在斯坦福大学工作至 1990 年退休。随后，他继续受聘于位于华盛顿特区的和平研究所，直到 2006 年去世，是国际关系领域的"巨人"，国际关系中程理论和对外政策研究领域最伟大的学者。

这本书的研究对象是美国第 28 任总统伍德罗·威尔逊，一个在国际关系和外交史上占有重要地位人物。作为第一位访问欧洲大陆的美国总统，他亲任美国政府参加巴黎和会代表团的团长，初到欧洲受到前所未有的欢迎："两百万人涌向香榭丽舍大街，向'正义的威尔逊'致敬，他们欢呼雀跃，拥抱着花环，为他祈祷，被他感动得热泪盈眶。（原书第 212 页）"在巴黎，威尔逊把建立国家间联盟作为和会的核心和维护世界持久和平的关键，对之寄托了无限的希望并倾注了全部的理想和热情。他拒绝其他人关于国联的构想，拒绝别人起草的国联盟约草案，尽管草案与他的想法并没有什么差别，他坚持亲自起草，以便使国联成为自己的个人作品。《国联盟约》虽然在巴黎和会上得到通过，并成为《凡尔赛和约》的核心内容，最终却因为没有获得美国国会的通过，美国没有能够成为国联的创始国和成员。这对国际关系历史的发展所产生了重要的影响。

鉴于威尔逊在国际关系历史上的重要地位，在乔治夫妇对威尔逊研究之前已经有不少历史学家和传记学家对威尔逊进行了研究。如林克（Arthur Link）曾经于1954年编辑出版了69卷的《威尔逊文件》，心理分析学家弗洛伊德（Sigmund Freud）也曾对威尔逊进行过研究，但是他的研究并没有发表。1951年，仍然在芝加哥大学读四年级的亚历山大和朱丽叶·乔治为内森·莱茨（Nathan Leites）教授的"人格与政治"课撰写了一篇关于威尔逊人格和政治行为的论文。在莱茨、哈罗德·拉斯维尔（Harold Lasswell）博士和其他人的鼓励下，他们在初稿的基础上完成了这个研究的第二稿，并于1949年提交给芝加哥大学社会学研究会。在1956年9月的美国政治科学会年会上，他们就研究过程中遇到的资料搜集和解读问题提交了一篇论文，进一步丰富和充实了本研究的材料基础。在此基础上，他们于1956年出版第一版的《总统人格：伍德罗·威尔逊的精神分析》，1964年再版。本书根据1964年版本翻译。

这本书在政治心理学的发展历史上具有承前启后的意义。从承前的角度讲，本书是亚历山大和朱丽叶·乔治在他们的老师拉斯韦尔对政治人物研究的启发下完成的。拉斯韦尔把政治人物对权利的高度重视和需求与他们的自卑联系起来，提出"政治人物"就是通过公共生活改变自己的个性或环境来弥补自卑感的"权力追逐者"。[①] 他们通过将威尔逊的外在行为方式与其情感需求联系起来，解释了其行为的内在逻辑，拓宽了弗洛伊德性格形成于早期经历的理论，是运用拉斯韦尔理论进行的最好的实证研究。

威尔逊在国联问题上的失败，不仅是国际关系进程遭受的巨大挫折，更是威尔逊人生的悲剧。这个悲剧不是偶然的，而是他早期政治生涯悲剧的重复。威尔逊在担任普林斯顿大学校长的前两年曾推动普林斯顿大学取得了一系列的改革成就。在担任新泽西州州长初期，威尔逊也推动新泽西州议会于1911年取得了辉煌的成就。担任总统后，他让第63届美国国会成为美国历史上最有成就的国会。但是，在取得了初步的成绩、赢得了一

---

① 【美】哈罗德·D.拉斯韦尔著，胡勇译《政治心理学经典译丛：权力与人格》，中央编译出版社2013年版。

定的威望后，威尔逊却陷入难以自拔的政治困局。他专横跋扈、固执己见、毫不妥协，完全变成了另一个人。在担任普林斯顿大学校长的后期，威尔逊与研究生院院长韦斯特以及校董事会围绕研究生院选址问题上发生激烈的矛盾，成为影响他一生的噩梦。在担任州长的后期，他与新泽西州议会再次发生的严重的冲突和矛盾。只是由于幸运之神的眷顾，他都得以获得更高的职位而摆脱原来的困境。但是在登上权力顶峰的总统宝座，并在初期取得了巨大的成就后，威尔逊再次陷入与国会的尖锐对抗之中，然而这次没有更高的位置让他摆脱困局了，他最终一败涂地。这次失败可以说是他早期政治生涯失败的延迟或延续，从威尔逊人格特点上看具有必然性。

乔治夫妇从威尔逊的人格和个性特点中解读了威尔逊政治生涯的特点。威尔逊幼年的成长经历造就了其后来的性格，他的性格特点决定了他的政治风格和政治命运。乔治认为，"造成威尔逊寻求政治权利以及他运用政治权利方式的原因是，他从小就形成了一种自信不足的感觉，这种不足感产生了巨大情感压抑，他迫切需要挣破这种压抑。"（原书第114页）威尔逊幼年天资并不聪颖，生性迟钝，阅读能力差，担任牧师的父亲经常贬低他，对他任何不当的行为都予以严厉惩罚。在父亲的冷嘲热讽中，威尔逊对自己的智力、道德价值和自己的力量有一种根深蒂固的怀疑。他一直尽力通过严格的训练来克服这些怀疑，通过不断取得成功证明他的确具有超人的智力。他付出了艰辛的努力，取得不少成就，他用这些成就来补偿自身所感到的不足。

威尔逊幼年时候需要忍耐冷嘲热讽的批评，顺从父亲以挖苦的方式提出的要求，屈服于对他道德和智力价值的贬低。从那个时候开始，他的自尊受到打击，面对他专横、纪律严明、追求十全十美的父亲，威尔逊不得不压抑他的怒火。"自尊"和"压抑"构成了威尔逊个性两面性的根基。如果把他的一生当作一个整体来看待，追求权利的威尔逊与拥有权力的威尔逊的行为方式有明显的区别，这成为了解释威尔逊看似矛盾的行为方式的关键。作为权利追逐者的威尔逊，可以克制自己，非常灵活，善于妥协，能够只选择那些时机成熟、可以实现的计划作为政治目标，可以与包括政治对手在内的各种人交往和合作，表现出巨大的个人魅力。普林斯顿大学的董事会，新泽西州议会，以及民主党所控制的美国国会也都愿意追随他的领导，威尔逊最初都非常成功地推动了一系列的改革。但是，他"对权力和政治领导地位的兴趣是建立在补偿他受到伤害的自尊心基础上的。由于从小形成的自信不足，来自内在的一种强烈的不断反抗这种情感的需求，严重削弱了他客观处事能力。"（原书第114页）。一旦他成为权利的拥有者，威尔逊焦虑、态度僵硬、刚愎自用，以自我毁灭的方式坚持他的原则和主张，最终遇到了差不多同样重大的政治僵局或挫折（原书第320页）。

威尔逊家庭背景的另一个方面加强了威尔逊的这种人格特点。威尔逊出生于一个虔诚的加尔文教徒家庭，包括他的父亲在内的前几辈中都有几个人是专职的牧师。在这样的家庭，道德原则和好坏观念被奉为是至高无上的原则。在这样的环境下成长起来的威尔逊总是认为，世界总是好坏分明的，在道德问题上妥协就是不道德的。良好和"无私的"品行，有充分的优势让自己不能屈尊输给任何人。在与普林斯顿大学的董事会，新泽西州议会和盟国在巴黎的谈判代表斗争中，威尔逊之所以坚持不妥协的立场，是因为他把自己看作是正义的化身，把自己放在道德制高点上，认为自己的观点更好地代表了人民的意愿，代表了上帝意志，认为只有自己"是全世界所有人中唯一掌握最高权力且能自由表达意见，不做任何保留的人……相信自己在为全世界大多数沉默的还没有地方和机会表达他们的心声的人们说话。（原书195页）"在他认为他的立场是原则问题时，他就坚持不妥协，因为他认为在原则问题上是不能妥协的，任何妥协都是不道德的。

在巴黎和会上，他对英、法、意领导人坚持自己国家利益的做法深恶痛绝，认为他们不能代表这些国家的人民，不惜亲自到这些国家发表演讲，劝说他们为了正义放弃自己的利益，结果彻底改变了自己在这些国家的人民中的形象，被看作是侵犯他们利益的不可理喻的政客。回到美国后，他认为国会提出的必须有条件通过《国联盟约》的做法不代表美国民意，并坚信只有他的观点才更能代表美国人民的想法。为此，威尔逊行程8000英里，发表了大约四十场演说，参加了十多次游行，与数千人握手，希望通过直接向美国人民呼吁，来赢得人民的支持，却终因劳累过

译后记

度,中风病倒。虽然他仍然没有放弃希望,最终参议院还是没有通过国联盟约。

威尔逊的人格特点在与他的密友和顾问豪斯(Edward House)以及他的政敌参议院对外关系委员会主席洛奇(Henry Cabot Lodge)的关系中更加淋漓尽致地表现出来。出身于德克萨斯州的豪斯,从小就是一个"坏孩子",打架斗殴无所不能,在生活中喜欢恶作剧,以捉弄别人为乐。因为身体上的缺陷,他放弃担任公职的雄心。用他自己的话说,他觉得自己没有霸气,达不到最高位置,而除了最高职位外没有什么能够让他满足。但是,他并没有远离政治,工于心计的他担任了多任德克萨州州长顾问。1911年11月24日与威尔逊第一次见面,两个人都惊奇地发现他们在各种问题上的观点完全一致,双方即有相见恨晚的感觉,从此开始了两人之间亲密无间的密切合作。

两人之所以能密切合作,原因在于两个人的个性完美地互补:一个富有激情、满怀抱负;另一个行事低调、本能地表现的无任何野心,不争名利。两者相辅相成,相得益彰。威尔逊特别需要得到别人的支持、尊重,特别希望别人认同他的目标是高尚的。豪斯则从不吝颂扬威尔逊,还习惯性地把其他人对他的赞扬转告他。豪斯一开始并没有接受在威尔逊的政府内担任任何职务,不与威尔逊争论,也从不抢他的风头,只是在必要的时候以恰当的方式对威尔逊献计献策。在威尔逊眼中,"豪斯是谦虚的人,他只想服务大众事业,帮助我和其他人。(原书第113页)"。在这样的关系中,豪斯"既能打开威尔逊紧锁的情感,也能让他愿意敞开心扉;既能让他透露他的感情,又能让他在公众事务上接受建议。(原书第114页)"威尔逊在总统任期所取得的成就与两人默契配合是分不开的。但是,在豪斯担任了美国出席巴黎和会代表团的正式代表后,两个人的关系开始出现裂痕,随着威尔逊在与国会的斗争中彻底失败,两个人的密切关系也走到了尽头,最终分道扬镳。

参议院对外关系委员会领袖洛奇了解威尔逊的人格特点,并在与他的斗争中充分利用了这些特点。洛奇深知国联得到公众的广泛支持,完全拒绝批准《国联盟约》肯定是不受欢迎的,但是他执意要让傲慢的威尔逊向共和党控制的国会低头。他极尽其讽刺挖苦之能事,去刺伤威尔逊的自尊心,引发威尔逊非理性的反击。如威尔逊从道义和正义的立场出发,坚持国会必须无条件通过《国联盟约》,甚至不能删去其中字母"t"上的一横或去掉"i"上的一点,洛奇就非常狡猾地站在一个较温和的立场,虔诚地坚持说,他的立场完全是出于对维护美国国家利益的关心,只有在对盟约进行一些修改,确保美国的国家利益时,他才赞成美国参加国联。

从小语言能力很差的威尔逊,经过老威尔逊反复对他训练,非常重视语言风格,特别强调遣词造句,善于运用流畅和华丽的语言,在巴黎和会上坚持自己起草《国联盟约》。洛奇在国会的发言中就攻击《国联盟约》语言的不足,说"作为一份英文作品,"其"水平不高,在普林斯顿(威尔逊的学校)可能获得通过,但在哈佛(洛奇的学校)肯定通不过。(原书第271页)"。洛奇的发言深深刺伤威尔逊的个人自尊心,激发了威尔逊内心的焦虑,让威尔逊变得像发狂的西班牙斗牛,更加僵硬不妥协。

威尔逊表现得越疯狂,洛奇就表现得越冷静,好像觉得不屑于把蔑视的对象当作敌人。洛奇越是冷静,威尔逊就表现德更加疯狂和固执。最后两人之间的僵局让美国国会失去了对《国联盟约》进行正式表决的机会,以至于美国历史学家托马斯·A.贝利(Thomas A. Bailey)认为,"和约是被支持它的人而非反对他的人扼杀的。(原书290页)"。就连豪斯也认为,"他曾经认为洛奇是和约的最大敌人,但是后来不得不承认,最大的敌人应该是威尔逊。(原书306页)"当时也许没有人意识到,但后来得到证实并被普遍认可的观点是,洛奇首先和最主要的目的就是为了羞辱威尔逊,至于说威尔逊的国联是什么形式并不重要。

从启后的角度看,这本书推动了更多的学者用心理学理论去进行政治学的研究。在此之前,精神分析家和传记作家,以及精神分析学家和历史学家之间长期相互怀疑,几乎没有任何交流与沟通。本书将心理学理论与国际关系和对外政策研究相结合起来,从个人层面解释了在政治上和学术上堪称成功的威尔逊在生命最后的悲惨失败,确立了心理传记分析的规范方法,在心理学与政治学结合方面迈出了重要的一步。

这本书引发了学界的广泛关注、激烈讨论,甚至批评。有人对本书的方法提出质疑,有人对本书的内容和细节提出挑战.如有学者提出,乔治的研究"从根本上说是对伍德罗·威尔逊性格及其对他生涯影响的错误解读。"① 作为回应,乔治夫妇说,"如果林克发现一种解读有严重的错误,有必要根据批评意见重新审视他们的研究工作"。② 争论的主要焦点包括威尔逊的行为是不是理性,他的行为的根源到底是病理上的(medical problem)的还是心理上的问题。③ 这一争论引发不同的心理学家,运用不同的心理学路径和方法重新对威尔逊的人格及其影响进行研究,进一步推动了心理学与政治科学的结合。④ 如弗洛伊德和布利特(William Christian Bullitt)再次用心理分析的方法对威尔逊的个性进行研究,⑤ 巴伯对总统个性及其影响的研究在很大程度上借鉴了乔治夫妇对威尔逊的研究。威尔逊成为政治心理学领域被研究最多的人物。无论是对这本书的批评也好,争议也好,在众多对威尔逊的研究中,没有一本书超过这本书的影响,因此这本书被认为是"迄今写得最好的心理传记",也是所有政治心理学教材都不得不花费笔墨予以介绍的经典。

乔治在政治心理学领域承前启后的另一个贡献,是他提炼和完善了他的另一位老师莱茨教授在对苏联前共产党领导集体研究过程中提出的操作码(operational code)。莱茨曾经于1951年出版了《政治局的操作码》,用心理学理论研究苏联共产党的行为方式。⑥ 但是出版后并没有引起人们的重视。1969年乔治发表文章,称莱茨提出的操作码被忽视了。他根据莱茨

---

① Edwin A. Weinstein, James W. Anderson, and Arthur S. Link, "Woodrow Wilson's Political Personality: A Reappraisal," in *Political Science Quarterly*, Vol. 93 (1978), p. 585.

② Alexander and Jolliet George, "Woodrow Wilson and Colonel House: A Reply to Weinstein, Anderson, and Link," in *Political Science Quarterly*, Vol. 96 (1981–1982), p. 641.

③ Rose McDermott, *Political Psychology in International Relations* (Ann Arbor, Mich: The University of Michigan Press, 2004), p. 199. 200.

④ William Friedman, "Woodrow Wilson and Colonel House and Political Psychobiography," *Political Psychology*, Vol. 15, No. 1 (1994), p. 35–60.

⑤ Sigmund Freud and William Christian Bullitt, *Woodrow Wilson: A Psychological Study* (Transaction Publishers, 1967).

⑥ Nathan N. Leites, *The Operational Code of the Politburo* (New York: McGraw–Hill 1951).

的研究把前苏联共产党的信仰划分为哲学信仰和工具信仰，使操作码更加系统化，更容易操作，推动这个曾经被忽视的新心理学研究路径得到进完善。① 到目前已经成为一个操作性强、被广泛运用的政治心理学研究路径。②

鉴于乔治在政治心理学领域的突出贡献，1994年美国《政治心理学》刊发有关乔治研究成果的专刊，称他是"政治心理学领域的设计师、工程师和学术群体的建设者，""在国际关系的心理学研究方面留下了不可磨灭的蓝图。"③ 也正是因为他的杰出贡献，国际政治心理学学会2004年设立了"亚历山大乔治图书奖（The Alexander Gorge Book Award），每年颁发给前一学年在政治心理学领域出版的最好的政治心理学图书。到目前为止获得此项殊荣的专著都是政治心理学领域高质量的作品，不少也已经成为经典。④

本书不仅在政治心理学发展历史上具有承前启后作用，它也是乔治学术生涯的第一本书和成名之作，奠定了乔治在中程理论建设方面的地位，确立了作者一生学术研究的志趣和方向。亚历山大·乔治一生独著或与夫人朱丽叶·乔治，或者与其学者合著了十余部关于对外政策的著作，延续本书的研究思路，构成了他研究的主题，形成了他的研究风格，成为对外政策研究或国际关系中程理论研究的大师和代表。乔治随后的研究或者延续了本书的风格特点，或者是对本书所关注议题研究的深入和发展。这些研究主要包括以下几个方面。

第一，以总统对外政策的决策为重点。本书研究了威尔逊的个性特点和政治风格，确立了他一生研究主题，即领导人，特别是总统的决策过

---

① Alexander L. George, "The 'operational code': A Neglected Approach to the Study of Political Leaders and Decision – making," *International Studies Quarterly*, Vol. 23, p. 190 – 222.

② Stephen Walker, "The Evolution of Operational Code Analysis," in *Political Psychology*, Vol. 11, No. 2, (1990), p. 403 – 418.

③ "Alexander George, Giant' in International Relations, Dead at 86," http：//news.stanford. edu/news/2006/august23/obitgeorge – 082306. html.

④ "Alexander L. Goerge Book Award," http：//www. ispp. org/awards/george.

程。1980年他出版《总统对外政策决策：有效利用信息和建议》一书，对总统在决策中面临各种压力情况下，对信息的处理和运用，对顾问们的建议态度等进行了深入研究，并提出操作性很强的建议，是研究总统决策必不可少的参考书。① 1998年，他们夫妇再次出版了《总统人格与表现》，研究了从威尔逊到克林顿的历届美国总统的个性特点对决策实践的影响，反映作者对总统个性特点与对外政策决策关系的持久关注。② 直到他去世前夕，仍然不忘对对外政策的思考，2006年出版的《论对外政策：未竟之业》，反映了他在对对外政策研究60多年后所进行的反思。③ 因为他在对外政策研究领域所取得的突出成就和贡献，以及对对外政策分析学科的影响，美国国际研究学会（International Studies Association）对外政策分析分会（Foreign Policy Analysis Section）于1990年设立"杰出学者奖（Distinguished Scholar Award）"，并将第一个荣誉授予乔治。同年对外政策分析分会还设立了"亚历山大·乔治论文奖"，来推动青年学者对对外政策的研究。④

第二，致力于中程理论的研究和发展，重视理论的操作。威尔逊不仅是理想主义的鼻祖，而且也是新外交的开拓者。他提出的"十四点"、以及在巴黎和会上有关外交方式的主张，推动了外交实践从近代到现代的变革，因此被西方推崇为新外交之父。乔治夫妇在对威尔逊人格特点及其影响进行研究的时候，将对外政策的研究延伸到外交学领域，⑤ 不仅研究对外政策的制定，也研究对外政策的落实和实施，突出对外关系管控的策略

---

① Alexander L. George, *Presidential Decision-making in Foreign Policy: the Effective Use of Information and Advice* (Boulder, CO: Westview Press, 1980).

② Alexander L George and Juliette L George, *Presidential Personality and Performance* (Boulder, CO: Westview Press, 1998).

③ Alexander L. George, *On Foreign Policy: Unfinished Business* (Paradigm Publishers, 2006).

④ https://pantherfile.uwm.edu/sredd/www/fpa/news.html.

⑤ 对外政策（foreign policy）是实现一国在某一时期的特定国家目标的路线和方针，其首要功能是做出有关对外关系的决定。外交（diplomacy）是一个国家对外实施其对外政策的手段，是行动和对外政策实施的过程，外交的首要任务则是恰当地、有效地执行对外政策。

研究。如在冷战期间,他对美苏关系研究的着眼点就是如何管理双边关系。① 他对核战略的研究1997年为他赢得了美国科学院奖励(National Academy of Sciences Award for Behavioral Research Relevant to the Prevention of Nuclear War)。其他类似的中程理论还包括危机管理,② 外交战略以及不同形式的外交策略和手段,如果强制外交、③ 预防外交、④ 威慑外交⑤等。

第三,研究视野开阔,研究对象与时俱进。上个世界50-60年代,东西方紧张对峙,两极格局是限制所有国家的对外政策最重要的因素,国际关系的现实主义理论主导了国际关系和对外政策的研究,学界一窝蜂地把目光投入到对体系层次影响的研究。在这样背景下,乔治夫妇把关注焦点放到微观的心理学领域,提供了新的解读。本书开创性地将心理学中的心理分析理论与对外政策研究结合起来,开阔了研究国际关系特别是对外政策的新视角。乔治后期对对外政策的研究横跨政治学、心理学、历史学、国际法、外交学、神经科学等众多学科和领域,延续了这本书视野开阔的特点。他研究的对象也往往与国际关系现实联系密切,从冷战期间对传统外交领域议题的关注,到冷战结束后把大屠杀、恐怖主义、软实力等现象或因素纳入研究视野,真正做到了与时俱进。

第四,作为一个与具体对外政策实践紧密联系的案例研究,本书确立了乔治在学术生涯中对案例研究方法的重视。乔治的多部研究著作都以历

---

① Alexander L. George, *Managing U. S. - Soviet Rivalry: Problems of Crisis Prevention* (Boulder CO: Westview Press, 1983).

② Alexander L. George, *Presidential Control of Force: The Korean War and the Cuban Missile Crisis* (Rand, 1967); *Inadvertent War in Europe: Crisis Simulation* (Stanford CA: Stanford University Press, 1985); *Avoiding War: Problems Of Crisis Management* (Boulder CO: Westview, 1991).

③ Alexander L. George, *Forceful Persuasion: Coercive Diplomacy as an Alternative to War* (Washington DC: US Institute of Peace Press, 1991); Alexander L. George and William E. Simons, *Limits of Coercive Diplomacy* (Boulder CO: Westview Press, 1994).

④ Alexander L George and Jane E. Holl, *The Warning-response Problem and Missed Opportunities in Preventive Diplomacy* (New York: Carnegie Commission on Preventing Deadly Conflict, 1997).

⑤ Alexander L. George and Richard Smoke, *Deterrence in American Foreign Policy: Theory and Practice* (New York: Columbia University Press, 1974).

届美国总统的决策为案例，他的理论也都是在对外交政策决策的具体案例系统研究的基础后提出的。后期他将他的经验理论化，将案例研究的方法规范化和系统化，与班尼特（Andrew Bennett）合著了《案例研究和社会科学理论发展》一书。这本书对案例的选择，过程追踪，案例归类和比较，以及理论的检验和完善等提出了详细和可操作化的建议，确立了案例分析的标准，使案例研究系统化，科学化，成为社会领域案例研究的"指导手册"。这本书在出版的时候得到众多的赞扬与推荐，卡赞斯坦（Peter Kazenstein）称之为"里程碑式的研究"，沃尔特（Stephen Walt）说，这本书"读的越多，社会科学的前景就越光明，"范·埃弗拉（Stephen Van Evera）建议"社会科学领域的研究生们，一定不要没有这本书"。①

第五，重视对外政策理论者和实践者之间的关系，提出跨越两者之间存在已久的鸿沟的具体建议。除了对研究方法的重视外，乔治还特别重视学术研究与对外政策制定实践的结合。他在对第一次海湾战争期间美国的六种军事战略分析后，敦促政策制定者应该更好地利用学术研究的成果和积累的知识，也提出学者在研究中应该提出一些可以供决策者有效使用的那种知识，并为此提出详细的建议。②

虽然乔治一生的大部分精力都集中于从心理学路径对对外政策决策的研究，但是他并不是唯一因素决定论者。他一直强调不能忽视其他方面因素的作用。他在这本书的序言中写道，"个人行动的情势环境总是需要牢记在心……领导人的个性特质并不单独'决定'事情的发生。它们是原因的一部分——经常是重要的一部分。"（原书第3页）后来，他在应邀给多部政治心理学的著作作序时不断强调这一点。

虽然乔治的视野非常开阔，但是他一生所关注一直是美国，很少把视野投向美国以外的国家，即是研究其他国家也是从美国政策制定的角度予以考虑。作为学者其视野是宽广开阔的，而作为一个国际问题学者，其关

---

① Alexander L. George and Andrew Bennett, *Case Studies and Theory Development in the Social Sciences* (Boston, MA: MIT Press, 2005). 多位知名学者的评价和推荐见扉页。

② Alexander L. George, *Bridging the Gap: Theory and Practice in Foreign Policy* (Washington D.C.: US Institute of Peace Press, 1993).

注的对象仅仅局限于美国,反映了美国政治学领域的一个典型特点,那就是永远以美国为中心。这一点也反映出乔治的学术生涯同样具有局限性。

任何一个学科都有其特定研究范围和研究对象,乔治将心理学和政治学结合起来进行的研究取得了成功,但其影响主要还局限在政治学和对外政策研究领域,在历史学和心理学方面并没有产生同样大的影响,在其他领域的影响更是有限的。即使在国际关系和对外政策研究领域,他在只热衷于国际关系宏观理论的中国影响也是有限的。希望这个中文版的出版能够引起人们对国际关系中程理论的重视,唤起中国学界对乔治在对外政策研究方面所取得的历史成果的关注和重视。

Woodrow Wilson and Colonel House: A Personality Study
By Alexander L. George, Juliette L. George
Dover Publications; New Impression Edition (June 1, 1964)
ISBN-13: 978-0-486-21144-2
Copyright ⓒ 1956 Alexander L. George and Juliette L. George
All Rights Reserved.
Authorized translation from English language edition published by Dover Publications.

本书中文翻译版权由中央编译出版社独家出版。未经出版者书面许可，不得以任何方式复制或发行本书的任何部分。

图书在版编目(CIP)数据

总统人格：伍德罗·威尔逊的精神分析／（美）亚历山大·乔治、朱丽叶·乔治(Alexander L. George and Juliette L. George)著；张清敏译.
—北京：中央编译出版社，2014.10
书名原文：Woodrow Wilson and Colonel House：A Personality Study
ISBN 978-7-5117-1829-7

Ⅰ.①总… Ⅱ.①乔… ②张… Ⅲ.①威尔逊,T.W.(1856～1924)–个性心理特征 Ⅳ.①K837.127=51 ②B848

中国版本图书馆 CIP 数据核字(2013)第 248168 号

总统人格：伍德罗·威尔逊的精神分析

出 版 人	刘明清
出版统筹	贾宇琰
责任编辑	杜永明
责任印制	尹 珺
出版发行	中央编译出版社
地　　址	北京西城区车公庄大街乙5号鸿儒大厦B座(100044)
电　　话	(010)52612345(总编室)　(010)52612339(编辑室) (010)52612316(发行部)　(010)52612315(网络销售) (010)52612346(馆配部)　(010)66509618(读者服务部)
传　　真	(010)66515838
经　　销	全国新华书店
印　　刷	北京金瀑印刷有限责任公司
开　　本	787毫米×1092毫米　1/16
字　　数	377千字
印　　张	24.25
版　　次	2014年10月第1版第1次印刷
定　　价	88.00元

网　　址	www.cctphome.com　　邮　箱：cctp@cctphome.com
新浪微博	@中央编译出版社　　微　信：中央编译出版社(ID：cctphome)
淘宝店铺	中央编译出版社直销店(http://shop108367160.taobao.com)

本社常年法律顾问：北京市吴栾赵阎律师事务所律师　闫军　梁勤
凡有印装质量问题，本社负责调换，电话：(010)66509618